普通高等院校“十三五”规划教材

Access 2010 数据库基础教程

李玉霞　刘　丽　主编

于　平　戴　红　李　湛　焦舒玉　副主编

中国铁道出版社
CHINA RAILWAY PUBLISHING HOUSE

内 容 简 介

本书通过大量实例，由浅入深、循序渐进地介绍了 Access 2010 各种对象的功能及创建方法。本书将一个完整的系统开发案例贯穿于每章，最终完成该系统的开发。全书共分 9 章，主要内容包括数据库概述、数据库和数据表、查询、窗体、报表、宏、模块与 VBA、VBA 数据库编程、Access 应用系统设计与数据库安全。每章后配有与无纸化考试系统相匹配的思考与练习，使读者能够在学习过程中提高操作能力和实际应用能力。

为了方便教师教学和学生自主学习，本书还配有《Access 2010 数据库基础习题集与实验指导》以及相关的教学资源。

本书概念清晰、结构合理、内容完整、简明实用，适合作为普通高等院校非计算机专业的教材，也可作为准备参加 Access 等级考试或自学关系数据库系统人员的参考用书。

图书在版编目（CIP）数据

Access 2010 数据库基础教程 / 李玉霞，刘丽主编. —北京：中国铁道出版社，2016. 11

普通高等院校“十三五”规划教材

ISBN 978-7-113-20377-1

Ⅰ. ①A… Ⅱ. ①李… ② 刘… Ⅲ. ①关系数据库系统－高等学校－教材 Ⅳ. ①TP311. 138

中国版本图书馆 CIP 数据核字（2016）第 002236 号

书　　名：Access 2010 数据库基础教程
作　　者：李玉霞　刘　丽　主编

策　　划：刘丽丽　　　　**读者热线**：（010）63550836
责任编辑：周　欣　徐盼欣
封面设计：刘　颖
封面制作：白　雪
责任校对：绳　超
责任印制：郭向伟

出版发行：中国铁道出版社（100054，北京市西城区右安门西街 8 号）
网　　址：http:// www.5leds.com
印　　刷：三河市宏盛印务有限公司
版　　次：2016 年 11 月第 1 版　　2016 年 11 月第 1 次印刷
开　　本：787mm×1092mm　1/16　**印张**：19　**字数**：458 千
印　　数：1～3 000 册
书　　号：ISBN 978-7-113-20377-1
定　　价：45.00 元

前言

FOREWORD

微软推出的Access 2010是目前应用广泛的Access版本，与之前版本相比，该版本不仅具有功能强大、界面友好、易学易用等优点，而且在界面的易用性和网络数据库方面有了很大的改进。为了顺应各行业对数据处理方式越来越高的要求，广大计算机初学者和爱好者迫切需要快速地掌握计算机应用的相关知识。为了适应这一形势，普通高等院校的计算机基础教学内容也在不断地改革。

本书以一个完整的系统开发实例为主线，将其知识点分解贯穿到每个章节中，最终完成该系统的开发，更加方便读者学习使用。全书共9章。第1章对关系数据库系统的基础知识和Access 2010的性能及工作环境做了简要概述；第2章对Access 2010数据库和数据表的基本操作做了详细介绍；第3章介绍了Access 2010查询的操作，对关系数据库标准语言SQL的使用方法做了重点介绍；第4章介绍了窗体的基本操作，并对窗体的创建及控件的使用做了重点介绍；第5章对宏的基本操作做了详细介绍；第6章对创建报表操作做了详细介绍；第7章对VBA的基本概念、结构化程序设计方法、程序的流程控制做了重点介绍，并对模块和程序调试等概念做了详细介绍；第8章对VBA的数据库编程技术做了重点介绍，并对数据访问对象（DAO）和ActiveX数据对象（ADO）等概念做了详细介绍；第9章对开发应用程序的步骤及方法做了介绍，同时对数据库安全进行了重点介绍。

本书力求将理论介绍和实例教学相结合，汇集了编者在教学和实践中的经验和技巧。在注重系统性和科学性的基础上，突出了实用性和可操作性，各章理论与实践操作紧密相扣，既便于教师教学，也便于学生学习。本书在内容上循序渐进、前后呼应、深入浅出、实例丰富、图文并茂、通俗易懂；在结构上力求能够满足初学者的需要，深入浅出地论述了有关Access 2010程序编写的基本理念，对Access 2010的整体面貌做了较为清晰的说明。另外，本书每章后面都配有与无纸化考试系统相匹配的思考与练习。书后还附有授课及实验课时安排参考、全国计算机等级考试二级Access数据库程序设计考试大纲（2013年版）、全国计算机等级考试二级Access数据库程序设计样题，以及虚拟实验工场简介。初学者可以对照书中讲述的实例进行上机操作，即学即用。

本书由北京联合大学规划教材建设项目资助。本书由李玉霞、刘丽任主编，于平、戴红、李湛、焦舒玉任副主编。其中，第1章、第3章由刘丽编写，第2章由于平编写，第4章由戴红编写，第5章由李湛编写，第6章由焦舒玉编写，第7~9章及附录由李玉霞编写，全书由刘丽统稿。在本书的编写过程中，林志英、和青芳、张利霞、李红豫等参加了部分程序的调试和校正工作，贾辉涛、崔晓蕾、白伊、黄欣月、刘蕊、王星宇、王晓利、林语嫣等参与了本书的整理工作，在此对他们表示感谢。

由于编者水平有限，加上编写时间仓促，疏漏和不足之处在所难免，敬请广大读者朋友批评指正。

编　者

2016年10月

目录

CONTENTS

第1章 数据库概述

数据库管理技术是信息科学的重要组成部分。随着商品经济的发展、科学技术的进步和市场竞争日趋激烈，社会信息量倍增，决策难度也随之加大，使得计算机处理的数据量不断增加。于是数据库管理系统应运而生，从而也促进了信息科学的发展。

1.1 关系数据库基础

关系数据库是建立在关系数据库模型基础上的数据库，借助于集合代数等概念和方法来处理数据库中的数据。下面首先介绍数据库的基本概念。

1.1.1 数据库的基础知识

1. 数据和信息

① 数据（data）是对客观事物特征所进行的一种抽象化、符号化的表示。通俗地讲，凡是能被计算机接收，并能被计算机处理的数字、字符、图形、声音、图像等统称数据。数据所反映的事物属性是它的内容，而符号是它的形式。

② 信息（information）是客观事物属性的反映。它所反映的是关于某一客观系统中某一事物的某一方面属性或某一时刻的表现形式。通俗地讲，信息是经过加工处理并对人类客观行为产生影响的数据表现形式。也可以说，信息是有一定含义的、经过加工处理的、能够提供决策性依据的数据。

任何事物的属性原则上都是通过数据来表示的。数据经过加工处理后具有知识性，并对人类活动产生决策作用，从而形成信息。

2. 数据处理

数据处理实际上就是利用计算机对各种类型的数据进行处理。它包括对数据的采集、整理、存储、分类、排序、检索、维护、加工、统计和传输等一系列操作过程。数据处理的目的是从大量的、原始的数据中获得人们所需要的资料并提取有用的数据成分，作为行为和决策的依据。数据处理技术随着计算机软硬件技术与数据管理手段的不断发展，也发生了划时代的变革，经历了由低级到高级的发展过程。计算机数据管理随着计算机硬件、软件技术和计算机应用范围的发展而发展，先后经历了人工管理、文件系统和数据库系统、分布式数据库系统和面向对象数据库系统等几个阶段。

随着多媒体技术应用领域的扩大，对数据库提出了新的需求，要求数据库系统能存储图形、声音等复杂的对象，并能实现复杂对象的复杂行为。将数据库技术与面向对象技术相结合，便顺理成章地成为研究数据库技术的新方向，成为新一代数据库系统的基础。

3．数据库

数据库（database，DB）是数据的集合。也就是说，数据库是存储在计算机系统中的存储介质上，按一定的方式组织起来的相关数据的集合。数据库中的数据具有高度的共享性及独立性。

4．数据库管理系统

数据库管理系统（database management system，DBMS）是操作和管理数据库的软件，是数据库系统的管理控制中心，一般有四大功能：数据定义功能、数据库操作功能、控制和管理功能、建立和维护功能。

5．数据库系统

数据库系统（database system，DBS）是以数据库应用为基础的计算机系统。它是一个实际可行的，按照数据库方式存储、维护和管理数据的系统。通常由计算机硬件、数据库、数据库管理系统、相关软件、人员（数据库管理员、应用程序员、用户）等组成，如图 1-1 所示。

6．数据库应用系统

数据库应用系统是一个复杂的系统，它由硬件、操作系统、数据库管理系统、编译系统、用户应用程序和数据库组成。

数据库、数据库管理系统和数据库系统是 3 个不同的概念。数据库管理系统在计算机中的地位如图 1-2 所示。

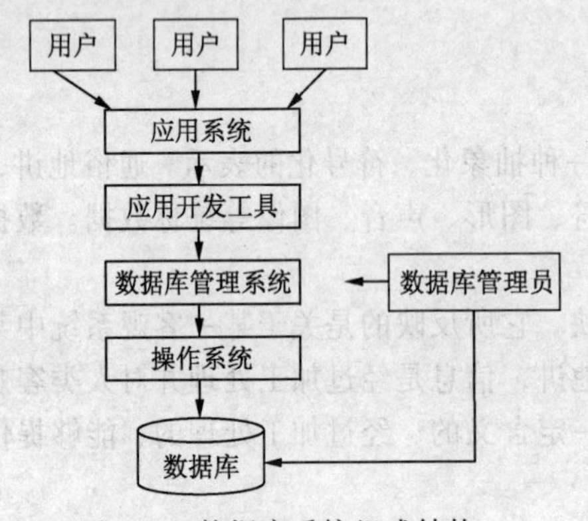

图 1-1 数据库系统组成结构

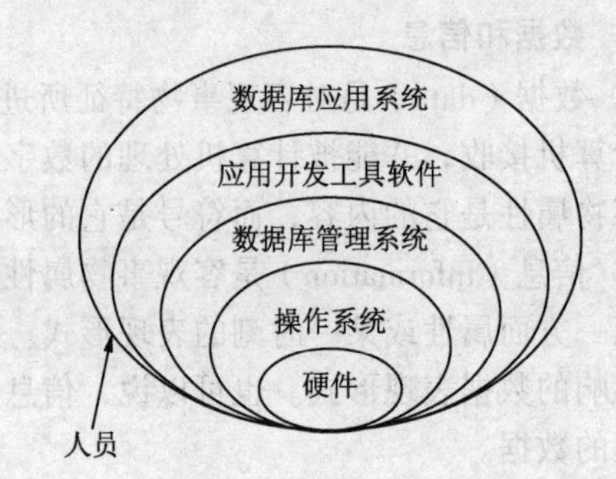

图 1-2 数据库管理系统在计算机中的地位

1.1.2 数据模型及关系数据库

1．数据模型

模型（model）是现实世界特征的模拟和抽象。在数据库技术中，用数据模型（data model）这个工具来抽象、表示和处理现实世界中的数据和信息。数据模型包括数据库数据的结构部分、操作部分和约束条件。

现实世界中的客观事物是相互联系的：一方面，某一事物内部的诸因素和属性根据一定的组织原则相互具有联系，构成一个相对独立的系统；另一方面，某一事物同时也作为一个更大系统的一个因素或一种属性而存在，并与系统的其他因素或属性发生联系。客观事物的这种普遍联系性决定了作为事物属性记录符号的数据与数据之间也存在着一定的联系性。具有联系性的相关数据总是按照一定的组织关系排列，从而构成一定的结构，对这种结构的描述就是数据模型。

从理论上讲，数据模型是指反映客观事物及客观事物间联系的数据组织的结构和形式。客观事物是千变万化的，各种客观事物的数据模型也是千差万别的，但也有其共性。常用的数据模型有层次模型、网状模型和关系模型 3 种。

（1）层次模型

层次模型（hierarchical model）表示数据间的从属关系结构，是一种以记录某一事物的类型为根结点的有向树结构。层次模型像一棵倒置的树，根结点在上，层次最高；子结点在下，逐层排列。这种用树形结构表示数据之间联系的模型也称树结构。层次模型的特点是仅有一个无双亲的根结点；根结点以外的子结点，向上仅有一个父结点，向下有若干子结点。

层次模型表示的是从根结点到子结点的一个结点对多个结点，或从子结点到父结点的多个结点对一个结点的数据间的联系，如图 1-3 所示。

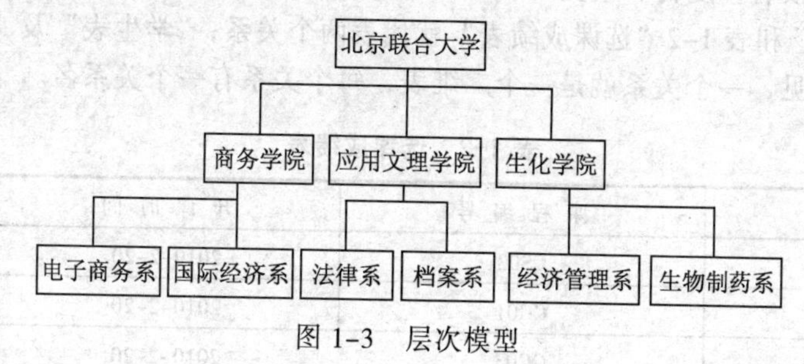

图 1-3　层次模型

（2）网状模型

网状模型（network model）是层次模型的扩展，表示多个从属关系的层次结构，呈现一种交叉关系的网络结构，如图 1-4 所示。网状模型是以记录为结点的网络结构，用网状数据结构表示实体与实体之间的联系。网状模型的特点是：可以有一个以上的结点无双亲，至少有一个结点有多于一个的双亲。因此，层次模型是网状模型的特殊形式，网状模型可以表示较复杂的数据结构，即可以表示数据间的纵向关系与横向关系。这种数据模型在概念上、结构上都比较复杂，操作上也有很多不便。

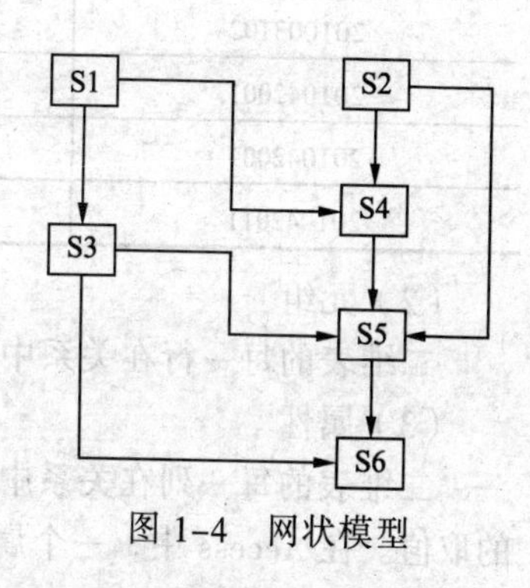

图 1-4　网状模型

（3）关系模型

关系模型（relational model）是用二维表的形式表示实体和实体间联系的数据模型。在二维表中每一列称为字段，字段是最基本的单位不可再分，每一列数据项是同属性的，各列的顺序是任意的；每一行称为记录，由一个事物的诸多属性项构成，记录的顺序可以是任意的。不允许有相同的字段名，也不允许有相同的记录行。

2. 关系数据库

关系数据库（relation database）是若干依照关系模型设计的数据表文件的集合。也就是说，关系数据库是由若干完成关系模型设计的二维表组成的。一个二维表为一个数据表，数据表包含数据及数据间的关系。

一个关系数据库由若干数据表组成，数据表又由若干记录组成，而每一个记录是由若干以字段属性加以分类的数据项组成的。表 1-1 所示的学生表就是一个关系模型，它包括以下概念。

关键字　域　男 女　关系名　属性（列）　元组（行）

表 1-1　学生表

学　号	姓　名	专业编号	性　别	出生日期	入学时间	入学成绩	团员否	照　片
201003101	赵晓飞	03	男	1990-10-23	2010-09-01	563	-1	
201003102	刘大林	03	男	1990-04-06	2010-09-01	575	0	
201003120	杨海峰	03	男	1990-08-04	2010-09-01	653	-1	
201003301	张明磊	03	男	1990-05-20	2010-09-01	648	-1	
201003302	周嫣红	03	女	1990-09-20	2010-09-01	678	-1	

（1）关系名

通常，将一个没有重复行、重复列的二维表看成一个关系，每一个关系都有一个关系名。如表 1-1“学生表”和表 1-2“选课成绩表”就代表两个关系，“学生表”及“选课成绩表”为各自的关系名。可见，一个关系就是一个二维表，每个关系有一个关系名。

表 1-2　选课成绩表

学　号	课程编号	开课时间	成　绩
201003102	CS03	2010-2-20	87
201003102	CC01	2010-2-20	78
201003102	CC03	2010-2-20	90
201003102	CS01	2010-9-1	93
201042001	CC02	2010-2-20	79
201042001	CS03	2010-2-20	88
201042011	CC02	2011-2-20	65

（2）元组

二维表的每一行在关系中称为元组。在 Access 中，一个元组对应表中的一个记录。

（3）属性

二维表的每一列在关系中称为属性，每个属性都有一个属性名，属性值则是各个元组属性的取值。在 Access 中，一个属性对应表中的一个字段，属性名对应字段名，属性值对应各个记录的字段值。

（4）域

属性的取值范围称为域。域作为属性值的集合，其类型与范围具体由属性的性质及其所表示的意义确定。表 1-1 中“性别”属性的域是{男，女}。同一属性只能在相同域中取值。

（5）关键字

关键字也称“码”。二维表中的某个属性，若它的值能唯一地标识一个元组，则称该属性为候选码。若一个关系有多个候选码，则选定其中一个为主码，这个属性称为主属性。

（6）关系模式

对关系的描述称为关系模式，其格式为：关系名（属性名 1，属性名 2，…，属性名 n）。关系既可以用二维表格描述，也可以用数学形式的关系模式来描述。一个关系模式对应一个关系的数据结构，也就是表的数据结构，如：表名（字段名 1，字段名 2，…，字段名 n）。

关系的特点如下：

① 关系必须规范化。规范化是指关系模型中的每一个关系模式都必须满足一定的要求。最基本的要求是每个属性必须是不可分割的数据单元，即表中不能再包含表。

② 在同一个关系中不能出现相同的属性名。在 Access 中不允许一个表中有相同的字段名。

③ 关系中不允许有完全相同的元组，即冗余。在 Access 的一个表中不能有两个完全相同的记录。

④ 在一个关系中元组的次序无关紧要。也就是说，任意交换两行的位置并不影响数据的实际含义。日常生活中常见到的“排名不分先后”正反映这种意义。

⑤ 在一个关系中列的次序无关紧要。任意交换两列的位置不影响数据的实际含义。例如，工资单里奖金和基本工资哪一项在前面都不重要，重要的是实际数额。

1.2 关 系 运 算

可把关系看成一个集合。一个 n 目关系是多个元组的集合。其中，n 是关系模式中属性的个数，称为关系的目数。

关系代数是一种过程化的抽象的查询语言。它包括一个运算集合，这些运算以一个或两个关系为输入，产生一个新的关系作为结果。

关系代数的运算可以分为两类：一类是传统的集合运算；另一类是专门的关系运算。传统的集合运算，如并、差、交、广义笛卡儿积，这类运算将关系看成元组的集合，运算时从行的角度进行。专门的关系运算，如选择、投影、连接、除，这类运算不仅涉及行，而且涉及列。关系代数用到的运算符如下：

① 集合运算符：∪（并）、∩（交）、－（差）、×（广义笛卡儿积）。

② 专门的关系运算符：σ（选择）、Π（投影）、⋈（连接）、÷（除）。

③ 算术运算符：θ＝{＞，≥，＜，≤，＝，≠}。

④ 逻辑运算符：逻辑“与”（and）运算符∧、逻辑“或”（or）运算符∨和逻辑“非”（not）运算符¬。

1.2.1 传统的集合运算

传统的集合运算都是二目运算。设关系 R 和关系 S 具有相同的目（n=3），有相同的属性个数 3，且相应的属性取自同一个域。进行并、差、交等集合运算的两个关系必须具有相同的关系模式，即结构相同，如表 1-3 和表 1-4 所示。4 种传统的集合运算如图 1-5 所示。

表 1-3　*R* 关系

学　号	姓　名	性　别
201003101	赵晓飞	男
201003120	杨海峰	男
201003302	周嫣红	女

表 1-4 S 关系

学　号	姓　名	性　别
201104011	陈雨烟	女
201003301	张明磊	男
201003302	周嫣红	女

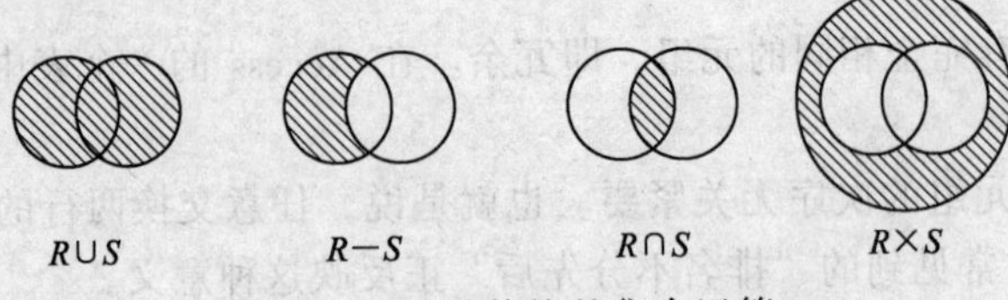

图 1-5　4 种传统的集合运算

1. 并（Union）运算

设关系 R 和关系 S 具有相同的目 n（即两个关系都有 n 个属性），且相应的属性取自同一个域，则关系 R 与关系 S 的并由属于 R 或属于 S 的元组组成，其结果关系仍为 n 目关系，记作：

$$R \cup S = \{t | t \in R \vee t \in S\}$$

其中，t 代表元组。

【例 1-1】利用表 1-3 和表 1-4 所示的数据做并运算，得到的结果如表 1-5 所示。

表 1-5　R∪S

学　号	姓　名	性　别
201003101	赵晓飞	男
201003120	杨海峰	男
201003302	周嫣红	女
201104011	陈雨烟	女
201003301	张明磊	男

2. 差（Difference）运算

设关系 R 和关系 S 具有相同的目 n，且相应的属性取自同一个域，则关系 R 与关系 S 的差由属于 R 而不属于 S 的所有元组组成，其结果关系仍为 n 目关系，记作：

$$R-S = \{t | t \in R \wedge t \notin S\}$$

【例 1-2】利用表 1-3 和表 1-4 所示的数据做差运算，得到的结果如表 1-6 所示。

表 1-6　R−S

学　号	姓　名	性　别
201003101	赵晓飞	男
201003120	杨海峰	男

3. 交（Intersection）运算

设关系 R 和关系 S 具有相同的目 n，且相应的属性取自同一个域，则关系 R 与关系 S 的交由既属于 R 又属于 S 的元组组成，其结果关系仍为 n 目关系，记作：

$$R \cap S = \{t | t \in R \wedge t \in S\}$$

【例 1-3】利用表 1-3 和表 1-4 中所示的数据做交运算，得到的结果如表 1-7 所示。

表 1-7　$R \cap S$

学　号	姓　名	性　别
201003302	周嫣红	女

4．广义笛卡儿积（Extended Cartesian Product）

（1）笛卡儿积的定义

在数学中，两个集合 X 和 Y 的笛卡儿积（Cartesian Product）又称直积，表示为 $X \times Y$，是其第一个对象是 X 的成员而第二个对象是 Y 的一个成员的所有可能的有序对，记作：

$$X \times Y = \{(x,y)|x \in X \wedge y \in Y\}$$

笛卡儿积得名于笛卡儿，他的解析几何的公式化引发了这个概念。

具体来说，如果集合 X 是 6 个元素的点数集合{A，K，5，4，3，2}，而集合 Y 是 4 个元素的花色集合{♠，♥，♦，♣}，则这两个集合的笛卡儿积是 24 个元素的标准扑克牌的集合：

{(A，♠)，(K，♠)，…，(2，♠)，(A，♥)，(K，♥)，…，(2，♥)，(A，♦)，(K，♦)，…，(2，♦)，(A，♣)，(K，♣)，…，(2，♣)}

（2）广义笛卡儿积运算

数学家将关系定义为一系列域上的笛卡儿积的子集。这一定义与人们对表的定义几乎完全相符。人们把关系看成一个集合，这样就可以将一些直观的表格以及对表格的汇总和查询工作转换成数学的集合以及集合的运算问题。

设关系 R 为 n 目，关系 S 为 m 目，则关系 R 和关系 S 的广义笛卡儿积为（$n+m$）目元组的集合，记作：

$$R \times S = \{\widehat{t_r t_s} \mid t_r \in R \wedge t_s \in S\}$$

其中，元组的前 n 个分量是关系 R 的一个元组，后 m 个分量是关系 S 的一个元组。

【例 1-4】利用表 1-3 和表 1-4 中所示的数据做广义笛卡儿积，其结果如表 1-8 所示。

表 1-8　$R \times S$

学　号	姓　名	性　别	学　号	姓　名	性　别
201003101	赵晓飞	男	201104011	陈雨烟	女
201003101	赵晓飞	男	201003301	张明磊	男
201003101	赵晓飞	男	201003302	周嫣红	女
201003120	杨海峰	男	201104011	陈雨烟	女
201003120	杨海峰	男	201003301	张明磊	男
201003120	杨海峰	男	201003302	周嫣红	女
201003302	周嫣红	女	201104011	陈雨烟	女
201003302	周嫣红	女	201003301	张明磊	男
201003302	周嫣红	女	201003302	周嫣红	女

1.2.2　专门的关系运算

在关系数据库中查询用户所需的数据时，需要对关系进行一定的关系运算。关系运算主要有选择、投影和连接 3 种。

1. 选择

选择运算是根据某些条件对关系做水平分割，即从关系中找出满足条件的记录。它可以根据用户的要求从关系中筛选出满足一定条件的记录，这种运算可以得到一个新的关系，其中的元组是原关系的一个子集，但不影响原关系的结构。条件可用命题公式（即计算机语言中的条件表达式）F 表示。关系 R 关于公式 F 的选择运算用 $\sigma_F(R)$表示，形式定义如下：

$$\sigma_F(R) = \{t|t \in R \wedge F(t)=\text{true}\}$$

其中，σ 为选择运算符；$\sigma_F(R)$表示从 R 中挑选满足公式 F 为真的元组所构成的关系。这是从行的角度进行的运算。

例如，$\sigma_{2>'3'}(R)$表示从 R 中挑选第 2 个分量值大于 3 的元组所构成的关系。

2. 投影

投影运算是从关系内选择出若干属性列组成新的关系。它可以根据用户的要求从关系中选出若干字段组成新的关系，字段的个数或顺序往往不同。关系 R 的投影运算用 $\pi_A(R)$表示，形式定义如下：

$$\pi_A(R) = \{ t[A] \mid t \in R \}$$

其中，A 为 R 的属性列。投影操作是从列的角度进行的运算。投影之后不仅取消了原关系中的某些列，而且取消完全相同的元组。

例如，$\pi_{3,1}(R)$表示关系 R 中取第 1，3 列，组成新的关系，新关系中第 1 列为 R 的第 3 列，新关系的第 2 列为 R 的第 1 列。

有了上述两个运算后，对一个关系内的任意行、列的数据都可以方便地找到。

3. 连接

在数学上，可以用笛卡儿积建立两个关系间的连接，但这样得到的关系数据冗余度大，在实际应用中一般两个相互关联的关系需要满足一定的条件，使所得的结果一目了然，这就是连接运算。连接也称 θ 连接，它是从两个关系的笛卡儿积中选取属性间满足一定条件的元组组成新的关系。关系 R 和 S 的连接运算形式定义如下：

$$R \underset{A\theta B}{\bowtie} S = \{t \mid t=<t_r,t_s> \wedge t_r \in R \wedge t_s \in S \wedge t_r[A]\ \theta\ t_s[B]\}$$

其中，A 和 B 分别为关系 R 和 S 上度数相同且可比的属性组。

连接运算中有两种最为常用的连接，分别是等值连接和自然连接。

（1）等值连接（Equi-join）

等值连接即将连接中的 θ 换成 =，功能是从关系 R 和 S 的笛卡儿积中选取 A，B 属性值相等的那些元组。它的形式定义如下：

$$R \underset{A=B}{\bowtie} S = \{t \mid t=<t_r,t_s> \wedge t_r \in R \wedge t_s \in S \wedge t_r[A] = t_s[B]\}$$

（2）自然连接（Natural-join）

自然连接是一种特殊的等值连接，它要求两个关系中进行比较的分量必须是相同的属性组，并且要在结果中将重复的属性去掉。它的形式定义如下：

$$R \bowtie S = \{t \mid t=<t_r,t_s> \wedge t_r \in R \wedge t_s \in S \wedge t_r[B] = t_s[B]\}$$

【例 1-5】利用表 1-3 和表 1-9 所示的数据，将两表按学号进行等值连接。等值连接的结果如表 1-10 所示。

表 1-9　成绩表

学　号	课 程 号	成　绩
201003101	001	89
201003120	001	87
201003120	002	90

表 1-10　等值连接

学　号	姓　名	性　别	学　号	课 程 号	成　绩
201003101	赵晓飞	男	201003101	001	89
201003120	杨海峰	男	201003120	001	87
201003120	杨海峰	男	201003120	002	90

【例 1-6】利用表 1-3 和表 1-9 所示的数据，将两表进行自然连接。自然连接的结果如表 1-11 所示。

表 1-11　自然连接

学　号	姓　名	性　别	课 程 号	成　绩
201003101	赵晓飞	男	001	89
201003120	杨海峰	男	001	87
201003120	杨海峰	男	002	90

1.2.3　关系的完整性

关系模型的完整性规则是用来约束关系的，以保证数据库中数据的正确性和一致性。关系模型的完整性共有 3 类：实体完整性、参照完整性和用户定义的完整性。实体完整性和参照完整性是关系模型必须满足的完整性约束条件，由关系数据库管理系统自动支持。

1．实体完整性

一个关系通常对应现实世界的一个实体集，如学生关系对应于学生的集合。现实世界中的实体是可区分的，即它们具有某种唯一性标志。相应地，关系模型中以主码作为唯一性标志。主码中的属性即主属性不能取空值。所谓空值就是“不知道”或“无意义”的值。如果主属性取空值，就说明存在某个不可标识的实体，即存在不可区分的实体，这与现实世界的应用环境相矛盾，因此这个实体一定不是一个完整的实体。

实体完整性的规则为：若属性 A 是关系 R 的主属性，则属性 A 不能取空值。

2．参照完整性

现实世界中的实体之间往往存在一定的联系，在关系模型中实体与实体的联系是用关系来描述的。参照完整性就是指关系之间能否正确进行联系的规则。两个表能否正确进行联系，外码是关键。

【例 1-7】两个实体学生和院系由以下两个关系表示，主码用下画线标识。

学生（学号，姓名，院系号）

院系（院系号，院系名）

“院系号”是学生表的一个属性，但不是学生表的主码，“院系号”与院系表的主码相对应，则“院系号”是学生表的外码。学生表中某个属性的取值要参照院系表属性的取值。我们可以清楚地看到外码“院系号”是联系学生表和院系表的桥梁，两个关系进行联系就是通过外码实现的。

参照完整性规则为：若属性（或属性组）*F* 是基本关系 *R* 的外码，它与关系 *S* 的主码 Ks 相对应（关系 *R* 和 *S* 不一定是不同的关系），则对于 *R* 中每一个元组在 *F* 上的值必须为取空值（*F* 的每个属性值均为空值），或者等于 *S* 某个元组的主码值。

在例 1-7 中，关系“学生 *R*（学号、姓名、院系号 *F*）”和关系“院系 *S*（院系号 Ks、院系名）”中，学生关系的“院系号 *F*”可以为空值，表示尚未给该学生分配院系；或者非空值，但必须是院系关系中某个元组的“院系号 Ks”属性的值，表示不能把学生分到一个根本不存在的院系，即被参照关系“院系”中一定存在一个元组，它的主码值等于参照关系“学生”中的外码值。

3. 用户定义的完整性

用户定义的完整性针对某一具体数据库的约束条件，由应用环境决定，它反映了某一具体应用所涉及的数据必须满足的语义要求。例如，成绩的取值，用户一般会定义为 0～100。关系模型应提供定义和检验这类完整性机制，以便用统一的方法处理它们，而不需要由应用程序承担这一功能。

在实际系统中，这类完整性规则一般在建立库表的同时进行定义，应用编程人员不需再做考虑。如果某些约束条件没有建立在库表一级，则应用编程人员应在各模块的具体编程中通过程序进行检验和控制。

1.2.4 实体模型

实体模型是利用实体内部的联系和实体间的联系来描述客观事物及其联系，有以下术语。

1. 实体

客观存在并且可以相互区别的“事物”称为实体。实体可以是具体的，如一台计算机、一本书、一个工人；也可以是抽象的，如一堂课、一场演出等。

2. 属性

描述实体的“特征”称为该实体的属性。如学生有学号、姓名、性别、出生年月、入校总分等方面的属性。属性有“型”和“值”之分，型即为属性名；值即为属性的具体内容，如（201003302，周嫣红，03，女，1990-09-20，2010-09-01，678，-1）。

3. 实体型

具有相同属性的实体必然具有共同的特征，所以若干属性的型所组成的集合可以表示一个实体的类型，简称实体型，一般用实体名和属性名集合来表示，如“学生（学号，姓名，性别，出生年月，入校总分）”就是一个实体型。

4. 实体集

性质相同的同类实体的集合称为实体集。如所有学生、所有课程。

5. 实体间的联系

实体之间的对应关系称为联系，它反映现实世界事物之间的相互关联。例如，学生和课程是两个不同的实体，当学生选课时，两者之间则发生了关联，建立了联系。实体间联系的种类是指一个实体型中可能出现和每一个实体与另一个实体型中多少个具体实体存在联系。

① 一对一联系（1∶1）：实体集 A 中的一个实体至多与实体集 B 中的一个实体相对应；反之，实体集 B 中的一个实体至多对应于实体集 A 中的一个实体，则称实体集 A 与实体集 B 为一对一联系，如电影院中观众与座位之间、乘车旅客与车票之间、病人与病床之间等。

② 一对多联系（1∶N）：实体集 A 中的一个实体与实体集 B 中的 N（$N \geqslant 0$）个实体相对应；反之，实体集 B 中的一个实体至多与实体集 A 中的一个实体相对应，如学校与系、班级与学生、省与市等。

③ 多对多联系（M∶N）：实体集 A 中的一个实体与实体集 B 中的 N（$N \geqslant 0$）个实体相对应；反之，实体集 B 中的一个实体与实体集 A 中的 M（$M \geqslant 0$）个实体相对应，如教师与学生、学生与课程、工厂与产品、商店与顾客等。

1.3 关系规范化基础

关系数据库中的关系必须满足一定的规范化要求，对于不同的规范化程度可用范式来衡量。范式（normal form，NF）是符合某一种级别的关系模式的集合，是衡量关系模式规范化程度的标准，达到的关系才是规范化的。目前主要有 6 种范式：第一范式、第二范式、第三范式、BCNF 范式、第四范式和第五范式。满足最低要求的称为第一范式，简称为 1NF。在第一范式基础上进一步满足一些要求的称为第二范式，简称为 2NF。其余依此类推。显然各种范式之间存在下面联系：

$$1NF \supset 2NF \supset 3NF \supset BCNF \supset 4NF \supset 5NF$$

通常把某一关系模式 R 为第 n 范式简记为 $R \in n$NF。

范式的概念最早是由 E.F.Codd 提出的。在 1971—1972 年间，他先后提出了 1NF、2NF、3NF 的概念，1974 年他又和 Boyee 共同提出了 BCNF 的概念，1976 年 Fagin 提出了 4NF 的概念，后来又有人提出了 5NF 的概念。在这些范式中，最重要的是 3NF 和 BCNF，它们是进行规范化的主要目标。一个低一级范式的关系模式，通过模式分解可以转换为若干高一级范式的关系模式的集合，这个过程称为规范化。

1.3.1 规范化的含义

关系模式的规范化主要解决的问题是关系中数据冗余及由此产生的操作异常。当一个关系中的所有分量都是不可分的数据项时，就称该关系是规范化的。

表 1-12 和表 1-13 由于具有组合数据项或多值数据项，因而都不是规范化的关系。

表 1-12　具有组合数据项的非规范化关系

职工号	姓名	工资		
		基本工资	职务工资	工龄工资

表 1-13　具有多值数据项的非规范化关系

职工号	姓名	职称	系名	学历	毕业年份
01103	周向前	教授	计算机	大学	1983
				研究生	1992
03306	陈长根	讲师	计算机	大学	1995

1.3.2 关系规范化

1. 第一范式（1NF）

如果关系模式 R 中每个属性值都是一个不可分解的数据项，则称该关系模式满足第一范式（1NF），记为 $R \in 1NF$。

第一范式规定了一个关系中的属性值必须是“原子”的，它排斥了属性值为元组、数组或某种复合数据的可能性，使得关系数据库中所有关系的属性值都是“最简形式”，这样要求的意义在于可能做到起始结构简单，为以后复杂情形讨论带来方便。一般而言，每一个关系模式都必须满足第一范式，1NF 是对关系模式的起码要求。

非规范化关系转化为 1NF 的方法很简单，当然也不是唯一的，对表 1–12 和表 1–13 分别进行横向和纵向展开，即可转化为表 1–14 和表 1–15 所示的符合 1NF 的关系。

表 1–14 具有组合数据项的规范化关系

职工号	姓名	基本工资	职务工资	工龄工资

表 1–15 具有多值数据项的规范化关系

职工号	姓名	职称	系名	学历	毕业年份
01103	周向前	教授	计算机	大学	1983
01103	周向前	教授	计算机	研究生	1992
03307	陈长根	讲师	计算机	大学	1995

但是，满足第一范式的关系模式并不一定是一个好的关系模式。例如，关系模式 SLC（SNO，DEPT，SLOC，CNO，GRADE），其中关系 SLC 中，SNO 为学号，DEPT 为系名，SLOC 为学生住处，CNO 为课号，GRADE 为成绩。假设每个学生住在同一地方，SLC 的码为（SNO，CNO）。

显然，SLC 满足第一范式。这里（SNO，CNO）两个属性一起函数决定 GRADE。（SNO，CNO）也函数决定 DEPT 和 SLOC。但实际上仅 SNO 就函数决定 DEPT 和 SLOC，因此非主属性 DEPT 和 SLOC 部分函数依赖于码（SNO，CNO）。完全依赖用 F 表示，部分依赖用 P 表示。函数依赖包括：

(SNO，CNO) $\xrightarrow{F}$ GRADE

SNO→DEPT

(SNO，CNO) $\xrightarrow{P}$ DEPT

SNO→SLOC

(SNO，CNO) $\xrightarrow{P}$ SLOC

DEPT→SLOC（因为每个系只住一个地方）

SLC 关系存在以下 3 个问题：

（1）插入异常

假若要插入一个 SNO="95102"，DEPT = "IS"，SLOC = "N"，但还未选课的学生，即这个学生无 CNO，这样的元组不能插入 SLC 中，因为插入时必须给定码值，而此时码值的一部分为空，因而该学生的信息无法插入。

（2）删除异常

假定某个学生只选修了 1 门课，如 99022 号学生只选修了 3 号课程，课程 3 是主属性，删除了课程号 3，整个元组就不能存在了，也必须随之删除，从而删除了 99022 号学生的其他信息，产生了删除异常，即不应删除的信息也删除了。

（3）数据冗余度大

如果一个学生选修了 10 门课程，那么他的 DEPT 和 SLOC 值就要重复存储 10 次。并且当某个学生从数学系转到信息系，这只是一件事，只需要修改此学生元组中的 DEPT 值。但因为关系模式 SLC 还含有系的住处 SLOC 属性，学生转系将同时改变住处，因而还必须修改元组中 SLOC 的值。另外，如果这个学生选修了 10 门课，由于 DEPT，SLOC 重复存储了 10 次，当数据更新时必须无遗漏地修改 10 个元组中全部 DEPT，SLOC 信息，这就造成了修改的复杂化，存在破坏数据一致性的隐患。因此，SLC 不是一个好的关系模式。

2．第二范式（2NF）

如果一个关系模式 $R \in$ 1NF，且它的所有非主属性都完全函数依赖于 R 的任一候选码，则 $R \in$ 2NF。

关系模式 SLC 出现上述问题的原因是 DEPT，SLOC 对码的部分函数依赖。为了消除这些部分函数依赖，可以采用投影分解法，把 SLC 分解为两个关系模式：

```
SC（SNO，CNO，GRADE）
SL（SNO，DEPT，SLOC）
```

其中，SC 的码为（SNO，CNO），SL 的码为 SNO。

显然，在分解后的关系模式中，非主属性都完全函数依赖于码了，从而使上述 3 个问题在一定程度上得到部分的解决。

① 在 SL 关系中可以插入尚未选课的学生。

② 删除学生选课情况涉及的是 SC 关系，如果一个学生所有的选课记录全部删除了，只是 SC 关系中没有关于该学生的记录了，不会牵涉到 SL 关系中关于该学生的记录。

③ 由于学生选修课程的情况与学生的基本情况是分开存储在两个关系中的，因此不论该学生选多少门课程，他的 DEPT 和 SLOC 值都只存储了一次，这就大大降低了数据冗余程度。

④ 由于学生从数学系转到信息系，只需修改 SL 关系中该学生元组的 DEPT 值和 SLOC 值，由于 DEPT，DLOC 并未重复存储，因此简化了修改操作。

2NF 不允许关系模式的属性之间有函数依赖 $X \rightarrow Y$，其中 X 是码的真子集，Y 是非主属性。显然，码只包含一个属性的关系模式，如果属于 1NF，那么它一定属于 2NF，因为它不可能存在非主属性对码的部分函数依赖。

上例中的 SC 关系和 SL 关系都属于 2NF。可见，采用投影分解法将一个 1NF 的关系分解为多个 2NF 的关系，可以在一定程度上减轻原 1NF 关系中存在的插入异常、删除异常、数据冗余度大等问题。

但是将一个 1NF 关系分解为多个 2NF 的关系，并不能完全消除关系模式中的各种异常情况和数据冗余。也就是说，属于 2NF 的关系模式并不一定是一个好的关系模式。

例如，2NF 关系模式 SL（SNO，DEPT，SLOC）中有下列函数依赖。

```
SNO→DEPT
DEPT→SLOC
SNO→SLOC
```

由上可知，SLOC 通过 DEPT 传递函数依赖于 SNO，即 SL 中存在非主属性对码的传递函数依赖，SL 关系中仍然存在删除异常、数据冗余度大和修改复杂的问题。

① 删除异常：如果某个系的学生全部毕业了，在删除该系学生信息的同时，把这个系的信息也丢掉了。

② 数据冗余度大：每一个系的学生都住在同一个地方，关于系的住处的信息却重复出现，重复次数与该系学生人数相同。

③ 修改复杂：当学校调整学生住处时，比如信息系的学生全部迁到另一地方住宿，由于关于每个系的住处信息是重复存储的，修改时必须同时更新该系所有学生的 SLOC 属性值。

所以，SL 仍然存在操作异常问题。仍然不是一个好的关系模式。

3．第三范式（3NF）

如果一个关系模式 $R\in$ 2NF，且所有非主属性都不传递函数依赖于任何候选码，则 $R\in$ 3NF。

关系模式 SL 出现上述问题的原因是 SLOC 传递函数依赖于 SNO。为了消除该传递函数依赖，可以采用投影分解法，把 SL 分解为两个关系模式：

SD（SNO，DEPT）
DL（DEPT，SLOC）

其中，SD 的码为 SNO，DL 的码为 DEPT。

显然，在关系模式中既没有非主属性对码的部分函数依赖也没有非主属性对码的传递函数依赖，基本上解决了上述问题。

① DL 关系中可以插入不在校学生的院系信息。

② 某个系的学生全部毕业了，只是删除 SD 关系中的相应元组，DL 关系中关于该系的信息仍然存在。

③ 关于系的住处的信息只在 DL 关系中存储一次。

④ 当学校调整某个系的学生住处时，只需修改 DL 关系中一个相应元组的 SLOC 属性值。

3NF 不允许关系模式的属性之间有函数依赖 $X\rightarrow Y$，其中 X 不包含码，Y 是非主属性。X 不包含码有两种情况：一种情况 X 是码的真子集，这也是 2NF 不允许的；另一种情况 X 含有非主属性，这是 3NF 进一步限制的。

上例中的 SD 关系和 DL 关系都属于 3NF。可见，采用投影分解法将一个 2NF 的关系分解为多个 3NF 的关系，可以在一定程度上解决原 2NF 关系中存在的插入异常、删除异常、数据冗余度大、修改复杂等问题。

但是，将一个 2NF 关系分解为多个 3NF 的关系后，并不能完全消除关系模式中的各种异常情况和数据冗余。也就是说，属于 3NF 的关系模式虽然基本上消除大部分异常问题，但解决得并不彻底，仍然存在不足。

例如，模型 SC（SNO，SNAME，CNO，GRADE），如果姓名是唯一的，模型存在两个候选码：（SNO，CNO）和（SNAME，CNO）。

模型 SC 只有一个非主属性 GRADE，对两个候选码（SNO，CNO）和（SNAME，CNO）都是完全函数依赖，并且不存在对两个候选码的传递函数依赖，因此 SC $\in$ 3NF。

但是当学生退选了课程，元组被删除也失去学生学号与姓名的对应关系，因此仍然存在删除异常的问题；并且由于学生选课很多，姓名也将重复存储，造成数据冗余。因此 3NF 虽然已经是比较好的模型，但仍然存在改进的余地。

4. BCNF 范式

若关系模式 $R \in 1NF$，对任何非平凡的函数依赖 $X \rightarrow Y (Y \not\subset X)$，$X$ 均包含码，则 $R \in BCNF$。

BCNF 是从 1NF 直接定义而成的，可以证明，如果 $R \in BCNF$，则 $R \in 3NF$。

由 BCNF 的定义可以看到，每个 BCNF 的关系模式都具有如下 3 个性质。

① 所有非主属性都完全函数依赖于每个候选码。

② 所有主属性都完全函数依赖于每个不包含它的候选码。

③ 没有任何属性完全函数依赖于非码的任何一组属性。

如果关系模式 $R \in BCNF$，由定义可知，R 中不存在任何属性传递函数依赖于或部分依赖于任何候选码，所以必定有 $R \in 3NF$。但是，如果 $R \in 3NF$，那么 R 未必属于 BCNF。

如果一个关系数据库中的所有关系模式都属于 BCNF，那么在函数依赖范畴内，它已实现了模式的彻底分解，达到了最高的规范化程度，消除了插入异常和删除异常。

BCNF 是对 3NF 的改进，但是在具体实现时有时是有问题的。例如，下面的模型 SJT（U，F）中（注，U 是属性集，F 是依赖集）：

U=STJ，F={SJ→T，ST→J，T→J}

码是 ST 和 SJ，没有非主属性，所以 $STJ \in 3NF$。

但是，非平凡的函数依赖 T→J 中 T 不是码，因此 SJT 不属于 BCNF。

而当用分解的方法提高规范化程度时，将破坏原来模式的函数依赖关系，这对于系统设计来说是有问题的。这个问题涉及模式分解的一系列理论问题，在这里不再做进一步的探讨。

在信息系统的设计中，普遍采用的是“基于 3NF 的系统设计”方法，就是由于 3NF 是无条件可以达到的，并且基本解决了“异常”的问题，因此这种方法目前在信息系统的设计中仍然被广泛地应用。

如果仅考虑函数依赖这一种数据依赖，属于 BCNF 的关系模式已经很完美了。但如果考虑其他数据依赖，如多值依赖，属于 BCNF 的关系模式仍存在问题，不能算是一个完美的关系模式。

1.4 Access 简介

Access 是 Office 办公套件中一个极为重要的组成部分。Access 1.1 诞生于 20 世纪 90 年代初期，目前最新版本是 2015 年发布的 Access 2016，而得以广泛使用的是 2010 年发布的 Access 2010。历经多次升级改版，Access 的功能越来越强大，操作则越来越简单。尤其是 Access 与 Office 的高度集成，风格统一的操作界面使得许多初学者更容易掌握。Access 目前已经是应用广泛的中小型数据库管理程序。Access 与其他数据库开发系统相比，其优点是用户不用编写一行一行的代码，就可以在很短的时间里开发出一个功能强大且相当专业的数据库应用程序，并且这一过程是完全可视的，如果能给它加上一些简短的 VBA 代码，那么开发出的程序功能将更加完善。

1.4.1 Access 2010 的启动和退出

要想熟练应用 Access 2010，首先要掌握 Access 2010 的启动和关闭。

1. Access 2010 的启动

应用 Access 的第一步就是启动 Access，常用的启动方式有下面几种。

① 从“开始”菜单启动 Access。选择“开始”→“程序”→“Microsoft Office”→“Microsoft Office Access 2010”命令，即可打开 Access 窗口，如图 1-6 所示。

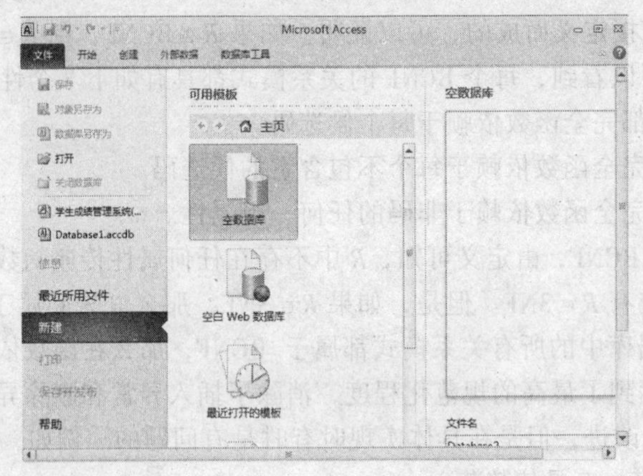

图 1-6 Access 窗口

② 使用“运行”命令启动 Access。选择“开始”→“运行”命令，在弹出的“运行”对话框中输入命令“msaccess”，单击“确定”按钮即可。

③ 通过打开已有的数据库来启动 Access。在 Windows 资源管理器中，双击一个 Access 数据库，即可启动 Access，如图 1-7 所示。

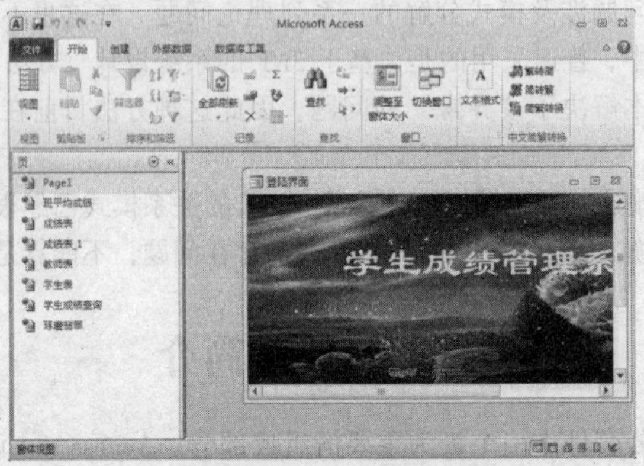

图 1-7 打开指定的数据库窗口

2. Access 2010 的退出

Access 2010 的退出方式与 Microsoft Office 2010 办公套件中其他软件的退出方法相同。要退出 Access 2010 可选择以下几种方式之一：

① 选择“文件”→“退出”命令。

② 单击 Access 主窗口的“关闭”按钮。

③ 单击标题栏左侧“控制菜单”图标，在下拉菜单中选择“关闭”命令。

④ 双击标题栏左侧“控制菜单”图标。

⑤ 按【Alt+F4】组合键。

1.4.2 Access 2010 的工作环境

Access 2010 用户界面与之前版本相比发生了很多变化。功能区取代了以前版本中的菜单和工具栏。导航窗格取代并扩展了数据库窗口的功能。Access 2010 中新增的 Backstage 视图使用户能够访问应用于整个数据库的所有命令或来自“文件”选项卡的命令。下面来了解 Access 2010 的工作界面。

1. Access 2010 的窗口组成

成功启动 Access 2010 后，就会进入 Access 2010 工作首界面，Access 2010 以全新的用户界面展现在用户面前，如图 1-8 所示。

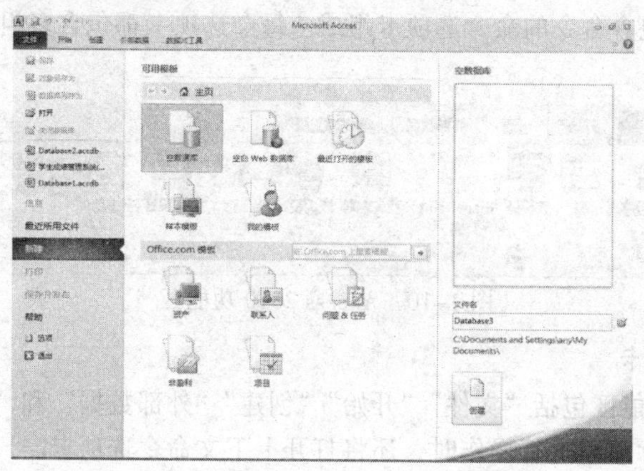

图 1-8 Access 2010 工作首界面

与以前的版本相比，尤其是与 Access 2007 之前的版本相比，Access 2010 的用户界面发生了重大变化。Access 2007 中引入了两个主要的用户界面组件：功能区和导航窗格。而在 Access 2010 中，不仅对功能区进行了多处更改，而且还新引入了第 3 个用户界面组件 Microsoft Office Backstage 视图。Access 2010 用户界面的 3 个主要组件是：

① 功能区：包含多组命令且横跨程序窗口顶部的带状选项卡区域。

② Backstage 视图：功能区的“文件”选项卡上显示的命令集合。

③ 导航窗格：Access 程序窗口左侧的窗格，用户可以在其中使用数据库对象。导航窗格取代了 Access 2007 之前版本中的数据库窗口。

这 3 个元素提供了供用户创建和使用数据库的环境。Access 2010 系统的主窗口如图 1-9 所示。通常 Access 2010 窗口由 5 部分组成：选项卡按钮组、功能区、导航窗格、状态栏和数据库窗口。其中，选项卡按钮组在屏幕的最上方，功能区在选项卡按钮组的下面，左边是导航窗格，状态栏在屏幕的最下方，状态栏右上方的空间则是数据库窗口。

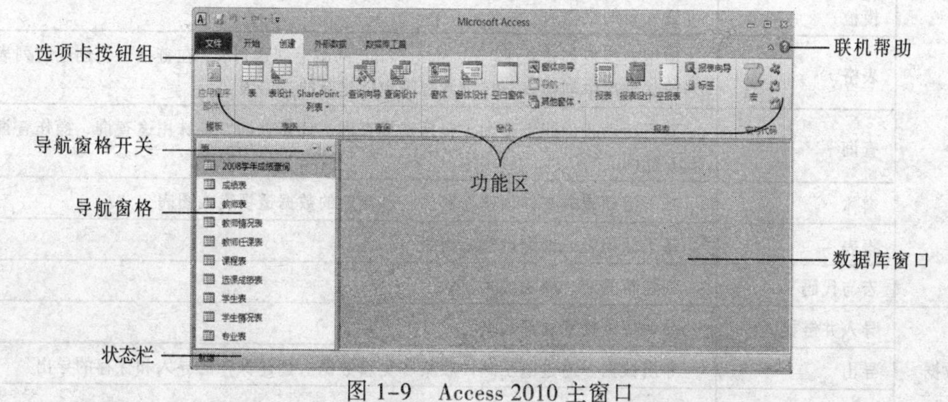

图 1-9 Access 2010 主窗口

2. 功能区

功能区是菜单和工具栏的主要替代部分，并提供了 Access 2010 中主要的命令界面。功能区的主要优势之一是：它将通常需要使用菜单、工具栏、任务窗格和其他用户界面组件才能显示的任务或入口点集中在一个地方。这样一来，用户只需在一个位置查找命令，而不用四处查找命令。

打开数据库时，功能区显示在 Access 主窗口的顶部，此处显示了活动命令选项卡中的命令。功能区由一系列包含命令的命令选项卡组成。每个选项卡都包含多组相关命令，如图 1-10 所示。

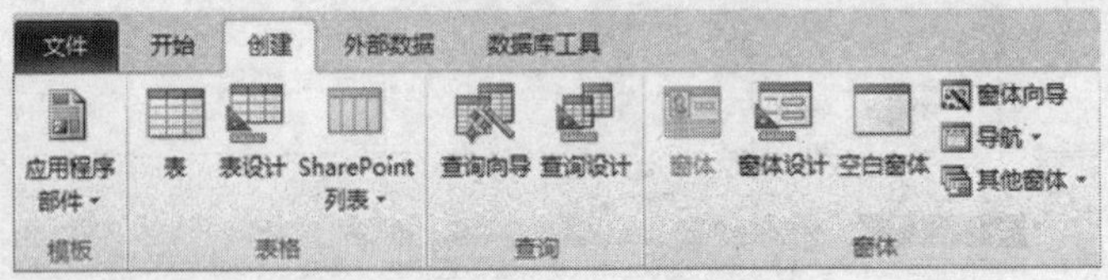

图 1-10 Access 2010 功能区

3. 选择命令选项卡

Access 2010 的功能区包括“文件”“开始”“创建”“外部数据”和“数据库工具”等选项卡，此外，在对数据库对象进行操作时，还将打开上下文命令选项卡。

（1）常用命令选项卡

Access 2010 常用命令选项卡的功能如表 1-16 所示。

表 1-16 常用命令选项卡的功能

命令选项卡	组	功能介绍
开始	视图	选择不同的视图
	剪贴板	从剪贴板复制和粘贴
	排序和筛选	对记录进行排序和筛选
	记录	使用记录（刷新、新建、保存、删除、汇总、拼写检查及更多）
	查找	查找记录
	窗口	调整窗口及切换窗口
	文本格式	设置当前的字体特性，设置当前的字体对齐方式
	中文简繁转换	对中文简体字和繁体字进行转换
创建	模板	插入新的空白表
	表格	使用表模板创建新表。在 SharePoint 网站上创建列表，在链接至新创建的列表的当前数据库中创建表。在设计视图中创建新的空白表
	查询	基于活动表创建新查询（包括选择查询、计算查询、特殊用途查询、操作查询和 SQL 查询）
	窗体	基于活动表或查询创建新窗体。创建新的数据透视表或图表
	报表	基于活动表或查询创建新报表
	宏与代码	创建新的宏、模块或类模块
外部数据	导入并链接	导入或链接到外部数据
	导出	导出数据。通过电子邮件收集和更新数据。创建保存的导入和保存的导出
	收集数据	运行链接表管理器

续表

命令选项卡	组	功能介绍
数据库工具	工具	将部分或全部数据库移至新的或现有 SharePoint 网站
	宏	启动 Visual Basic 编辑器或运行宏
	关系	创建和查看表关系。显示/隐藏对象相关性
	分析	运行数据库文档或分析性能
	移动数据	将数据移至 Microsoft SQL Server 或 Access（仅限于表）数据库
	加载项	管理 Access 加载项。创建或编辑 Visual Basic for Applications（VBA）模块

（2）“文件”选项卡

“文件”选项卡与其他选项卡的结构和布局有所不同，单击“文件”选项卡，打开文件窗口，如图 1-11 所示。窗口分左右两个窗格，左窗格显示与文件操作相关的按钮，右窗格显示执行不同命令的结果，使用“文件”选项卡中的命令可以实现创建、打开、关闭、保存数据库等操作。

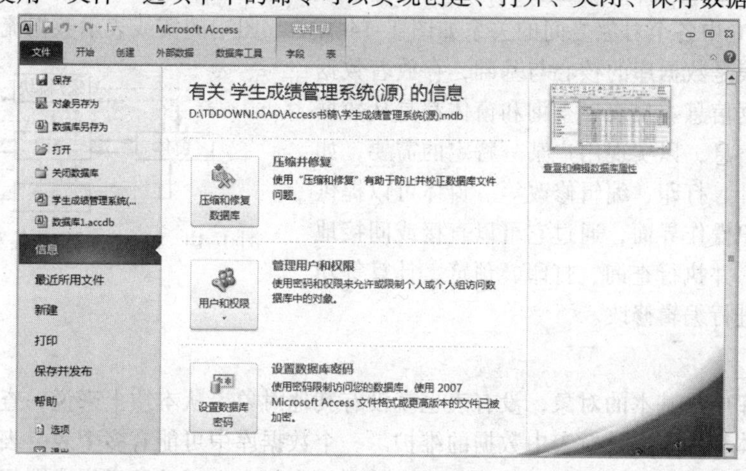

图 1-11 “文件”窗口

（3）上下文命令选项卡

除标准命令选项卡之外，Access 2010 还有上下文命令选项卡。根据上下文（即进行操作的对象以及正在执行的操作）的不同，标准命令选项卡旁边可能会出现一个或多个上下文命令选项卡。例如，打开数据表视图时，会出现“表格工具”下的“字段”或“表”选项卡，如图 1-12 所示。

图 1-12　上下文命令选项卡

上下文命令选项卡可根据所选对象的状态不同自动显示或关闭，为用户带来极大的方便。

4．Access 2010 导航窗格

导航窗格用于显示数据库的所有对象，在对数据库进行操作时使用该窗格进行对象的切换。导航窗格取代了早期版本的 Access 中所用的数据库窗口。例如，如果要在数据表视图中

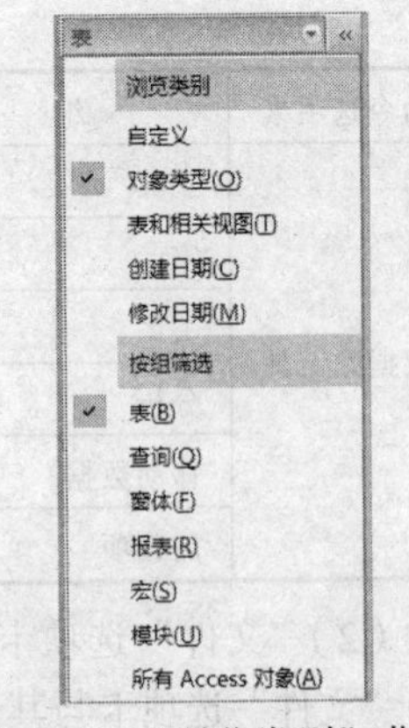

图 1-13 “浏览类别”菜单

将行添加到表，则可以从导航窗格中打开该表。导航窗格有折叠和展开两种状态，单击导航窗格上方的按钮和，可以折叠和展开导航窗格。在导航窗格中的任何数据库对象上右击即可打开快捷菜单，可以从中选择需要的命令执行相应的操作。

单击导航窗体右上角的按钮，弹出“浏览类别”菜单，如图 1-13 所示。然后选择所需要的对象即可进行切换。

1.4.3 Access 2010 的数据库对象

在 Access 2010 中，一个数据库包含的对象有表、查询、窗体、报表、页、宏和模块，其余的对象都存放在同一个数据库文件（.accdb）中，而不像某些数据库是分别存放于不同的文件中，这样就方便了数据库文件的管理。

Access 2010 中各个对象之间的关系如图 1-14 所示，图中的实线表示数据流，虚线表示控制流。其中，表是数据库的核心与基础，存放着数据库中的全部数据信息。报表、查询和窗体都是从数据表中获得数据信息，以实现用户某一特定的需要，如查找、计算统计、打印、编辑修改等。窗体可以提供一种良好的用户操作界面，通过它可以直接或间接地调用宏或模块，并执行查询、打印、预览、计算等功能，甚至对表进行编辑修改。

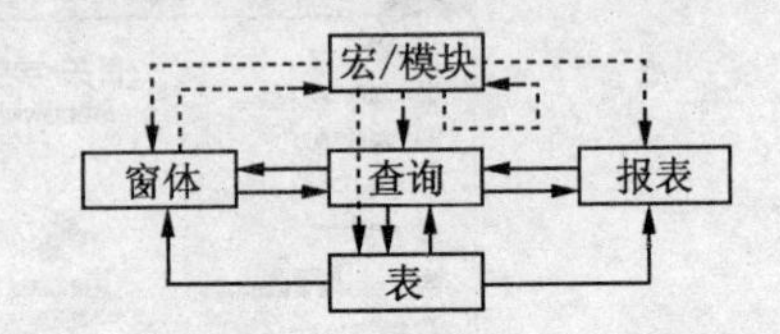

图 1-14 Access 2010 各对象之间的关系

1. 表

表是数据库中最基本的对象，没有表也就没有其他对象。从本质上来说，查询是对表中数据的查询，窗体和报表也是对表中数据的维护。一个数据库中可能有多个表，表与表之间通常是有关系的，可以通过有相同内容的字段建立关联。表与表之间的关系构成数据库的核心。

2. 查询

查询就是从一个或多个表（或查询）中选择一部分数据，将它们集中起来，形成一个全局性的集合，供用户查看。查询可以从表中查询，也可以从另一个查询（子查询）的结果中再查询。查询作为数据库的一个对象保存后，就可以作为窗体、报表甚至另一个查询的数据源。

3. 窗体

窗体是用户与数据库交互的界面，是数据库维护的一种最灵活的方式。窗体的数据源可以是表，也可以是查询。与 Visual Basic 中的窗体一样，Access 中的窗体可以看作一个容器，在其中可以放置标签、文本框、列表框等控件来显示表（或查询）中的数据。通常情况下，一个窗体中只显示一条记录的信息，但是用户可以利用下面的移动按钮和滚动条来查看其他记录。在窗体上，用户可以对表（或查询）中的数据进行修改、添加、删除等操作。

4. 报表

Access 中的报表与现实中的报表相同，是一种按指定的样式格式化的数据形式，可以浏览和打印。与窗体一样，报表的数据源可以是一个或多个表，也可以是查询。在 Access 中，不仅可以简单地将一个或多个表（或查询）中的数据组织成报表，还可以在报表中进行计算，如求和、求平均值等。

5．宏

宏是若干操作的组合，可用来简化一些经常性的操作。如果将一系列操作设计为一个宏，则在执行这个宏时，其中定义的所有操作就会按照规定的顺序依次执行。在宏中可以执行许多操作，如打开表、SQL 查询等。当数据库中有大量的工作需要处理时，使用宏是最好的选择。宏可以单独使用，也可以与窗体和报表配合使用。

6．Web 数据库

在 Access 2010 中，可以生成 Web 数据库，并将它们发布到 SharePoint 网站上。

7．模块

在模块中，用户可以用 VBA 语言编写函数过程或子程序。模块可以与报表、窗体等对象结合使用，以建立完整的应用程序。一般情况下，用户不需要创建模块，除非需要编写应用程序，完成宏所无法实现的复杂功能。

1.4.4　Access 2010 的在线学习

如果与网络连接，初学者可以通过在线帮助功能获取需要的信息。

选择"文件"→"帮助"→"Microsoft Office 帮助"命令，如图 1-15 所示。在打开的"Access 帮助"对话框中，会出现"搜索"文本框，在"搜索"文本框内输入要搜索的主题，Access 将通过 Internet 查找并列出 Office Online 中的所有相关搜索结果。Office Online 提供了有关 Office 产品使用的全面资料，用户可以在这里解决疑难问题，了解 Access 使用的高级技巧，获得最新升级信息和程序设计方法等。

例如，要从 Office Online 网页上查询 Avg 函数的帮助，通过以下操作步骤即可完成。

① 选择"文件"→"帮助"→"Microsoft Office 帮助"命令，连接 Internet 的计算机会自动通过浏览器链接到 Office Online 的主页。

② 在"搜索"文本框内输入"Avg 函数"，单击旁边的"搜索"按钮，网页中会列出搜索到的函数信息，如图 1-16 所示。

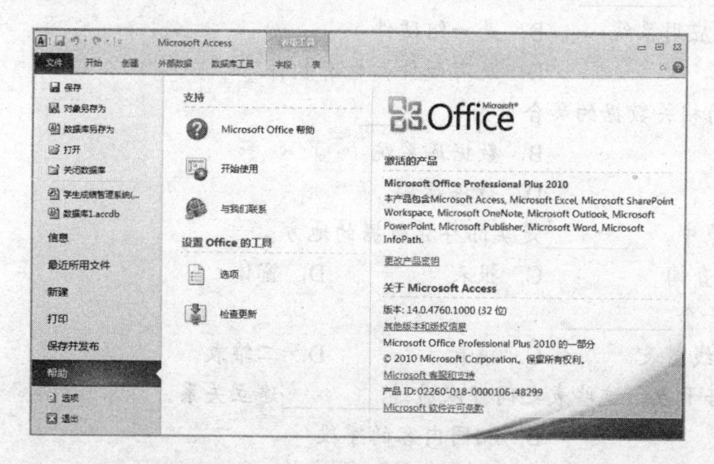

图 1-15　Microsoft Office 帮助

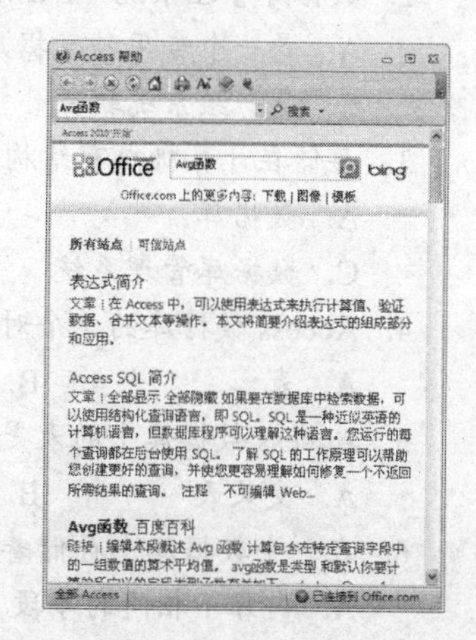

图 1-16　搜索结果

小　结

本章简要介绍了关系数据库系统的基础知识，重点介绍了关系模型的特点和关系运算，最后概要地介绍了 Access 数据库系统的基本概念及 Access 2010 窗口的基本组成。通过学习本章，读者应掌握以下内容：

① 了解数据库的相关概念。

② 了解关系数据库的基本概念。

③ 了解数据模型的基本特点以及规范化的概念。

④ 掌握 Access 2010 的工作环境。

⑤ 理解 Access 的数据库对象组成和特点。

⑥ 掌握 Access 2010 的启动、退出和帮助系统的使用。

课后练习

一、思考题

1. 数据库系统的基本组成是什么？

2. 数据库管理系统有哪些功能？

3. 关系运算有几种？每种运算的含义是什么？

4. Access 的基本对象包括哪些？

5. 简述 Access 操作窗口的功能。

二、选择题

1. 在数据管理技术的进展过程中，经历了人工管理阶段、文件系统阶段和数据库系统阶段。在这几个阶段中，数据的独立性最高的是________阶段。

A. 数据库系统　　B. 文件系统　　C. 人工管理　　D. 数据项管理

2. 数据库管理系统（DBMS）________。

A. 是一个专用的数据库应用系统　　B. 是一组硬件

C. 是一组系统软件　　D. 既有硬件，也有软件

3. 存储在计算机内有结构的相关数据的集合称为________。

A. 数据库　　B. 数据库系统

C. 数据库管理系统　　D. 数据结构

4. Access 数据库的 7 个对象中，________是实际存放数据的地方。

A. 表　　B. 查询　　C. 报表　　D. 窗体

5. Access 数据库中的表是一个________。

A. 交叉表　　B. 线型表　　C. 报表　　D. 二维表

6. 在一个数据库中存储着若干表，这些表之间可以通过________建立关系。

A. 内容不相同的字段　　B. 相同内容的字段

C. 第一个字段　　D. 最后一个字段

7. Access 中的窗体是________之间的主要接口。

A. 数据库和用户　　B. 操作系统和数据库

C. 用户和操作系统　　　　　　　　D. 人和计算机

8. 用于实现数据库各种数据操作的软件称为________。

A. 数据软件　　　　　　　　　　　B. 操作系统

C. 数据库管理系统　　　　　　　　D. 编译程序

9. 关系数据库系统中所使用的数据结构是________。

A. 树　　　B. 图　　　C. 表格　　　D. 二维表格

10. 关系数据库管理系统的 3 种基本关系运算不包括________。

A. 比较　　　B. 选择　　　C. 连接　　　D. 投影

三、填空题

1. 在关系代数的专门关系运算中，从表中取出满足条件的属性的操作称为________，从表中选出满足条件的元组的操作称为________，将两个关系中具有共同属性的元组连接到一起构成新表的操作称为________。

2. 关系数据模型可以表示实体间的 1∶1 联系，也可以表示实体间的 1∶n 联系，还可以表示实体间的________联系。

3. Access 数据库是数据和________组成的集合。

4. Access 数据库对象包括表、________、________、________、________、________和________。

5. Access 2010 是________中的一个重要组件。

6. Access 2010 窗口由________、________、________、________和________组成。

7. Access 2010 数据库中的表以行和列来组织数据，每一行称为________，每一列称为________。

8. 关系完整性是为保证数据库中数据的正确性和兼容性对关系模型提出的某种约束条件或规则。完整性通常包括________完整性、________完整性和________完整性。

9. 任何一个数据库管理系统都是基于某种数据模型的。数据库管理系统所支持的数据模型有 3 种，分别是________、________和________。

10. 两个结构相同的关系 R 和 S 的________是由属于 R 但不属于 S 的元组组成的集合。

第2章 数据库和数据表

Access是一个功能强大的关系数据库管理系统，可以组织、存储并管理任意类型和任意数量的信息。为了使读者了解和掌握Access组织和存储信息的方法，本章将详细介绍Access数据库和数据表的基本操作，包括数据库的创建、数据表的建立和数据表的编辑等内容。

2.1 创建数据库

要创建Access数据库，首先应根据用户需求对数据库应用系统进行分析和研究，全面规划，然后根据数据库系统的设计规划创建数据库。创建数据库应遵循以下规则：

① 明确建立数据库的目的。确定数据库进行哪些数据的管理，有哪些需求和功能，再决定如何在数据库中组织信息以节省资源，怎样利用有限的资源发挥最大的效用。

② 确定需要的数据表。在明确建立数据库的目的之后，即可着手设计数据库中的每一个表。

③ 确定所需要的字段。确定在每个表中要保存哪些信息。在表中，每类信息称为一个字段，在表中显示为一列。

④ 确定关系。分析所有表，确定表中的数据和其他表中的数据有何关系。必要时，可在表中加入字段或创建新表来明确关系。

⑤ 改进设计。进一步分析设计，查找其中的错误。创建表，在表中加入几个实际数据记录，看能否从表中得到想要的结果。需要时可调整设计。

⑥ 创建数据库中的其他对象。例如，创建查询、窗体、报表、宏和模块等对象。

2.1.1 创建数据库的方法

Access数据库是以磁盘文件形式存在的，文件的扩展名为.accdb。Access提供了两种创建数据库的方法：一种是使用数据库模板来完成数据库创建，利用模板向导建立相应的表、查询、窗体、报表、宏、模块和Web页等对象，从而完成一个完整的数据库；另一种是直接创建一个空的数据库，之后建立相应的表、查询、窗体、报表、宏、模块等对象。

1. 建立一个空数据库

启动Access后，在Access窗口“文件”命令选项卡右侧窗格中选择“新建”→“空数据库”选项，单击右下角“创建”按钮，即可创建一个空数据库。

【例 2-1】创建“学生成绩管理系统”数据库，并将其保存在 D 盘中以学生姓名命名的文件夹里，如 D:\Liuli。

操作步骤如下：

① 在 Access 窗口中选择“文件”→“新建”命令，打开“新建”窗格，在“可用模板”下方选择“空数据库”。

② 在右边的窗格中设置存放该数据库的位置，这里选择 D 盘根目录下的 Liuli 文件夹。在“文件名”文本框中输入“学生成绩管理系统”，如图 2-1 所示。

③ 单击“创建”按钮，完成数据库的创建。

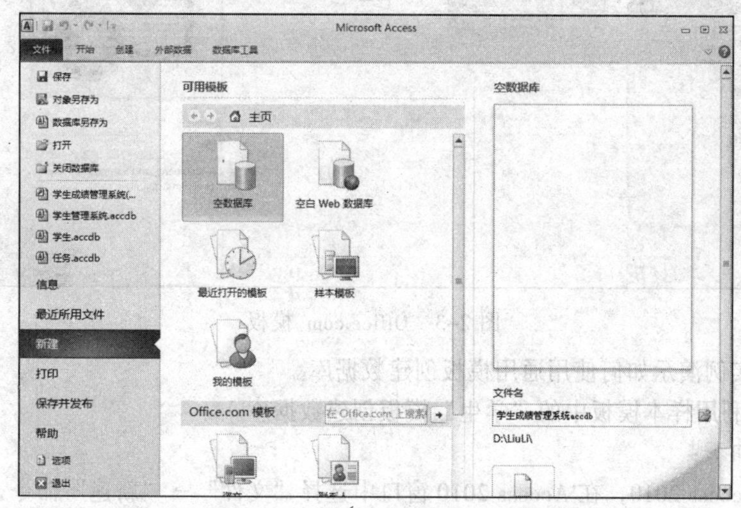

图 2-1　创建“学生成绩管理系统”数据库

2. 利用模板创建数据库

为了方便用户使用，Access 提供了一些标准的数据框架，又称模板，如图 2-2 所示。这些模板不一定完全符合用户的实际需求，但在向导的帮助下，对这些模板稍加修改即可建立一个新的数据库。另外，通过模板还可以学习如何组织构造一个数据库。

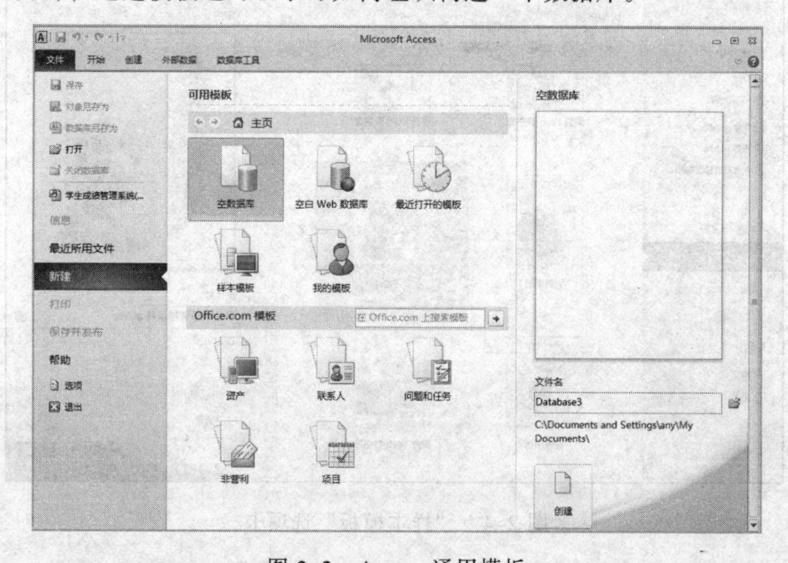

图 2-2　Access 通用模板

用户也可通过 Office.com 模板在线查找所需要的数据库模板，如图 2-3 所示。

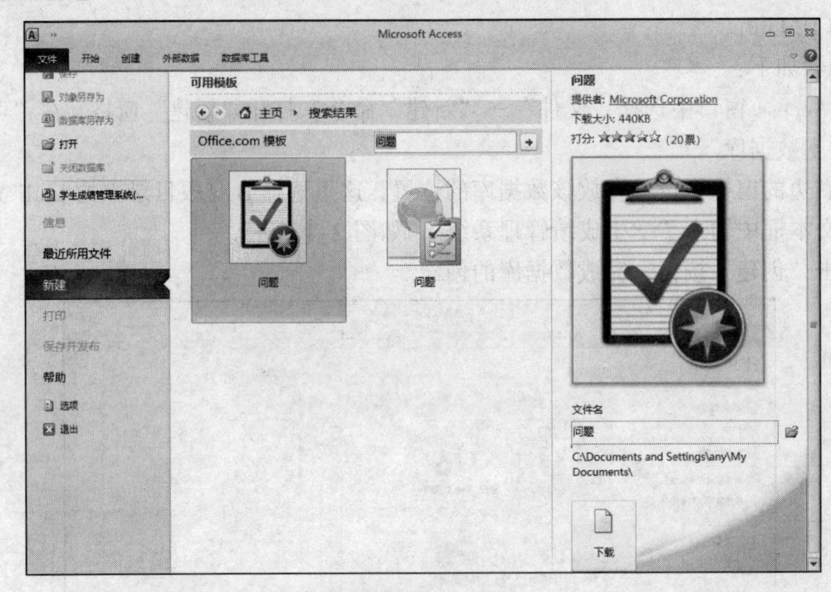

图 2-3 Office.com 模板

下面通过实例演示如何使用通用模板创建数据库。

【例 2-2】利用样本模板中的“学生”模板创建数据库。

操作步骤如下：

① 启动 Access 2010，在 Access 2010 窗口中选择“文件”→“新建”命令，打开“新建”窗格，在“可用模板”下方选择“样本模板”，如图 2-4 所示。

② 在列出的模板中，选择“学生”模板，并在右边的窗格中设置存放该数据库的位置，这里选择 D 盘根目录下的 Liuli 文件夹。在“文件名”文本框中输入“学生成绩管理系统”。

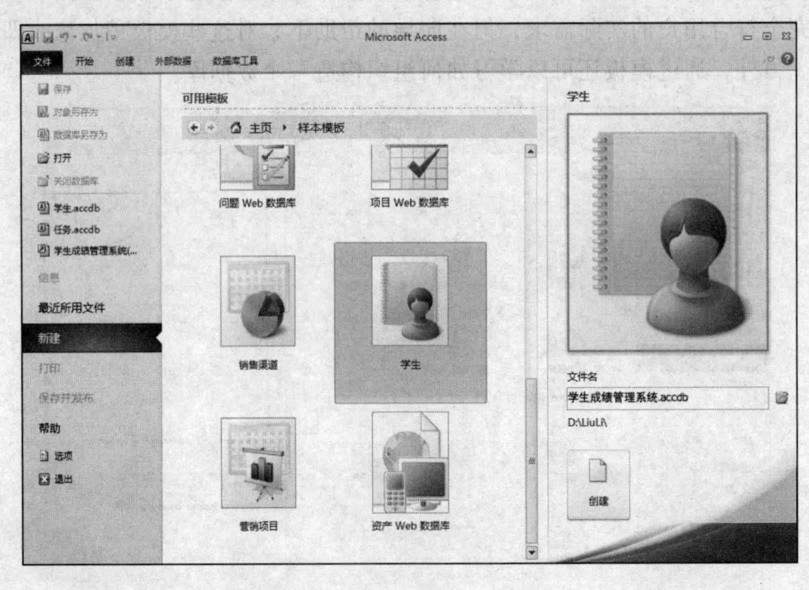

图 2-4 “样本模板”选项卡

③ 单击“创建”按钮，系统自动完成数据库的创建。

④ 创建的“学生成绩管理系统”数据库，如图 2-5 所示。

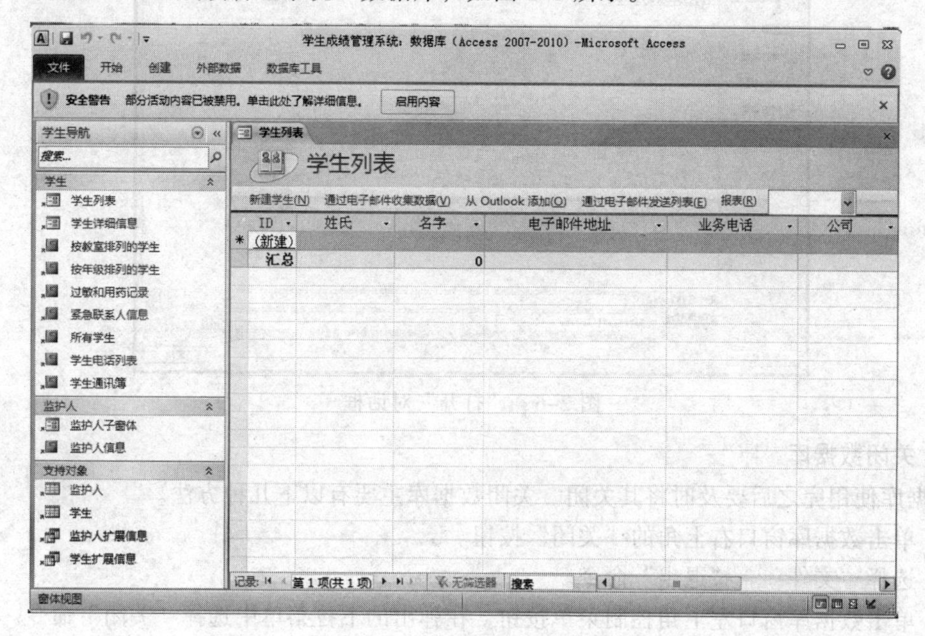

图 2-5　创建的“学生成绩管理系统”数据库

可以看到，在创建的“学生成绩管理系统”数据库中，系统自动创建并完成了表、查询、窗体、报表及宏等对象的建立，用户可以根据需要在表中输入数据。

通过模板建立数据库虽然简单，但有时却不能满足实际需要。一般来说，在创建了数据库之后再做进一步修改。

2.1.2　打开及关闭数据库

数据库可以根据不同的用途以只读、独占及独占只读方式打开。关闭数据库就是关闭数据库窗口。

1. 打开数据库

在对数据库进行维护之前，必须先将数据库打开。打开数据库的方法有以下两种。

（1）启动 Access 时打开

启动 Access 时，可以选择打开已有数据库文件，打开所需窗口。

【例 2-3】打开“学生成绩管理系统”数据库。

操作步骤如下：

启动 Access 2010 ，在 Access 2010 窗口中选择“文件”选项卡，在“文件”选项卡下面显示已创建的数据库名称列表，单击“学生成绩管理系统”，即可显示“学生成绩管理系统”数据库窗口。

（2）使用“打开”命令

选择“文件”→“打开”命令，在弹出的“打开”对话框中可以指定需打开数据库文件所在文件夹、文件类型及文件名，如图 2-6 所示。

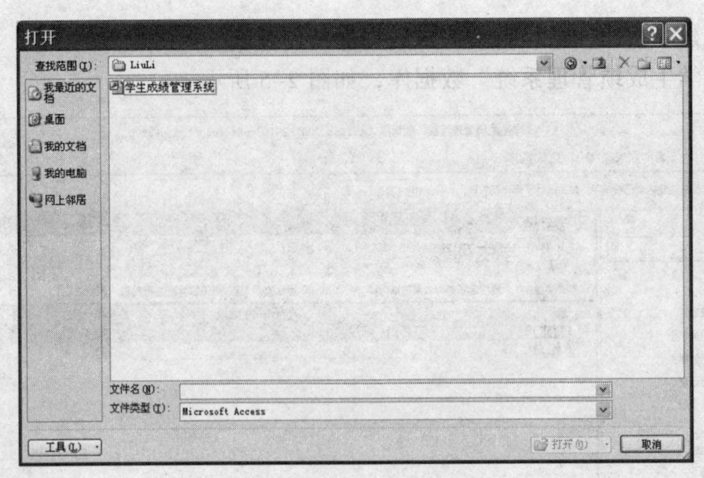

图 2-6 “打开”对话框

2．关闭数据库

数据库使用完之后要及时将其关闭。关闭数据库主要有以下几种方法。

① 单击数据库窗口右上角的“关闭”按钮。

② 选择“文件”→“退出”命令。

③ 单击数据库窗口左上角控制菜单按钮，在弹出的下拉菜单中选择“关闭”命令。

④ 双击数据库窗口左上角控制菜单按钮。

⑤ 按【Ctrl+F4】组合键，关闭数据库窗口。

【例 2-4】以独占方式打开“学生成绩管理系统”数据库，然后关闭该数据库。

操作步骤如下：

① 启动 Access 2010，选择“文件”→“打开”命令。

② 在弹出的“打开”对话框中选中“学生成绩管理系统”数据库文件。

③ 单击“打开”按钮右侧的下拉按钮▼，在弹出的下拉菜单中选择“以独占方式打开”命令，如图 2-7 所示。这样就实现了以独占方式打开“学生成绩管理系统”数据库的操作。

④ 选择“文件”→“退出”命令，关闭数据库。

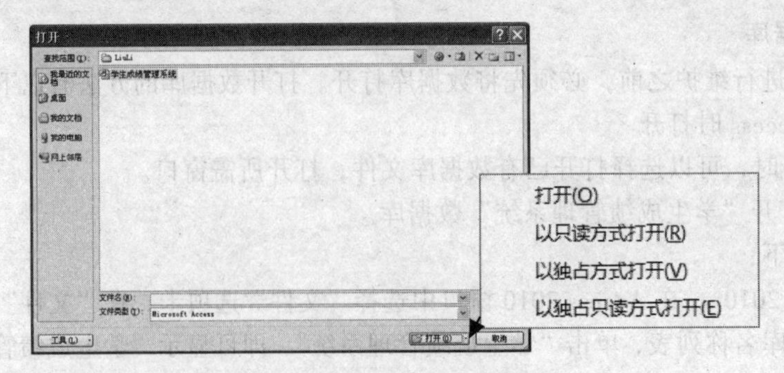

图 2-7 选择“以独占方式打开”命令

2.2 创建数据表

Access 数据库是所有相关对象的集合，包括表、查询、窗体、报表、宏、模块等。每一个对象都是数据库的一个组成部分。其中，表是数据库的基础，它记录数据库中的全部数据内容。

2.2.1　数据表的基本概念

1. 建立数据表规则

设计一个数据库，关键在于建立数据库中的基本表。数据表的操作是最基本的操作。通过对数据表的操作还可以对数据库进行浏览、修改和更新等。下面先来学习表的基本概念。

关系型数据库不管如何设计，都可以存取数据，但不同的数据库在存取数据的效率上有很大差别。为了更好地设计数据库中的表，应遵循以下原则。

① 字段唯一性。表中的每个字段只能含有唯一类型的数据信息。在同一字段内不能存放两类信息。

② 记录唯一性。表中没有完全相同的两个记录。在同一个表中保留相同的两个记录是没有意义的。要保证记录的唯一性，就必须建立主关键字。

③ 功能相关性。在数据库中，任意一个数据表都应该有一个主关键字段，该字段与表中记录的各实体相对应。这一规则是针对表而言的，它一方面要求表中不能包含与该表无关的信息，另一方面要求表中的字段信息要能完整地描述某一记录。

④ 字段无关性。在不影响其他字段的情况下，必须能够对任意字段（非主关键字段）进行修改。所有非主关键字段都依赖于主关键字，这一规则说明了非主关键字段之间的关键字段是相互独立的。

2. 表的结构

表的结构是指数据表的框架，包含表名和字段属性两部分。

（1）表名

表名是该表存储在磁盘上的唯一标志，也可以理解为是用户访问数据的唯一标志。

（2）字段属性

字段属性即表的组织形式，它包括表中字段的个数，每个字段的名称、数据类型、字段大小、格式、输入掩码、有效性规则等。在 Access 中，字段的命名规则如下：

① 长度为 1～64 个字符。

② 可以包含字母、汉字、数字、空格和其他字符，但不能以空格开头。

③ 不能包含句号（.）、惊叹号（!）、方括号（[]）和单引号（'）。

3. Access 数据类型

在设计表时，必须定义表中字段使用的数据类型。Access 提供了文本、备注、数字、日期/时间、货币、自动编号、是/否、OLE 对象、超链接、附件、计算和查询向导 12 种数据类型。

对于某一具体数据而言，可以使用的数据类型可能有多种，但只有一种是最合适的。例如，电话号码可以使用数字型，也可使用文本型，但使用文本型更加合适。

在定义表中字段所使用的数据类型时应主要考虑以下几个方面：

① 字段中可以使用什么类型的值。

② 需要用多少存储空间来保存字段的值。

③ 是否需要对数据进行计算，主要区分是否使用数字，或者文本、备注等。

④ 是否需要建立排序或索引。备注、超链接及 OLE 对象型字段不能使用排序和索引。

⑤ 是否需要进行排序。数字和文本的排序有区别。

⑥ 是否需要在查询或报表中对记录进行分组，备注、超链接及 OLE 对象型字段不能用于分组记录。

各数据类型及用途如表 2-1 所示。

表 2-1 数据类型及用途

数据类型	用途	字符长度
文本型	字母和数字	0～255 个字符
备注型	字母和数字	0～64 000 个字符
数字型	数值	1 B、2 B、4 B 或 8 B
日期/时间型	日期/时间	8 B
货币型	数值	8 B
自动编号型	自动数字	4 B
是/否型	是/否、真/假	1 B
OLE 对象型	链接或嵌入对象	可达 1 GB
超链接型	Web 地址、电子邮件地址	可达 64 000 B
附件	可允许向 Access 数据库附加外部文件的特殊字段	取决于附件大小
计算	可允许在表中直接计算并显示和使用计算结果	无
查询向导型	来自其他表或列表的值	通常为 4 B

（1）文本型

文本型字段是由英文字母、汉字、数字、空格和各种符号组成的字符串，如书名、人名、地名等。需要指出的是，文本型中的数字是指在应用程序中不能进行计算的数字。在不需要对数字进行计算的地方尽量使用文本数字。文本数字也可以像数值一样进行排序。Access 默认的文本型字段的长度是 255 个字符，如果超过 255 个字符，可使用备注型。

（2）备注型

备注型字段可容纳较大数量的字符数据，如文档。备注型字段的存储内容可长达 64 000 个字符。

（3）数字型

数字型字段用来存储进行算术运算的数字数据，如学生考试成绩。数字型可以是整型、长整型、字节型、单精度型和双精度型。数字型数据的最大长度分别为：字节型 1 字节，整型 2 字节，长整型 4 字节，单精度浮点数 4 字节，双精度浮点数 8 字节。其中，单精度的小数位可精确到 7 位，双精度的小数位可精确到 15 位。

（4）日期/时间型

日期/时间型字段包括日期和时间，其长度固定为 8 位。在该数据类型的字段中，既可以只有日期，也可以只有时间。如果没有日期，系统会自动加上默认日期，同样，没有时间也会自动加上默认时间。

（5）货币型

货币型字段主要用来存储货币量，等价于具有双精度属性的数字型。在货币型字段中，不必输入货币符号和千位分隔符，Access 会自动显示这些符号，并添加两位小数。

（6）自动编号型

自动编号数据类型比较特殊。每次向表中添加新记录时，Access 会自动插入唯一顺序号，在自动编号型字段中指定一个数值。

（7）是/否型

是/否型字段的值只有真（True）和假（False）两种。

（8）OLE 对象型

OLE 对象型字段用来存储如 Word 文档、Excel 文档和位图文件等。字段大小最多为 1 GB，容量大小受磁盘空间限制。

（9）超链接型

超链接型字段可以链接到另一个文档、URL 或者文档内的一部分。

（10）附件

如何受支持的文件类型，Access 2010 创建的 ACCDB 格式的文件是一种新的类型，它可以将图像、电子表格、文档、图表等各种文件附加到数据库记录中。

（11）计算

可以使用计算数据类型在表中创建计算字段。这样可以在数据库中更方便地显示和使用计算结果。但计算字段不能引用其他表或查询中的字段。

（12）查询向导型

查询向导型字段可为用户建立一个字段内容的列表。

2.2.2 创建数据表结构

创建数据表就是建立一个新的表文件。创建表之前，需要对表进行分析，确定准备在表中存储哪些数据。

数据表的创建可分为两步：首先创建数据表的结构，即确定数据表的字段个数、字段名、数据类型、字段宽度及小数位数等特征；然后，根据字段特征输入相应的记录。

例如，要创建一个图 2-8 所示的“学生表”，首先需要分析表中的相关数据。

学生表

学号	姓名	专业编	性	出生日期	入学时间	入学成	团员否	照片
201003101	赵晓飞	03	男	1990-10-23	2010-9-1	563	-1	soft Word Picture
201003102	刘大林	03	男	1990-4-6	2010-9-1	575	0	soft Word Picture
201003120	杨海峰	03	男	1990-8-4	2010-9-1	653	-1	soft Word Picture
201003301	张明磊	03	男	1990-5-20	2010-9-1	648	-1	soft Word Picture
201003302	周嫣红	03	女	1990-9-20	2010-9-1	678	-1	soft Word Picture
201042001	宋春红	42	女	1990-9-4	2010-9-1	582	0	soft Word Picture
201042011	姚倩倩	42	女	1990-7-8	2010-9-1	561	-1	soft Word Picture
201104011	陈雨烟	04	女	1991-7-30	2011-9-1	654	-1	soft Word Picture
201141104	郝云鹏	41	男	1991-10-31	2011-9-1	549	0	soft Word Picture
201141110	齐春磊	41	男	1991-5-3	2011-9-1	558	0	soft Word Picture
201142003	张春艳	42	女	1991-3-5	2011-9-1	601	-1	soft Word Picture
201142023	王海萍	42	女	1991-1-2	2011-9-1	591	-1	soft Word Picture

记录：第 1 项(共 12 项 无筛选器 搜索

图 2-8 学生表

分析数据后可知，该表共有 9 个字段和相对应的记录。要建立该数据表，首先要确定每个字段的属性，即字段名、数据类型、字段宽度、小数位数等，之后才能建立表结构。表结构如表 2-2 所示。表的记录如图 2-8 所示。

表 2-2 “学生表”的结构

字　段　名	数据类型	字段宽度	小 数 位 数	是 否 主 键	索　　引
学号	文本型	12		是	有（无重复）
姓名	文本型	3			
专业编号	文本型	5			有（有重复）
性别	文本型	1			
出生日期	日期/时间型				
入学时间	日期/时间型				
入学成绩	数字型	整型	自动		
团员否	是/否型				
照片	OLE 对象型				

在 Access 中，系统提供了多种创建表结构的方法。可以通过“数据表”视图创建表结构，也可以通过表设计视图创建表结构，还可以通过数据导入创建表。下面分别介绍这几种创建表结构的方法。

1．利用“数据表”视图创建表结构

“数据表”视图是按行和列显示表中数据的视图。在“数据表”视图中，可以进行字段的编辑、添加、删除和数据的查找等各项操作。

【例 2-5】创建“专业表”。其结构如表 2-3 所示。

表 2-3 “专业表”的结构

字　段　名	数据类型	字段宽度	小 数 位 数	是 否 主 键	索　　引
专业编号	文本型	5		是	有（无重复）
专业名称	文本型	16			
所属系	文本型	6			

操作步骤如下：

① 打开 Access 2010 数据库。

② 在数据库窗口中选择“创建”选项卡中的“表格”组，单击“表”按钮，系统将自动创建名为“表 1”的新表，并在数据库表中打开图 2-9 所示的窗口。

③ 在显示的空数据表中，第 1 行用于定义字段，第 2 行起为输入数据区域。选择“表格工具/字段”选项卡中的“属性”组，单击“名称和标题”按钮，打开“输入字段属性”对话框，如图 2-10 所示。按表结构要求输入字段名。

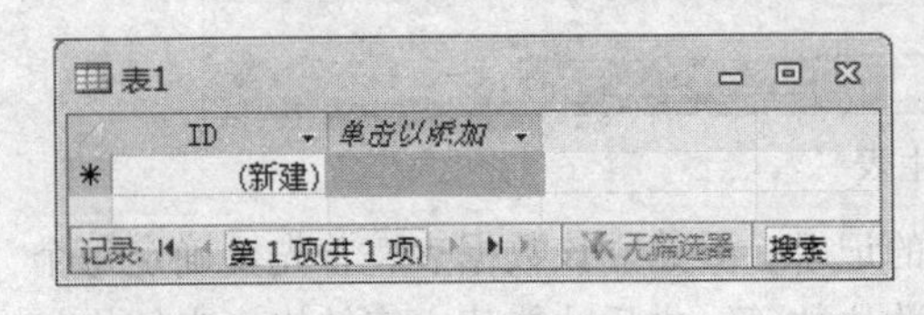

图 2-9　数据表视图窗口

图 2-10　“输入字段属性”对话框

④ 也可在图 2-9 所示数据表视图窗口中，单击“单击以添加”下拉列表，从中依次选择文件类型，选择“文本”项，如图 2-11 所示。并在“字段 1”处输入“专业编号”；依此输入“专业名称”“所属系”字段，如图 2-12 所示。

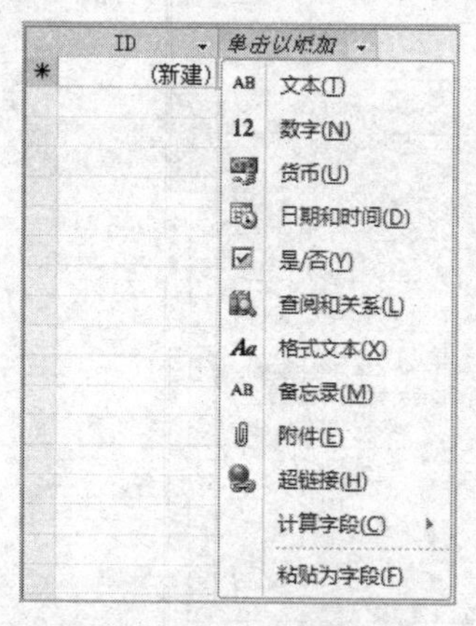

图 2-11　添加“数据类型”

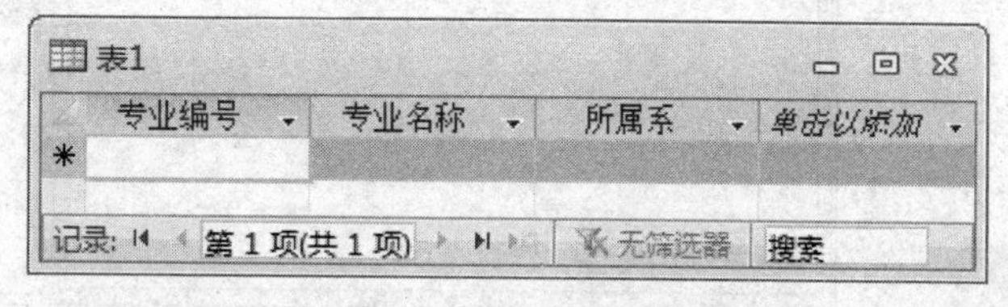

图 2-12　“表 1”字段视图

⑤ 输入字段名后，选择“文件”→“保存”命令，在弹出的“另存为”对话框的“表名称”文本框中输入“专业表”，然后单击“确定”按钮，如图 2-13 所示。

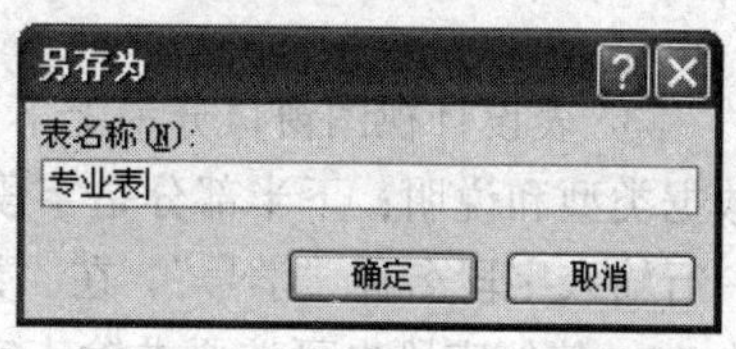

图 2-13　“另存为”对话框

注意

用数据表视图创建的“专业表”还需要在学习“2.利用表设计视图创建表结构”之后，按照表 2-3 所列出的“专业表”的结构要求进行修改。

2. 利用表设计视图创建表结构

利用表设计视图创建表结构，具有随意、直观和方便的特点，所以这是最常用的方法。

【例 2-6】用表设计视图创建“选课成绩表”。表结构如表 2-4 所示。

表 2-4 “选课成绩表”的结构

字段名	数据类型	字段宽度	小数位数	是否主键	索引
学号	文本型	12		复合主键	有（有重复）
课程编号	文本型	5		复合主键	有（有重复）
开课时间	日期时间型				
成绩	数字型	整型	自动		

操作步骤如下：

① 打开“学生成绩管理系统”数据库。

② 在数据库窗口中单击“创建”选项卡中的“表设计”按钮，打开表设计视图窗口，如图 2-14 所示；或者单击“新建”按钮，在弹出的“新建表”对话框中选择“设计视图”选项，并单击“确定”按钮。

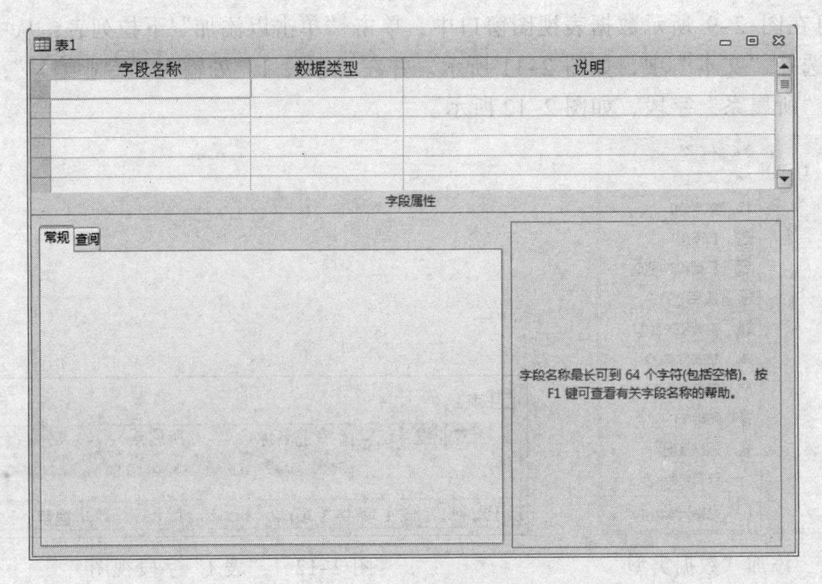

图 2-14　表设计视图窗口

③ 表设计视图窗口分为上下两部分，上半部分是字段输入区，可根据要求输入字段名、数据类型和说明；下半部分是字段属性区，可以为字段设计字段属性。这里在字段输入区的第一行输入字段名称“学号”，在“数据类型”列中选择“文本”，在字段属性区设置“字段大小”为 12。其他字段也可按要求输入字段名、数据类型、字段宽度和小数位数等。

④ 全部字段添加完成后，分别选择“学号”和“课程编号”字段，在子段属性区设置“索引”为“有（有重复）”。

⑤ 单击工具栏中的“保存”按钮，弹出“另存为”对话框，在“表名称”文本框中输入表名“选课成绩表”，单击“确定”按钮，如图 2-15 所示。

图 2-15　“另存为”对话框

3．主键

在 Access 中，通常每个表都应有一个主键。主键是唯一标识表中每一条记录的一个字段或多个字段的组合。只有定义了主键，表与表之间才能建立起联系，从而能够利用查询、窗体和报表迅速、准确地查找和组合不同表的信息，这也正是数据库的主要作用之一。

主键又称主关键字，是表中唯一能标识一条记录的字段，可以是一个字段或多个字段的组合，使用主键有以下几个优点：

① 在主键上可以设置索引，这样可以提高查询的速度。

② 系统默认按主键的升序方式显示数据。

③ 主键可以保证记录的唯一性。

④ 在一个表中加入另一个表的主键作为该表的一个字段，此时这个字段又称外键，这样可以建立两个表间的关系。

在 Access 中，有两种类型的主键：单字段主键和多字段主键。

（1）单字段主键

单字段主键是以某一个字段作为主键来唯一标识表中的记录。这类主键的值可以由用户自行定义。可将自动编号类型字段定义为主键。自动编号主键的特点是：当向表中添加一条新记录时，主键字段值自动加 1；但是在删除记录时，自动编号的主键值会出现空缺变成不连续，且不会自动调整。如果在保存新建表之前未设置主键，则 Access 会询问是否要创建主键，选择“是”则 Access 将创建自动编号类型的主键。

【例 2-7】 将“专业表”中“专业编号”字段设置为主键。

操作步骤如下：

① 在“学生成绩管理系统”数据库的“表”对象中选择要修改的“专业表”。右击并在弹出的快捷菜单中选择“设计视图”命令，进入表视图设计器。

② 单击“专业编号”字段的字段选定器。

③ 右击并在弹出的快捷菜单中选择“主键”命令，或者单击“设计”选项卡中“工具”组中的“主键”按钮。这时主键字段选定器上显示“主键”图标，表明该字段已被定义为主键字段。

④ 单击“关闭”按钮，弹出提示框询问是否保存对“专业表”的修改，单击“是”按钮。

（2）多字段主键

多字段主键也叫复合主键，是由两个或更多字段组合在一起来唯一标识表中的记录。多字段主键的字段顺序非常重要，应在设计视图中排列好。如果表中某一字段的值可以唯一标识一条记录，例如“学生”表中的“学号”，那么就可以将该字段定义为主键。如果表中没有一个字段的值可以唯一标识一条记录，那么就可以考虑选择多个字段组合在一起作为主键。

【例 2-8】 将“选课成绩表”中的“学号”和“课程编号”字段设置为复合主键。

操作步骤如下：

① 打开“学生成绩管理系统”数据库。右击“选课成绩表”，在弹出的快捷菜单中选择“设计视图”命令，打开设计视图。

② 单击“学号”字段的字段选定器，按住【Shift】键的同时单击“课程编号”字段的字段选定器。

③ 同时选择“学号”和“课程编号”字段后，右击并在弹出的快捷菜单中选择“主键”命令，或者单击“设计”选项卡中“工具”组中的“主键”按钮，即可把选中的字段设为该表的复合主键，如图 2-16 所示。

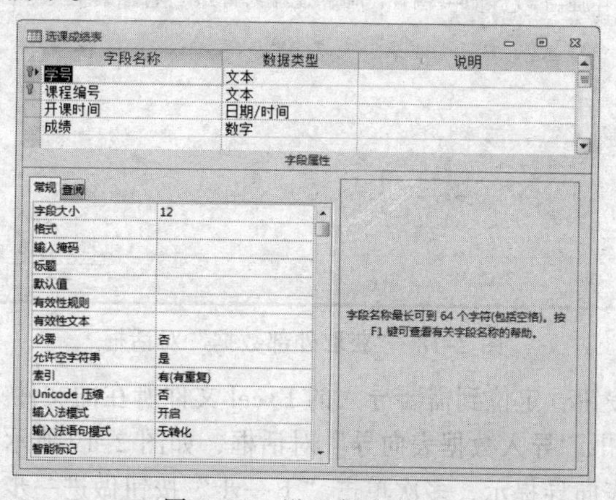

图 2-16　设置复合主键

4. 通过数据导入创建表

通过数据导入创建表是利用已有的数据文件创建表，这些数据文件可以是电子表格、文本文件和其他数据库系统创建的数据文件。利用 Access 系统的数据导入功能可以将数据文件中的数据导入当前数据库中。下面举例将 Excel 数据表导入 Access 中。

【例 2-9】利用导入法将图 2-17 所示的 Excel 数据表“学生表”导入 Access 中。

学生表 [兼容模式]

	A	B	C	D	E	F	G	H	I
1	学号	姓名	专业编号	性别	出生日期	入学时间	入学成绩	团员否	照片
2	201003101	赵晓飞	03	男	1990-10-23	2010-9-1	563	TRUE	
3	201003102	刘大林	03	男	1990-4-6	2010-9-1	575	FALSE	
4	201003120	杨海峰	03	男	1990-8-4	2010-9-1	653	TRUE	
5	201003301	张明磊	03	男	1990-5-20	2010-9-1	648	TRUE	
6	201003302	周嫣红	03	女	1990-9-20	2010-9-1	678	TRUE	
7	201042001	宋春红	42	女	1990-9-4	2010-9-1	582	FALSE	
8	201042011	姚倩倩	42	女	1990-7-8	2010-9-1	561	TRUE	
9	201104011	陈雨烟	04	女	1991-7-30	2011-9-1	654	TRUE	
10	201141104	郝云鹏	41	男	1991-10-31	2011-9-1	549	FALSE	
11	201141110	齐春磊	41	男	1991-5-3	2011-9-1	558	FALSE	
12	201142003	张春艳	42	女	1991-3-5	2011-9-1	601	TRUE	
13	201142023	王海萍	42	女	1991-1-2	2011-9-1	591	TRUE	
14									

学生表

图 2-17　Excel 数据表

操作步骤如下：

① 启动 Access，新建一个空数据库文件。

② 在数据库窗口中选择“外部数据”选项卡，单击 Excel 按钮，打开“获取外部数据”对话框，如图 2-18 所示。

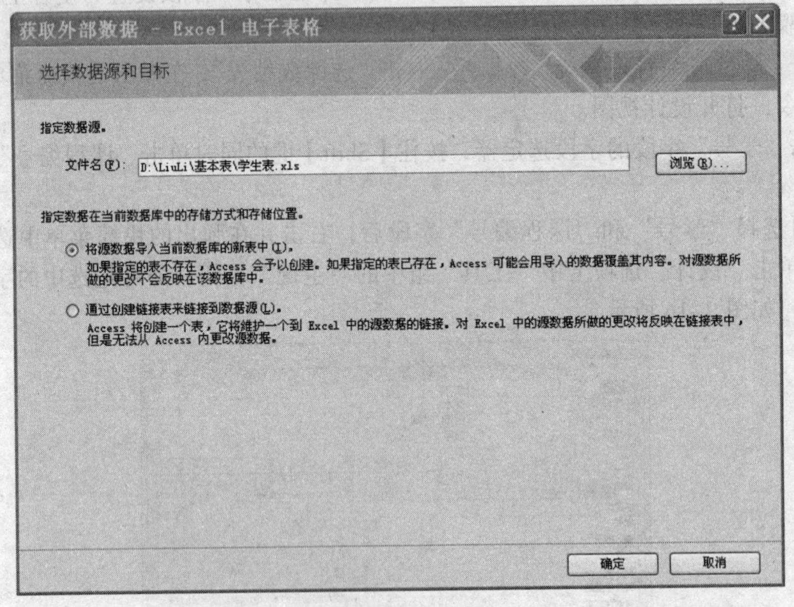

图 2-18　“获取外部数据”对话框

③ 单击“浏览”按钮，定位到需要导入的 Excel 文件所在的文件夹，选中“学生表.xlsx”，单击“确定”按钮，弹出“导入数据表向导”对话框，如图 2-19 所示。

④ 按照导入数据表向导提示，多次单击“下一步”按钮做进一步的设置后，单击“完成”按钮，如图 2-20～图 2-23 所示。

⑤ 最后系统会弹出“保存导入步骤”对话框，取消选择“保存导入步骤”复选框。然后单击“关闭”按钮，如图 2-24 所示。

图 2-19　“导入数据表向导”对话框

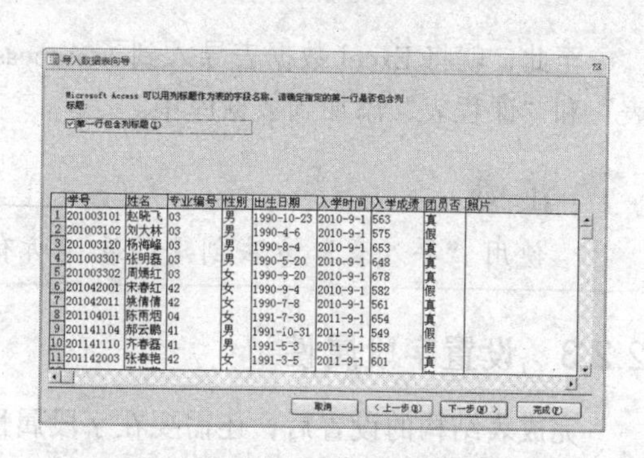

图 2-20　指定第一行包含列标题

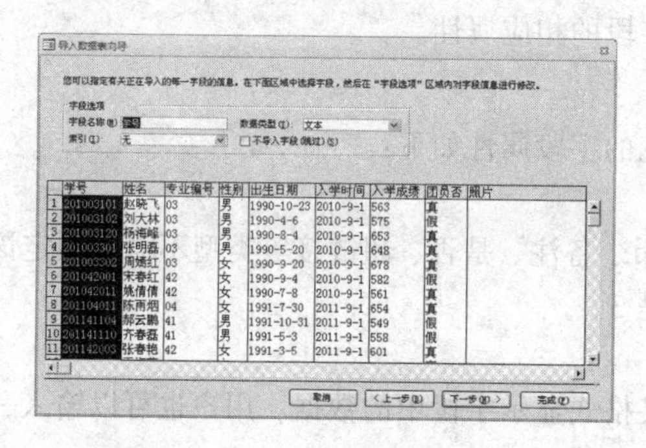

图 2-21　选择和修改字段

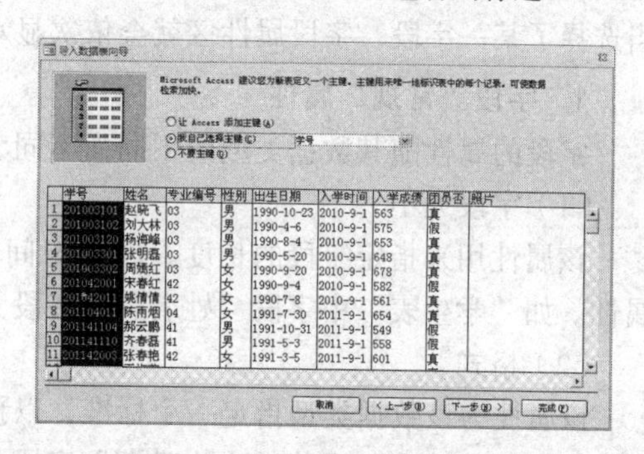

图 2-22　选择定义主键方式

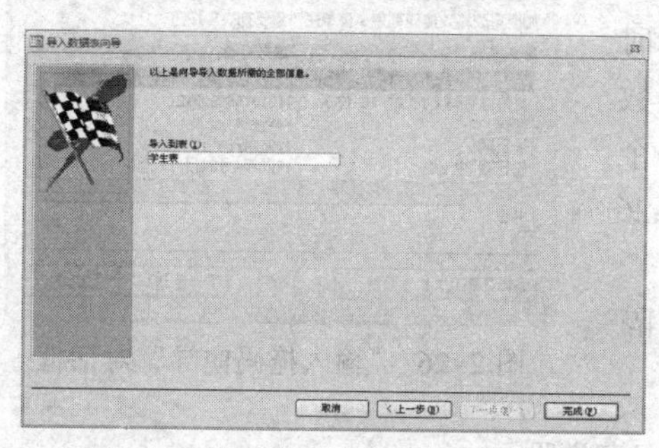

图 2-23　修改导入数据表名对话框

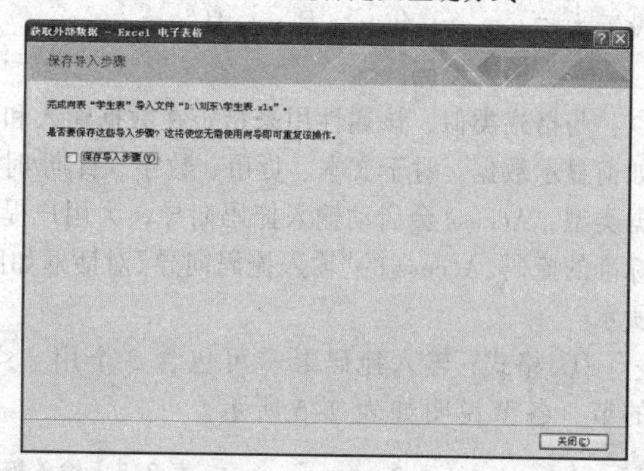

图 2-24　取消“保存导入步骤”复选框

⑥ 在“导航”窗格中选择“学生表”，打开数据表视图。显示结果如图 2-25 所示。

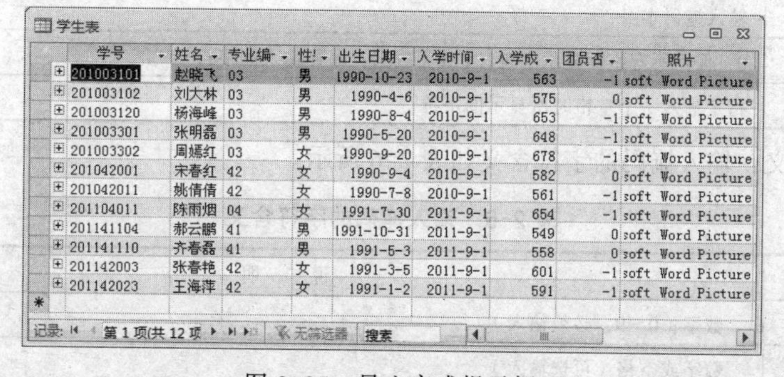

学生表

学号	姓名	专业编	性!	出生日期	入学时间	入学成	团员否	照片
201003101	赵晓飞	03	男	1990-10-23	2010-9-1	563	-1	soft Word Picture
201003102	刘大林	03	男	1990-4-6	2010-9-1	575	0	soft Word Picture
201003120	杨海峰	03	男	1990-8-4	2010-9-1	653	-1	soft Word Picture
201003301	张明磊	03	男	1990-5-20	2010-9-1	648	-1	soft Word Picture
201003302	周嫣红	03	女	1990-9-20	2010-9-1	678	-1	soft Word Picture
201042001	宋春红	42	女	1990-9-4	2010-9-1	582	0	soft Word Picture
201042011	姚倩倩	42	女	1990-7-8	2010-9-1	561	-1	soft Word Picture
201104011	陈雨烟	04	女	1991-7-30	2011-9-1	654	-1	soft Word Picture
201141104	郝云鹏	41	男	1991-10-31	2011-9-1	549	0	soft Word Picture
201141110	齐春磊	41	男	1991-5-3	2011-9-1	558	0	soft Word Picture
201142003	张春艳	42	女	1991-3-5	2011-9-1	601	-1	soft Word Picture
201142023	王海萍	42	女	1991-1-2	2011-9-1	591	-1	soft Word Picture

记录: 第 1 项(共 12 项　无筛选器　搜索

图 2-25　导入完成提示框

至此，就将 Excel 数据表导入到了 Access 中。用户可试着将 Excel 的“教师表”“教师任课表”和“课程表”添加到数据库中。

使用“导入表”方法创建的表，所有字段的宽度都选默认值。

2.2.3 设置字段属性

完成表结构的设置后，还需要在字段属性区设置相应的属性，如字段名、字段类型、字段宽度及小数点位数等。表中的每一个字段都有一系列的属性，不同的字段类型具有不同的属性。当选择了某一字段，字段属性区就会依次显示该字段的相应属性。

1. 字段“常规”属性

字段的属性随其数据类型的不同而不同，常见的字段属性如下：

（1）字段大小

该属性用来指定字段的长度。日期/时间、货币、备注、是否、超链接等类型不需要指定该属性。如“学生表”中字段“姓名”的字段大小是 3。

（2）格式

该属性为该数据类型指定一个标准，以预定义格式显示字段中的数据。用户也可以输入一个自定义的格式。如可将“出生日期”字段的显示格式设置为“××××年××月××日”。

（3）输入掩码

与格式类似，该属性用来指定在数据输入和编辑时如何显示数据。对于文本、货币、数字、日期/时间等数据类型，Access 会启动输入掩码向导，为用户提供一个标准的掩码。Access 的“输入掩码向导”对话框如图 2-26 所示。

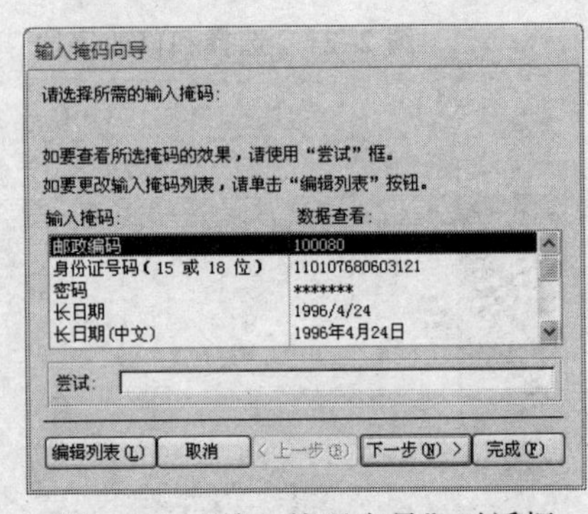

图 2-26 “输入掩码向导”对话框

① 格式：输入掩码最多可包含 3 个用“;”分隔的节，各节说明如表 2-5 所示。

表 2-5 输入掩码的各节说明

节	说　明
第 1 节	输入掩码本身
第 2 节	0：保存所有字面显示字符；1 或无数据：保存输入的字符
第 3 节	指定输入一个空格时所显示的字符

② 字符含义：输入掩码的字符含义如表 2-6 所示。

表 2-6 输入掩码的字符含义

字　符	说　明
0	数字（0～9，必须输入）
9	数字或空格（可选输入）

续表

字　符	说　明
#	数字或空格（非必须输入。在编辑模式下空格显示为空白，但是在保存数据时空白将删除。允许加号和减号）
L	字母（A～Z，必须输入）
?	字母（A～Z，可选输入）
A	字母或数字（必须输入）
a	字母或数字（可选输入）
&	任一字符或空格（必须输入）
C	任一字符或空格（可选输入）
. , : ;- /	小数点占位符及千位、日期与时间的分隔符（实际的字符将根据 Windows 控制面板中“区域和语言选项”对话框中的设置而定）
<	将所有字符转换为小写
>	将所有字符转换为大写
!	使输入掩码从右到左显示。始终都是从左到右输入掩码中的字符。可以在输入掩码中的任意地方包含感叹号
\	使接下来的字符以字面字符显示（例如，\A 只显示为 A）

【例 2-10】设置“选课成绩表”中“开课时间”字段的输入掩码属性。

操作步骤如下：

① 在“学生成绩管理系统”数据库的“表”对象中选择要修改的“选课成绩表”，右击并在弹出的快捷菜单中选择“设计视图”命令，进入表视图设计器。

② 单击要建立掩码的字段，这里选择“开课时间”字段。

③ 单击下方“输入掩码”栏右侧的“浏览”按钮，弹出“输入掩码向导”对话框。

④ 在“输入掩码”列表框中选择“短日期”类型，单击“下一步”按钮。

⑤ 单击“保存”按钮，在数据表视图下输入的新记录将按照所设置的掩码格式输入开课时间。

（4）标题

该属性用来指定在“数据表”视图中该字段名标题按钮上显示的名称。如果不输入任何文字，默认情况下将字段名作为该字段的标题。如可将“学号”标题设置为“学生编号”。

（5）默认值

该属性用来为该字段指定一个默认值。当用户增加新的记录时，Access 会自动为该字段赋予这个默认值。默认值是新记录在数据表中自动显示的值。默认值只是初始值，可以在输入时改变设置，其作用是减少输入时的重复操作。如将“性别”默认值设置为“男”。

（6）有效性规则

数据的有效性规则用于对字段所接受的值加以限制。有些有效性规则可能是自动的，如检查数值字段的文本或日期值是否合法。有效性规则也可以是用户自定义的。如年龄在 15～25 岁之间，可设置有效性规则为：>=15 and <=25。

（7）有效性文本

有效性文本是在输入的数据违反该字段有效性规则时出现的提示。其内容可以直接在“有效性文本”文本框内输入，或光标定位于该文本框时按【Shift+F2】组合键，在弹出的“显示比例”对话框中输入。

【例 2-11】在“选课成绩表”中将“成绩”字段范围设为 0～100。如果所输入的数据超出了这个范围，说明此数据是无效的。

操作步骤如下：

① 在“学生成绩管理系统”数据库的“表”对象中选择要修改的“选课成绩表”。右击并在弹出的快捷菜单中选择“设计视图”命令，进入表视图设计器。

② 单击要建立规则的字段，这里选择“成绩”字段。

③ 单击字段属性区“有效性规则”文本框右侧的“浏览”按钮，打开表达式生成器。在“有效性规则”文本框中输入“>=0 And <=100”，然后单击“确定”按钮，关闭表达式生成器，返回表视图设计器窗口。

④ 在“有效性文本”文本框中输入“"成绩"的取值范围在 0～100 之间，请重新输入正确的数值”，如图 2-27 所示。

⑤ 单击“关闭”按钮，弹出提示框询问是否保存对“选课成绩表”的修改，单击“是”按钮。

⑥ 当输入的“成绩”数据不符合要求时，会显示出错信息，如图 2-28 所示。

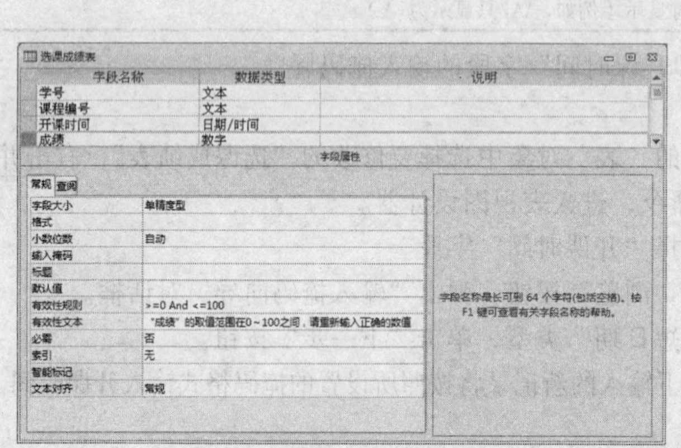

图 2-27　设置字段有效性规则

选课成绩表

学号	课程编号	开课时间	成绩
201003101	CC02	2011-2-23	101
201003101	CC03	2011-2-23	87
201003101	CS01	2010-9-3	82
201003101	CS02	2010-9-3	75
201003102	CS03	2010-2-20	87
201003102	CC01	2010-2-20	78
201003102	CC03	2010-2-20	90
201003102	CS01	2010-9-1	93
201003120	CS02	2011-2-20	56
201003120	CC02	2011-2-23	91
201003120	CC03	2011-2-23	85
201003302	CS01	2010-9-3	78
201042001	CC02	2010-2-20	79
201042001	CS03	2010-2-20	88
201042001	CC03	2011-2-23	85
201042011	CC02	2011-2-20	65
201042011	CC03	2011-2-20	67

Microsoft Access

“成绩”的取值范围在0～100之间，请重新输入正确的数值

确定　帮助(H)

图 2-28　显示出错信息

（8）必填字段

如果该属性设为“是”，则对于每一个记录，用户必须在该字段中输入一个值。

（9）允许空字符串

如果该属性设为“是”，并且必填字段属性也设为“是”，则该字段必须包含至少一个字符。注意，空引号（""）和不填（NULL）是不同的。该属性只适用于文本、备注和超链接类型。

（10）建立索引

Access 中除了“主键”外，还提供了“索引”功能。通常在一个表中，选择一个能唯一识别记录的字段作为“主键”，其他字段可以设定“索引”。

建立索引可以提高记录的查找及排序速度。如果设定为不可重复的索引，在输入数据时可以自动检查是否重复。并不是每一个字段都需要设定索引。一般来说，如果该字段作为查找记录的依据或作为排序的依据，则将其设定为索引可以提高处理速度。

索引可以分为“可重复”和“不可重复”两种。为某一字段设定索引的方法很简单，在字段属性区的“索引”项中选择“有（有重复）”和“有（无重复）”中的一个即可。

【例 2-12】根据表 2-7 所示表结构，创建“教师任课表”。设定课程编号+教师编号为复合主键，并查看索引。

表 2-7　“教师任课表”的结构

字 段 名	数 据 类 型	字 段 宽 度	小 数 位 数	是 否 主 键	索引
课程编号	文本型	5		复合主键	有（有重复）
教师编号	文本型	5		复合主键	有（有重复）
上课地点	文本型	6			

操作步骤如下：

① 在“学生成绩管理系统”数据库的“表”对象中选择要修改的“教师任课表”。右击并在弹出的快捷菜单中选择“设计视图”命令，进入表视图设计器。

② 同时选择“课程编号”和“教师编号”字段，右击并在弹出的快捷菜单中选择“主键”命令，即可把选中的字段设为该表的复合主键。

③ 选中“课程编号”字段，看到该字段常规属性列表中的索引为“有(有重复)”，如图 2-29 所示。再选中“教师编号”字段，看到该字段常规属性列表中的索引也是“有(有重复)”。

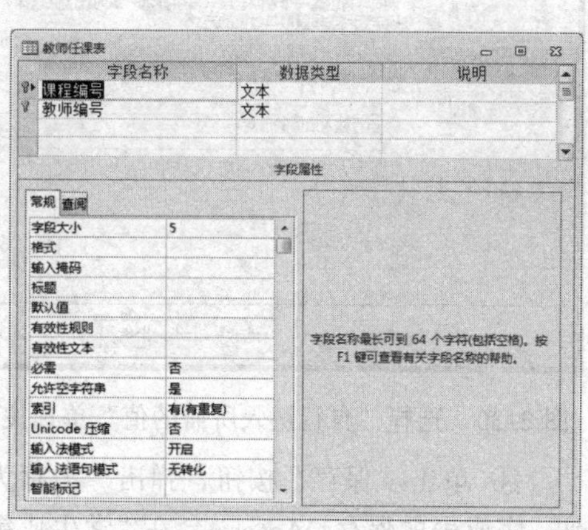

图 2-29　设置字段复合主键

④ 单击“关闭”按钮，弹出提示框询问是否保存对“教师任课表”的修改，单击“是”按钮。

（11）查询向导

这个字段类型为用户提供了一个建立字段内容的列表，可以在列表中选择所列内容作为添入字段的内容。

【例 2-13】根据表 2-8 所示表结构，创建“教师表”。设定“性别”字段为查询字段，并建立索引。

表 2-8 “教师表”的结构

字 段 名	数 据 类 型	字 段 宽 度	小 数 位 数	是 否 主 键	索　引
教师编号	文本型	5		是	有（无重复）
教师姓名	文本型	3			
性别	文本型	1			
职称	文本型	3			
通讯地址	文本型	20			
邮政编码	文本型	6			
电话	文本型	12			
电子邮箱	文本型	16			

操作步骤如下：

① 打开D盘上文件夹LiuLi中的数据库“学生成绩管理系统”，进入Access系统界面。

② 选择“教师表”，右击并在弹出的快捷菜单中选择“设计视图”命令，进入表视图设计器。

③ 设置“性别”字段属性。首先输入字段名称“性别”，选择“数据类型”为“查阅向导”，在弹出的“查阅向导”对话框中选中“自行键入所需的值”单选按钮，如图2-30所示。单击“下一步”按钮，在空白的列中分别输入“男”“女”两个值，如图2-31所示。单击“下一步”按钮，为查阅字段设置标签，单击“完成”按钮。完成“性别”字段数据类型“查阅向导”的定义。

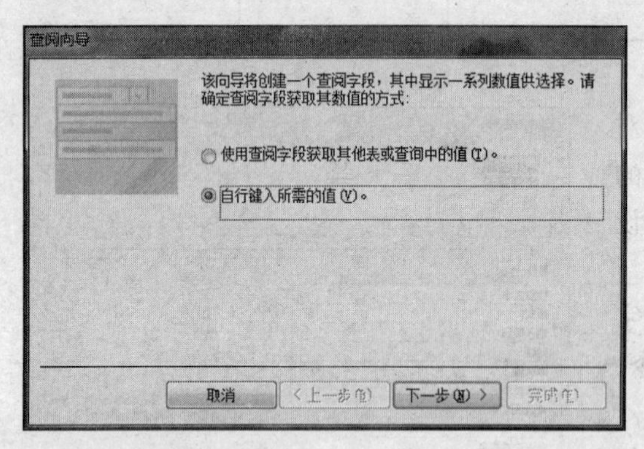

图2-30 选择“自行键入所需的值”单选按钮

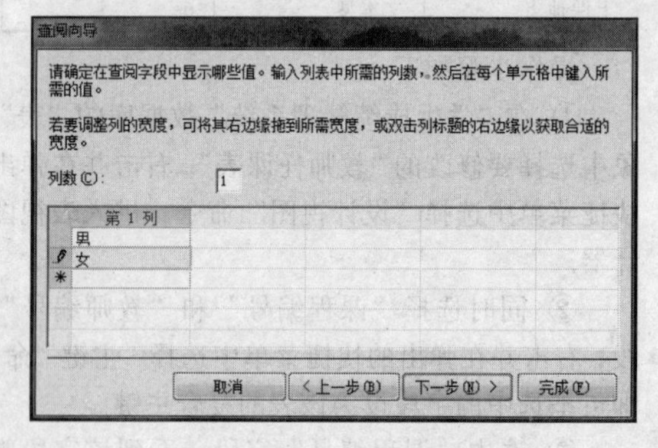

图2-31 列表设置结果

④ 单击“保存”按钮，弹出“另存为”对话框，输入表名称“教师表”，单击“确定”按钮，完成表的保存。Access会在“学生成绩管理系统”数据库中产生一个新表，表的名称为“教师表”。

⑤ 设置完“性别”字段的查阅列表后，切换到“教师表”的数据表视图，可以看到“性别”字段值右侧出现下拉箭头。单击该箭头，会弹出一个下拉列表，列表中列出“男”“女”两个值，如图2-32所示。

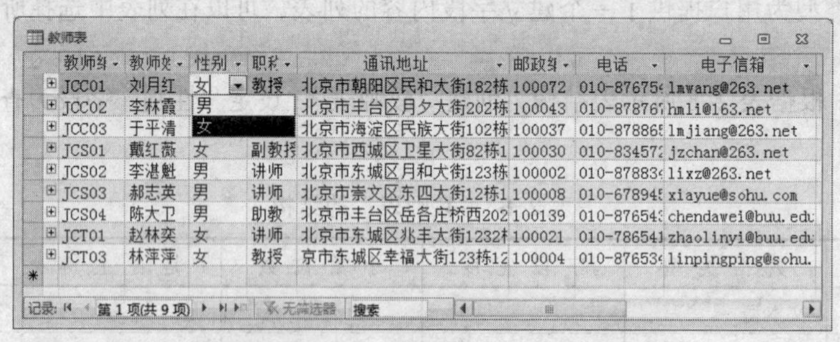
教师表

教师纠	教师姓	性别	职称	通讯地址	邮政纠	电话	电子信箱
JCC01	刘月红	女	教授	北京市朝阳区民和大街182栋	100072	010-87675	lmwang@263.net
JCC02	李林霞	男		北京市丰台区月夕大街202栋	100043	010-87876	hmli@163.net
JCC03	于平清	女		北京市海淀区民族大街102栋	100037	010-87886	lmjiang@263.net
JCS01	戴红薇	女	副教授	北京市西城区卫星大街82栋1	100030	010-83457	jzchan@263.net
JCS02	李湛魁	男	讲师	北京市东城区月和大街123栋	100002	010-87883	lixz@263.net
JCS03	郝志英	男	讲师	北京市崇文区东四大街12栋1	100008	010-67894	xiayue@sohu.com
JCS04	陈大卫	男	助教	北京市丰台区岳各庄桥西202	100139	010-87654	chendawei@buu.edu
JCT01	赵林奕	女	讲师	北京市东城区兆丰大街1232	100021	010-78654	zhaolinyi@buu.edu
JCT03	林萍萍	女	教授	京市东城区幸福大街123栋12	100004	010-87653	linpingping@sohu.

记录: 第1项(共9项) 无筛选器 搜索

图2-32 “教师表”的记录

2. 字段“查阅”属性

我们在表中输入数据时，经常会遇到需要重复输入的内容，如学生的性别为“男”或“女”，这是单表中的重复录入；如产品表中需要输入“供应商”，而“供应商”字段在“供应商”表中已经录入过了，这属于跨表的重复录入。这些内容如果直接录入不仅会浪费时间，而且极容易出错。为了方便用户录入重复性的数据，Access提供了查阅列的功能。查阅列中的各项具体属性如表2-9所示。其中常用属性的意义如下：

表 2-9 “查阅”属性

属　　性	功　　能
显示控件	将控件类型设置为“复选框”“文本框”“列表框”或“组合框”。“组合框”是最常见的查阅列选项
行来源类型	指定是使用另一个表或查询中的值填充查阅列，还是使用用户指定的值列表中的值填充查阅列。还可以选择用表或查询中字段的名称来填充该列表
行来源	指定为查阅列提供值的表、查询或值列表。如果“行来源类型”属性设置为“表/查询”或“字段列表”，则该属性应当设置为表或查询名称，或者代表查询的 SQL 语句。在“行来源类型”属性设置为“值列表”时，此属性应包含分号分隔的值列表
绑定列	指定行来源中的列，该列提供由查阅列存储的值。该值的范围是从 1 到行来源中的列数。注意，提供要存储的值的列不一定与显示列是同一个列
列数	指定行来源中可以在查阅列中显示的列数。要设置显示哪些列，应在“列宽”属性中提供列宽
列标题	指定是否显示列标题
列宽	输入每个列的列宽。如果不想显示列（如 ID 列），可将宽度指定为 0
列表行数	指定在显示查阅列时出现的行数
列表宽度	指定在显示查阅列时出现的控件的宽度
限于列表	选择是否可以输入列表中没有的值
允许多值	指定查阅列是否使用多值字段并允许选择多个值
允许编辑值列表	指定是否可以编辑基于值列表的查阅列中的项。如果此属性设置为“是”，则右击基于单列值列表的查阅字段时，将看到“编辑列表项目”菜单项。如果查阅字段中包含多个列，则忽略此属性
列表项目编辑窗体	指定一个现有窗体，用于编辑基于表或查询的查阅列中的列表项目
仅显示行来源值	在“允许多值”设置为“是”时，仅显示与当前行来源匹配的值

（1）显示控件

从显示控件右侧的下拉列表框中可以看到该属性可以设为复选框、文本框、列表框或组合框。如果设为文本框，则数据只能接受从文本框中的录入，查阅的其他属性都不可用。需要重点掌握的是列表框和组合框的使用。组合框和列表框的使用基本相同，只是列表框除了可以从列表中选择还可以接受录入，相当于列表框各文本框的组合。

（2）行来源类型

行来源类型是指控件中的数据来自于何处，有 3 处选择：表/查询、值列表、字段列表。

① 如果选择“表/查询”，则列表框或组合框中的数据将来源于其他表或查询中的结果。如果要录入其他表中已经存在的数据，或录入从几个表中查询得到的结果，选择该选项最为方便。

② 如果选择“值列表”，只需在行来源中直接输入列表中的数据，并用英文分号隔开即可。这种类型只适合于输入的内容固定在某几个值之间，如性别的值可以是“男”或“女”。

③ 如果选择“字段列表”，则该字段中将填入某个表中的字段名称信息。这种类型较少用到，“表/查询”的使用就包含了这种简单的用法。

（3）行来源

行来源是指列表框或组合框中将要列出的数据。

① 如果“行来源类型”是“表/查询”，可单击“行来源”右侧的下拉按钮，选择某个表或查询，以该表或查询中的数据作为列表框或组合框中的数据。如果没有直接的查询可用，也可

以单击右侧的生成器按钮 ... ，在查询生成器中直接创建 SQL 语句。

② 如果“行来源类型”是“值列表”，直接输入即可，如“男;女”。

③ 如果“行来源类型”是“字段列表”，可单击右侧的下拉按钮，选择某个表，以该表中的字段名称作为列表框或组合框中的数据。

（4）绑定列

在列表框或组合框中进行选择时，所显示出来的数据并不一定是存储在该字段中的内容。在“绑定列”中设置的列中的值才是表中真正存储的值。

（5）列数

列数指在列表框或组合框中所显示的列数，可以同时显示表中的多列。

（6）列标题

用字段名称、字段标题或首行数据作为列表框或组合框中列的标题。如果在列表框或组合框中同时显示多列时，加上标题便于识别各列的内容。

（7）列宽

列表框或组合框中有多列时，可指定每列的宽度，每列宽度之间以英文分号分隔。如列数为 3 列，则可设列宽为 2;2;2，系统会自动加上单位 cm；如果某一列无须显示，则列宽设为 0 即可，如 0;2;2。

（8）列表行数

列表行数指在组合框中一次最多可以显示的行数，其余的数据需拖动滚动条查看。

（9）列表宽度

在组合框中，列表框部分的宽度可以设为“自动”，也可以设为数值。

（10）限于列表

在组合框中，如果允许输入除列表框中值以外的数据，则选择“否”。如果值必须为列表中的一项时，则选择“是”。

【例 2-14】 在“教师表”中为字段“性别”设置“查阅”属性。

操作步骤如下：

① 在数据库窗口中选择“对象”栏中的“表”选项，单击要打开的“学生表”，再单击数据库窗口中的“设计”按钮。

② 选择字段“性别”，然后切换到“查阅”选项卡。

③ 通过设置下列属性，定义查阅列。

- 在“显示控件”属性框中，选择要用于窗体中查找列的控件的类型，包括文本框、列表框和组合框。这里选择“组合框”。
- 在“行来源类型”属性框中，输入行来源的类型，包括“表/查询”“值列表”和“字段列表”。这里选择“值列表”。
- 在“行来源”属性框中，输入行源的名称，由于上面的“行来源类型”选择了“值列表”，可直接输入“"男";"女"”即可。
- 在“绑定列”属性框中，输入要绑定的列数。这里输入 1。
- 在“列数”属性框中，输入要在列表框或组合框中显示的列数。这里输入 1。
- 如果要显示列标题，则在“列标题”属性框中选择“是”。这里选择“否”。
- 在“列表行数”属性框中，输入要在组合框中列表框部分显示的最大行数。这里输入 2。

• 在“列表宽度”属性框中，输入组合框中列表框部分的宽度，以英寸为单位。这里选择“自动”。

• 在“限于列表”属性框中，选择“否”，即允许输入不同于列表值的文本。

④ 单击“保存”按钮，保存更改并切换到“数据表”视图。“查阅”属性的设置和显示结果如图 2-33 所示。

图 2-33　“查阅”属性设置及显示结果

2.2.4　建立数据表之间的关系

为了更好地使用数据表中的数据，还需要建立表间关系。

1. 表间关系的类型

在 Access 中，指定表间的关系是非常重要的，它告诉了 Access 如何从两个或多个表的字段中查找、显示数据记录。通常在一个数据库的两个表使用了共同字段，就应该为这两个表建立一个关系，通过表间关系就可以确定一个表中的数据与另一个表中数据的相关方式。表间关系主要有 4 种，如表 2-10 所示。

表 2-10　表间关系

类　型	描　述
一对一	主表中的每个记录只与辅表中的一个记录匹配
一对多	主表中的每个记录与辅表中的一个或多个记录匹配，但辅表中的每个记录只与主表中的一个记录匹配
多对一	主表中的多个记录与辅表中的一个记录匹配
多对多	主表中的每个记录与辅表中的多个记录匹配，反之相同

创建表间关系时必须遵循参照完整性规则，这是一组控制删除或修改相关表间数据方式的规则。参照完整性规则可以防止错误地更改相关表中所需要的主表中的数据，在下列情况下应该应用参照完整性规则：

① 公用字段是主表的主键。

② 相关字段具有相同的格式。

③ 两个表都属于相同的数据库。

参照完整性规则会强迫用户进行下面的操作：

① 在将记录添加到相关表中之前，主表中必须已经存在了匹配的记录。

② 如果匹配的记录存在于相关表中，则不能更改主表中的主键值。

③ 如果匹配的记录存在于相关表中，则不能删除主表中的记录。

2．创建表间关系

用户可以使用多种方法来定义表间关系。在用户首次使用表向导创建表时，表向导会包含创建表间关系的步骤。另外，也可以在设计视图创建和修改表间关系。

【例 2-15】定义“学生成绩管理系统”数据库中已存在数据表之间的关系。

操作步骤如下：

① 在导航窗格中选择表对象，在“表格工具”选项卡中打开“表”选项卡，在“关系”组中，单击“关系”按钮，如果在数据库中已经创建了关系，那么在弹出的“关系”窗口中将显示这些关系，如图 2-34 所示。

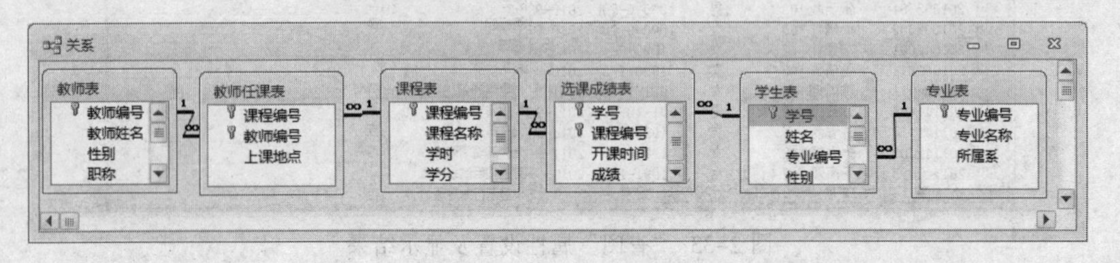

图 2-34 “关系”窗口

② 如果数据库中还没有定义任何关系，在弹出“关系”窗口的同时弹出“显示表”对话框，用户可以从中选择需要创建关系的表，把它们添加到“关系”窗口中，如图 2-35 所示。在修改关系时，可以在“关系”窗口中右击，在弹出的快捷菜单中选择“显示表”命令。

③ 当两个表都出现在“关系”窗口中时，在第一个表中单击公用字段，然后把它拖动到第二个表中的公用字段上，两个表之间就会出现关系连线。

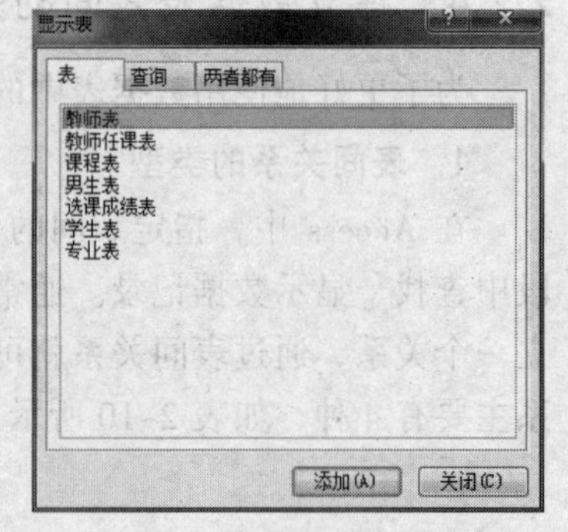

图 2-35 “显示表”对话框

④ 单击关系连线，连线会变黑，表明已经选中了该关系，右击并在弹出的快捷菜单中选择“编辑关系”命令（或直接双击），弹出“编辑关系”对话框，如图 2-36 所示，查看两表中的对应字段是否正确。单击“连接类型”按钮，可以在弹出的“连接属性”对话框中修改连接属性，如图 2-37 所示。

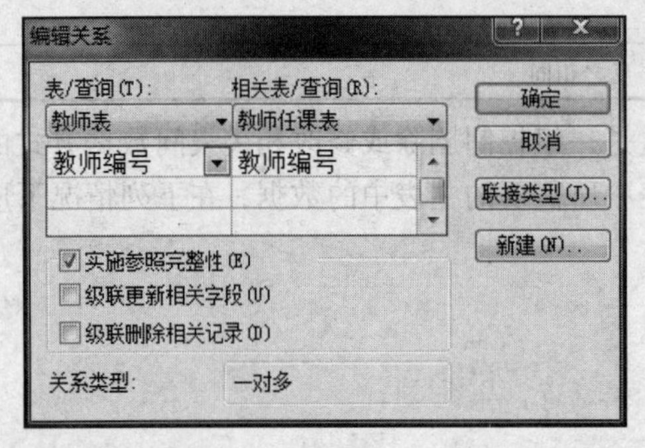

图 2-36 “编辑关系”对话框

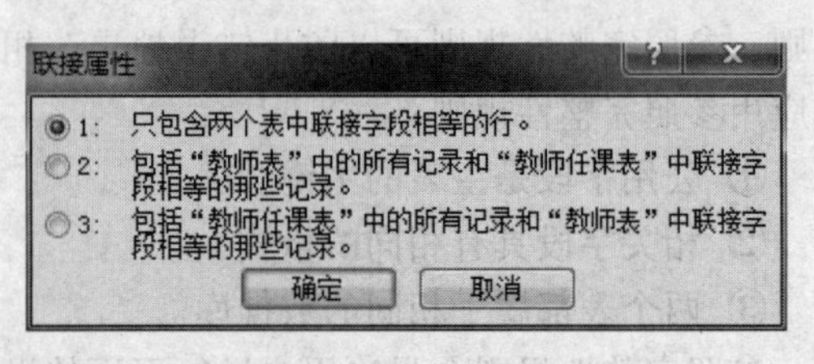

图 2-37 “连接属性”对话框

连接属性主要有 3 种，如表 2-11 所示。

表 2-11　连 接 属 性

连接属性	属 性 解 释
1	如果用户希望在第二个表中看到第一个表中的所有记录，则选择该类型，这时两个表中的记录数是相等的
2	如果用户希望看到第一个表中的所有记录（即使在第二个表中没有相应的记录），以及第二个表中两表连接字段相等的记录，可选择该类型，这时用户在第一个表中看到的记录可能会比第二个表中的记录多
3	如果用户希望看到第二个表中的所有记录（即使在每一个表中没有相应的记录），以及第一个表中两表连接字段相等的记录，可选择该类型，这时用户在第二个表中看到的记录可能会比第一个表中的记录多

在“编辑关系”对话框中选中“实施参照完整性”复选框，可以防止用户误删除或更改相关的数据。如果想将更改自动复制到相关表相关字段的主表字段，可以选中“级联更新相关字段”复选框；如果要在删除主表的记录时自动删除相关表中的记录，可以选中“级联删除相关记录”复选框。由于两个表中公用字段的属性不同，如第一个表的字段上定义了索引，而第二个表中没有定义索引，这样也会影响到两表间关系的类型，可能会使“一对多”关系不能建立，而只能建立“一对一”关系。

2.2.5　向表中输入数据

建立了表结构之后，就可以向表中输入数据了。向表中输入数据就好像在一张纸的空白表格内填写数字一样简单。在 Access 中，可以利用“数据表”视图向表中输入数据，也可以直接利用已有的表。

1. 记录的输入界面

在“学生成绩管理系统”数据库中选择刚创建的表，单击“打开”按钮，即可进入表的浏览界面，如图 2-38 所示，在此便可以输入记录了。

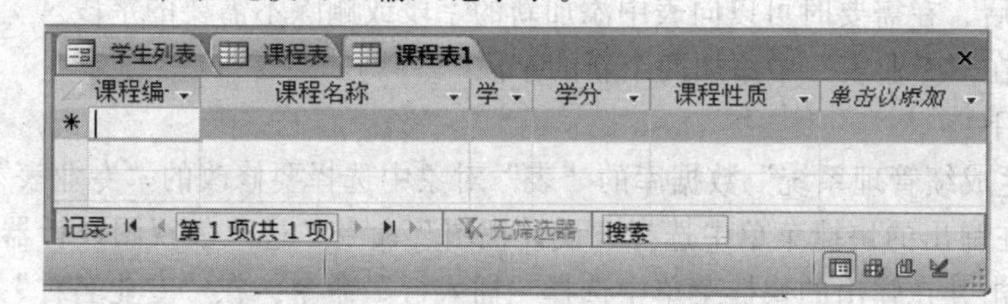

图 2-38　表的浏览界面

输入记录时，当一个字段输入完毕后按【Tab】键，光标可移到下一个字段。一条记录输入完毕，按【↓】键可将光标定位到下一行。输入完毕后单击窗口右上角的“关闭”按钮，系统会自动保存并退出。

2. 输入记录的方法

在输入记录时必须根据表结构相对应的字段属性输入相关的记录，各类型字段输入数据的方法有所不同。向记录中各类型字段输入数据的方法分别如下：

① 对于常用的文本型字段数据，可按其字段属性的要求，输入字符或汉字即可。

② 对于数字型、货币型字段数据，可采用十进制日常表示法输入。

③ 对于逻辑型字段数据，若想输入真值，可以输入 True 或-1；若要输入假值，可以输入

False 或 0。

④ 对于备注型字段数据，可在记录处输入长达 64 000 个字符。备注型字段不能进行排序和索引。

⑤ 对于日期/时间型数据，字段中默认日期格式是 yyyy-mm-dd。其中年份最好输入 4 位。

⑥ 对于 OLE 型字段数据，右击并从弹出的快捷菜单中选择“插入对象”命令，在弹出的“插入对象”对话框中双击“Windows Word 文档”选项，插入所需图片选项；也可在弹出的“插入对象”对话框中双击“Bitmap Image”选项，在打开的画图界面中，选择“粘贴”或“粘贴来源”插入所需图片到 OLE 字段中。一个 OLE 对象类型的字段，可以包含位图图像、声音文件、商业图表、Word 或 Excel 文件等。OLE 服务器支持的任何对象都可以存储在一个 Access OLE 字段中。OLE 对象通常被输入窗体中，以便用户看、听或者使用该值。当 OLE 对象在数据表中显示时，可以看到一个描述该对象的文本，使用 GetChunks 函数可以在代码中读取这种大型的对象字段。实际应用中，经常需要在数据表中存储如照片等类型的字段。

2.3 数据表的编辑

在创建数据表时，由于种种原因，可能数据表的结构设计不合理，有些内容不能满足实际需要。在使用数据表时，根据需要添加或删除了一些内容，会使表结构和表内容发生变化。为了使数据表结构更加合理，内容使用更加有效，需要对表进行编辑维护。

2.3.1 修改表结构

无论是利用数据表视图，还是利用表设计视图建立的数据表结构，如果发现表结构有问题，都可以利用表设计视图进行添加、删除和修改字段及字段属性等操作。

1. 添加/删除字段

建立表结构后，在需要时可以向表中添加新的字段或删除不需要的字段。

【例 2-16】在“专业表”中添加两个新的字段。

操作步骤如下：

① 在“学生成绩管理系统”数据库的“表”对象中选择要修改的“专业表”。

② 右击并在弹出的快捷菜单中选择“设计视图”命令，进入表视图设计器。单击“专业名称”字段，右击并在弹出的快捷菜单中选择“插入行”命令，在“专业名称”字段前插入一个新的字段。在“字段名称”栏中输入“专业性质”，在“数据类型”栏中选择“文本”，在字段属性区设置“字段大小”为 6。

③ 同②在“所属系”字段前插入一个新的字段。在“字段名称”栏中输入“说明”，在“数据类型”栏中选择“备注”，可根据需要在字段属性区做相应设置。

④ 然后单击“关闭”按钮，弹出提示框询问是否保存对“专业表”的更改，单击“是”按钮。

⑤ 对于表中多余的字段，可在表视图设计器中选择要删除的字段，然后单击“删除行”按钮即可。

2. 修改字段

建立表结构后，当字段的某些属性无法满足实际需要时，就必须进行修改。例如，可以按下面的步骤在“专业表”中修改相应的字段属性。

① 在“学生成绩管理系统”数据库的“表”对象中选择要修改的“专业表”，右击并在弹出的快捷菜单中选择“设计视图”命令，进入表视图设计器。单击“专业名称”字段，然后在字段属性区修改“字段大小”为 8。

② 单击“关闭”按钮，弹出提示框询问是否保存对“专业表”的更改，单击“是”按钮。

3．调整字段顺序

单击某字段左侧的小三角按钮，向上或向下拖动鼠标即可调整字段顺序。例如，将“专业名称”移动到“所属系”字段下面，先单击“专业名称”字段，然后将其拖动至“所属系”字段下即可。调整完成后，单击“关闭”按钮，返回“学生成绩管理系统”数据库。

用户可试着将 Excel 导入的“教师表”“教师任课表”和“课程表”中字段按表结构要求进行修改和完善。

2.3.2　编辑表内容

编辑表内容是为了确保表中数据的准确，使所建表能够满足实际需要。

1．修改字段中的记录

在数据表中，可以通过浏览窗口或编辑窗口来编辑相应的数据。首先介绍记录的浏览和编辑方式。表的编辑界面如图 2-39 所示。

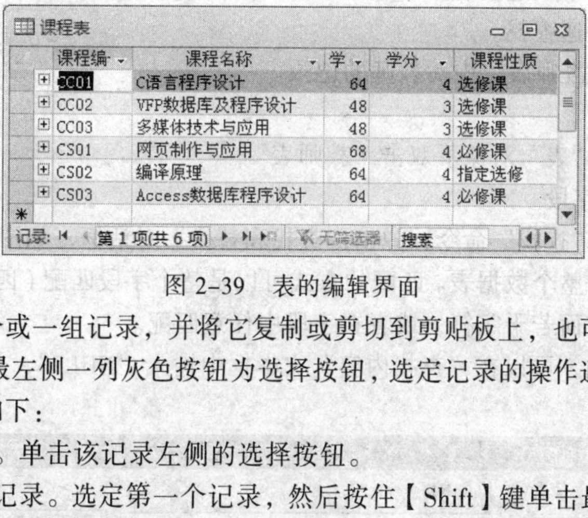

课程表

课程编·	课程名称	学	学分	课程性质
CC01	C语言程序设计	64	4	选修课
CC02	VFP数据库及程序设计	48	3	选修课
CC03	多媒体技术与应用	48	3	选修课
CS01	网页制作与应用	68	4	必修课
CS02	编译原理	64	4	指定选修
CS03	Access数据库程序设计	64	4	必修课
*				

记录: 第 1 项(共 6 项)　无筛选器　搜索

图 2-39　表的编辑界面

用户可以选择一个或一组记录，并将它复制或剪切到剪贴板上，也可以将它从表中删除。“数据表”视图窗口中最左侧一列灰色按钮为选择按钮，选定记录的操作通常是通过这些选择按钮完成的，具体方法如下：

① 选择单个记录。单击该记录左侧的选择按钮。

② 选择一组连续记录。选定第一个记录，然后按住【Shift】键单击最后一个记录，即可选择两个记录之间的所有记录。也可以通过鼠标拖动来选择多个连续的记录。

③ 追加一个记录。在数据表中最后一个记录的选择按钮上有一个星号，该星号用来表示这是一个假设追加记录，如果用户以只读的方式打开数据库，则假设追加记录不会出现。当用户将光标置于假设追加记录中的某个字段，输入记录，就可以追加一个记录。

④ 删除一个记录。选定该记录，按【Delete】键，或右击并在弹出的快捷菜单中选择“删除”命令，系统将弹出提示框，单击“是”按钮就可删除了该记录。注意，从表中删除记录的操作是无法撤销的。

2．冻结表中字段显示

如果表中包含较多字段，无法在 Access 的“数据表”视图中完全显示，用户可以冻结一个或多个字段，使这些被冻结的字段总是显示出来，从而使排序后的数据更加便于浏览。冻结的字段将一直显示在“数据表”视图窗口的最左侧，而无论用户是否滚动了水平滚动条。

【例 2-17】冻结“教师表”中“教师姓名”字段。

操作步骤如下：

① 在导航窗格中打开“教师表”。

② 选定需要冻结的字段“教师姓名”。

③ 右击并在弹出的快捷菜单中选择“冻结列”命令，或者选择“格式”→“冻结列”命令。冻结后在列的右侧显示一条黑线，如图 2-40 中的“教师姓名”列所示。

教师表

教师姓	教师编	性别	职称	通讯地址	邮政编	电话	电子信箱
刘月红	JCC01	女	教授	北京市朝阳区民和大街182栋81号	100072	010-8767542	lmwang@263.net
李林霞	JCC02	女	副教授	北京市丰台区月夕大街202栋94号	100043	010-8787674	hmli@163.net
于平清	JCC03	女	副教授	北京市海淀区民族大街102栋10号	100037	010-8788654	lmjiang@263.net
戴红薇	JCS01	女	副教授	北京市西城区卫星大街82栋110号	100030	010-8345723	jzchan@263.net
李湛魁	JCS02	男	讲师	北京市东城区月和大街123栋12号	100002	010-8788347	lixz@263.net
郝志英	JCS03	男	讲师	北京市崇文区东四大街12栋103号	100008	010-6789453	xiayue@sohu.com
陈大卫	JCS04	男	助教	北京市丰台区岳各庄桥西202栋9	100139	010-8765432	chendawei@buu.edu.c
赵林奕	JCT01	女	讲师	北京市东城区兆丰大街1232栋11-	100021	010-7865412	zhaolinyi@buu.edu.c
林萍萍	JCT03	女	教授	京市东城区幸福大街123栋123号	100004	010-8765345	linpingping@sohu.co

记录：第 10 项(共 10 项)　无筛选器　搜索

图 2-40　冻结“教师姓名”字段

3. 查找记录

在海量的数据记录中快速查看一个或一系列的数据，并不是件容易的事。通过 Access 的查找数据功能可以实现快速查找。

【例 2-18】查找“教师表”中女教师的记录。

操作步骤如下：

① 在导航窗格中“表”对象下双击“教师表”。

② 选定“性别”字段。

③ 在功能区选择“查找”命令，弹出“查找和替换”对话框，如图 2-41 所示。查找的范围可以是一个字段或者整个数据表。匹配的方式可以是整个字段匹配（匹配条件最严格），也可以匹配一个字段中的前面若干字符，或者在字段中任意匹配。

如果要查找空字段，可以在“查找内容”文本框中输入“NULL”，并取消选中“按格式搜索字段”复选框。

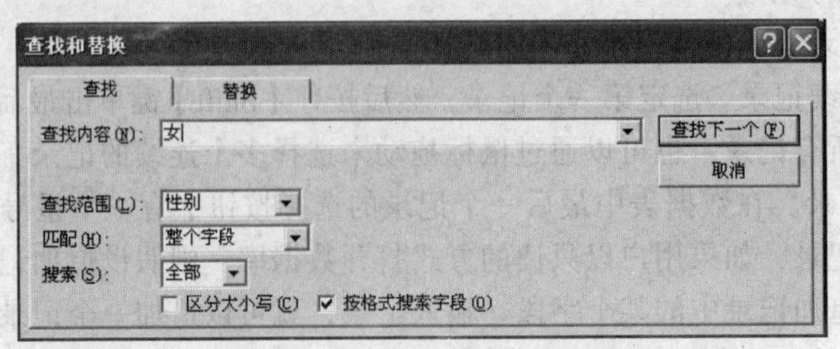

图 2-41　“查找和替换”对话框

4. 使用“计算”类型字段存储数据

Access 早期版本无法将计算的数据保存在数据表中。Access 2010 提供了“计算”数据类型，可以将计算结果保存在该类型的字段中。

【例 2-19】在“学生成绩管理系统”数据库中已有“成绩表”，在表中原有字段后加一个计算字段，字段名为“总评成绩”，计算公式为：总评成绩=平时成绩*0.3+成绩*0.7。

操作步骤如下：

① 用“设计视图”打开“成绩表”，单击“成绩”行下方第一个空行的“字段名称”列，输入“总评成绩”。将“数据类型”设置为“计算”。

② 在打开的“表达式生成器”窗口的“表达式类别”区域中双击“平时成绩”，输入“*0.3+”；在“表达式类别”区域中双击“成绩”，再输入“*0.7”，结果如图 2-42 所示。

③ 单击“确定”按钮返回“设计视图”。设置“结果类型”属性值为“整型”，“格式”属性值为“标准”，“小数位数”属性值为“0”，设置结果如图 2-43 所示。

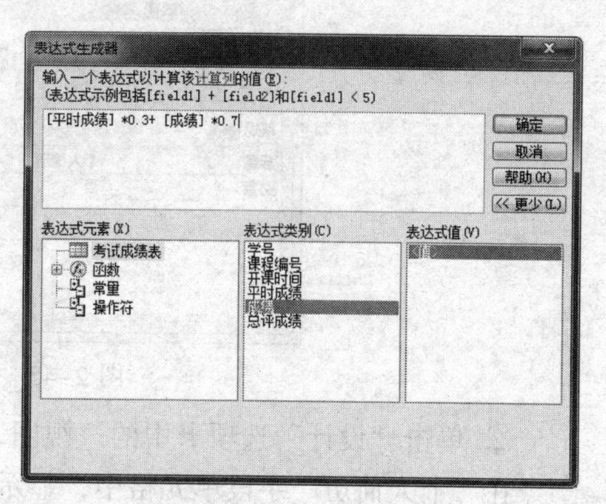

图 2-42　输入计算表达式

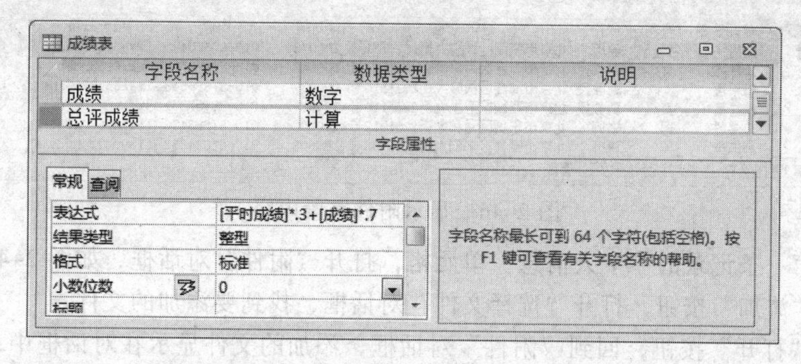

图 2-43　“计算”属性设置结果

④ 单击“设计”选项卡中的“视图”按钮，切换到“数据表视图”，结果如图 2-44 所示。

成绩表

姓名	性别	专业编号	课程名称	平时成绩	成绩	总评成绩
赵晓飞	男	03	VFP数据库及程序设计	90	94	93
赵晓飞	男	03	多媒体技术与应用	90	87	88
赵晓飞	男	03	网页制作与应用	85	82	83
赵晓飞	男	03	编译原理	80	75	76
杨海峰	男	03	编译原理	70	56	60
杨海峰	男	03	VFP数据库及程序设计	90	91	91
杨海峰	男	03	多媒体技术与应用	85	85	85
宋春红	女	42	VFP数据库及程序设计	80	79	79

记录: 第 1 项(共 29 项　无筛选器　搜索

图 2-44　“计算”类型字段计算结果

5. 使用“附件”类型字段存储数据

使用“附件”数据类型可以将 Word 文档、演示文稿、图像等文件的数据添加到记录中。“附件”类型可以在一个字段中存储多个文件，而且这些文件的数据类型可以不同。

【例 2-20】在“教师表”中添加一个“个人简历”字段，数据类型为“附件”，将存储在 Word 文档中的教师个人简历添加到“个人简历”字段中。

操作步骤如下：

① 用“设计视图”打开“教师表”，添加“个人简历”字段，将“数据类型”设置为“附件”，标题属性设计为“个人简历”，如图 2-45 所示。

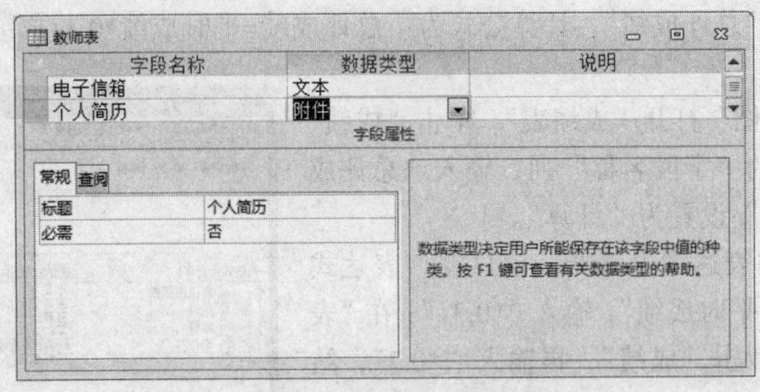

图 2-45　添加“附件”类型字段

② 单击“设计”选项卡中的“视图”按钮，结果如图 2-46 所示。

在“个人简历”字段单元格中，显示内容为 (0)，其中“(0)”’表示附件中为空。

教师编号	教师姓名	性别	职称	通讯地址	邮政编码	电话	电子信箱	个人简历
JCC01	刘月红	女	教授	北京市朝阳区民和大街182栋81号	100072	010-87675423	lmwang@263.net	(0)
JCC02	李林霞	女	副教授	北京市丰台区月夕大街202栋94号	100043	010-87876745	hmli@163.net	(0)
JCC03	于平清	女	副教授	北京市海淀区民族大街102栋10号	100037	010-87886543	lmjiang@263.net	(0)
JCS01	戴红薇	女	副教授	北京市西城区卫星大街82栋110号	100030	010-83457231	jzchan@263.net	(0)
JCS02	李港魁	男	讲师	北京市东城区月和大街123栋12号	100002	010-87883476	lixz@263.net	(0)
JCS03	郝志英	男	讲师	北京市崇文区东四大街12栋103号	100008	010-67894532	xiayue@sohu.com	(0)

记录: 第 1 项(共 9 项)　无筛选器　搜索

图 2-46　显示附件字段内容

③ 双击第一条记录的“个人信息”单元格，打开“附件”对话框，如图 2-47 所示。

④ 单击“添加”按钮，打开“选择文件”对话框，找到要添加的文件。

⑤ 单击“打开”按钮，回到“附件”对话框，添加的文件显示在对话框中；用相同方法将“个人照片.jpg”添加到“附件”对话框中，添加结果如图 2-48 所示。

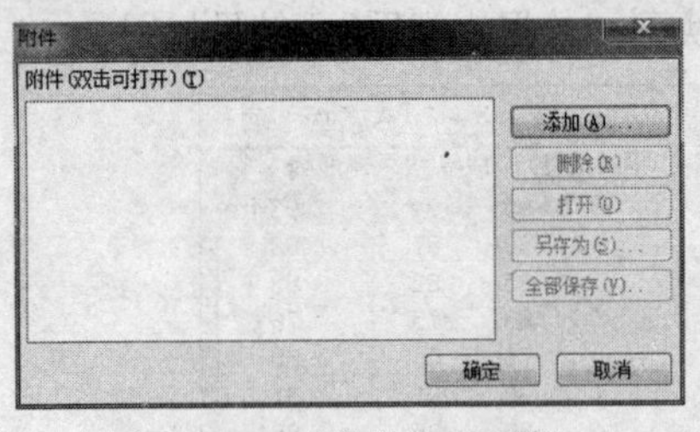

图 2-47　“附件”对话框

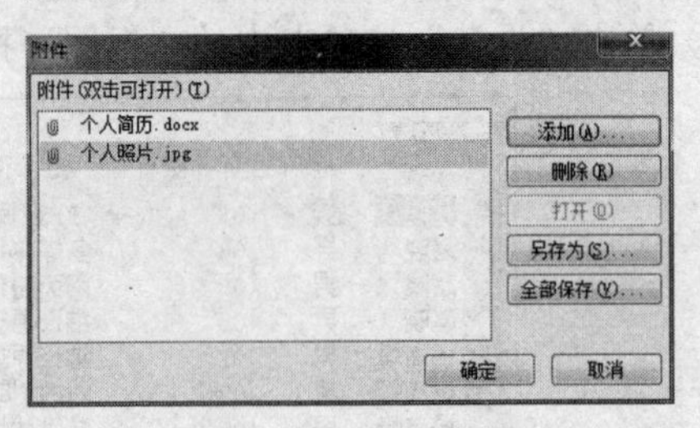

图 2-48　添加附件

⑥ 单击“确定”按钮，完成附件的添加，切换到“数据表视图”。可以看到“个人简历”字段单元格显示为 (2)，如图 2-49 所示，表示在字段中附加了两个文件。

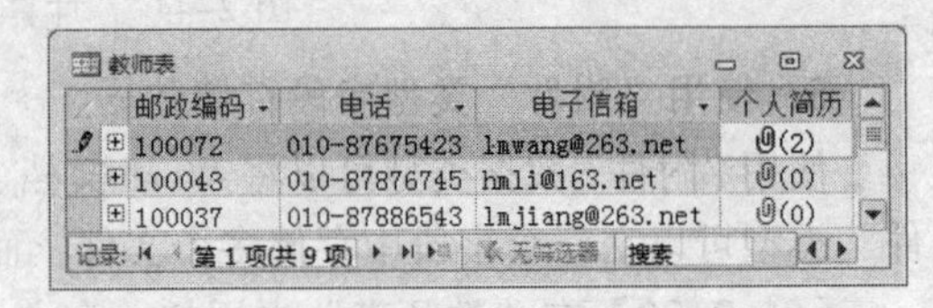

图 2-49　教师表显示结果

需要说明的是，附件中包含的信息不在“数据表视图”中显示，在“窗体视图”才能显示出来对于文档、电子表格等类型信息只能显示图标。

也可以删除和修改附件，操作步骤如下：

① 在“数据表视图”中，双击或右击某记录“附件”字段单元格并从弹出的快捷菜单中选择“管理附件”命令，打开“附件”对话框。

② 选择附件，单击“删除”命令，可以删除附件；单击“编辑”命令，可以修改附件。

③ 单击“确定”按钮，完成附件的删除或修改。

2.3.3 修饰数据表

1．改变数据字体

如果没有对数据表进行字体设定，那么表中的数据均采用系统的默认字体。为了使界面更加美观，用户可以为表设定自己喜欢的字体，操作步骤如下：

① 在导航窗格中打开所需要的表。

② 在“开始”选项卡的“文本格式”组中，用户可以设置字体的类型、字形和字体效果等属性。

③ 设置完成后，表中的数据会自动变为用户设定的效果。

2．改变字段顺序

默认情况下，数据表显示记录时字段的次序和设计时的次序是一致的。为了更好地分析数据，有时需要把相关的字段放在一起。操作步骤如下：

① 在导航窗格中打开所需要的表。

② 选中要移动的字段，也可以选中多个字段（按住【Shift】键或鼠标拖动）。

③ 拖动选中的字段到合适的位置，释放鼠标即可。

移动“数据表”视图中字段的显示次序并不会影响设计视图中字段的次序，只是改变表的显示布局。

3．设置行高和列宽

有时由于字段中的数据太多而无法全部显示出来，如备注类型的字段，这时可以调整数据表的行高，使数据分行显示在窗口中；也可以调整字段的列宽到适当的大小，使数据能够正常显示出来。改变表的默认行高或列宽有两种方法：鼠标拖动或用菜单命令指定精确的值。

（1）鼠标拖动调整行高/列宽

这是比较直观和简单的方法，也是常用的方法。操作方法如下：

在导航窗格中打开需要调整的表，将鼠标指针移动到字段行或列的分隔线上，这时光标变为一个垂直或水平的双向箭头，然后向上或向下拖动即可改变行高，向左或向右拖动即可改变列宽。

（2）使用菜单命令设置行高/列宽

使用菜单命令可以把行高或列宽设置为一个十分精确的值，操作步骤如下：

在导航窗格中打开需要调整的表，在“开始”选项卡的“记录”组中，单击“其他”按钮，在下拉菜单中选择“行高”或“列宽”命令，弹出“行高”或“列宽”对话框，取消选中“标准高度”和“标准宽度”复选框，然后在“行高”或“列宽”数值框中输入合适的值（字体大小乘以1.25便是正常的行高）。

4．隐藏列和取消隐藏

有时一些字段只是为了联系两个表而引入的，并不需要显示，这时可以把它们隐藏起来，在用户想查看的时候再把它们显示出来。操作步骤如下：

在导航窗格中打开所需要的表，将插入点定位在需要隐藏的字段上，如果想隐藏多字段，可以同时选中多字段，右击并从弹出的快捷菜单中选择“隐藏字段”命令即可。

如果要取消隐藏，可以选择“取消隐藏字段”命令，在弹出的“取消隐藏字段”对话框中选择已隐藏的字段即可。

2.4　数据表的使用

数据表创建好后，可以根据需求排序和筛选表中的数据。本节将介绍如何改变记录的显示顺序和如何筛选指定条件的记录。

2.4.1　排序记录

数据开发环境的一个基本功能就是记录排序。默认情况下，Access 会按主键的次序显示记录；如果表中没有主键，则以输入的次序来显示记录。如果排序记录的关键字段上设置了索引，则排序过程会更快。如果索引存在，Access 会自动使用索引来加速排序，这个过程称为查询优化。而实际应用中，记录的显示顺序是按需要排列的。Access 提供的排序功能可以有效地实现记录的重新排列。

1. 排序规则

排序是根据当前表中一个或多个字段的值对整个表中的所有记录进行重新排列。排序时可按升序，也可按降序。不同的字段类型，排序规则有所不同，具体规则如下：

① 英文按字母顺序排序，大、小写视为相同，升序时按从 A 到 Z 排，降序时按从 Z 到 A 排。

② 中文按拼音字母的顺序排序，升序时按从 A 到 Z 排，降序时按从 Z 到 A 排。

③ 数字按数字的大小排序，升序时按从小到大排，降序时按从大到小排。

④ 日期按日期的先后顺序排，升序时按从前向后的顺序排，降序时按从后向前的顺序排。

排序时，需要注意以下几点：

① 对于文本型字段，如果它的取值有数字，那么 Access 将数字视为字符串。因此，排序时是按照 ASCII 码值的大小排，而不是按照数值本身的大小排。如果希望按其数值大小排，则应在较短的数字前面加零。例如，希望文本字符串“7”“9”“12”按升序排列，如果直接排，则排序的结果将是“12”“7”“9”，这是因为“1”的 ASCII 码小于“7”的 ASCII 码。要想实现所需要的升序排序，应将三个字符串改为“07”“09”“12”。

② 按升序排列字段时，若字段值为空值，则将包含空值的记录排列在列表中的第一条。

③ 数据类型为备注、超链接、OLE 对象或附件的字段不能排序。

④ 排序后，排序次序将与表一起保存。

2. 单字段排序

在数据表中，按一个字段进行排序，可以在“数据表视图”中完成。

【例 2-21】在“学生表”中按“学号”升序排序。

操作步骤如下：

① 用“数据表视图”打开“学生表”，单击“学号”字段所在的列。

② 单击“开始”选项卡，单击“排序和筛选”组中的“升序”按钮。

执行上述操作步骤后，就可以改变表中记录原有的排列次序。保存时，将同时保存排序结果。

3. 多个字段排序

在 Access 中，不仅可以按一个字段排序记录，也可以按多个字段排序记录。按多个字段进行排序时，首先根据第一个字段按照指定的顺序进行排序，当第一个字段具有相同的值时，再按照第二个字段进行排序，依此类推，直到按全部指定的字段排好序为止。按多个字段排序记录有两种方法，一种是使用“升序”或“降序”按钮，另一种是使用“高级筛选/排序”命令。

【例 2-22】在“学生表”中按“性别”和“入学成绩”两个字段升序排序，要求使用“升序”按钮进行排序。

操作步骤如下：

① “数据表视图”打开“学生表”。选择用于排序的“性别”和“入学成绩”的字段选定器。

② 在“开始”选项卡的“排序和筛选”组中，单击“升序”按钮。排序结果如图 2-50 所示。

学号	姓名	专业编号	性别	入学成绩	出生日期	入学时间	团员否	照片
201141104	郝云鹏	41	男	549	1991/10/31	2011/9/1	0	?t Word Pictu
201141110	齐春磊	41	男	558	1991/5/3	2011/9/1	0	?t Word Pictu
201003101	赵晓飞	03	男	563	1990/10/23	2010/9/1	-1	?t Word Pictu
201003102	刘大林	03	男	575	1990/4/6	2010/9/1	0	?t Word Pictu
201003301	张明磊	03	男	648	1990/5/20	2010/9/1	-1	?t Word Pictu
201003120	杨海峰	03	男	653	1990/8/4	2010/9/1	-1	?t Word Pictu
201042011	姚倩倩	42	女	561	1990/7/8	2010/9/1	-1	?t Word Pictu
201042001	宋春红	42	女	582	1990/9/4	2010/9/1	0	?t Word Pictu
201142023	王海萍	42	女	591	1991/1/2	2011/9/1	-1	?t Word Pictu
201142003	张春艳	42	女	601	1991/3/5	2011/9/1	-1	?t Word Pictu
201104011	陈雨烟	04	女	654	1991/7/30	2011/9/1	-1	?t Word Pictu
201003302	周嫣红	03	女	678	1990/9/20	2010/9/1	-1	?t Word Pictu

图 2-50　使用“升序”按钮按多字段排序

从结果可以看出，Access 先按“性别”排序，在“性别”相同的情况下再按“入学成绩”从小到大排序。因此，按多个字段进行排序，必须注意字段的先后顺序。

按多个字段排序时，还可单击字段行右侧下拉箭头，然后从弹出的列表中选择“升序”或“降序”进行排序。对两个不相邻的字段排序时，先对第二个字段排序，再对第一个字段排序，也可使用“高级筛选 / 排序”命令。

【例 2-23】在“学生表”中先按“性别”升序排，再按“入学成绩”降序排序。

操作步骤如下：

① 使用“数据表视图”打开“学生表”。在“开始”选项卡的“排序和筛选”组中，单击“高级”按钮。

② 从弹出的菜单中选择“高级筛选 / 排序”命令，打开“筛选”窗口。“筛选”窗口分上下两个部分。上半部分显示了被打开表的字段列表；下半部分是设计网格，用来指定排序字段、排序方式和排序条件。

③ 单击设计网格中第 1 列字段行右侧下拉箭头按钮，从弹出的下拉列表中选择“性别”字段；用相同方法在第 2 列的字段行上选择“入学成绩”字段。

④ 单击“性别”字段的“排序”单元格，再单击右侧下拉箭头按钮，并从弹出的列表中选择“升序”；使用相同方法在“入学成绩”列的“排序”单元格中选择“降序”，如图 2-51 所示。

⑤ 在“开始”选项卡的“排序和筛选”组中，单击“切换筛选”按钮；这时 Access 将按上述设置排序“学生表”中的所有记录，如图 2-52 所示。

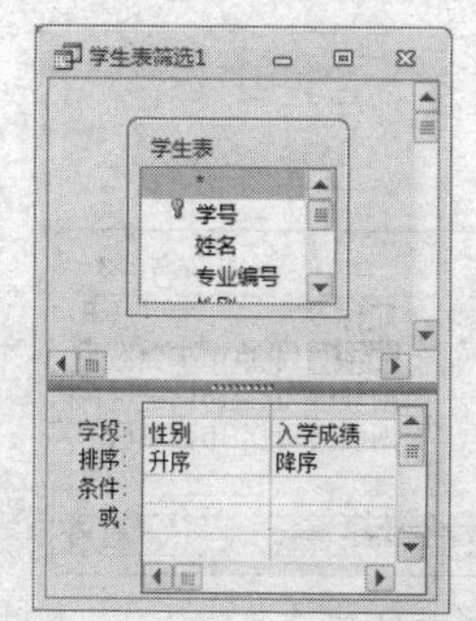

图 2-51　在“筛选”窗口中设置排序

学号	姓名	专业编号	性别	入学成绩	出生
201003120	杨海峰	03	男	653	19
201003301	张明磊	03	男	648	199
201003102	刘大林	03	男	575	19
201003101	赵晓飞	03	男	563	1990
201141110	齐春磊	41	男	558	19
201141104	郝云鹏	41	男	549	1991
201003302	周嫣红	03	女	678	199
201104011	陈雨烟	04	女	654	199
201142003	张春艳	42	女	601	19
201142023	王海萍	42	女	591	19
201042001	宋春红	42	女	582	19
201042011	姚倩倩	42	女	561	19

图 2-52　排序结果

在指定排序次序后，在“开始”选项卡的“排序和筛选”组中，单击“取消排序”按钮，可以取消所设置的排序顺序。

2.4.2 筛选记录

Access 允许在使用数据表时，根据需要从众多数据中挑选出满足条件的记录进行处理。应用筛选可以实现指定的记录出现在表或者查询结果中。Access 2010 中提供了 4 种筛选记录的方法，分别是“按选定内容筛选”“使用筛选器筛选”“按窗体筛选”和“高级筛选”。筛选后，表中只显示满足条件的记录，而那些不满足条件的记录将被隐藏。

1. 按选定内容筛选

这是最简单和快速的筛选方法，可以选择某个表的全部或者部分数据建立筛选规则。Access 将只显示那些与所选样例匹配的记录，也就是把选择的记录从当前的数据表中筛选出来，并显示在数据表窗口中。

【例 2-24】筛选出“学生表”中专业编号是 42 的学生记录。

操作步骤如下：

① 使用“数据表视图”打开“学生表”。

② 选择要参与筛选的记录的一个字段中的全部或部分内容。在“专业编号”字段中找到“42”，并选中。

③ 在“开始”选项卡的“排序和筛选”组中，单击“选择”按钮，在下拉菜单中选择“等于"42"”就可以看到筛选结果，如图 2-53 所示。

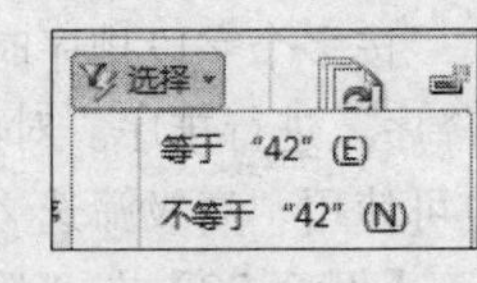

图 2-53 筛选选项

2. 使用筛选器筛选

筛选器提供了一种灵活的筛选方式，它将选定的字段列中所有不重复的值以列表形式显示出来，供用户选择。除 OLE 对象和附件类型字段外，其他类型的字段均可以应用筛选器。

【例 2-25】在“教师表”中筛选出职称为“副教授”的教师记录。

操作步骤如下：

① 用“数据表视图”打开“教师表”，单击“职称”字段列任一行。

② 在“开始”选项卡的“排序和筛选”组中，单击“筛选器”按钮或单击“职称”字段名行右侧下拉箭头。

③ 在弹出的下拉列表中，取消“全选”复选框，选中“副教授”复选框，如图 2-54 所示。单击“确定”按钮，系统将显示筛选结果。

筛选器中显示的筛选项取决于所选字段的数据类型和字段值。如果所选字段为“文本”类型，则筛选器中的筛选项如图 2-55 所示。

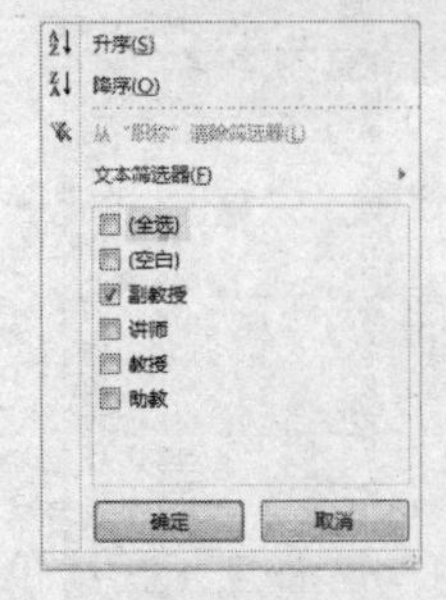

图 2-54 设置筛选选项

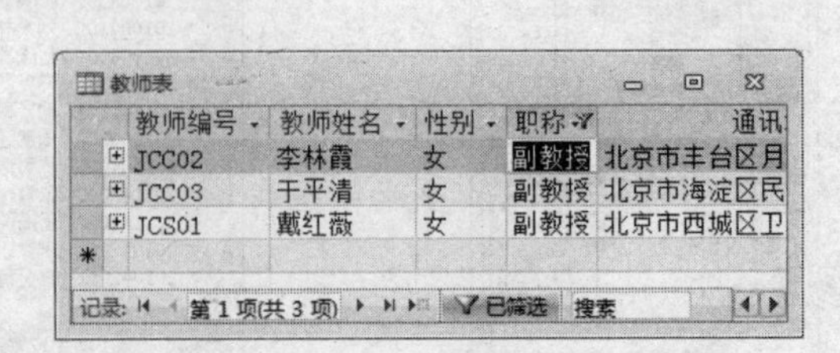

图 2-55 排序结果

3．按窗体筛选

在表的一个空白数据窗体中输入筛选规则，Access 将显示那些与由多个字段组成的合成准则相匹配的记录。这种筛选可以把筛选结果显示在一个空白的数据表中。

【例 2-26】筛选出“教师表”中职称是“讲师”的男教师的记录。

操作步骤如下：

① 用“数据表视图”打开“教师表”，单击“职称”字段列任一行。

② 在“开始”选项卡的“排序和筛选”组中选择“高级筛选”按钮，在下拉菜单中选择“按窗体筛选”命令，系统会弹出按窗体筛选窗口。

③ 从“字段”下拉列表框中选择要搜索的值，筛选结果将是满足所有指定的字段值的记录，如图 2-56 所示。

图 2-56　按窗体筛选

④ 单击“高级筛选”按钮，在下拉菜单中选择“应用筛选/排序”命令，系统会自动执行所设定的筛选，如图 2-57 所示。

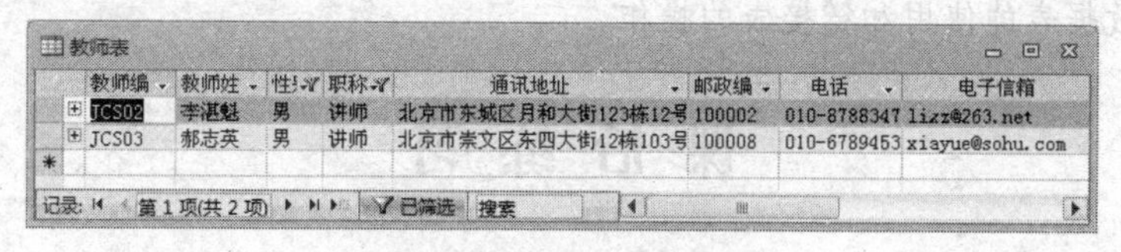

图 2-57　按窗体筛选结果

4．高级筛选

前面介绍的 3 种方法是筛选记录中最容易的方法，筛选条件单一，操作简单。在实际应用中，常常涉及比较复杂的筛选条件。例如，找出 1991 年出生的男生。此时使用“筛选”窗口，可以更容易地实现。使用“筛选”窗口不仅可以筛选出满足复杂条件的记录，还可以对筛选结果进行排序。

【例 2-27】找出 1991 年出生的女生的记录，并按“专业编号”升序排序。

操作步骤如下：

① 用“数据表视图”打开“学生表”，单击“开始”选项卡，单击“排序和筛选”组中的“高级”按钮；在下拉菜单中选择“高级筛选/排序”命令，打开“筛选”窗口。

② 在“筛选”窗口上半部分显示的“学生表”字段列表中，分别双击“性别”“出生日期”和“专业编号”字段，将其添加到“字段”行中。

③ 在“性别”的“条件”单元格中输入条件“女”，在“出生日期”的“条件”单元格中输入条件“Between #1991/1/1# And #1991/12/31#”。

④ 单击“专业编号”的“排序”单元格，单击右侧下拉箭头按钮，从弹出的下拉列表中选择“升序”，设置结果如图 2-58 所示。

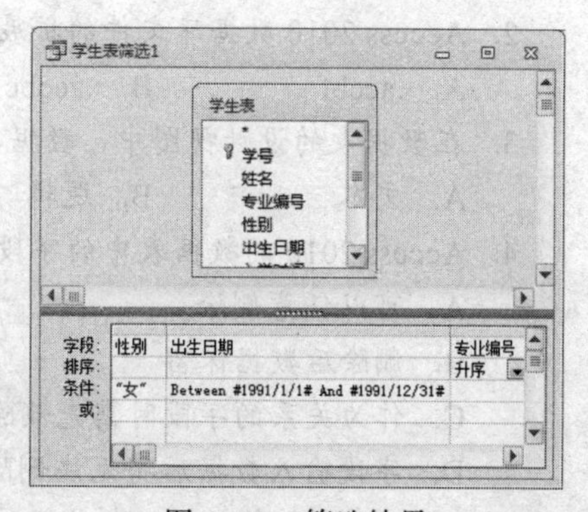

图 2-58　筛选结果

⑤ 在“开始”选项卡的“排序和筛选”组中，单

击“切换筛选”按钮。

5. 清除筛选

设置筛选后，如果不再需要筛选的结果，则可以将其清除。清除筛选是将数据表恢复到筛选前的状态。可以从单个字段中清除筛选，也可以从所有字段中清除筛选。清除所有筛选的方法是，单击“开始”选项卡，然后单击“排序和筛选”组中的“高级”按钮，从弹出的下拉菜单中选择“清除所有筛选器”命令。

小 结

Access 数据库和数据表的基本操作包括数据库的创建、表的建立和表的编辑等，是 Access 数据库各对象操作的基础。通过学习本章，读者应掌握以下内容：

① 熟练掌握创建数据库和创建表的基本操作。

② 学会用 Access 建立数据库和表，理解表间关系的设计。

③ 熟练掌握管理数据表和对表数据进行编辑处理的方法。

④ 初步掌握数据库和表的设计方法，会进行简单的数据库和表的设计。

⑤ 掌握表的格式设置。

⑥ 了解子数据表的使用和链接表的操作。

课后练习

一、思考题

1. 数据库与数据表的关系是什么？
2. 为什么要使用关系数据库？
3. 格式和输入掩码属性有什么区别？
4. 在表属性设置中有效性规则的作用是什么？
5. 分别写出对数据表进行单列和多列排序的方法。

二、选择题

1. 若要控制数据表中学号字段只能输入数字，则应设置________。

   A. 显示格式　　B. 输入掩码　　C. 字段有效性　　D. 记录有效性

2. Access 2010 数据库文件的扩展名是________。

   A. .accbf　　B. .accbc　　C. .accdb　　D. .accfpt

3. 在数据表的设计视图中，数据类型不包括________型。

   A. 文本　　B. 逻辑　　C. 数字　　D. 备注

4. Access 2010 的数据表中的字段________。

   A. 可以任意删除

   B. 删除后数据保留

   C. 作为关系的字段时需先删除关系，再删除字段

   D. 字段输入数据后将无法删除

5. Access 2010 中，可以在以下________命令执行后设置筛选条件。

A. 按窗体筛选　　　　　　　　　　B. 按选定内容筛选
C. 内容排除筛选　　　　　　　　　D. 高级筛选/排序

6. 在两个表之间建立关系________。
A. 的条件是两个表都要有相同的数据类型和内容的字段
B. 的条件是两个表的关键字必须相同
C. 的结果是两个表变成一个表
D. 的结果是只要访问其中的任一个表就可以得到两个表的信息

7. 在表视图设计器的工具栏中，"视图"按钮的作用是________。
A. 用于显示、输入、修改表的数据
B. 用于修改表的结构
C. 可以在设计视图和"数据表"视图两个状态之间进行转换
D. 以上都不是

8. 当文本型字段取值超过255个字符时，应改用________数据类型。
A. 文本　　　B. 备注　　　C. OLE对象　　　D. 超链接

9. 下面关于主关键字段的叙述中错误的是________。
A. 数据库中每一个表都必须具有一个主关键字
B. 主关键字段的值是唯一的
C. 主关键字可以是一个字段也可以是一组字段
D. 主关键字段中不许有重复值和空值

10. 创建Access数据库时要创建一系列的对象，其中最基本的是创建________。
A. 数据库的查询　　　　　　　　　B. 数据库的基本表
C. 基本表之间的关系　　　　　　　D. 数据库的报表

三、填空题

1. 如果一个数据表中含有照片，那么"照片"这一字段的数据类型通常为________。

2. Access 2010自动创建的主键，是________数据。

3. 学生和课程之间是典型的________关系。

4. 在定义字段有效性规则时，在文本框中输入的表达式类型是________。

5. Access 2010中，要改变字段的数据类型，应在________下设置。

6. 输入数据时，数据类型为________的字段由系统自动填入，不用用户输入。

7. 给字段或表命名时要求以________开头，字符数为________个，不能包含________、________、________和________等字符。

8. 将字段"输入掩码"属性设置为________，在文本框中输入任何字符，都按原字符保存，但显示为*。

9. 有效性文本就是输入数据不符合________时的提示信息。

10. 在"数据表"视图中，________某字段后，无论用户怎样水平滚动窗口，该字段总是可见的，并且总是显示在窗口的最左侧。

四、操作题

1. 试按以下要求完成设计：

（1）打开数据库文件Access2-1.accdb。

（2）创建一个文件名为“学生”的数据表，结构如表 2-12 所示。

表 2-12 学生数据表

字段名称	数据类型	字段大小	格式
编号	文本	8	
姓名	文本	8	
性别	文本	1	
年龄	数字	整型	
进校日期	日期/时间		短日期
奖励否	是/否		是/否
出生地	备注		

（3）设置“编号”字段为主键。

（4）在“学生”表中输入表 2-13 所示的两条记录。

表 2-13 添加的记录

编号	姓名	性别	年龄	进校日期	奖励否	出生地
991101	张三	男	30	1999-9-1	√	江苏苏州
991102	李海亮	男	25	1999-9-2		北京昌平

2. 打开数据库文件 Access2-2.accdb，数据库文件中已建立表对象 tEmployee。试按以下操作要求，完成表的建立和修改：

（1）删除 tEmployee 表中 1949 年以前出生的雇员记录；并删除“简历”字段。

（2）将 tEmployee 表中“联系电话”字段的“默认值”属性设置为“010-”。

（3）建立一个新表，结构如表 2-14 所示，主关键字为 ID，表名为 tSell，将表 2-15 所示数据输入到 tSell 表相应字段中。

表 2-14 tSell 表的结构

字段名称	数据类型
ID	自动编号
雇员 ID	文本
图书 ID	数字
数量	数字
售出日期	日期/时间

表 2-15 tSell 表中的数据

ID	雇员 ID	图书 ID	数量	售出日期
1	1	1	23	2006-1-4
2	1	1	45	2006-2-4
3	2	2	65	2006-1-5
4	4	3	12	2006-3-1
5	2	4	1	2006-3-4

（4）将 tSell 表中“数量”字段的有效性规则属性设置为大于等于 0，并在输入数据出现错误时，提示“数据输入有误，请重新输入”的信息。

（5）建立 tEmployee 和 tSell 两表之间的关系，并实施参照完整性。

第3章 查 询

查询是具有条件检索和计算功能的数据库对象。查询是以表或查询为数据源的再生表。查询是关系数据库中的一个重要概念，查询对象不是数据的集合，而是操作的集合。查询的运行结果是一个动态数据集合，尽管从查询的运行视图上看到的数据集合形式与从数据表视图上看到的数据集合形式完全一样，在数据表视图中所能进行的各种操作也几乎都能在查询的运行视图中完成，但无论它们在形式上是多么地相似，其实质是完全不同的。可以这样理解：数据表是数据源之所在，而查询是针对数据源的操作命令，相当于程序。

在 Access 2010 中，查询的实现可以通过两种方式进行：一种是在数据库中建立查询对象，另一种是在 VBA 程序代码或模块中使用结构化查询语言（Structured Query Language，SQL）。本章将介绍 Access 2010 中查询的基本概念、操作方法和应用方式，讲解 SQL 的基本知识。

3.1 查询概述

在 Access 中，要从一个表或多个表中检索信息，就要创建查询，查询就是向数据库提出询问，并要求数据库按给定的条件、范围以及方式等，从指定的数据源中查找，提取指定的字段和记录，返回一个新的数据集合。可以使用查询作为窗体、一个报表或数据访问页的数据源。

3.1.1 查询的基本概念

查询是 Access 中非常重要的一个对象，需要对查询作必要的介绍。

1. 查询的设计方法

Access 创建查询的方法主要有向导和设计视图。查询向导能够有效地指导用户顺利地进行创建查询的工作，详细地解释在创建过程中需要做出的选择，并能以图形的方式显示结果。对创建查询来说，设计视图功能更为丰富，查询视图分为上下两部分，上部分显示的是查询的数据源及其字段列表，下半部分显示并设置查询中字段的属性。在查询设计视图中，可以完成新建查询的设计，或修改已有的查询，也可以修改作为窗体、报表或数据访问页数据源的 SQL 语句。在查询设计视图中所做的更改，也会反映到相应的 SQL 语句。

2. 查询的功能

查询能够实现以下几个主要功能：

（1）选择字段和记录

根据给定的条件，查找并显示相应的记录，可以仅仅显示部分字段。

（2）修改记录

通过查询对符合条件的记录进行添加、修改和删除等操作。

（3）统计与计算

在查询结果中进行统计。例如，统计学生的平均年龄、男女学生的人数等；还可以建立计算字段，用以保存计算的结果。

（4）建立新表

利用生成表查询或者 SQL 查询，可以建立一个新的数据表。

（5）为窗体或报表提供数据

为了从一个或多个表中选择合适的数据显示在窗体或报表中，用户可以先建立一个查询，然后将该查询的结果作为数据源。每次打印报表或打开窗体时，该查询就从它的基表中检索出符合条件的最新记录。

3. 查询的类型

根据对数据源的操作方式以及查询结果，Access 中的查询可以分为选择查询、交叉表查询、参数查询、操作查询和 SQL 查询 5 种类型。这 5 类查询的应用目标不同，对数据源的操作方式及操作结果也不同。

3.1.2 查询的准则

在实际应用中，并非只是简单的查询，往往需要指定一定的条件。例如，查找 1992 年参加工作的男教师。这种带条件的查询需要通过设置查询条件来实现。

查询的准则就是在设计查询的过程中所定义的查询条件。查询条件是运算符、常量、函数以及字段名和属性等的组合，能够计算出一个结果。大多数情况下，查询准则就是一个关系表达式。

1. 运算符

表达式中常用的运算符包括算术运算符、比较运算符、连接运算符、逻辑运算符和特殊运算符等。表 3-1 列出了一些常用的运算符。

表 3-1　常用运算符

类型	运算符	含　义	示　例	结果
算术运算符	+	加	1+3	4
	–	减,用来求两数之差或是表达式的负值	4–1	3
	*	乘	3*4	12
	/	除	9/3	3
	^	乘方	3^2	9
	\	整除	17\4	4
	mod	取余	17 mod 4	1
比较运算符	=	等于	2=3	False
	>	大于	2>1	True
	>=	大于等于	"A">="B"	False
	<	小于	1<2	True
	<=	小于等于	6<=5	False
	<>	不等于	3<>6	True

续表

类型	运算符	含义	示例	结果
连接运算符	&	字符串连接	"计算机"& 6	计算机 6
	+	当表达式都是字符串时与&相同；当表达式是数值表达式时，则为加法算术运算	"计算机"+"基础"	计算机基础
逻辑运算符	And	与	1<2 And 2>3	False
	Or	或	1<2 Or 2>3	True
	Not	非	Not 3>1	False
特殊运算符	Is(Not) Null	Is Null 表示为空，Is Not Null 表示不为空		
	Like	判断字符串是否符合某一样式，若符合，其结果为 True，否则结果为 False		
	Between A and B	判断表达式的值是否在指定 A 和 B 之间的范围，A 和 B 可以是数字型、日期型和文本型		
	In(string1,string2...)	确定某个字符串值是否在一组字符串值内	In("A,B,C") 等价于"A" Or "B" Or "C"	
通配符	*	匹配任意数量的字符。可以在字符串中的任意位置使用星号(*)	"wh*"将找到"what""white"和"why"	
	?	匹配任意单个字母字符	"B?ll"将找到"ball""bell"和"bill"	
	[]	匹配方括号内的任意单个字符	"b[ae]ll"将找到"ball"和"bell"	
	!	匹配方括号内字符以外的任意字符	"b[!ae]ll"将找到"bill"和"bull"	
	-	匹配一定字符范围中的任意一个字符。必须按升序指定该范围（从 A 到 Z，而不是从 Z 到 A）	"b[a-c]d"将找到"bad""bbd"和"bcd"	
	#	匹配任意单个数字字符	"1#3"将找到"103""113"和"123"	

说 明

一个表达式可以包含多个运算符和函数，每一个运算都有其执行的先后顺序，与 Excel 中运算符优先级一样，Access 中也有运算符的优先级。运算符的使用根据实际需要变化而变化。

2. 函数

Access 2010 系统为用户提供了十分丰富的函数，灵活运用这些函数，不仅可以简化许多运算，而且能够加强和完善 Access 2010 的许多功能。Access 2010 提供了许多不同用途的标准函数，以帮助用户完成各种工作。表 3-2 所示为一些常用的函数及其说明。

表 3-2　常用函数及其说明

类型	函数	函数格式	说明
统计函数	总计	Sum(<字符表达式>)	返回字符表达式中的总和。字符表达式可以是一个字段名，也可以是一个含字段名的表达式，但所含字段应该是数字数据类型的字段
	平均值	Avg(<字符表达式>)	返回字符表达式中的平均值。字符表达式可以是一个字段名，也可以是一个含字段名的表达式,但所含字段应该是数字数据类型的字段
	计数	Count(<字符表达式>)	返回字符表达式中的个数，即统计记录个数。字符表达式可以是一个字段名，也可以是一个含字段名的表达式，但所含字段名应该是数字数据类型的字段
	最大值	Max(<字符表达式>)	返回字符表达式中值的最大值，字符表达式可以是一个字段名，也可以是一个含字段名的表达式，但所含字段应该是数字数据类型的字段
	最小值	Min(<字符表达式>)	返回字符表达式中值的最小值，字符表达式可以是一个字段名，也可以是一个含字段名的表达式，但所含字段应该是数字数据类型的字段
数值函数	绝对值	Abs(<数值表达式>)	返回数值表达式的绝对值
	取整	Int(<数值表达式>)	返回数值表达式的整数部分值,参考为负值时返回不大于等于参数值的第一个负数
		Fix(<数值表达式>)	返回数值表达式的整数部分值,参考为负值时返回小于等于参数值的第一个负数
		Round(<数值表达式>[, <表达式>])	按照指定的小数位数进行四舍五入运算的结果。[<表达式>]是进行四舍五入运算小数点右边保留的位数
	随机	Rnd(<数值表达式>)	返回一个小于 1 但大于或等于 0 的值
	平方根	Sqr (<数值表达式>)	返回数值表达式的平方根值
	符号	Sgn(<数值表达式>)	返回数值表达式值的符号值。当数值表达式值大于 0，返回值为 1；当数值表达式值等于 0，返回值为 0；当数值表达式值小于 0，返回值为-1
	判断	IIF(<条件表达式>,语句 1,语句 2)	当条件表达式值为真时，执行语句 1，否则执行语句 2
字符串处理函数	字符长度	Len(<字符表达式>)	返回一个值，该值是字符表达式所包含的字符个数
	字符串截取	Left(<字符表达式>,<数值表达式>)	返回一个值,该值是从字符表达式左侧第 1 个字符开始截取的若干字符。其中，字符个数是数值表达式的值。当字符表达式是 null 时，返回 null 值；当数值表达式值为 0 时，返回一个空串；当数值表达式值大于或等于字符表达式的字符个数时，返回字符表达式
		Right(<字符表达式>,<数值表达式>)	返回一个值,该值是从字符表达式右侧第 1 个字符开始截取的若干字符。其中，字符个数是数值表达式的值。当字符表达式是 Null 时，返回 Null 值；当数值表达式值为 0 时，返回一个空串；当数值表达式大于或等于字符表达式的字符个数时，返回字符表达式
		Mid(<字符表达式>,<数值表达式 1>[,<数值表达式 2>])	返回一个值,该值是从字符表达式最左端某个字符开始截取到某个字符为止的若干字符。其中，数值表达式 1 的值是开始的字符位置，数值表达式 2 是终止的字符位置。数值表达式 2 可以省略，若省略了数值表达式 2，则返回的值是：从字符表达式最左端某个字符开始，截取到最后一个字符为止的若干字符

续表

类型	函数	函数格式	说　明
	删除空格	Ltrim(<字符表达式>)	返回去掉字符表达式开始空格的字符串
		Rtrim(<字符表达式>)	返回去掉字符表达式尾部空格的字符串
		Trim(<字符表达式>)	返回去掉字符表达式开始和尾部空格的字符串
日期函数	年份	Year(<日期表达式>)	返回日期表达式年份的整数
	小时	Hour(<时间表达式>)	返回时间表达式的小时数（0～23）
	日期	Date()	返回当前系统日期
	时间	Time()	返回当前系统时间
转换函数	字母	Ucase(<字符表达式>)	将字符表达式中小写字母转换成大写字母
		Lcase(<字符表达式>)	将字符表达式中大写字母转换成小写字母
	数值	Str(<数值表达式>)	将<数值表达式>的值转换为字符型的字符串
	字符	Val(<字符串表达式>)	将<字符串表达式>转换为数值型数据
	ASCII 码	Asc(<字符串表达式>)	将<字符串表达式>中的第一个字符转换为 ASCII 码值
		Chr$(<数值表达式>)	将<数值表达式>中的 ASCII 码值转换为对应的字符

说 明

上面只是简单介绍了一些常用函数，有几个函数将在后面章节中介绍，更多的函数的使用方法请查看联机帮助文件。

3．查询条件示例

查询条件是一个表达式，Access 将它与查询字段值进行比较以确定是否包括含有每个值的记录。查询条件可以是精确查询，也可以利用通配符进行模糊查询。查询条件的示例如表 3-3 所示。

表 3-3　查询条件的示例

查询条件类型	字段名	条　件	功　能
数值	金额	<1000	查询小于 1000 的记录
		Between 1000 And 5000	查询在 1000～5000 之间的记录
		>1000 And <5000	
文本	姓名	"李平" or "王新"	查询姓名为“李平”或“王新”的记录
		In("李平","王新")	
		Left([姓名]，1)="李"	查询姓“李”的记录
		Like "李*"	
		Len([姓名])<=2	查询姓名为两个字的记录
		Not like "李平"	查询姓名不是“李平”的记录
	职称	"教授"	查询职称为“教授”的记录
		"教授" or"副教授"	查询职称为“教授”或“副教授”的记录
		Right([职称]).2)="教授"	
	班级	Left([学号],6)	查询学号的前 6 位作为班级号的记录

续表

查询条件类型	字段名	条　　件	功　　能
日期	工作时间	Between #1990-1-1# And #1990-12-31#	查询 1990 年参加工作的记录
		Year([工作时间])=1990	
		<Date()-10	查询 10 天前参加工作的记录
		Between Date() And Date()-30	查询 30 天之内参加工作的记录
		Year([工作时间])=1990 And Month([工作时间])=4	查询 1990 年 4 月参加工作的记录
	出生日期	Year([出生日期])=1992	查询 1992 年出生的记录
字段的部分值	姓名	Not like "李*"	查询不姓“李”的记录
		Left([姓名],1)<> "李"	
	课程名称	Like "*计算机*"	查询课程名称中包含“计算机”的记录
		Like "计算机*"	查询课程名称以“计算机”开头的记录
		Left([课程名称],3)= "计算机"	

说 明

在创建查询准则时还应该注意日期型数据必须用“#”括起来；文本型数据必须用半角的引号括起来；字段名必须用“[]”括起来。

3.1.3 查询视图

查询视图主要用于设计、修改查询或按不同方式查看查询结果，在 Access 中提供了 3 种常用视图，分别是数据表视图、设计视图和 SQL 视图。除这 3 种视图外，还有数据透视表视图和数据透视图视图，下面主要介绍前 3 种视图。

1. 数据表视图

查询的数据表视图是以行和列的格式显示查询结果数据的窗口，如图 3-1 所示。在这个视图中，可以进行编辑字段、添加和删除数据、查找数据等操作，也可以对查询进行排序、筛选等，还可以进行行高、列宽及单元格风格设置，来调整视图的显示风格。具体的操作方法和数据表操作一样。查询的数据表视图是一个查询结果完成后的显示方式。

2. 设计视图

查询的设计视图是用来设计查询的窗口，是查询设计器的图形化表示，利用它可以完成多种结构复杂、功能完善的查询。查询设计视图由上、下两个窗口构成，即表/查询显示窗口和查询设计网格（也称为 QBE 网格）窗口，如图 3-2 所示。

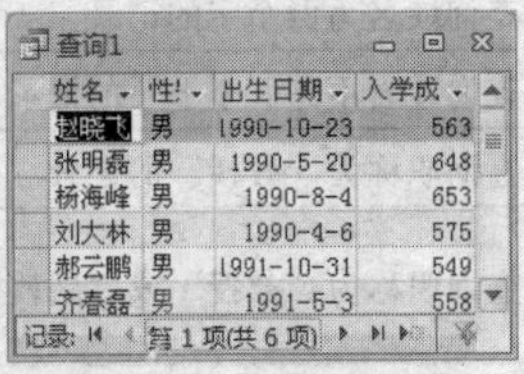

图 3-1　数据表视图

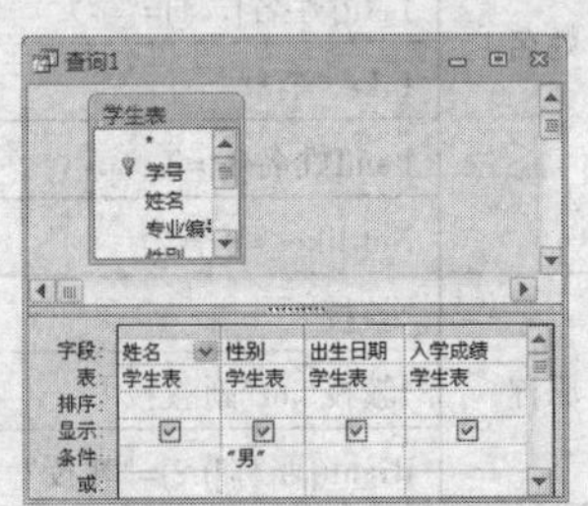

图 3-2　设计视图

（1）表/查询显示窗口

表/查询显示窗口显示的是当前查询所包含的数据源（表和查询）以及表间关系。在这个窗口中可以添加或删除表，可以建立表间关系。

（2）查询设计网格窗口

查询设计网格窗口用于设计显示查询字段、查询准则等。其中，每一行都包含查询字段的相关信息，列是查询的字段列表。查询设计网格行的功能如表 3-4 所示。

表 3-4　查询设计网格行的功能

行 名 称	作　用
字段	可以在此处输入或加入字段名，也可以右击，在弹出的快捷菜单中选择“生成器”命令来生成表达式
表	字段所在的表或查询的名称选择
排序	查询字段的排序方式（分无序、升序、降序 3 种，默认为无序）
显示	利用复选框确定字段是否在数据表中显示
条件	可以输入查询准则的第一行，也可以右击，在弹出的快捷菜单中选择“生成器”命令来生成表达式
或	用于多个值的准则输入，与条件行为是“或”的关系

在查询的设计视图下，Access 2010 还提供了查询属性设置，可以方便地控制查询的运行。要设置查询属性，可以在表/查询窗口内右击，在弹出的快捷菜单中选择“属性”命令，或直接单击“显示/隐藏”组上的“属性表”按钮，即可打开“属性表”窗格，如图 3-3 所示。

常用的查询属性设置主要包括下列几项：

① 输出所有字段：该属性用来控制查询中字段的输出，只有当用户设计的查询用于窗体并希望查询中表的所有字段也适用于窗体时才可以设置为“是”，没有特别要求时请使用默认的“否”。

② 上限值：当用户希望查询返回“第一个”或“上限”记录时，可以使用该选择项。

③ 唯一的记录：运用该选项可以达到消除查询中重复行的目的。

④ 运行权限：当在网络上与其他用户一起共享时，从安全的角度出发，可以使用该选项来设置用户查看数据和修改数据的权限。

⑤ 记录锁定：对于网络中共享的查询来说，可以使用该选项来控制查询编辑的整体层次。

属性表
所选内容的类型：查询属性
常规

说明	
默认视图	数据表
输出所有字段	否
上限值	All
唯一值	否
唯一的记录	否
运行权限	属于用户的
源数据库	(当前)
源连接字符串	
记录锁定	不锁定
记录集类型	动态集
ODBC 超时	60
筛选	
排序依据	
最大记录数	
方向	从左到右
子数据表名称	
链接子字段	
链接主字段	
子数据表高度	0cm
子数据表展开	否
加载时的筛选器	否
加载时的排序方式	是

图 3-3　“属性表”窗格

3．SQL 视图

查询的 SQL 视图用来显示或编辑打开查询的 SQL 视图窗口，如图 3-4 所示，要正确使用 SQL 视图，必须熟练掌握 SQL 命令的语法和使用方法，在后面章节中将详细介绍。

图 3-4 查询的 SQL 视图

3.2 创建选择查询

选择查询是按照一定的准则从一个或多个表中获取数据，并按照所需的次序进行排列显示。选择查询是最简单的一种查询，其他查询都是在选择查询的基础上扩展的。

3.2.1 使用向导创建查询

使用向导创建选择查询，可以从一个或多个表和查询中选择要显示的字段。如果查询中的字段来自多个表，这些表应该建立关系。

【例 3-1】查找并显示“教师表”中“教师姓名”“性别”“职称”和“电话”4 个字段。查询名称命名为“教师查询”。

操作步骤如下：

① 打开“学生成绩管理系统”数据库窗口，选择“创建”选项卡中的“查询”组，单击“查询向导”按钮，在“新建查询”对话框中单击“简单查询向导”选项，单击“确定”按钮。

② 在“表/查询”下拉列表框中选择查询所基于的表或其他的查询，这里选择“表:教师表”。

③ 选择查询所需要的字段名。选定后单击“下一步”按钮，如图 3-5 所示。

④ 在对话框中指定查询的标题名称，如图 3-6 所示，单击“完成”按钮，系统自动按用户的要求创建一个查询。

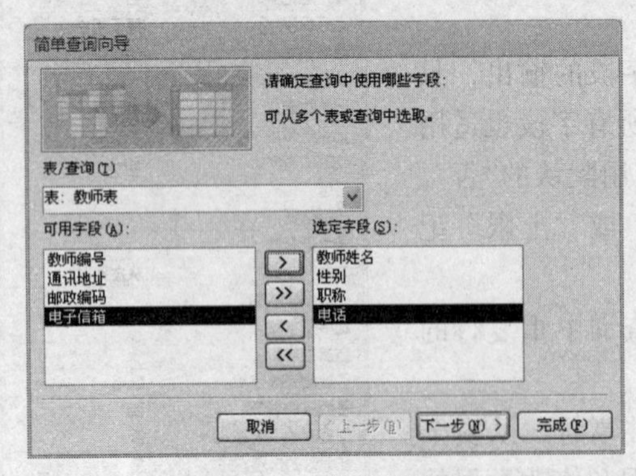

图 3-5 字段选取

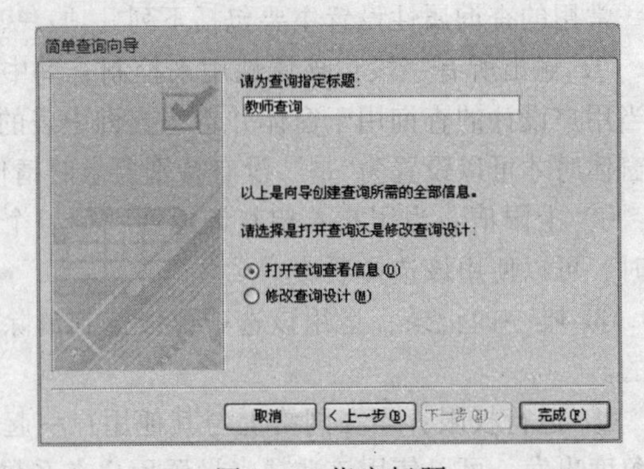

图 3-6 指定标题

⑤ 当查询保存后，系统自动运行一次。此时，用户可看到查询的结果，如图 3-7 所示。关闭查询结果显示窗口，在数据库窗口的查询对象列表中可以看到刚建立的查询名称。要再次显示查询结果，可双击查询名称运行，如图 3-8 所示。

【例 3-2】查询学生的课程成绩，并显示“学生表”中“姓名”“性别”和“专业编号”字段，“课程表”中的“课程名称”字段，“选课成绩表”中的“成绩”字段。查询名称命名为“学生成绩查询”。

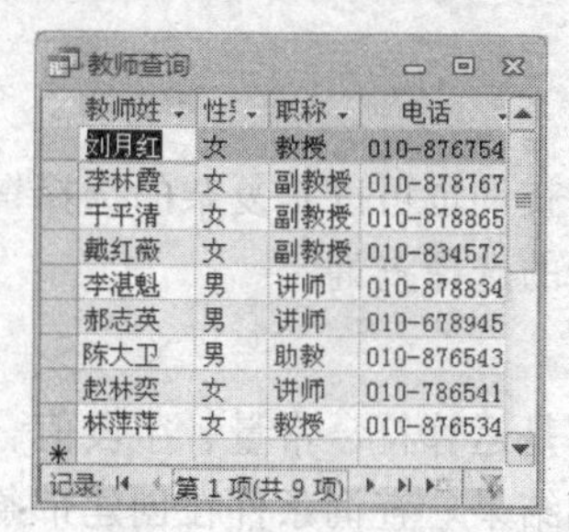

教师姓	性	职称	电话
刘月红	女	教授	010-876754
李林霞	女	副教授	010-878767
于平清	女	副教授	010-878865
戴红薇	女	副教授	010-834572
李湛魁	男	讲师	010-878834
郝志英	男	讲师	010-678945
陈大卫	男	助教	010-876543
赵林奕	女	讲师	010-786541
林萍萍	女	教授	010-876534

图 3-7 查询结果

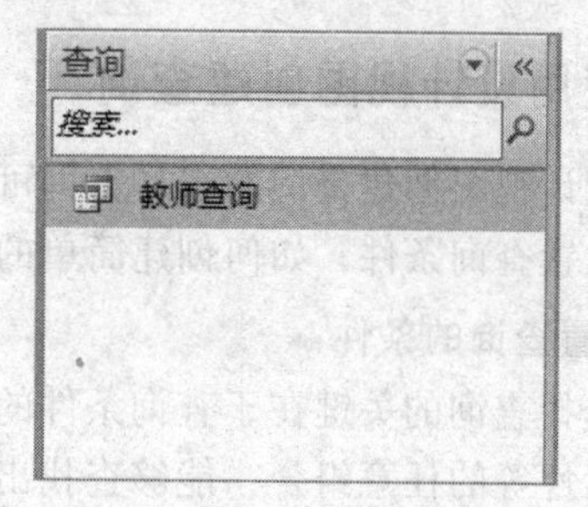

图 3-8 添加查询后的数据库窗口

操作步骤如下：

① 打开“学生成绩管理系统”数据库窗口，选择“创建”选项卡中的“查询”组，单击“查询向导”按钮，在“新建查询”对话框中单击“简单查询向导”选项，单击“确定”按钮。

② 在“表/查询”下拉列表框中选择查询所基于的表或其他查询，选择查询所需要的字段名。因为是从多个表中选择的字段，因此这几个表事先需要建立关系。选定后单击“下一步”，按钮，如图 3-9 所示，系统会弹出设置查询类型选项，如图 3-10 所示。

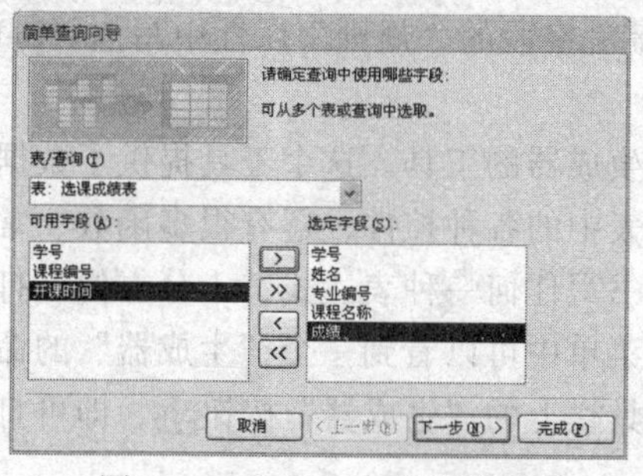

图 3-9 从多表中选取字段

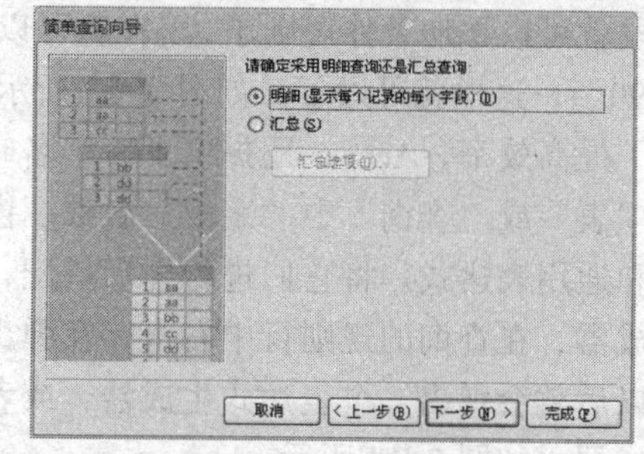

图 3-10 指定查询类型

③ 在对话框中选择“明细”查询或“汇总”查询，“明细”查询可以显示每个记录的所有指定字段（用户在上一步中选定的），“汇总”查询可以计算字段的总值、平均值、最大值、最小值或记录数。

④ 选择“明细”查询，单击“下一步”按钮，系统会弹出第 3 个对话框，在对话框中指定生成的查询的标题，如图 3-11 所示，单击“完成”按钮，系统自动按用户的要求创建一个查询。

⑤ 当查询保存后，系统自动运行一次，此时用户可看到查询的结果，如图 3-12 所示。关闭查询结果显示窗口，在数据库窗口的查询对象列表中可以看到刚建立的查询名称。如果需要再次显示查询结果，可双击查询名称运行。

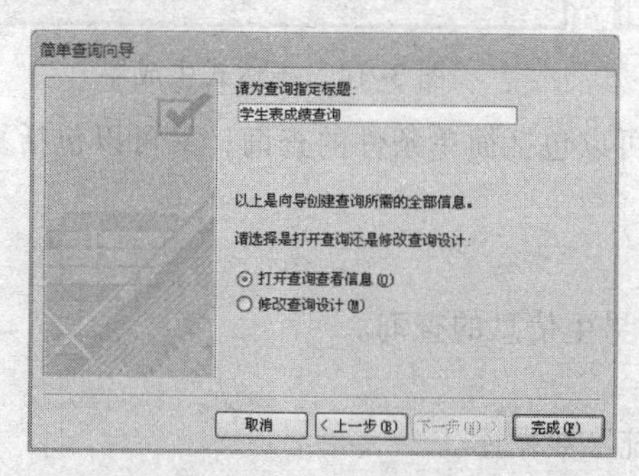

图 3-11 指定标题

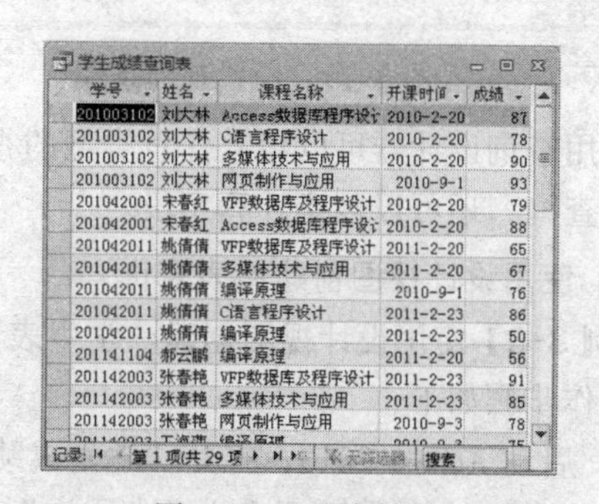

学号	姓名	课程名称	开课时间	成绩
201003102	刘大林	Access数据库程序设计	2010-2-20	87
201003102	刘大林	C语言程序设计	2010-2-20	78
201003102	刘大林	多媒体技术与应用	2010-2-20	90
201003102	刘大林	网页制作与应用	2010-9-1	93
201042001	宋春红	VFP数据库及程序设计	2010-2-20	79
201042001	宋春红	Access数据库程序设计	2010-2-20	88
201042011	姚倩倩	VFP数据库及程序设计	2011-2-20	65
201042011	姚倩倩	多媒体技术与应用	2011-2-20	67
201042011	姚倩倩	编译原理	2010-9-1	76
201042011	姚倩倩	C语言程序设计	2011-2-23	86
201042011	姚倩倩	编译原理	2011-2-23	50
201141104	郝云鹏	编译原理	2011-2-20	56
201142003	张春艳	VFP数据库及程序设计	2011-2-23	91
201142003	张春艳	多媒体技术与应用	2011-2-23	85
201142003	张春艳	网页制作与应用	2010-9-3	78

图 3-12 查询结果

3.2.2 使用设计视图创建查询

使用设计视图创建查询的选择查询可以是简单的选择查询也可以是复杂的选择查询，下面介绍如何设置查询条件，如何创建简单的选择查询和复杂的选择查询。

1．设置查询的条件

创建选择查询的关键在于查询条件的设置。查询条件是运算符、常量、字段值、函数以及字段名和属性等的任意组合，能够查找出符合条件的查询结果。查询条件在创建带条件的查询时经常用到。查询设计视图中的准则就是查询记录应符合的条件，它与在设计表时设置字段的有效性规则的方法相似。在设置查询条件时，可参考前面介绍的查询准则。

在查询设计视图中添加选择准则时，首先要考虑为哪个字段添加“准则”，其次要考虑在这个字段添加什么样的“准则”。例如，要在“选课成绩表”中筛选出成绩在 80～90 分之间的学生，那么，如何在查询中添加准则呢？首先要通过“显示表”对话框添加“选课成绩表”到查询窗口中，然后选取这个表中的“成绩”字段作为查询中的一个字段，如果不想让这个字段中的值显示在数据表中，就取消此字段的可见性，将它的“显示”属性设置为“否”。添加完这个字段就可以添加条件规则了，现在就可以在“成绩”字段的“规则”属性中写上“Between 80 And 90”，这样就可以了，如图 3-13 所示。

为了提高效率，Access 还提供了一个名叫表达式生成器的工具。这个工具提供了数据库中所有的“表”或“查询”中“字段”名称、窗体、报表中的各种控件，还有很多函数、常量及操作符和通用表达式。将它们进行合理搭配，就可以书写任何一种表达式，十分方便。打开表达式生成器，在查询的规则行中右击，在弹出的快捷菜单中可以看到一个“生成器”的命令，选择它以后就会弹出一个表达式生成器，或者单击工具栏上的“生成器”按钮，即可打开表达式生成器，如图 3-14 所示。

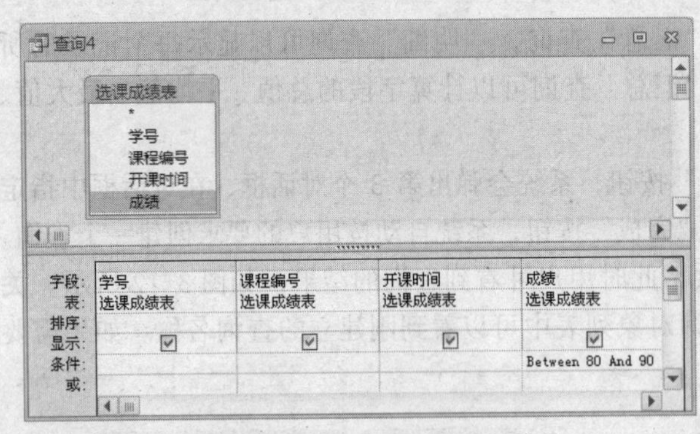

图 3-13 设置查询条件

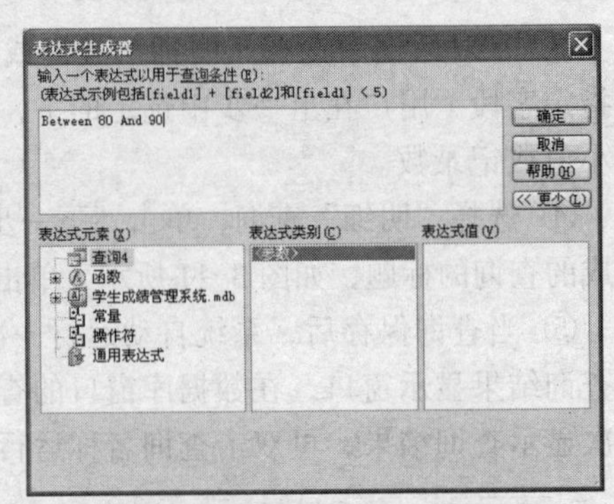

图 3-14 表达式生成器

使用查询设计器可以建立任意类型的查询，既可以包括简单条件的查询，又可以包括复杂条件的查询，还可以创建计算字段。

2．使用设计视图创建单表查询

【例 3-3】使用设计视图创建“学生表”中所有男生信息的查询。

操作步骤如下：

① 启动 Access 2010，打开“学生成绩管理系统”数据库。

② 选择“创建”选项卡中的“查询”组，单击“查询设计”按钮，弹出“查询 1”窗口和

“显示表”对话框，如图 3-15 所示。

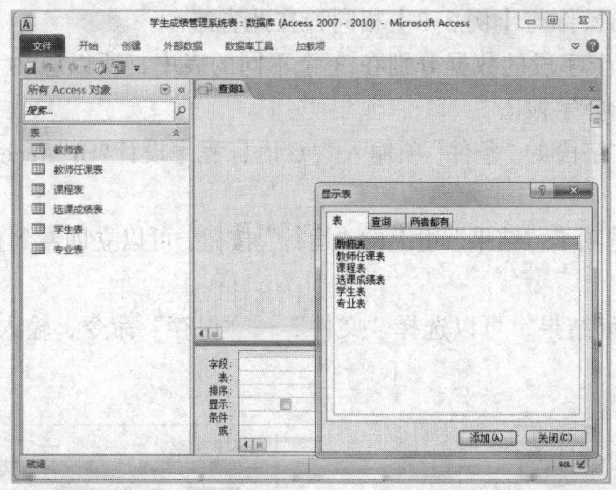

图 3-15　“查询 1”窗口和“显示表”对话框

③ 在“显示表”对话框中选择“学生表”，单击“添加”按钮，将“学生表”添加到“查询 1”窗口中，然后单击“关闭”按钮。

④ 选择“学生表”中的“姓名”“性别”“出生日期”“入学成绩”4 个字段，设置查询准则是在第二列的条件行输入“男”，如图 3-16 所示。

⑤ 选择“文件”→“保存”命令，在弹出的“另存为”对话框的“查询名称”文本框中输入“男生信息查询”，单击“确定”按钮，完成查询的创建。

⑥ 选择“查询”→“运行”命令，查询结果如图 3-17 所示。

⑦ 如果要删除查询，可以在查询窗口中选择要删除的查询，选择“编辑”→“删除”命令即可。

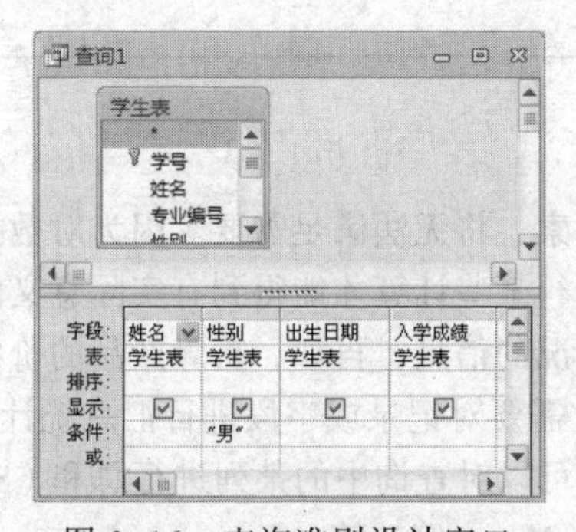

图 3-16　查询准则设计窗口

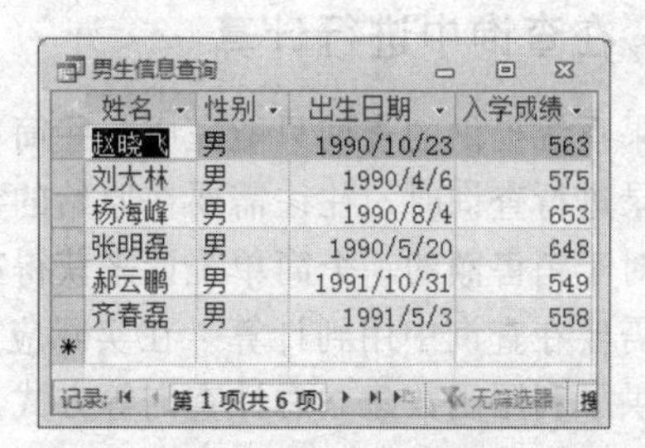

图 3-17　查询结果

3. 使用设计视图创建多表查询

在数据库窗口的“对象”列表中选择“查询”，然后在窗口的右窗格中双击“使用设计器创建查询”。在“显示表”对话框中，用户可以选择一个或多个表作为查询的数据来源，然后直接双击或单击“添加”按钮将所选的表添加到设计视图的窗口中。添加完成后，单击“关闭”按钮。选择多表时，各表之间要先建立好关系。

【例 3-4】利用“学生表”“课程表”和“选课成绩表”创建一个多表查询。要求显示参加“C 语言程序设计”和“Access 数据库程序设计”这两门课程的学生的“姓名”“性别”“课程名称”和“成绩”字段。

操作步骤如下：

步骤①～步骤③的操作与【例 3-3】相同，在此省略。

④ 因为选择的 4 个字段的数据分别在 3 个不同的表中，所以应在“学生表”“课程表”和“选课成绩表”中选择字段。

⑤ 在“课程名称”字段的“条件”项输入“"C 语言程序设计"Or"Access 数据库程序设计"”，如图 3-18 所示。

⑥ 单击“文件”选项卡“结果”组上的“运行”按钮，可以立即看到查询的结果，如图 3-19 所示。

⑦ 对于生成的查询结果，可以选择“文件”→“保存”命令，输入文件名“成绩查询”，它保存到数据库中。

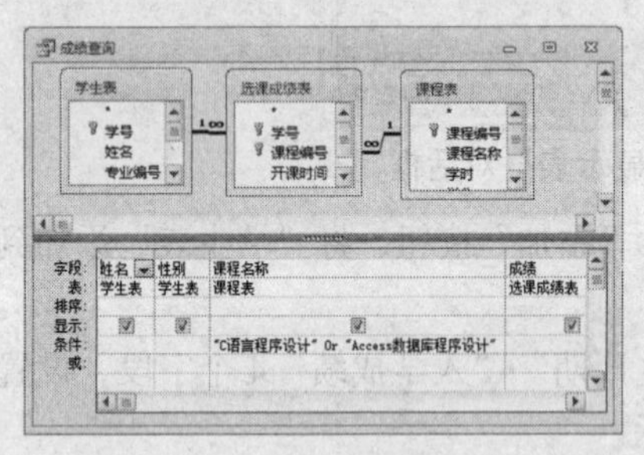

图 3-18 查询准则设计窗口

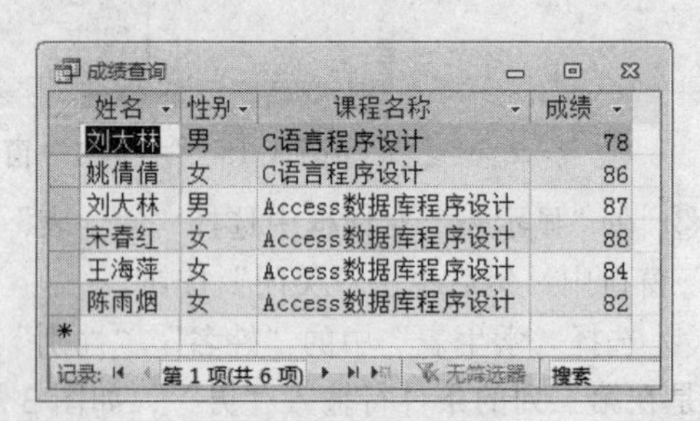

成绩查询

姓名	性别	课程名称	成绩
刘大林	男	C语言程序设计	78
姚倩倩	女	C语言程序设计	86
刘大林	男	Access数据库程序设计	87
宋春红	女	Access数据库程序设计	88
王海萍	女	Access数据库程序设计	84
陈雨烟	女	Access数据库程序设计	82

记录：第 1 项(共 6 项) 无筛选器 搜索

图 3-19 查询结果

说 明

查询结果以工作表的形式显示出来。显示查询结果的工作表又称结果集，它虽与基本表有着十分相似的外观，但它并不是一个基本表，而是符合查询条件的记录集合。其内容是动态的。

3.2.3 在查询中进行计算

如果系统提供的查询只能完成一些简单的数据检索，将无法满足需要。因为对数据表中的数据记录进行查询时，往往需要在原始的数据之上进行某些计算才能得到有实际意义的信息。例如，对于销售额的一个简单统计来获得有关销售情况的信息；再如，折算产品的价格等，这些都会需要在查询中用到计算。在实际应用中，常常需要对记录或字段进行汇总统计，Access 查询提供了利用函数建立总计查询等方式，总计查询可以对查询中的某列进行总和（Sum）、平均（Avg）、计数（Count）、最小值（Min）和最大值（Max）等计算。

1. 查询的计算功能

我们应该知道，在查询字段中显示的计算结果不存储在基准的窗体中。Access 2010 在每次执行查询时都将重新进行计算，以使计算结果永远都以数据库中最新的数据为准。

在 Access 的查询中可以执行许多类型的计算。例如，可以计算一个字段值的总和或平均值，或一个字段的值再乘上另两个字段的值，或者计算从当前日期算起一个月后的日期。

在 Access 的查询中，可以执行下列计算以生成新的数据结果。在查询中进行计算可以预定义计算，也可以自定义计算。

（1）预定义计算

预定义计算即所谓的“总计”计算，是系统提供的用于对查询中的记录组或全部记录进行的计算，它包括下列计算方法：总和、平均值、数量、最小值、最大值、标准偏差或方差等。

在查询设计视图中，单击“显示/隐藏”组中的“汇总”按钮Σ，可以在设计网格中插入一个“总计”行。对设计网格中的每个字段，均可以通过在“总计”行中选择总计项来对查询中的一条、多条或全部记录进行计算。

（2）自定义计算

自定义计算可以用一个或多个字段的数据进行数值、日期和文本计算。例如，使用自定义计算，将某一字段值乘上某一数量，可以找出存储在不同字段的两个日期间的差别，可以组合文本字段中的几个值，或者创建子查询。使用设计网格“总计”行的选项就可以对记录组执行计算，并对计算字段计算出总和、平均值、数量或其他类型的总和。

对于自定义计算，必须直接在设计网格中创建新的计算字段。创建计算字段的方法是：将表达式输入到查询设计网格中的空“字段”单元格。表达式可以由多个计算组成。如 Sum([库存量]+[订购量]+[再订购量])。也可以指定计算字段的准则，以影响计算的结果。

2．创建总计查询

（1）总计项

在查询设计视图的“总计”行中的列表中包含了12个选项，这12个选项可以分为4类：分组（Group By）、合计函数（Aggregate）、表达式（Expression）以及限制条件（Where）。分组的作用是把普通记录分组以便 Access 执行合计计算，合计函数是对一个字段进行指定的数学计算或选择的操作，表达式是把几个汇总运算分组并执行该组的汇总。限制条件是对某个字段执行总计时在计算以前对记录进行限制。

如果指定某个字段的总计行选项为限制条件（Where），Access 2010 将取消选择“显示”复选框，隐藏查询结果中的这个字段。

下面先介绍一下 Access 2010 的合计函数，我们将合计函数以表的形式加以介绍，如表3-5所示。

表3-5 “总计”行中合计函数

选　项	用　途	支持数据类型
求总和（Sum）	计算字段中所有记录值的总和	数字型、日期/时间、货币型和自动编号型
取平均值（Avg）	计算字段中所有记录值的平均值	数字型、日期/时间、货币型和自动编号型
取最小值（Min）	取字段的最小值	文本型、数字型、日期/时间、货币型和自动编号型
取最大值（Max）	取字段的最大值	文本型、数字型、日期/时间、货币型和自动编号型
计数（Count）	计算字段非空值的数量	文本型、备注型、数字型、日期/时间、货币型、自动编号型、是/否型和 OLE 对象
标准差（StDev）	计算字段记录值的标准偏差值	数字型、日期/时间、货币型和自动编号型
方差（Var）	计算字段记录值的总体方差值	数字型、日期/时间、货币型和自动编号型
首项记录（First）	找出表或查询中第一个记录的该字段值	文本型、备注型、数字型、日期/时间、货币型、自动编号型、是/否型和 OLE 对象
末项记录（Last）	找出表或查询中最后一个记录的该字段值	文本型、备注型、数字型、日期/时间、货币型、自动编号型、是/否型和 OLE 对象

注意

合计函数在计算时不能包含有空值（Null）的记录。例如，Count 函数返回所有无 Null 值的记录。

（2）所有记录的汇总计算

在使用“总计”计算功能时，可以对所有的记录或记录组中的记录进行计算。现在介绍如何计算所有记录的某个字段的总和、平均值、数量或其他汇总。

【例 3-5】统计“学生表”中的学生人数。

操作步骤如下：

① 启动 Access 2010，打开“学生成绩管理系统”数据库。

② 选择“创建”选项卡中的“查询”组，单击“查询设计”按钮，弹出“查询 1”窗口和“显示表”对话框，如图 3-20 所示。

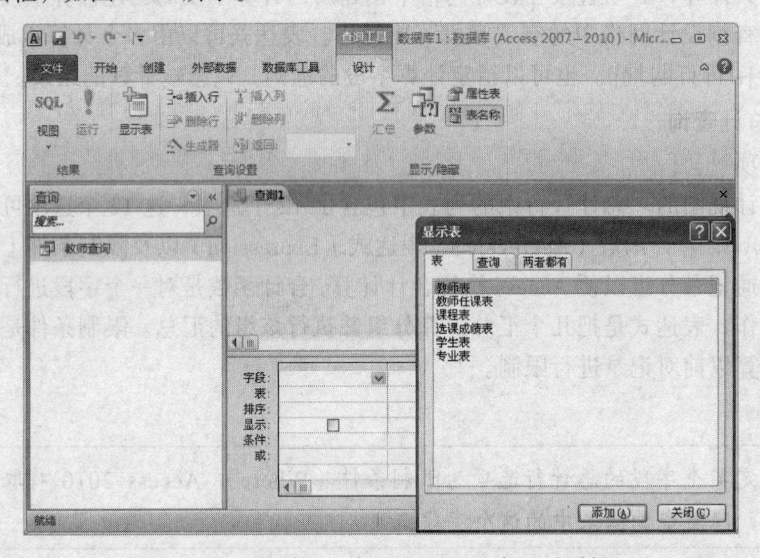

图 3-20 “查询 1”窗口和“显示表”对话框

③ 在“显示表”对话框中选择“学生表”，单击“添加”按钮，将“学生表”添加到“查询 1”窗口中，然后单击“关闭”按钮。

④ 选择“学生表”中的“学号”字段，将其添加到“设计视图”区字段行的第 1 列中。

⑤ 单击“查询工具/设计”选项卡下“显示/隐藏”组中的“总计”按钮，或在字段处右击并在弹出的快捷菜单中选择“汇总”命令，此时在“设计网格”中插入了一个“总计”行，系统将“学号”字段的“总计”栏设计成“分组”。

⑥ 单击“学号”字段的“总计”栏，并单击其右侧的下拉箭头按钮，从下拉列表框中选择“计数”函数，如图 3-21 所示。

⑦ 选择“文件”→“保存”命令，在弹出的“另存为”对话框的“查询名称”文本框中输入“统计学生人数”，单击“确定”按钮，完成查询的创建。

⑧ 单击“运行”按钮，查询结果如图 3-22 所示。

【例 3-6】统计“学生表”中的男、女生人数。

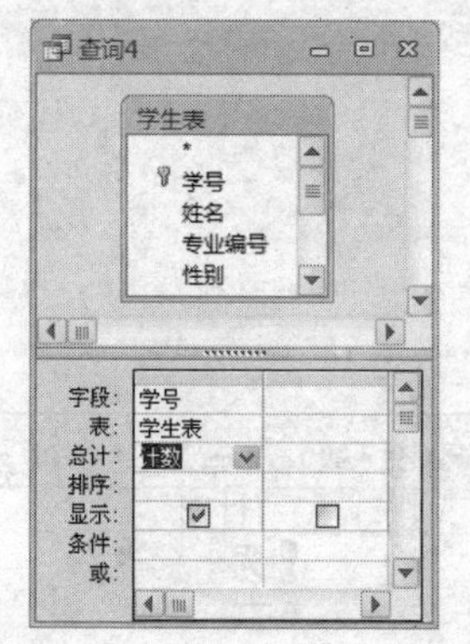

图 3-21　设计“计数”总计项

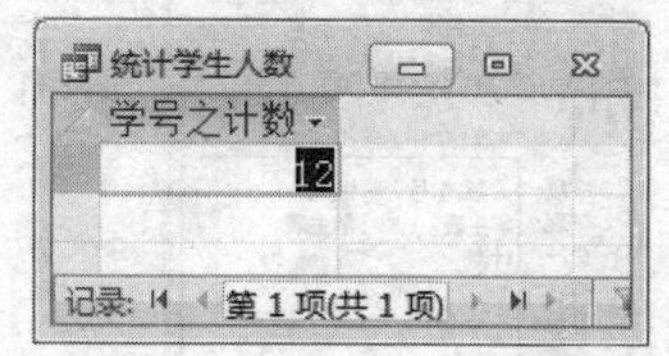

图 3-22　“计数”总计查询结果

操作步骤如下：

步骤①～步骤③的操作与【例 3-5】相同，在此省略。

④ 选择“学生表”中的“学号”和“性别”字段，将其添加到“设计视图”区字段行的第 1 列和第 2 列中。

⑤ 单击“查询工具/设计”选项卡下“显示/隐藏”组中的“总计”按钮，此时在“设计网格”中插入了一个“总计”行，系统将“学号”字段的“总计”栏设计成“计数”，将“性别”字段的“总计”栏设计成“分组”，如图 3-23 所示。

⑥ 选择“文件”→“保存”命令，弹出“另存为”对话框，在“查询名称”文本框中输入“统计男女生人数”，单击“确定”按钮，完成查询的创建。

⑦ 单击“运行”按钮，查询结果如图 3-24 所示。

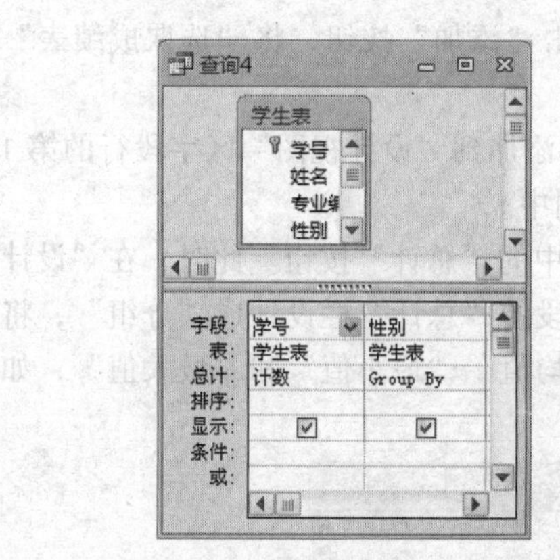

图 3-23　设计“计数”总计项

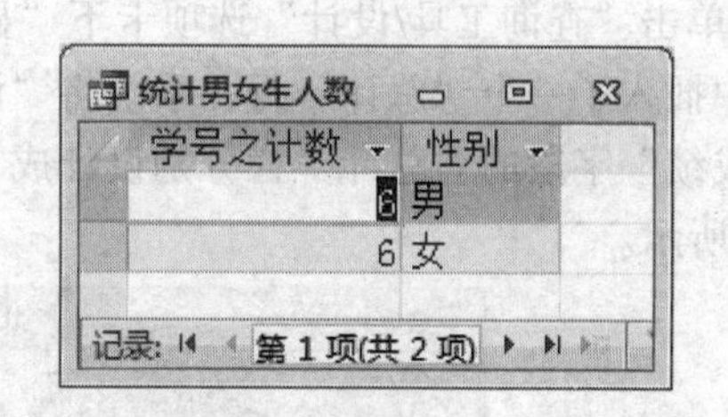

图 3-24　“计数”总计查询结果

【例 3-7】将【例 3-6】中统计“学生表”中的男、女生人数查询结果中的“学号之计数”字段，显示成“人数”。

操作步骤如下：

① 在导航窗格中的“查询”对象中选择“统计男女生人数”查询，右击并在弹出的快捷菜单中选择“设计视图”命令，显示该查询的设计视图。

② 将光标定位在“学号之计数: 学号”字段栏，输入“人数：学号”，如图 3-25 所示。

③ 选择“文件”→“保存”命令，系统将修改后的设计保存在已有的“统计男女生人数”文件中。

④ 单击“运行”按钮，查询结果如图 3-26 所示。

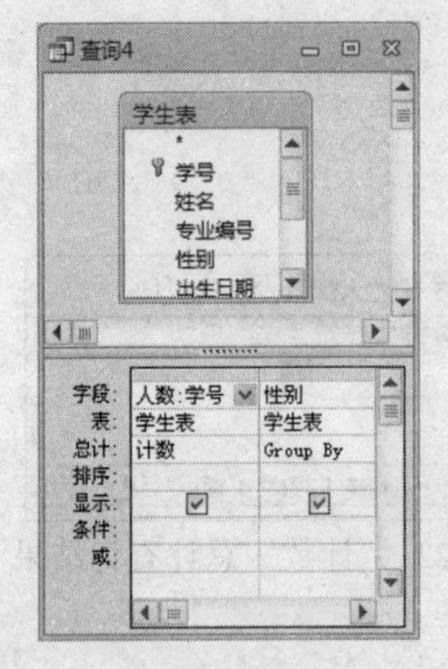

图 3-25 设计“计数”新字段

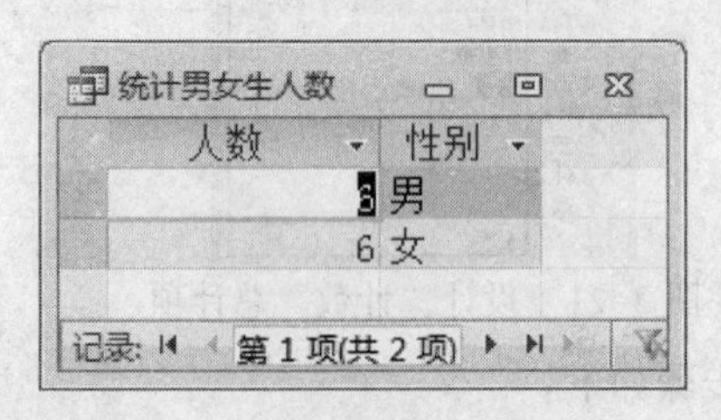

图 3-26 “计数”新字段查询结果

（3）创建自定义计算

在 Access 2010 查询中，除了从下拉式列表框中选择一个总计选项外，还可以建立创建自己的总计表达式。可以在一个表达式中使用几种类型的总计。例如，使用取平均值（Avg）、求和（Sum）或多项求和等，也可以根据由若干函数组成的计算字段建立表达式，基于来自不同表中的几个字段的计算字段建立表达式。

【例 3-8】按照课程代码统计每门成绩的总和、平均分、最低分和最高分。

操作步骤如下：

步骤①～步骤②的操作与“【例 3-5】”相同，在此省略。

③ 在“显示表”对话框中选择“选课成绩表”，单击“添加”按钮，将“选课成绩表”添加到“查询 1”窗口中，然后单击“关闭”按钮。

④ 选择“选课成绩表”中的“课程编号”字段，将其添加到“设计视图”区字段行的第 1 列中，然后双击“成绩”字段 4 次，将其添加到第 2～5 列中。

⑤ 单击“查询工具/设计”选项卡下“显示/隐藏”组中的“总计”按钮。此时，在“设计网格”中插入了一个“总计”行，系统将“课程编号”字段的“总计”栏设计成“分组”，将 4 个“成绩”字段的“总计”栏分别设计成“合计”“平均值”“最小值”和“最大值”，如图 3-27 所示。

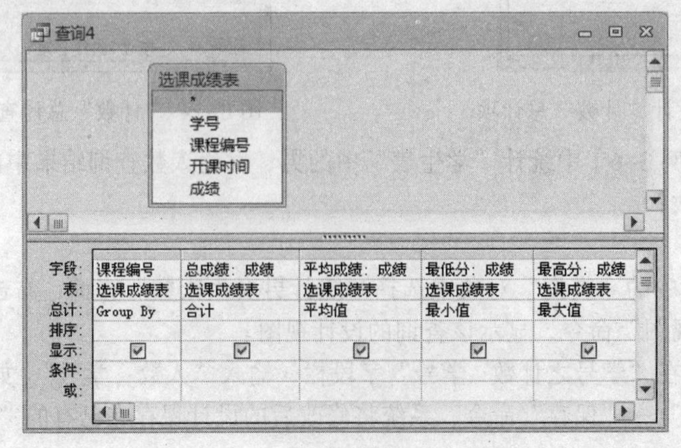

图 3-27 设计“计数”总计项

⑥ 选择“文件”→“保存”命令，弹出“另存为”对话框，在“查询名称”文本框中输入“学生成绩统计”，单击“确定”按钮，完成查询的创建。

⑦ 单击“运行”按钮，查询结果如图 3-28 所示。

学生成绩统计

课程编号	总成绩	平均分	最低分	最高分
CC01	164	82	78	86
CC02	597	85.2857142857143	65	94
CC03	499	83.1666666666667	67	90
CS01	331	82.75	78	93
CS02	338	67.6	56	76
CS03	341	85.25	82	88

记录: 第 1 项(共 6 项)　无筛选器　搜索

图 3-28　查询结果

3. 添加计算字段

计算字段是指根据一个或多个表中的一个或多个字段，使用表达式建立的新字段。在前面的例子中，统计函数字段为“学号之计数”，其可读性较差，可以使用创建计算字段来调整该字段的显示效果。另外，有时需要统计的数据在表中没有相应的字段，或者用于计算的数据值来源于多个字段，这时就需要创建计算字段。

（1）添加计算字段

【例 3-9】将“选课成绩表”中的成绩开平方。

操作步骤如下：

前面的操作步骤与【例 3-5】相同，在此省略。

① 选择“选课成绩表”中的“学号”“课程编号”和“成绩”字段，将其添加到“设计视图”区字段行的第 1～3 列中。

② 将“成绩”字段栏上的名称输入新的计算字段：“成绩开平方：int(Sqr([成绩])*10)”，如图 3-29 所示。

③ 选择“文件”→“保存”命令，弹出“另存为”对话框，在“查询名称”文本框中输入“学生成绩开平方”，单击“确定”按钮，完成查询的创建。

④ 单击“运行”按钮，查询结果如图 3-30 所示。

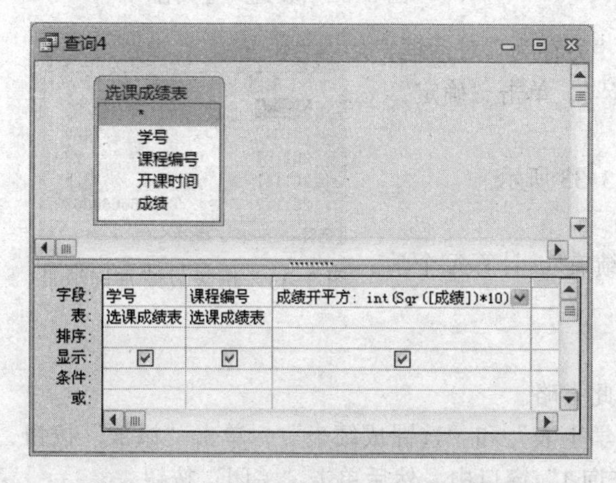

图 3-29　设计成绩开平方新计算字段

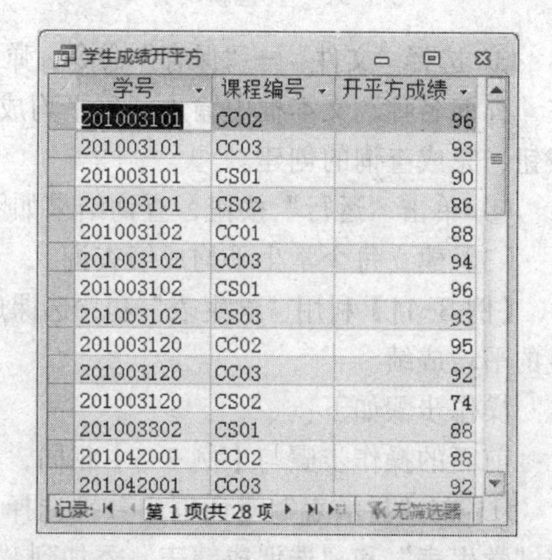

学生成绩开平方

学号	课程编号	开平方成绩
201003101	CC02	96
201003101	CC03	93
201003101	CS01	90
201003101	CS02	86
201003102	CC01	88
201003102	CC03	94
201003102	CS01	96
201003102	CS03	93
201003120	CC02	95
201003120	CC03	92
201003120	CS02	74
201003302	CS01	88
201042001	CC02	88
201042001	CC03	92

记录: 第 1 项(共 28 项　无筛选器

图 3-30　成绩开平方查询结果

提 示

如果对开平方成绩进行四舍五入保留 1 位小数，则该字段可改写为：“成绩开平方：Round(Sqr([成绩])*10,1)”。以下各例相同。

（2）建立班级平均成绩查询

【例 3-10】利用“选课成绩表”，计算班级的平均成绩。

操作步骤如下：

前面的操作步骤与【例 3-5】相同，在此省略。

① 选择“选课成绩表”中的“学号”和“成绩”字段，将其添加到“设计视图”区字段行的第 1～2 列中。

② 将“学号”字段栏上的名称输入新的计算字段“班级：Left([学号],6)”，如图 3-31 所示。

提 示

如果需要帮助创建表达式，可使用表达式生成器。如果要显示表达式生成器，可在添加计算字段的“字段”单元格中右击，然后在弹出的快捷菜单中选择“生成器”命令。图 3-32 所示为表达式生成器。

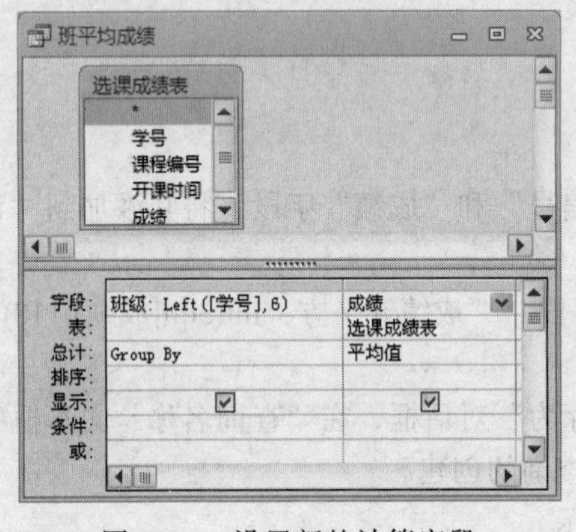

图 3-31　设置新的计算字段

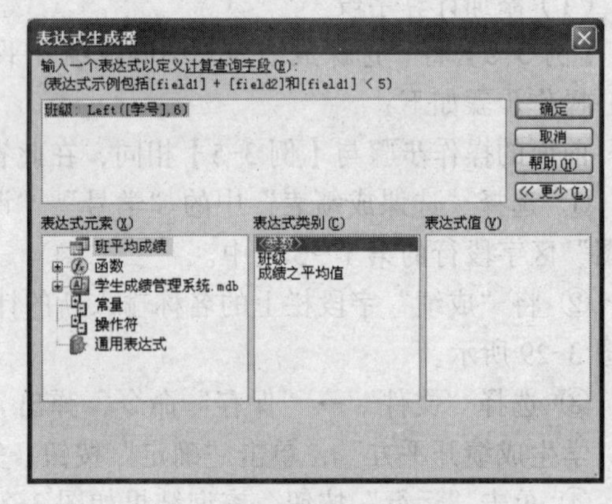

图 3-32　表达式生成器

③ 选择“文件”→“保存”命令，弹出“另存为”对话框，在“查询名称”文本框中输入“班平均成绩”，单击“确定”按钮，完成查询的创建。

④ 单击“运行”按钮，查询结果如图 3-33 所示。

班平均成绩

班级	成绩之平均值
201003	83.25
201042	74.5
201104	82
201141	73.5
201142	83.166666667

记录：第 1 项(共 5 项)

图 3-33　班级成绩查询结果

（3）建立每个学生平均成绩查询

【例 3-11】利用“学生表”和“选课成绩表”，计算每个学生的平均成绩。

操作步骤如下：

前面的操作步骤与【例 3-5】相同，在此省略。

① 在“显示表”对话框中分别选择“学生表”和“选课成绩表”，单击“添加”按钮，将“学生表”和“选课成绩表”添加到“查询 1”窗口中，然后单击“关闭”按钮。

② 选择“学生表”中的“学号”和“姓名”字段，将其添加到“设计视图”区字段行的第 1~2 列中，选择“选课成绩表”中的“成绩”字段，将其添加到“设计视图”区字段行的第 3 列中。

③ 单击“查询工具/设计”选项卡下“显示/隐藏”组中的“总计”按钮，此时在“设计网格”中插入了一个“总计”行，系统将“学号”和“姓名”字段的“总计”栏设计成“分组”，将“成绩”字段的“总计”栏设计成“平均值”。

④ 将“学号”字段栏上的名称输入新的计算字段：“班级:Left([学生表]! [学号],6)”，将“成绩”字段栏上的名称输入新的计算字段：“平均分:成绩”，如图 3-34 所示。

⑤ 选择“文件”→“保存”命令，弹出“另存为”对话框，在“查询名称”文本框中输入“每名学生平均成绩”，单击“确定”按钮，完成查询的创建。

⑥ 单击“运行”按钮，查询结果如图 3-35 所示。

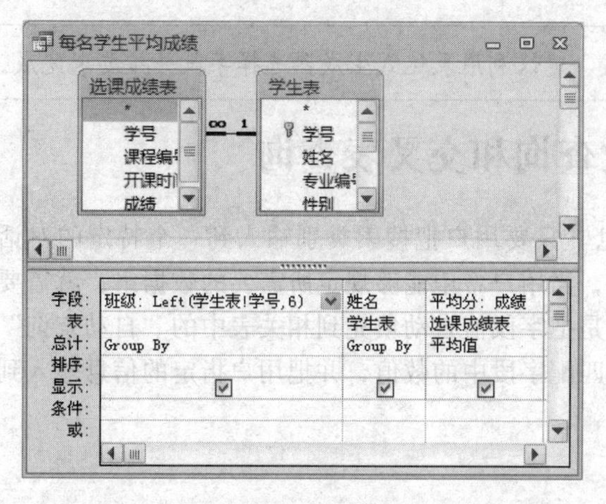

图 3-34 设计每名学生平均成绩新计算字段

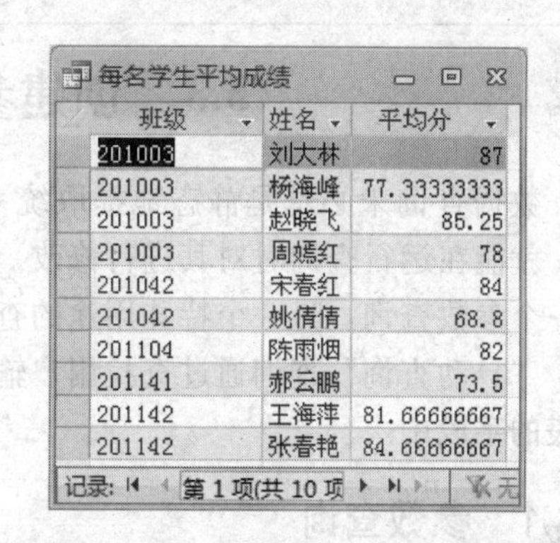

班级	姓名	平均分
201003	刘大林	87
201003	杨海峰	77.33333333
201003	赵晓飞	85.25
201003	周嫣红	78
201042	宋春红	84
201042	姚倩倩	68.8
201104	陈雨烟	82
201141	郝云鹏	73.5
201142	王海萍	81.66666667
201142	张春艳	84.66666667

记录: 第 1 项(共 10 项

图 3-35 每名学生平均成绩查询结果

（4）建立高于班平均成绩查询

【例 3-12】利用已建成的查询，计算高于班平均成绩的查询。

操作步骤如下：

前面的操作步骤与【例 3-5】相同，在此省略。

① 在“显示表”对话框中单击“查询”标签，分别选择“每名学生平均成绩”和“班平均成绩”字段，单击“添加”按钮，将“每名学生平均成绩”和“班平均成绩”查询添加到“查询 1”窗口中，然后单击“关闭”按钮。

② 选定“每名学生平均成绩”查询中的“班级”字段，将其拖动到“班平均成绩”查询中的“班级”字段上，释放鼠标，建立两个查询之间的关系。

③ 选择“每名学生平均成绩”查询中的“班级”“姓名”和“平均分”字段，将其添加到“设计视图”区字段行的第 1~3 列中，选择“班平均成绩”查询中的“成绩之平均值”字段，将其添加到“设计视图”区字段行的第 4 列中。

④ 将“成绩之平均值”字段栏上的名称输入新的计算字段“[每名学生平均成绩]![平均分]-[班平均成绩]![成绩之平均值]”，条件行中输入“>0”，如图 3-36 所示。

⑤ 选择“文件”→“保存”命令，弹出“另存为”对话框，在“查询名称”文本框中输入“高于班平均成绩”，单击“确定”按钮，完成查询的创建。

⑥ 单击“运行”按钮，查询结果如图 3-37 所示。

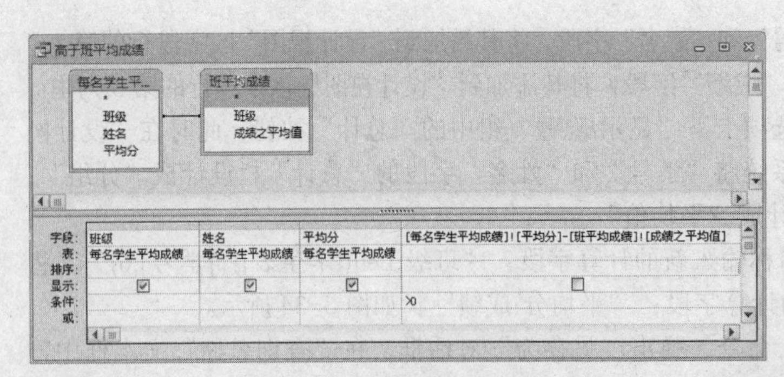

图 3-36 添加查询字段的设计器

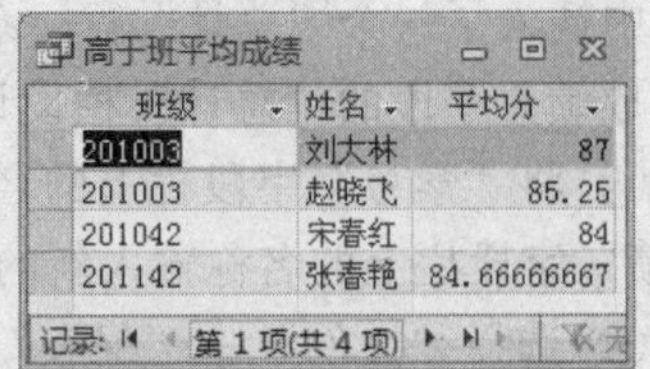

图 3-37 高于班级平均成绩查询结果

提 示

新的计算字段如果是多表或者是表达式，建议利用表达式生成器选择字段并按要求完成。

3.3 创建参数查询和交叉表查询

数据查询未必总是静态地提取统一信息。只要用户把搜索类别输入到一个特定的对话框中，就能在运行查询时对其进行修改。例如，当用户希望能够规定所需要的数据组，就需要使用一个参数查询。另一个特殊用途的查询就是把字段值自动填充到相关表中的“自动查询”查询。“自动查询”查询通过查找用户输入在匹配字段中的数值，并把用户指定的信息输入到相关表的字段中。

3.3.1 参数查询

参数查询是一类特殊的查询，这里所说的参数特指查询准则中的变量，变量的值是在查询运行时由其他对象提供的。创建参数查询，可以在不打开查询设计器的情况下，重复使用相同的查询结构并进行修改。

【例 3-13】在“学生成绩管理系统”数据库中创建一个“学生年份查询”。输入年份后，从“学生表”中查询出生在本年份的学生。

操作步骤如下：

① 启动 Access 2010，打开“学生成绩管理系统”数据库。

② 选择“创建”选项卡中的“查询”组，单击“查询设计”按钮，弹出“查询 1”窗口和“显示表”对话框。

③ 在“显示表”窗口中选择“学生表”单击“添加”按钮，然后单击“关闭”按钮。

④ 设置参数。一种方法是单击“显示/隐藏”组里的“参数”按钮，打开“查询参数”对话框，如图 3-38 所示，设置好后在条件中应用参数。另一种方法是在查询准则中直接输入参数名。本例以第二种方法来建立查询，在查询设计视图网格中第一列字段行中选择“姓名”，第二列字段行中选择“出生日期”，在第 3 列字段中右击，在弹出的快捷菜单中选择“生成器”命令，生成表达式“Year([学生表]![出生日期])”，表达式生成器如图 3-39 所示。或在第 3 列字段中直接输入“Year([学生表]![出生日期])”，再选择第一列和第二列显示行的“显示”复选框，在第 3 列条件行中输入“[请输入查询年份]”，“请输入查询年份”就是参数名，设置后的参数查询准则窗口如图 3-40 所示。

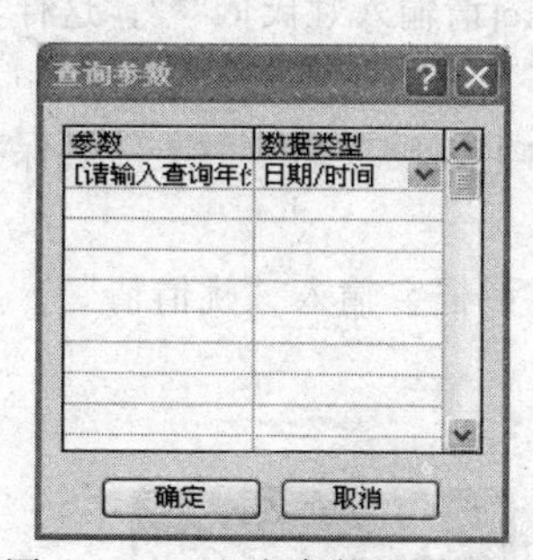

图 3-38 “查询参数”对话框

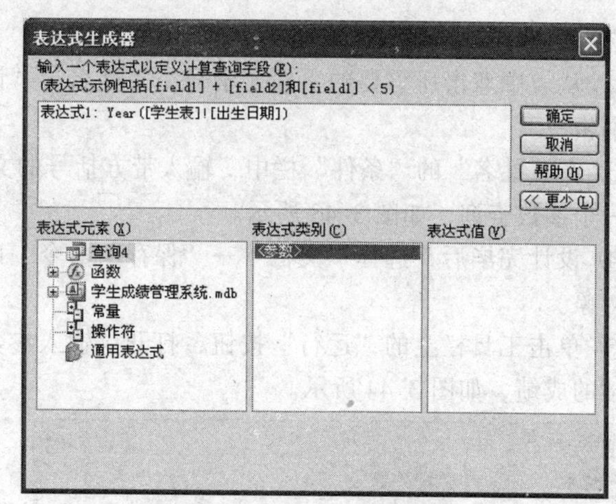

图 3-39 表达式生成器

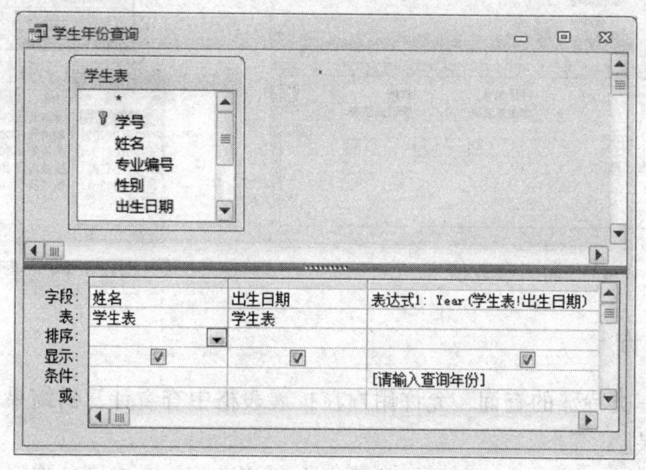

图 3-40 参数查询准则窗口

⑤ 选择“文件”→“保存”命令，在“另存为”对话框中输入查询名称“学生年份查询”，单击“确定”按钮。

⑥ 单击“运行”按钮，弹出“输入参数值”对话框，如图 3-41 所示，在“请输入查询年份”文本框中输入“1990”，单击“确定”按钮，显示如图 3-42 所示的查询结果。

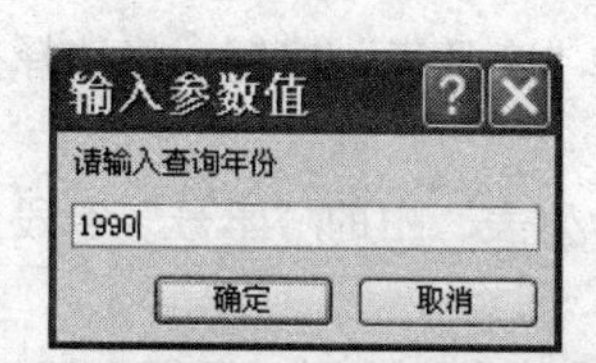

图 3-41 “输入参数值”对话框

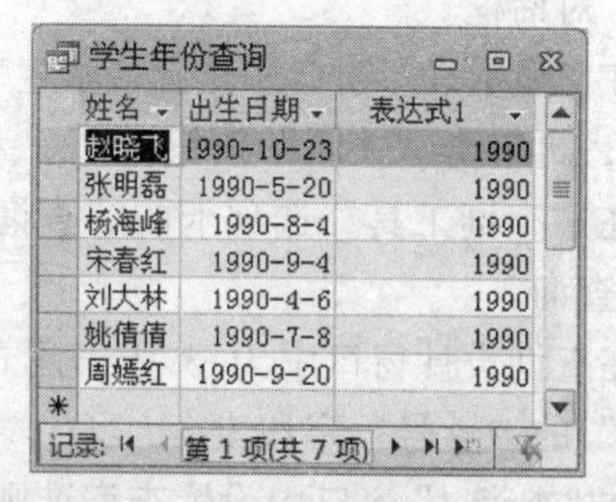

图 3-42 查询结果

【例 3-14】建立按姓氏查找学生信息的参数查询。

操作步骤如下：

① 与前面创建“选择查询”一样，在数据库窗口的右窗格中双击“使用设计视图创建查

询”选项，并在“显示表”对话框中把“学生表”和“选课成绩表”添加到“设计”窗口中。

② 从表中双击所需要的字段“学号”“姓名”“课程编号”和“成绩”，将它们添加到设计网格中。

③ 在“姓名”的“条件”栏中，输入带方括号的文本：Like[请输入姓氏]&"*"，这样就建立了一个参数查询，如图 3-43 所示。

④ 设计完毕后，选择“文件”→“保存”命令，以“按学生姓氏查询”为文件名保存该查询对象。

⑤ 单击工具栏上的“运行”按钮，打开“输入参数值”对话框，输入“姚倩倩”，显示姚倩倩的成绩，如图 3-44 所示。

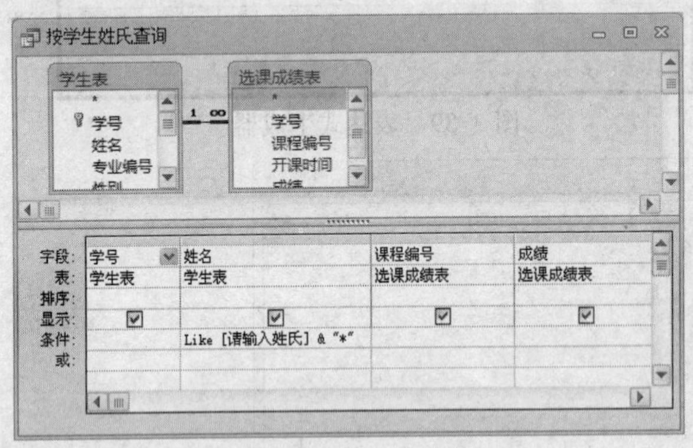

图 3-43 输入参数值

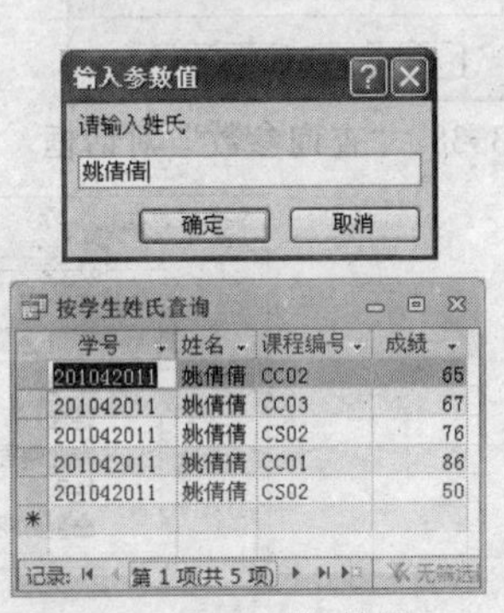

图 3-44 查询结果

3.3.2 交叉表查询

交叉表查询是一类特殊的查询，允许用户在扩展表格中查看计算的结果，也就是在行列交叉处显示计算的结果。

【例 3-15】在“学生成绩管理系统”数据库中从“学生表”和“选课成绩表”查询学生各科成绩录入次数。

操作步骤如下：

① 启动 Access 2010，打开“学生成绩管理系统”数据库。

② 选择“创建”选项卡中的“查询”组，单击“查询设计”按钮，弹出“查询 1”窗口和“显示表”对话框。

③ 在“显示表”窗口中选择“学生表”“选课成绩表”和“课程表”3 张表，然后单击“添加”按钮，再单击“关闭”按钮。

④ 在“查询工具”选项卡的“查询类型”组中，单击“交叉表”按钮，将选择查询转换成交叉表查询。

⑤ 在查询设计窗口中为 3 张表建立表间关系，将“学生表”中的“学号”字段拖至“选课成绩表”的“学号”字段上。

⑥ 在“查询 1”窗口中设置查询准则，在交叉表查询中设置查询准则时不得少于 3 个字段，其中有行标题、列标题和值。交叉表查询准则设计窗口如图 3-45 所示。

⑦ 选择“文件”→“保存”命令，在弹出的“另存为”对话框中输入查询名称“成绩录入查询”，单击“确定”按钮。

⑧ 选择“查询”→“运行”命令，查询结果如图 3-46 所示。

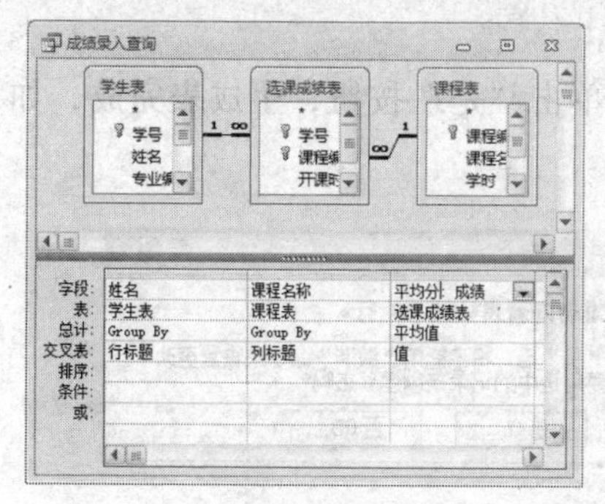

图 3-45　交叉表查询准则设计窗口

成绩录入查询

姓名	Access数据库	C语言程序设计	VFP数据库及程F	编译原理	多媒体技术	网页制作
陈雨烟	82					
郝云鹏			91	56		
刘大林	87	78			90	93
宋春红	88		79		85	
王海萍	84		86	75		
杨海峰			91	56	85	
姚倩倩		86	65	63	67	
张春艳			91		85	78
赵晓飞			97	75	87	82
周嫣红						78

记录: 第 1 项(共 10 项　无筛选器　搜索

图 3-46　“成绩录入查询”的查询结果

3.4　创建操作查询

操作查询分为追加查询、更新查询、删除查询和生成表查询，下面分别介绍这 4 种查询的具体操作方法。

3.4.1　生成表查询

生成表查询可以利用一个或多个表的数据来创建一个新表，还可以把生成的表导出到数据库或者窗体、报表中，实际上就是把查询生成的动态集合以表的形式保存下来。

【例 3-16】在“学生成绩管理系统”数据库中，由“学生表”“选课成绩表”和“课程表”创建“2011 学年成绩表”查询，表包含“学号”“姓名”“课程编号”“课程名称”和“成绩”字段。

操作步骤如下：

① 启动 Access 2010，打开“学生成绩管理系统”数据库。

② 选择“创建”选项卡中的“查询”组，单击“查询设计”按钮，弹出“查询 1”窗口和“显示表”对话框。

③ 在“显示表”对话框中选择“学生表”“选课成绩表”和“课程表”，单击“添加”按钮，然后单击“关闭”按钮。

④ 选择“查询”→“生成表查询”命令，在弹出的“生成表”对话框中输入表名“2011 学年成绩查询”，存放位置选择“当前数据库”，单击“确定”按钮。

⑤ 在查询设计窗口中，设置查询准则，如图 3-47 所示。

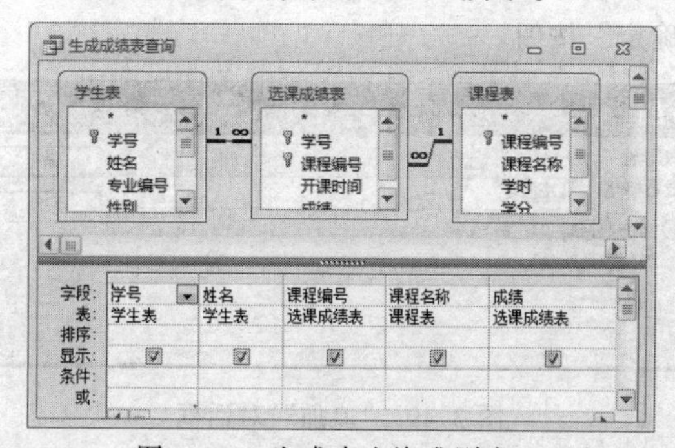

图 3-47　生成表查询准则窗口

⑥ 选择“文件”→“保存”命令，在弹出的“另存为”对话框中输入查询名称“生成表查询”，单击“确定”按钮。

⑦ 选择“查询”→“运行”命令，在弹出对话框中单击“是”按钮，生成表完成，如图3-48所示。

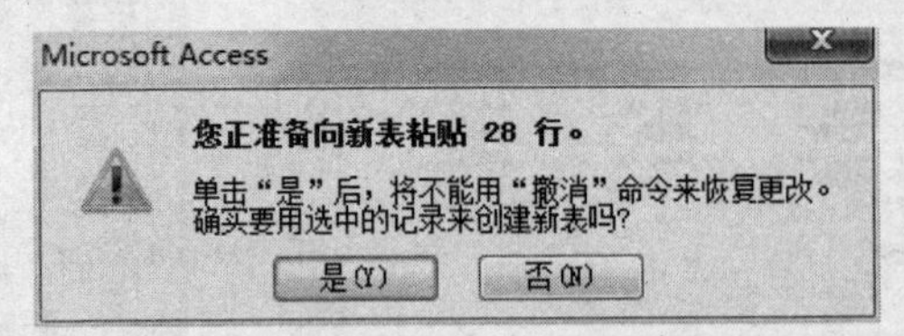

图3-48 创建新表提示框

所创建的生成表查询在查询中无结果显示，而是在对象表中生成了一个新表。

3.4.2 追加查询

使用追加查询可利用查询对原数据库中的表进行追加记录的操作，使用户不用到表中去直接操作就可以增加记录。追加查询是从一个或多个表中将一组记录追加到另一个表的尾部的查询方式。

【例3-17】在“学生成绩管理系统”数据库中，从“学生表”复制一个“男生表”，只复制结构，建立一个追加查询，将“学生表”中“性别”是“男”的记录追加到“男生表”中。

操作步骤如下：

① 启动Access 2010，打开“学生成绩管理系统”数据库。

② 在导航窗格中选择“表”对象中的“学生表”，右击并在弹出的快捷菜单中选择“复制”命令，在空白处右击并在弹出的快捷菜单中选择“粘贴”命令，在弹出的“粘贴表方式”对话框中输入表名“男生表”，粘贴方式选择“仅结构”，再单击“确定”按钮，完成表的结构复制。

③ 在导航窗格中选择“查询”对象，在“创建”选项卡的“查询”组中，单击“查询设计”按钮，打开查询设计视图。

④ 在“显示表”对话框中选择“学生表”，依次单击“添加”和“关闭”按钮。

⑤ 在“查询类型”组中单击“追加”按钮，在弹出的“追加”对话框中选择“男生表”，如图3-49所示，单击“确定”按钮。

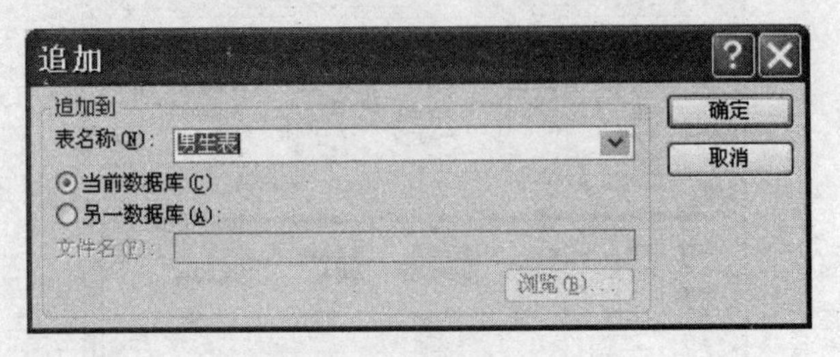

图3-49 “追加”对话框

⑥ 在查询设计网格中设置查询准则，如图3-50所示。

⑦ 选择“文件”→“保存”命令，在“另存为”对话框中输入查询名称“追加查询”，单击“确定”按钮。

⑧ 选择“查询”→“运行”命令，完成追加后，打开“男生表”，显示如图 3-51 所示的查询结果。

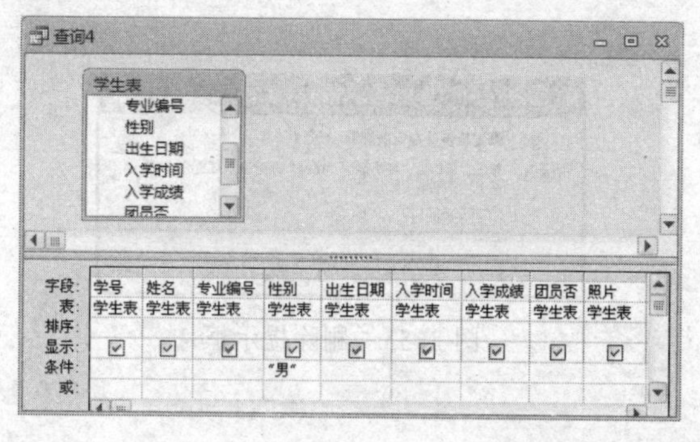

图 3-50　追加查询提示

男生表

学号	姓名	专业编	性	出生日期	入学时间	入学成	团员否	照片
201003101	赵晓飞	03	男	1990-10-23	2010-9-1	563	0	
201003102	刘大林	03	男	1990-4-6	2010-9-1	575	0	
201003120	杨海峰	03	男	1990-8-4	2010-9-1	653	0	
201003301	张明磊	03	男	1990-5-20	2010-9-1	648	0	
201141104	郝云鹏	41	男	1991-10-31	2011-9-1	549	0	
201141110	齐春磊	41	男	1991-5-3	2011-9-1	558	0	

记录: 第 1 项(共 6 项)　无筛选器　搜索

图 3-51　追加“男生表”的查询结果

3.4.3　删除查询

删除查询是指从一个或多个表中删除一组记录的查询。删除查询首先是执行选择查询，然后再将这些记录删除，使用删除查询是删除整条记录，而不是记录的相应查询中所选择的字段。使用删除查询可以删除原表中符合指定条件的记录，所作的删除操作是无法撤销的，就像在表中直接删除记录一样。

【例 3-18】在“学生成绩管理系统”数据库中创建一个删除查询，把“2011 学年成绩查询”中成绩低于 60 分的记录删除。

操作步骤如下：

① 启动 Access 2010，打开“学生成绩管理系统”数据库。

② 选择“创建”选项卡中的“查询”组，单击“查询设计”按钮，弹出“查询 1”窗口和“显示表”对话框。

③ 在查询设计窗口中，添加“2011 学年成绩查询”，单击“查询类型”组中的“删除”按钮 ✕!，将选择查询转换为删除查询。

④ 在“查询 1”窗口中，选择全部字段，并设置查询准则，在“成绩”字段的“条件”栏中输入“<60”，如图 3-52 所示。如果不填写任何条件，默认情况下会删除表中的所有记录。

⑤ 选择“文件”→“保存”命令。在弹出的“另存为”对话框中输入查询名称“删除查询”，单击“确定”按钮。

⑥ 单击“运行”按钮 !，弹出如图 3-53 所示的对话框，单击“是”按钮完成删除。

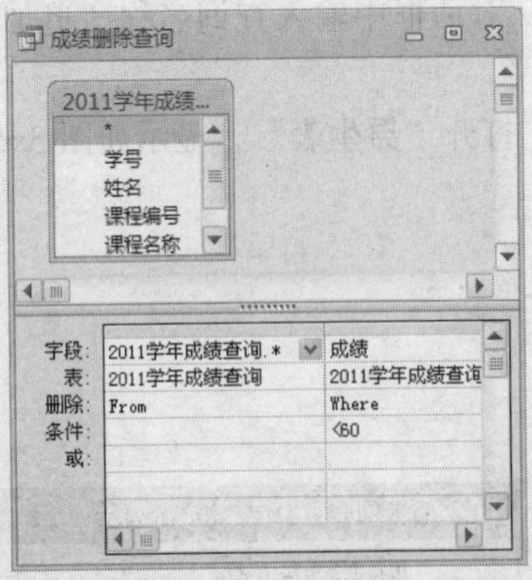

图 3-52　删除查询准则设计窗口

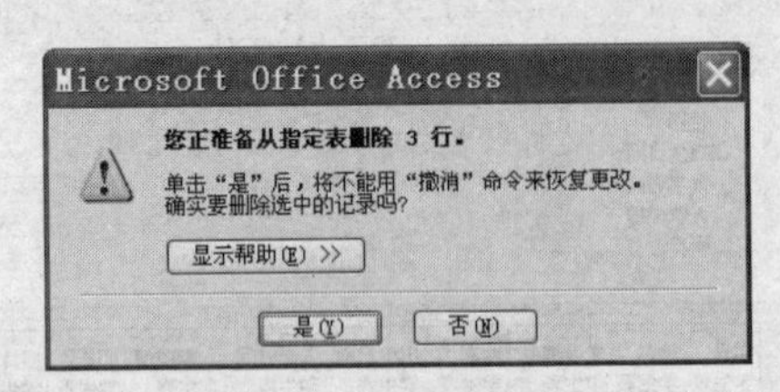

图 3-53　删除提示框

3.4.4　更新查询

更新查询就是用从一个或多个表中查询出来的结果去更新一个或多个表中的数据内容的查询。

【例 3-19】把选课成绩表中的成绩增加 5%。

操作步骤如下：

① 与前面创建“选择查询”一样，选择“创建”选项卡中的“查询”组，单击“查询设计”按钮，弹出“查询 1”窗口和“显示表”对话框。并在“显示表”对话框中把“成绩表”添加到设计窗口中。

② 单击“查询类型”组中的“更新”按钮，将选择查询转换为更新查询，然后在设计视图中，从表中双击所需要的字段到设计网格中，也可以从表中把所需更新的字段拖到设计网格中。

③ 在要更新字段的“更新到”单元格中输入用来更改这个字段的表达式或数值。表达式中如果用到了网格中的其他字段时，字段名一定要放在方括号中。如果查询中有多个表有相同的字段名，则必须指定表名和字段名，使用“[表名]![字段名]”的格式。图 3-54 中的表达式为“[成绩]*1.05”，表示将表中的考试成绩增加 5%。

④ 设计完毕后，选择“文件”→“保存”命令，以“更新查询 1”为文件名保存该查询对象。

⑤ 单击“运行”按钮，系统弹出图 3-55 所示的更新提示对话框，以更新数据表中的记录。用户可以打开该表来查看已经更新的记录。

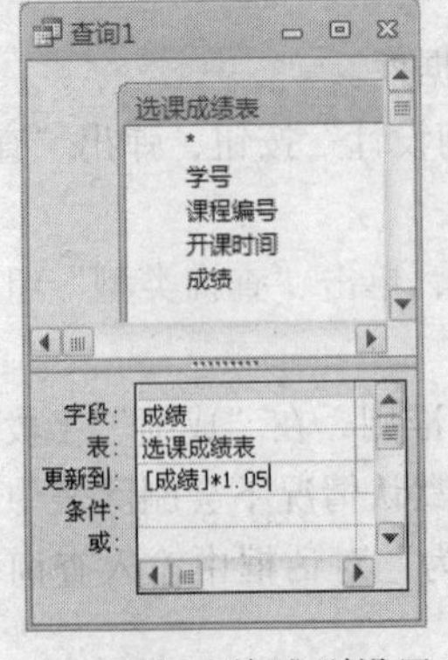

图 3-54　更新查询准则设置窗口

图 3-55　更新提示对话框

【例 3-20】在“学生成绩管理系统”数据库中，从“学生情况表”中去更新“专业编号”，在每个专业编号前加年级号“15”。

操作步骤如下：

① 启动 Access 2010，打开“学生成绩管理系统”数据库。

② 在导航窗格中，选择“表”对象和“学生表”，右击并在弹出的快捷菜单中选择“复制”命令，在空白处右击并在弹出的快捷菜单中选择“粘贴”命令，在弹出的“粘贴表方式”对话框中输入表名“学生情况表”，在“粘贴选项”中选中“结构和数据”选项按钮，再单击“确定”按钮，完成表的复制。

③ 与前面创建“选择查询”一样，选择“创建”选项卡中的“查询”组，单击“查询设计”按钮，弹出“查询 1”窗口和“显示表”对话框。在“显示表”对话框中把“学生情况表”添加到设计窗口中。

④ 选择“查询”→“更新查询”命令，然后在设计视图中，从表中双击所需要的字段到设计网格中，也可以从表中把所需更新的字段拖到设计网格中。

⑤ 在要更新字段的“更新到”单元格中输入“"15" & Left([专业编号],2)”，如图 3-56 所示，在条件行中输入条件“Like "*"”。

⑥ 设计完毕后，选择“文件”→“保存”命令，以“更新查询 2”为文件名保存该查询对象。

⑦ 单击“运行”按钮，以更新数据表中的记录。用户可以打开该表来查看已经更新的记录。更新结果如图 3-57 所示。

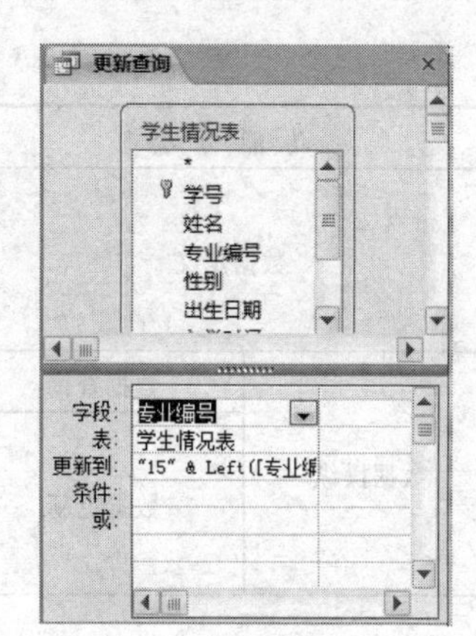

图 3-56　更新查询准则设置窗口

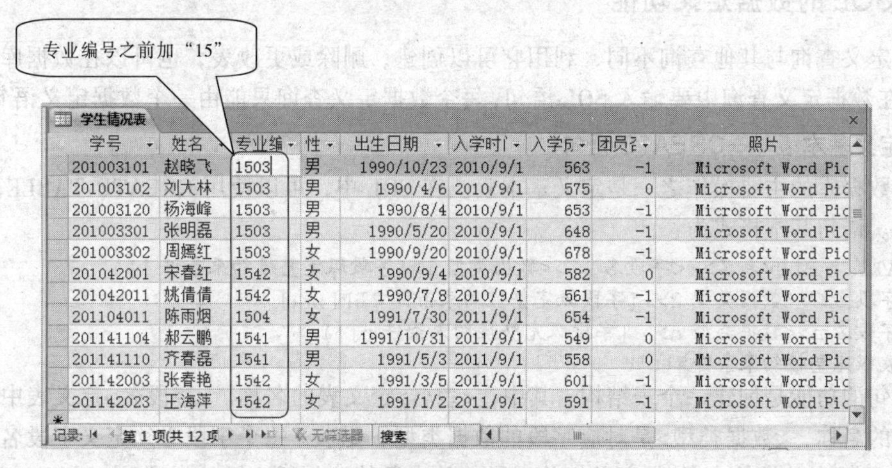

学号	姓名	专业编	性	出生日期	入学时	入学成	团员否	照片
201003101	赵晓飞	1503	男	1990/10/23	2010/9/1	563	-1	Microsoft Word Pic
201003102	刘大林	1503	男	1990/4/6	2010/9/1	575	0	Microsoft Word Pic
201003120	杨海峰	1503	男	1990/8/4	2010/9/1	653	-1	Microsoft Word Pic
201003301	张明磊	1503	男	1990/5/20	2010/9/1	648	-1	Microsoft Word Pic
201003302	周嫣红	1503	女	1990/9/20	2010/9/1	678	-1	Microsoft Word Pic
201042001	宋春红	1542	女	1990/9/4	2010/9/1	582	0	Microsoft Word Pic
201042011	姚倩倩	1542	女	1990/7/8	2010/9/1	561	-1	Microsoft Word Pic
201104011	陈雨烟	1504	女	1991/7/30	2011/9/1	654	-1	Microsoft Word Pic
201141104	郝云鹏	1541	男	1991/10/31	2011/9/1	549	0	Microsoft Word Pic
201141110	齐春磊	1541	男	1991/5/3	2011/9/1	558	0	Microsoft Word Pic
201142003	张春艳	1542	女	1991/3/5	2011/9/1	601	-1	Microsoft Word Pic
201142023	王海萍	1542	女	1991/1/2	2011/9/1	591	-1	Microsoft Word Pic

图 3-57　更新结果

3.5　结构化查询语言（SQL）

SQL 即结构化查询语言（Structured Query Language），在各种关系型数据库中有着广泛的应用。SQL 由若干语句组成，每个语句都遵守特定的语法和约定。SQL 查询就是利用 SQL 创建的查询。

3.5.1 SQL 概述

SQL 查询就是利用 SQL 语句创建的查询，是使用最为灵活的一种查询方式，用户可以利用 SQL 语句创建出更加复杂的查询条件。SQL 查询具有 3 种特有的查询形式：联合查询、传递查询和数据定义查询。选择“查询”→“SQL 特定查询”命令，可以在设计器的 SQL 视图中直接书写 SQL 语句，以此来创建查询。

SQL 语言中有 9 个关键核心命令，包括了对数据库的所有操作，如表 3-6 所示。目前，几乎所有的关系数据库系统都支持 SQL 标准。

表 3-6 SQL 语言的核心命令

功能分类		命令	功能
数据定义		CREATE	创建对象
		ALTER	修改对象
		DROP	删除对象
数据操纵	数据查询	SELECT	数据查询
	数据更新	UPDATE	更新数据
		INSERT	插入数据
		DELETE	删除数据
数据控制		GRANT	定义访问权限
		REVOKE	回收访问权限

3.5.2 SQL 的数据定义功能

数据定义查询与其他查询不同，利用它可以创建、删除或更改表，也可以在数据库表中创建索引。在数据定义查询中要输入 SQL 语句，每个数据定义查询只能由一个数据定义语句组成。

1. 定义基本表——CREATE 语句

建立数据库的主要操作之一是定义基本表。在 SQL 中，可以使用 CREATE TABLE 语句定义基本表。语句基本格式为：

```
CREATE TABLE<表名>(<字段名 1 ><数据类型 1>[字段级完整性约束条件 1]
[,<字段名 2><数据类型 2> [字段级完整性约束条件 2]][,…]
[,<字段名 n><数据类型 n>  [字段级完整性约束条件 n]])
[,<表级完整性约束条件>];
```

该语句的功能是创建一个表结构。其中，<表名>定义表的名称。<字段名>定义表中一个或多个字段的名称，<数据类型>是对应字段的数据类型。要求，每个字段必须定义字段名和数据类型。[字段级完整性约束条件]定义相关字段的约束条件，包括主键约束（Primary Key）、数据唯一约束（Unique）、空值约束（Not Null 或 Null）、完整性约束（Check）等。

在一般的语法格式描述中使用了如下符号：

<>：表示在实际的语句中要采用实际需要要的内容进行替代。

[]：表示可以根据需要进行选择，也可以不选。

|：表示多项选项只能选择其中之一。

{}；表示必选项。

【例 3-21】创建一个“雇员”表，包括雇员号、姓名、性别、出生日期、部门、备注字段。

SQL 查询语句如下：

```
CREATE TABLE 雇员(雇员号 SMALLINT Primary Key,
姓名 CHAR(4) Not Null,性别 CHAR(1)),备注 MEMO;
出生日期 DATE,部门 CHAR(20);
```

其中，SMALLINT 表示数字型（整型），CHAR 表示文本型，DATE 表示日期/时间型，MEMO 表示备注型。

2. 修改基本表——ALTER 语句

创建后的表一旦不满足使用的需要，就需要进行修改。可以使用 ALTER TABLE 语句修改已建表的结构。语句基本格式为：

```
ALTER TABLE<表名>
[ADD<字段名><数据类型>[字段级完整性约束条件]]
[DROP[<字段名>]…]
[ALTER<字段名><数据类型>];
```

其中，<表名>是指需要修改的表的名字，ADD 语句用于增加新字段和该字段的完整性约束条件，DROP 子句用于删除指定的字段，ALTER 子句用于修改原有字段属性。

【例 3-22】在“雇员”表中增加一个字段，字段名为“职务”，数据类型为“文本”；将“备注”字段删除；将“雇员号”字段的数据类型改为文本型，字段大小为 8。

① 添加新字段的语句为：

```
ALTER TABLE 雇员 ADD 职务 CHAR(10);
```

② 删除“备注”字段的 SQL 语句为：

```
ALTER TABLE 雇员 DROP 备注;
```

③ 修改“雇员号”字段属性的 SQL 语句为：

```
ALTER TABLE 雇员 ALTER 雇员号 CHAR(8);
```

注 意

使用 ALTER 语句对表的结构进行修改时，不能一次添加或删除多个字段。

3. 删除表——DROP 语句

如果希望删除某个不需要的表，可以使用 DROP TABLE 语句。语句基本格式为：

```
DROP TABLE<表名>;
```

其中，<表名>是指要删除的表的名称。

【例 3-23】删除已建立的“雇员”表。

```
DROP TABLE 雇员;
```

注 意

表一旦删除，表中数据以及在此表上建立的索引等都将自动被删除，并且无法恢复。因此执行删除表的操作一定要格外小心。

3.5.3 SQL 的数据操纵功能

SQL 的数据操纵包括表中数据更改、数据插入和数据删除等。

1. UPDATE 语句

UPDATE 语句实现数据的更新功能，能够对指定表所有记录或满足条件的记录进行更新操作。该语句的格式为：

```
UPDATE<表名>
SET<字段名 1>=<表达式 1>[,<字段名 2>=<表达式 2>]...
  [WHERE<条件>];
```

其中，<表名>是指要更新数据的表的名称。<字段名>=<表达式>是用表达式的值替代对应字段的值，并且一次可以修改多个字段。一般使用 WHERE 子句来指定被更新记录字段值所满足的条件；如果不使用 WHERE 子句，则更新全部记录。

【例 3-24】将“雇员”表张磊的出生日期改为“1960-1-11”。

SQL 语句如下：

```
UPDATE 雇员 SET 出生日期=#1960-1-11# WHERE 姓名="张磊";
```

2．INSERT 语句

INSERT 语句实现数据的插入功能，可以将一条新记录插入到指定表中。其语句格式为：

```
INSERT INTO<表名>[,(<字段名 1>[,<字段名 2>...])]
VALUES(<常量 1>[,<常量 2>]...);
```

其中，INSERT INTO<表名>说明向由<表名>指定的表中插入记录，当插入的记录不完整时，可以用<字段名 1>，<字段名 2>，…指定字段。VALUES(<常量 1>[,<常量 2>]...)给出具体的字段值。

【例 3-25】将一条新记录插入到“雇员”表中。

SQL 语句如下：

```
INSERT INTO 雇员 VALUES("0001","张磊","男",#1960-1-1#,"办公室");
```

文本数据应用双引号括起来，日期数据应用“#”括起来。

【例 3-26】将一条新记录插入到“雇员”表中，其中“雇员号”为“002”，“姓名”为“王宏”，“性别”为“男”。

SQL 语句如下：

```
INSERT INTO 雇员(雇员号,姓名,性别)VALUES("002","王宏","男");
```

3．DELETE 语句

DELETE 语句实现数据的删除功能，能够对指定表所有记录或满足条件的记录进行删除操作。该语句的格式为：

```
DELETE FROM<表名>
  [WHERE<条件>];
```

其中，FROM 子句指定从哪个表中删除数据，WHERE 子句指定被删除的记录所满足的条件，如果不使用 WHERE 子句，则删除该表中的全部记录。

【例 3-27】将“雇员”表中雇员号为“0002”的记录删除。

SQL 语句如下：

```
DELETE  FROM 雇员 WHERE 雇员号="0002";
```

3.5.4 SQL 的数据查询功能

SQL 的核心是查询。SQL 的查询命令也称为 SELECT 命令，它的基本形式由 SELECT... FROM.... WHERE 查询模块组成，多个查询可以嵌套执行。Access 的 SQL SELECT 命令的语法格式如下：

```
SELECT 字段列表
FROM 表列表
[WHERE  <条件表达式>]
[GROUP BY …][HAVING<条件表达式>]
[UNION …]
[ORDER  BY …]
```

SELECT查询命令用于构造各种各样的查询。

1. SELECT子句

SELECT 子句中的字段列表是查询结果显示的标题，单表查询时可以直接用原表的字段名或使用“*”代表表中所有字段。如果多表查询就需使用“表名.字段名”或“表别名.字段名”的格式。

【例 3-28】查询“学生表”中的女生情况，显示字段为学号、姓名、性别、专业编号和入学成绩。

SQL查询语句如下：

```
SELECT 学号,姓名,性别,专业编号,入学成绩
FROM 学生表
WHERE 性别="女";
```

若查询中使用了计算函数或查询，只要该查询返回含糊的或重复的 Field 对象名称时，都必须使用AS子句来提供Field对象的替代名称，运用合并计算函数时必须有Group By子句。

【例 3-29】查询“选课成绩表”中各学号学生的总成绩。

SQL查询语句如下：

```
SELECT 学号, SUM(成绩) AS 总成绩
FROM 选课成绩表
GROUP BY 学号;
```

Select子句中的统计、汇总和计算函数如表3-7所示。

表 3-7 Select 子句中的函数

函　数	说　明
Count	统计符合条件的记录
Sum	找出指定记录范围内的数值字段求和
Max	找出指定记录范围内的最大值
Min	找出指定记录范围内的最小值
Avg	找出指定记录范围内的数值字段求平均值

在 SELECT 子句字段列表之后加入“INTO 新表名”即为生成表查询，在 SELECT 子句之前加入“PARAMETERS 参数名 参数数据类型[（大小）]”即为参数查询。

例如，将【例 3-29】结果生成“新表”，则SQL查询语句如下：

```
SELECT 学号, SUM(成绩) AS 总成绩 INTO 新表 FROM 选课成绩表 GROUP BY 学号;
```

将【例 3-28】按“性别”生成参数查询，则SQL查询语句如下：

```
PARAMETERS 性别 TEXT (1);
SELECT 学号,姓名,专业编号,性别,入学成绩
FROM 学生表;
```

2. From 子句

在 FROM 子句中，进行单表查询或多表查询时已用 WHERE 子句实现了表间的关系，只需直接在 FROM 后面加表名列表，且表名与表名之间用逗号分隔。

【例 3-30】从“学生成绩管理系统”数据库的“教师表”和“教师任课表”中查询教师姓名、课程编号。

SQL 查询语句如下：

```
SELECT 教师表.教师姓名, 教师任课表.课程编号 FROM 教师表, 教师任课表
WHERE 教师表.教师编号=教师任课表.教师编号;
```

FROM 子句中的表也可以用别名，以方便在 SELECT 子句中的字段列表的书写。

FROM 子句中的表如果不是当前数据库的表，则需用“IN 数据库名”，而且数据库必须和当前数据库处于同一磁盘路径下。另一种方法是在指定表名时直接用全称，格式为“FROM 磁盘：路径 数据库.表名”。

FROM 子句可以完成表间的连接，表间连接关系如表 3-8 所示。

表 3-8 表间连接关系

连接类型	说明
INNER JOIN	内连接：查询结果是两个表中公共字段相匹配的记录
LEFT JOIN	左连接：查询结果是左边表中所有记录，而没有右表中不匹配的记录
RIGHT JOIN	右连接：查询结果是右边表中所有记录，而没有左表中不匹配的记录

以内连接来说明表间连接的语句的格式如下：

```
FROM <表1> INNER JOIN <表2> ON <条件表达式>
```

【例 3-31】从“学生成绩管理系统”数据库的“教师表”和“教师任课表”中查询教师姓名、课程编号。SQL 查询语句如下：

```
SELECT 教师表.教师姓名,教师任课表.课程编号
FROM 教师表 INNER JOIN 教师任课表 ON 教师表.教师编号=教师任课表.教师编号;
```

3. WHERE 子句

WHERE 子句用于给出查询条件，只有与这些条件相匹配的记录才能出现在查询结果中。

WHERE 子句中常见条件使用方法的语句格式如下：

```
WHERE <表达式> <关系运算符> <表达式>
```

其中，<表达式>为逻辑表达式，由逻辑运算符组成；<关系运算符>有 Not、And 和 Or 3 种，优先顺序是 Not>And>Or。

【例 3-32】在“学生成绩管理系统”数据库的“学生表”中查询出年龄大于 21 岁的男生。

SQL 查询语句如下：

```
SELECT * FROM 学生表
WHERE 性别="男" And  (Date()-出生日期)/365>21;
```

WHERE 子句中的特殊运算符如表 3-9 所示。

表 3-9 WHERE 子句的特殊运算符

符号	含义
Between	定义一个区间范围
Is Null	测试属性值是否为空

续表

符号	含义
Like	字符串匹配操作
In	测试属性值是否在一组值中

Like 中使用的通配符有“?”“*”“#”“[字符表]”[! 字符表]。“?”表示任意一个字符，“*”表示 0 个或任意多个字符，“#”表示 0～9 之间的任意一个数字，“[字符表]”表示“字符表”任意一个字符，如[0-9]或[a-z]。“[! 字符表]”表示不在字符表中的任意一个字符。例如，Like "a?[a-f]#[!0-9]*"表示查找的字符串中第 1 个为 a，第 2 个任意，第 3 个为 a～f 中任意一个，第 4 个为数字，第 5 个为非 0～9 的字符，其后为任意字符串。

【例 3-33】在“学生成绩管理系统”数据库的“学生表”中查询入学成绩在 450～600 分之间且专业属于“电子信息技术”或“汉语文学”的学生。

SQL 查询语句如下：

```
SELECT 姓名,专业名称,入学成绩  FROM 学生表 INNER JOIN 专业表 ON 学生表.专业编号=专业表.专业编号 WHERE(入学成绩 BETWEEN 450 AND 600) AND 专业名称 IN("电子信息技术","汉语文学");
```

4．GROUP BY 子句

使用 GROUP BY 子句进行分组时，显示的字段只能是参与分组的字段以及基于分组字段的合计函数计算结果。

【例 3-34】从“学生成绩管理系统”数据库的“学生表”中查询各专业的入学成绩平均分。

SQL 查询语句如下：

```
SELECT 专业编号,AVG(入学成绩) AS 入学成绩平均分 FROM 学生表 GROUP BY 专业编号;
```

用 HAVING 来选择参与合并函数计算的组。

【例 3-35】从“学生成绩管理系统”数据库的“学生表”中查询专业超过 2 个的各专业的入学成绩平均分。

SQL 查询语句为：

```
SELECT 专业编号,AVG(入学成绩) AS 入学成绩平均分 FROM 学生表
GROUP BY 专业编号
HAVING COUNT(专业编号)>2;
```

5．ORDER BY 子句

ORDER BY 子句一般在 SELECT 语句最后，用来指定查询结果以什么顺序返回。其格式如下：

```
ORDER BY 字段1 [ASC | DESC ][, 字段2 [ASC | DESC ]][, ...]]]
```

【例 3-36】从“学生成绩管理系统”数据库的“学生表”中查询出学号、姓名并按姓名降序返回结果。

SQL 查询语句如下：

```
SELECT DISTINCT 学号,姓名 FROM 学生表 ORDER BY 姓名 DESC;
```

DISTINCT 的作用是过滤结果集中的重复值。

3.5.5 SQL 的数据查询实例

下面给出几个数据表，如图 3-58～图 3-61 所示，通过 SQL 的数据查询实例，了解 SQL 语言查询的应用。

仓库号	城市	面积
SH1	北京	1370
SH2	上海	1500
SH3	广州	1200
SH4	武汉	1400

图 3-58　仓库表

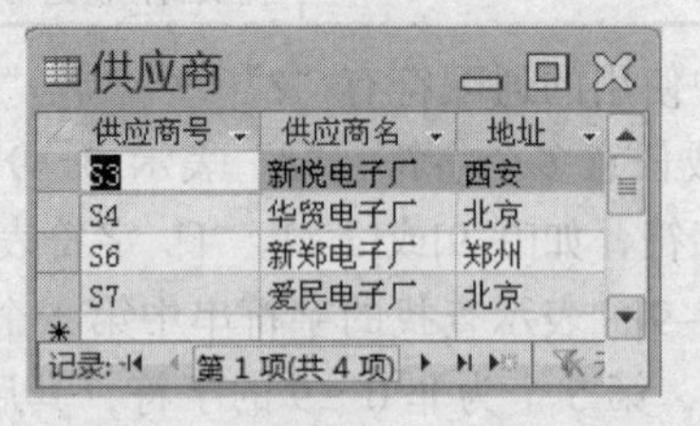

供应商号	供应商名	地址
S3	新悦电子厂	西安
S4	华贸电子厂	北京
S6	新郑电子厂	郑州
S7	爱民电子厂	北京

图 3-59　供应商表

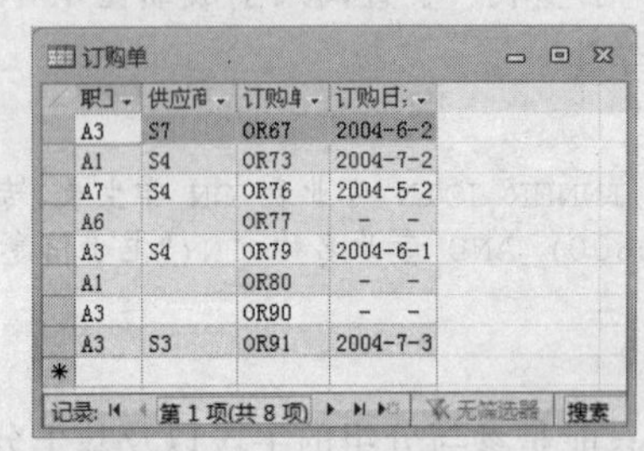

职工	供应商	订购单	订购日
A3	S7	OR67	2004-6-2
A1	S4	OR73	2004-7-2
A7	S4	OR76	2004-5-2
A6		OR77	- -
A3	S4	OR79	2004-6-1
A1		OR80	- -
A3		OR90	- -
A3	S3	OR91	2004-7-3

图 3-60　订购单表

仓库	职工	工资
SH2	A1	2220
SH1	A3	2210
SH2	A4	2250
SH3	A6	2230
SH1	A7	2250

图 3-61　职工表

1. SQL 简单查询

在 SQL 中，SQL 简单查询是最基础的查询操作，这些查询都基于单个表，可以带有简单的条件。由 SELECT...FROM 短语构成无条件查询，或由 SELECT...FROM...WHERE 短语构成条件查询。

【例 3-37】从职工关系中检索所有的工资值。

```
SELECT  工资 FROM 职工;
```

结果如下：

```
2220
2210
2250
2230
2250
```

可见，在运行结果中有重复值，如果要去掉查询结果中的重复值，需指定 DISTINCT 短语。

```
SELECT  DISTINCT 工资 FROM 职工
```

【例 3-38】检索仓库关系中的所有元组。

```
SELECT  *  FROM 仓库;
```

结果如下：

```
SH1  北京  1370
SH2  上海  1500
SH3  广州  1200
SH4  武汉  1400
```

式中的“*”是通配符，表示所有字段，所以上式等价于如下语句：

```
SELECT  仓库号,城市,面积  FROM  仓库
```

【例 3-39】检索工资多于 2220 元的职工号。

```
SELECT 职工号 FROM 职工 WHERE 工资>2220;
```

结果如下：

```
A4
A6
A7
```

【例 3-40】检索哪些仓库有工资多于 2220 元的职工。

```
SELECT DISTINCT 仓库号 FROM 职工  WHERE 工资>2220;
```

结果如下：

```
SH1
SH2
SH3
```

【例 3-41】给出在仓库 SH1 或 SH2 工作，并且工资少于 2250 元的职工。

```
SELECT 职工号 FROM 职工 WHERE 工资<2250 And (仓库号="SH1" Or 仓库号="SH2");
```

结果如下：

```
A1
A3
```

以上检索只是基于一个关系。如果要想基于多个关系进行查询，则要进行连接查询。下面介绍连接查询。

2. 简单连接查询

前面介绍过，连接是关系的基本操作之一，连接查询是一种基于多个关系的查询。下面介绍几个简单连接查询的例子。

【例 3-42】找出工资多于 2230 元的职工号和他们所在的城市。

```
SELECT 职工号,城市 FROM 职工,仓库 WHERE (工资>2230) And(职工.仓库号=仓库.仓库号);
```

结果如下：

```
A4  上海
A7  北京
```

这里的“职工.仓库号=仓库.仓库号”是连接条件。仓库关系和职工关系之间存在一个一对多的联系。

【例 3-43】找出工作在面积大于 1400 的仓库的职工号以及这些职工所在的城市。

```
SELECT 职工号,城市 FROM 职工,仓库 WHERE (面积>1400) And(职工.仓库号=仓库.仓库号) ;
```

结果如下：

```
A1  上海
A4  上海
```

3. 嵌套查询

基于多个关系的查询，这类查询所要求的结果出自一个关系，但相关的条件却涉及多个关系。

如果当检索关系 X 中的元组时，它的条件依赖于相关的关系 Y 中的元组属性值，这时使用嵌套查询。下面看几个例子。

【例 3-44】哪些城市至少有一个仓库的职工工资为 2250 元。

此例要求查询仓库表中的城市信息，而查询条件是职工表中的工资字段值。可得到以下嵌套查询。

```
SELECT 城市 FROM 仓库 WHERE 仓库号 IN (SELECT 仓库号 FROM  职工 WHERE 工资
=2250);
```

结果如下：

```
北京
上海
```

这个命令中有两个 SELECT...FROM...WHERE 查询块，通常称为内层查询块和外层查询块，在该例中内层查询块检索到的仓库号值是 SH1 和 SH2，也可写出如下等价的命令：

```
SELECT 城市 FROM 仓库 WHERE 仓库号 IN("SH1","SH2");
```

这里的 IN 相当于集合运算符∈。

【例 3-45】查询所有的职工工资都多于 2210 元的仓库的信息。

此例也可描述为，没有一个职工的工资少于或等于 2210 元的仓库的信息。可有以下 SQL 命令：

```
SELECT * FROM 仓库 WHERE 仓库号 Not IN (SELECT 仓库号 FROM 职工 WHERE 工资<=2210);
```

结果如下：

```
SH2  上海  1500
SH3  广州  1200
SH4  武汉  1400
```

如果要排除那些还没有职工的仓库，检索要求描述为：查询所有的职工工资都多于 2210 元的仓库的信息，并且该仓库至少要有一名职工。可写出如下 SQL 命令：

```
SELECT * FROM 仓库 WHERE 仓库号 Not IN
(SELECT 仓库号 FROM 职工 WHERE 工资<=2210)
And 仓库号 IN (SELECT 仓库号 FROM 职工);
```

这样，在内层查询块中有两个并列的查询，得到的结果中将不包含没有职工的仓库信息。

【例 3-46】找出和职工 A4 挣同样工资的所有职工。

```
SELECT 职工号 FROM 职工 WHERE 工资= (SELECT 工资 FROM 职工 WHERE 职工号="A4")
```

结果如下：

```
A4
A7
```

4. 排序查询

使用 SQL SELECT 可以对查询结果进行排序，使用短句是 ORDER BY。SQL 语句格式如下：

```
OrDER BY, Order_Item [ASC|DESC][, Order_Item [ASC|DESC]…]
```

【例 3-47】按职工的工资值升序检索出全部职工信息。

```
SELECT *FROM 职工 OrDER BY 工资
```

结果如下：

```
SH1  A3  2210
SH2  A1  2220
SH3  A6  2230
SH2  A4  2250
SH1  A7  2250
```

如果按降序排列，应加上 DESC：

```
SELECT *FROM 职工 ORDER BY 工资 DESC
```

【例 3-48】先按仓库号排序，再按工资排序，并输出全部职工信息。

```
SELECT * FROM 职工  ORDER BY 仓库号,工资
```

结果如下：

```
SH1  A3  2210
SH1  A7  2250
SH2  A1  2220
```

```
SH2  A4  2250
SH3  A6  2230
```

ORDER BY 是对最终的查询结果进行排序，不可以在子查询中使用该短语。

5. 计算查询

（1）简单的计算查询

SQL 不仅具有查询能力，而且还提供了计算方式的检索，用于计算检索的函数有如下几种。

Count——计数。

Sum——求和。

Avg——计算平均值。

Max——求最大值。

Min——求最小值。

这些函数可以用在 SELECT 语句中对查询结果进行计算。

【例 3-49】找出供应商所在地的数目。

```
SELECT COUNT(地址)  FROM 供应商
```

因为可以查询出北京、西安、北京和郑州 4 个地址，所以结果为 4。

除非对关系中的元组个数进行计数，一般 COUNT 函数应该使用 DISTINCT。

【例 3-50】求支付的工资总数。

```
SELECT SUM(工资)  FROM 职工
```

该命令将求出职工关系中工资的总和。

结果是 11160。

【例 3-51】求北京和上海的仓库职工的工资总和。

```
SELECT SUM(工资)  FROM 职工
WHERE 仓库号 IN (SELECT 仓库号 FROM 仓库 WHERE 城市="北京" Or 城市="上海");
```

结果是 8930。

【例 3-52】求所有职工的工资都多于 2210 元的仓库的平均面积。

```
SELECT AVG(面积)  FROM 仓库
WHERE 仓库号 Not IN (SELECT 仓库号 FROM 职工 WHERE 工资<=2210);
```

结果是 1366.67。

以上结果包含了尚没有职工的 SH4 仓库。

如果要排除没有职工的仓库，以上语句应改为如下所示：

```
SELECT AVG(面积)  FROM 仓库
WHERE 仓库号 Not IN (SELECT 仓库号 FROM 职工 WHERE 工资<=1210)And 仓库号 IN (SELECT 仓库号 FROM 职工);
```

结果是 1356.67。

【例 3-53】求在 SH2 仓库工作的职工的最高工资值。

```
SELECT MAX(工资) FROM 职工 WHERE 仓库号="SH2"
```

结果是 2250。

如果要求该条件下的最低工资值，命令如下：

```
SELECT MIN(工资) FROM 职工 WHERE 仓库号="SH2";
```

结果是 2220。

（2）分组查询

在 SQL 中可以利用 GROUP BY 进行分组计算查询，GROUP BY 短语的格式如下：

```
GROUP BY GroupColumn [,GroupColumn…][HAVING FilterCondition]
```

GROUP BY 语句的功能是将查询结果按一列或多列分组，如果未对查询结果分组，集函数将作用于整个查询结果，即整个查询结果只有一个函数值。否则，集函数将作用于每一个组，即每一组都有一个函数值。

HAVING 子句用于进一步限定分组条件，HAVING 子句总是跟在 GROUP BY 子句之后，不可以单独使用。HAVING 子句和 WHERE 子句不矛盾，在查询中是先用 WHERE 子句限定元组，然后进行分组，最后用 HAVING 子句限定分组。

【例 3-54】求每个仓库的职工的平均工资。

```
SELECT 仓库号,AVG(工资)  FROM 职工 GROUP BY 仓库号
```

结果如下：

```
SH1  2230
SH2  2235
SH3  2230
```

【例 3-55】求至少有两个职工的每个仓库的平均工资。

```
SELECT 仓库号,COUNT(*),AVG(工资) FROM 职工 GROUP BY 仓库号  HAVING COUNT(*)>=2;
```

结果如下：

```
SH1  2  2230
SH2  2  2235
```

6. SQL 特殊查询

（1）联合查询

联合查询是用于将来自一个或多个表（多个查询）的字段（列）组合为查询结果中的一个字段或列，执行时将返回所包含的表或查询中对应字段的记录，其格式是在两个查询中间加入 UNION，如果要返回重复记录时可以在两个查询之间加入 UNION ALL。操作步骤如下：

① 在数据库窗口中选择“查询”对象，然后单击“新建”按钮。

② 在“新建查询”对话框中单击“设计视图”选项，然后单击“确定”按钮。

③ 如果不需要添加表或查询，则单击“显示表”对话框内的“关闭”按钮。

④ 在“查询”菜单中选择“SQL 特定查询”→“联合”命令。

⑤ 如果不返回重复记录，请输入带有 UNION 运算的 SQL...SELECT 语句；如果要返回重复记录，请输入带有 UNION ALL 运算的 SQL...SELECT 语句。

【例 3-56】在“学生成绩管理系统”数据库中用“2016 学年成绩表”和“选课成绩表”创建联合查询。

SQL 语句如下：

```
SELECT TOP 3 学号,成绩
FROM 2016 学年成绩查询
UNION SELECT 学号,选课成绩表.成绩 FROM 选课成绩表
WHERE 成绩<80;
```

（2）子查询

子查询包含另一个选择查询或操作查询中的SQL SELECT语句，也就是第一个查询的结果作为第二个查询的条件或包含在第二个查询的SELECT字段列表中，还可以将第一个查询的结果既作为第二个查询的条件，又包含在第二个查询的SELECT字段列表中。利用在查询设计网格的“字段”行输入这些语句来定义新字段，或在“准则”行来定义字段的准则。在以下方面可以使用子查询：

① 测试子查询的某些结果是否存在（使用EXISTS 或 Not EXISTS保留字）。

② 在主查询中查找任何等于、大于或小于由子查询返回的值（使用ANY、IN或ALL保留字）。

③ 在子查询中创建子查询（嵌套子查询）。

【例3-57】从“学生成绩管理系统”数据库的“学生表”中查询出高于平均成绩的学生姓名、平均成绩（保留2位小数）。

SQL查询语句如下：

```
SELECT 姓名,ROUND((SELECT AVG(入学成绩) FROM 学生表),2) AS 平均分 FROM 学生表
WHERE 入学成绩>(SELECT AVG(入学成绩) FROM 学生表)
```

创建子查询的具体操作步骤和创建SQL查询一样。

【例3-58】在“学生成绩管理系统”数据库的“学生表”中查询出年龄大于21岁的女生。

SQL命令如下：

```
SELECT * FROM 学生表 WHERE 性别="女" AND (DATE()-出生日期)/365>21;
```

小　结

查询是关系数据库中的一个重要概念。通过学习本章，读者应掌握以下内容：

① 查询向导创建查询的方法。

② 查询设计器创建查询的方法。

③ 查询操作及设置计算查询的方法。

④ 特殊用途查询的创建。

⑤ 操作查询的创建。

⑥ SQL的基本概念。

⑦ Access中的几种常用的SQL查询的使用方法。

课后练习

一、思考题

1. Access中的查询对象通常分为几大类？各是什么？
2. Access中参数查询的特点是什么？主要的操作步骤是什么？
3. 如何用子查询来定义字段或定义字段条件？
4. 如何在SQL视图中输入表达式？
5. 什么是联合查询？如何用联合查询来合并两个或多个表字段的数据？
6. 查询有什么作用和功能？
7. 建立一个查询，对学生按专业分组，并显示出每组的平均年龄。

8. 基于学生表，建立一个交叉表查询，将班名作为列标题，性别作为行标题，并统计其学生的平均年龄。

9. 什么是查询设计器？说明它的构造和作用。

10. 什么是更新查询、追加查询、删除查询、生成表查询？

二、选择题

1. 创建 Access 查询可以________。

   A. 利用查询向导　　B. 使用查询“设计”视图

   C. 使用 SQL 查询　　D. 使用以上 3 种方法

2. 以下关于查询的叙述正确的是________。

   A. 只能根据数据表创建查询　　B. 只能根据已建查询创建查询

   C. 可以根据数据表和已建查询创建查询　　D. 不能根据已建查询创建查询

3. Access 支持的查询类型有________。

   A. 选择查询、交叉表查询、参数查询、SQL 查询和操作查询

   B. 基本查询、选择查询、参数查询、SQL 查询和操作查询

   C. 多表查询、单表表查询、交叉表查询、参数查询和操作查询

   D. 选择查询、统计查询、参数查询、SQL 查询和操作查询

4. 以下不属于 Access 查询的是________。

   A. 更新查询　　B. 交叉表查询　　C. SQL 查询　　D. 连接查询

5. 以下叙述正确的是________。

   A. SELECT 命令通过 FOR 子句指定查询条件

   B. SELECT 命令通过 WHERE 子句指定查询条件

   C. SELECT 命令通过 WHILE 子句指定查询条件

   D. SELECT 命令通过 IS 子句指定查询条件

6. 在 Access 中，以下哪个不属于查询操作方式________。

   A. 选择查询　　B. 参数查询　　C. 准则查询　　D. 操作查询

7. 可以在一种紧凑的、类似于电子表格的格式中，并将它们分组，显示来源于表中某个字段的各组的合计值、计算值、平均值等的查询方式是________。

   A. SQL 查询　　B. 参数查询　　C. 操作查询　　D. 交叉表查询

8. 假设某数据库表中有一个课程名字段，查找课程名称以“计算机”开头的记录的准则是________。

   A. Like"计算机"　　B. 计算机

   C. Left([课程名称],3)= "计算机"　　D. 以上都对

9. 下列 SELECT 语句语法正确的是________。

   A. SELECT *　FROM "教师表" WHERE　性别="男"

   B. SELECT *　FROM "教师表" WHERE　性别=男

   C. SELECT *　FROM　教师表　WHERE　性别=男

   D. SELECT *　FROM　教师表　WHERE　性别='男'

10. 返回字符表达式中值的平均值的函数为________。

   A. Avg　　B. Count　　C. Max　　D. Min

三、填空题

1. Access 查询的数据源可以来自________。

2. 假设某表数据表中有一个“姓名”字段，查询姓“李”的记录的条件是________。

3. 年龄在18～23岁之间的SQL条件语句除了用“WHERE AGE BETWEEN 18 AND 23”外，与其完全等价的还可以是________。

4. 在SQL SELECT语句的下列子句中，通常和HAVING子句同时使用的是________。

5. 在查询中统计记录的个数时，应该用________函数。

6. 建立和修改查询有3种视图：________、________、________。

7. 选择查询可以从一个或多个________中获取数据并显示出来。

8. 操作查询包括________、________、________和________4种。

9. 用文本值作为查询准则时，文本值要用________符号括起来。

10. SQL语句的相邻单词间、单词和表名（或字段名）间必须至少有一个________（符号）。语句中所有的标点符号都只能是英文标点符号。一句完整的SQL语句用________（符号）结束。

四、操作题

1. 打开数据库文件 Access3-1.accdb，里面已经设计好两个表对象“学生”和“成绩”。试按以下要求完成设计：

（1）创建一个选择查询，查找并显示学生的“编号”“姓名”“性别”“进校日期”和“奖励否”五个字段内容，所建查询命名为“查询1”。

（2）使用查询设计视图创建一个选择查询，查找并显示数学成绩不及格（分数<60）的学生的“姓名”“年龄”和“数学”三个字段内容，所建查询命名为“查询2”。

（3）使用查询设计视图创建一个选择查询，计算并显示“姓名”和“平均成绩”两个字段内容（其中平均成绩是计算数学、计算机和英语三门课成绩的平均值，为计算字段），所建查询命名为“查询3”。注意：不允许修改表对象“学生”和“成绩”的结构及记录数据的值。

2. 打开数据库文件 Access3-2.accdb，里面已经设计好两个表对象“学生”和“课程”。试按以下要求完成设计：

（1）创建一个更新查询，将李元的课程编号改为801，所建查询命名为“查询1”。

（2）创建一个更新查询，将课程编号以88开头的统一改为"801"，所建查询命名为“查询2”。

（3）创建一个删除查询，将课程编号为806的记录删除掉，所建查询命名为“查询3”。

第4章 窗 体

这一章将介绍 Access 对象中的窗体。窗体又称表单，是 Access 的重要对象，是维护表中数据最灵活的一种形式。窗体对象在数据库的使用中作用灵活，它可以让数据库的内容更丰富，变化更多样。可以使用窗体对数据库进行查询、修改、添加和打印等操作，而且可以灵活地设计窗体的布局。在窗体中可以安排字段显示的位置，可以为字段建立输入选项，可以验证输入的数据，还可以建立包含其他窗体的窗体，构造更加方便美观的输入/输出界面。

4.1 窗体的基本概念

在 Access 中，以窗体作为输入界面时，它可以接收用户的输入，判定其有效性和合理性，并响应消息，执行一定的功能。以窗体作为输出界面时，它可以输出数据表中的各种字段内容，如文字、图形图像，还可以播放声音、视频动画，实现数据库中多媒体数据处理。窗体还可以作为控制驱动界面，如窗体中的“命令按钮”，用它将整个系统中的对象组织起来，从而形成一个连贯、完整的系统。

4.1.1 窗体的功能和类型

从外观上看窗体和普通的 Windows 窗口非常相似，上方是标题栏和控制按钮，窗体内是各种控件，如命令按钮、文本框、列表框等，下方是状态栏。

1. 窗体的功能

窗体和报表都可用于数据库中的数据维护，但两者的作用是不同的。窗体主要用来输入数据，报表则用来输出数据。具体来说，窗体具有以下几种功能。

（1）数据的显示与编辑

窗体的最基本功能是显示与编辑数据。窗体可以显示来自多个数据表中的数据。此外，用户可以利用窗体对数据库中的相关数据进行添加、删除和修改，并可以设置数据的属性。用窗体来显示并浏览数据比用表和查询的数据表格式显示数据更加灵活。

（2）数据输入

用户可以根据需要设计窗体，作为数据库中数据输入的接口，这种方式可以节省数据录入的时间并提高数据输入的准确度。窗体的数据输入功能，是它与报表的主要区别。

（3）应用程序流控制

与 Visual Basic 窗体类似，Access 2003 中的窗体也可以与函数和子程序相结合。在每个窗体中用户可以使用 VBA（Visual Basic for Applications）编写代码，并利用代码执行相应的功能。

（4）信息显示和数据打印

在窗体中可以显示一些警告或解释信息。此外，窗体也可以用来执行打印数据库数据的功能。

2．窗体的类型

窗体有多种分类方法，根据数据的显示方式窗体可分为：单页窗体、多页窗体、连续窗体、弹出式窗体、主/子窗体、图表窗体等。窗体类型和主要功能如表 4-1 所示。

表 4-1　窗体控件工具栏中的各控件及功能

窗 体 类 型	功　　能
单页窗体	也称纵栏式窗体，在窗体中每页只显示表和查询的一条记录，记录中的字段纵向排列于窗体之中
多页窗体	在窗体中每页显记录的部分信息。可以通过切换按钮，在不同分页中切换
连续窗体	也称表格式窗体，可以一次只显示多条记录，它是以数据表的方式显示已经格式化的数据
弹出式窗体	用来显示信息或提示用户输入数据
主/子窗体	用来显示具有一对多关系的表中的数据
图表窗体	将数据经过一定的处理，以图表形式直观显示出来，清晰地展示数据的变化状态以及发展趋势

4.1.2　窗体设计工具选项卡

创建窗体时，系统会自动打开“窗体设计工具”上下文选项卡，在该选项卡中包括 3 个子选项卡，分别是“设计”“排列”和“格式”。

1．“设计”选项卡

“设计”选项卡如图 4-1 所示，主要用于设计窗体，利用其提供的控件可以向窗体中添加各种控件对象，设置窗体的主题、页眉和页脚，以及切换窗体视图等。

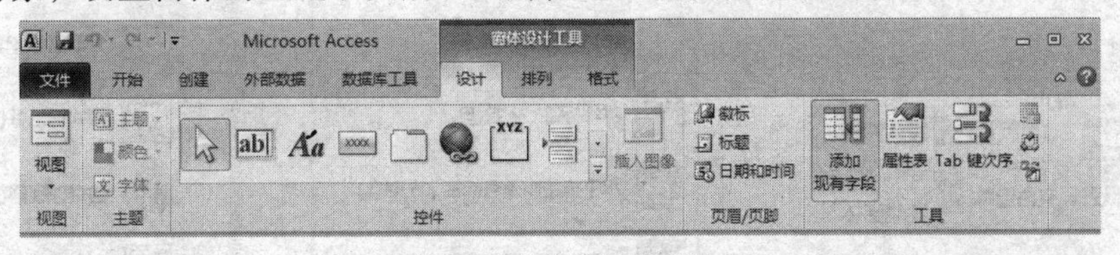

图 4-1　“设计”选项卡

2．“排列”选项卡

“排列”选项卡如图 4-2 所示，主要用于设置窗体的布局，包括设置表的布局、插入对象、合并和拆分对象、移动对象、设置对象的位置和外观等。

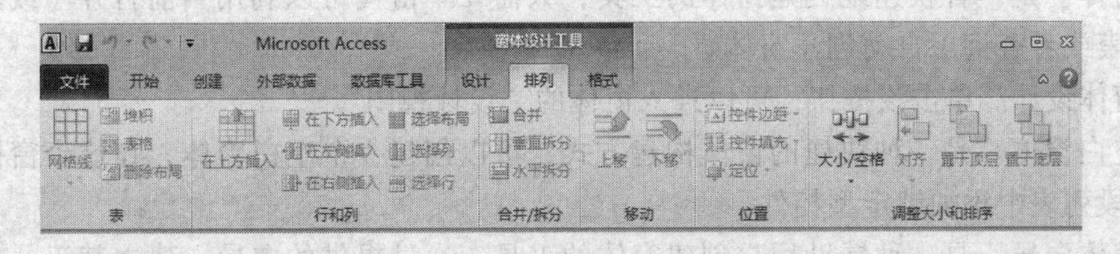

图 4-2　“排列”选项卡

3.“格式”选项卡

“格式”选项卡如图 4-3 所示，主要用于设置窗体的格式，包括选定对象、设置对象的字体、背景、颜色，设置数字格式等。

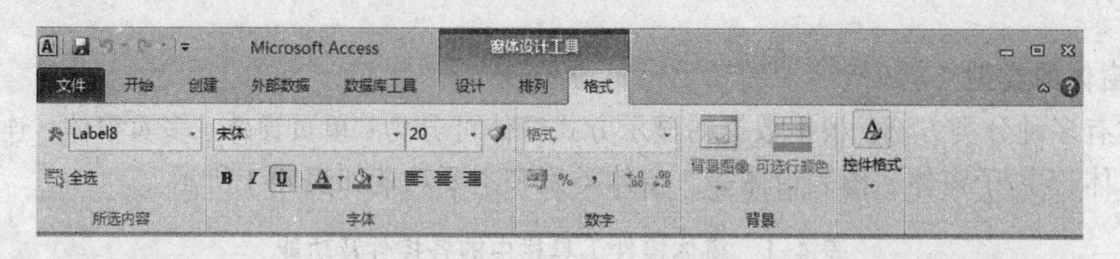

图 4-3 “设计”选项卡

4.2 创建窗体

创建窗体有两种途径：一种是在窗体的“设计视图”中通过手工方式创建；另一种是使用 Access 提供的向导快速创建。数据操作类的窗体一般都能由向导创建，但这类窗体的版式是既定的，因此经常需要切换到设计视图进行调整和修改。控制类窗体和交互信息类窗体只能在“设计视图”下手工创建。

在 Access 2010 的“创建”选项卡的“窗体”组中，提供了多种创建窗体的功能按钮。其中包括“窗体”“窗体设计”和“空白窗体”3 个主要按钮，还有“窗体向导”“导航”和“其他窗体”3 个辅助按钮，如图 4-4 所示。单击“导航”和“其他窗体”按钮，还可以展开下拉列表，列表中提供了创建特定窗体的方式，如图 4-5 和图 4-6 所示。

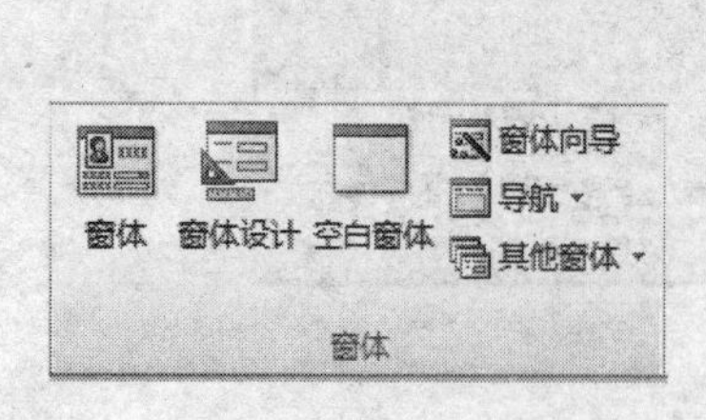

图 4-4 “窗体”组

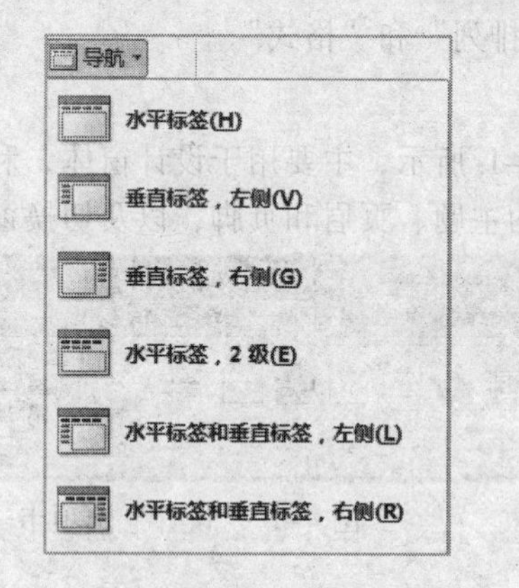

图 4-5 “导航”按钮下拉列表

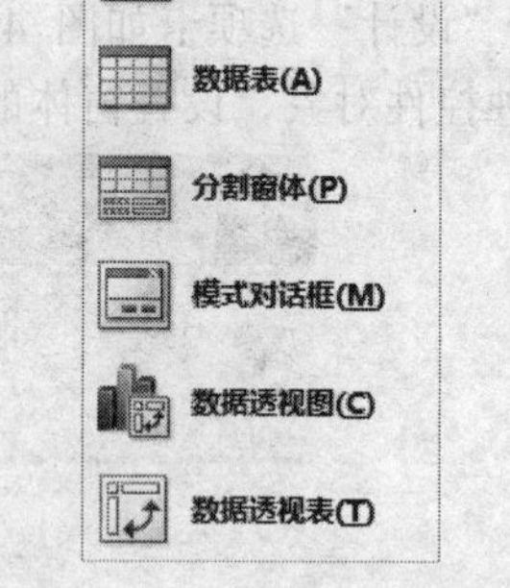

图4-6 “其他窗体”按钮下拉列表

各按钮的功能如下：

① 窗体。是一种快速地创建窗体的工具，只需要单击便可以利用当前打开（或选定）的数据源（表或者查询）自动创建窗体。

② 窗体设计。单击该按钮，可以进入窗体的“设计视图”。

③ 空白窗体。是一种快捷的窗体构建方式，可以创建一个空白窗体，在这个窗体上能够直接从字段列表中添加绑定型控件。

④ 窗体向导。是一种辅助用户创建窗体的工具。通过提供的向导，建立基于一个或多个数据源的不同布局的窗体。

⑤ 导航。用于创建具有导航按钮的窗体，也称为导航窗体。导航窗体有 6 种不同的布局格式，但创建方式是相同的。导航工具更适合于创建 Web 形式的数据库窗体。

⑥ 其他窗体。可以创建特定窗体，包含“多个项目”窗体、“数据表”窗体、“分割窗体”“模式对话框”窗体、“数据透视图”窗体和“数据透视表”窗体。“多个项目”利用当前打开（或选定）的数据源创建表格式窗体，可以显示多个记录；“数据表”是利用当前打开（或选定）的数据源创建数据表形式的窗体；“分割窗体”可以同时提供数据的两种视图，即窗体视图和数据表视图，两种视图连接到同一个数据源，并且总是相互保持同步，如果在窗体的某个视图中选择了一个字段，则在窗体的另一个视图中选择相同的字段；“模式对话框”创建带有命令按钮的对话框窗体，该窗体总是保持在系统的最上面，如果没有关闭该窗体，则不能进行其他操作，登录窗体属于这种窗体；“数据透视图”是以图形的方式显示统计数据的窗体；“数据透视表”是以表格的方式显示统计数据的窗体。

4.2.1　自动创建窗体

自动创建窗体是基于单个表和查询来创建窗体，表和查询作为窗体的数据源，当选定数据源后，窗体将包括来自该数据源的所有字段和记录。自动创建窗体操作步骤简单，不需要设置太多的参数，是一种快速创建窗体的方法。

1．使用“窗体”按钮创建窗体

使用“窗体”按钮创建窗体，其数据源来源于某个数据表或查询中的所有字段和记录，所创建的窗体是单页窗体。

【例 4-1】在“学生成绩管理系统”数据库中，使用“窗体”按钮创建“课程表”信息窗体。

操作步骤如下：

① 打开“学生成绩管理系统”数据库，在“导航窗格”中选定“表”中的“课程表”。

② 在“创建”选项卡中选择“窗体”组，单击“窗体”按钮，系统将自动创建窗体，如图 4-7 所示。

③ 设计完毕后，关闭窗体，系统将以“课程表”为文件名保存该窗体。此时在“导航窗格”的窗体列表中可以看到新建立的“课程表”窗体，双击它可以运行该窗体。

2．创建分割窗体

分割窗体可以同时提供数据的两种视图：窗体视图和数据表视图。这两种视图连接到同一数据源，并且总是保持相互同步。如果在窗体的一个部分中选择了一个字段，则会在窗体的另一部分中选择相同的字段。可以在任一部分中添加、编辑或删除数据。

【例 4-2】在“学生成绩管理系统”数据库中，对于“专业表”创建分割窗体。

操作步骤如下：

① 打开“学生成绩管理系统”数据库，在“导航窗格”中选定“表”中的“专业表”。

② 在“创建”选项卡中选择“窗体”组，单击“其他窗体”按钮，并在下拉列表框中选择“分割窗体”，系统将自动创建分割窗体，如图 4-8 所示。

③ 设计完毕后，关闭窗体，系统将以“专业表”为文件名保存该窗体。此时在“导航窗格”的窗体列表中可以看到新建立的“专业表”窗体，双击它可以运行该窗体。

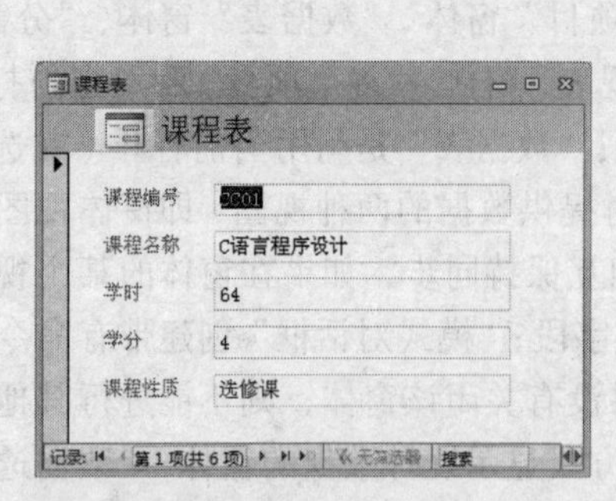

图 4-7 “课程表”窗体运行结果

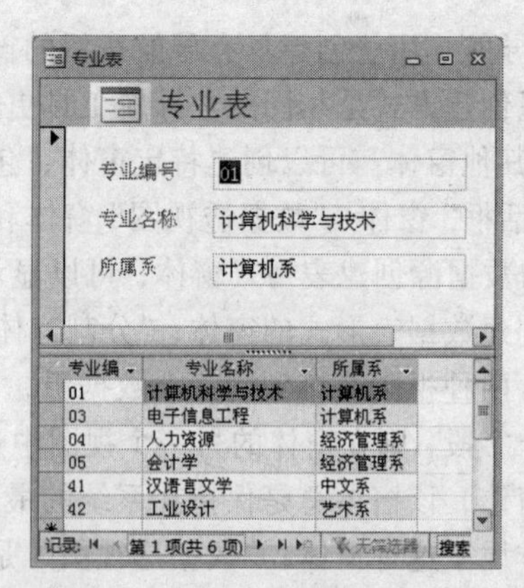

图 4-8 “专业表”窗体运行结果

3．使用“多项目”工具创建窗体

多项目窗体有时称为连续窗体，它可以同时显示来自多条记录的信息。初次创建时，多项目窗体可能类似于一个数据表，数据排列在行和列中，并且多条记录同时显示。多项目窗体的自定义选项要比数据表更多一些。可以添加一些功能，如图形元素、按钮及其他控件等。

【例 4-3】在“学生成绩管理系统”数据库中，对于“学生表”使用“多项目”工具创建窗体。

操作步骤如下：

① 打开“学生成绩管理系统”数据库，在“导航窗格”中选定“表”中的“学生表”。

② 在“创建”选项卡中选择“窗体”组，单击“其他窗体”按钮，并在下拉列表框中选择“多个项目”，系统将自动创建多个项目窗体，如图 4-9 所示。

③ 设计完毕后，关闭窗体，系统将以“学生表”为文件名保存该窗体。此时在“导航窗格”的窗体列表中可以看到新建立的“学生表”窗体，双击它可以运行该窗体。

图 4-9 “学生表”窗体运行结果

4．创建数据透视表窗体

数据透视表是一种交互式的表，它可以按照设定的方式进行计算，如求和与计数等。所进行的计算与数据跟数据透视表中的排列有关。

【例 4-4】在“学生成绩管理系统”数据库创建数据透视表窗体，将选课成绩表按学号、课程编号统计学生成绩。

操作步骤如下：

① 打开“学生成绩管理系统”数据库，在“导航窗格”中选定“表”中的“选课成绩表”。

② 在“创建”选项卡中选择“窗体”组，单击“其他窗体”按钮，并在下拉列表框中选择“数据透视表”，打开“数据透视表”设计窗口，同时显示“数据透视表字段列表”对话框，如图 4-10 所示。

③ 在“数据透视表字段列表”对话框中将“数据透视表字段列表”中的“学号”字段拖到行字段处，“课程编号”字段拖到列字段处，“成绩”字段拖到数据字段处。

④ 设计完毕后，系统将以“数据透视表”为文件名保存该窗体。也可以在提示栏里输入文件名，如“选课成绩表”保存。此时在“导航窗格”的窗体列表中可以看到新建立的“数据透视表”窗体，双击它可以运行该窗体，如图 4-11 所示。

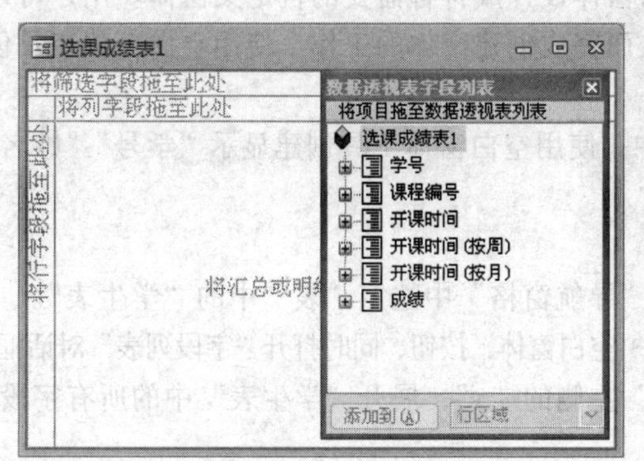

图 4-10 “数据透视表”窗体运行结果

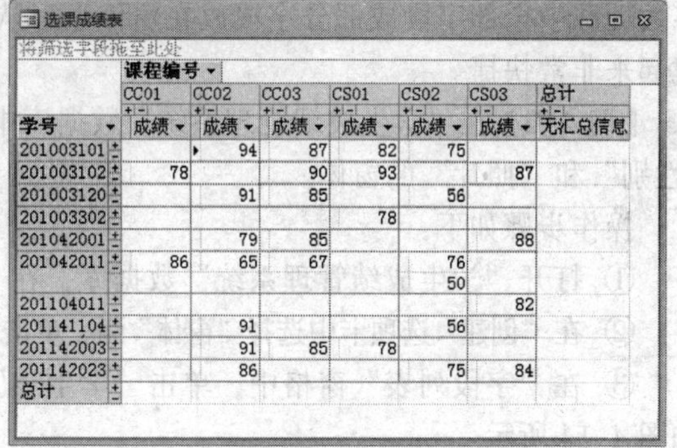

选课成绩表

将筛选字段拖至此处

课程编号	CC01	CC02	CC03	CS01	CS02	CS03	总计
学号	成绩	成绩	成绩	成绩	成绩	成绩	无汇总信息
201003101		94	87	82	75		
201003102	78		90	93		87	
201003120		91	85		56		
201003302				78			
201042001		79	85			88	
201042011	86	65	67		76 50		
201104011						82	
201141104		91			56		
201142003		91	85	78			
201142023		86			75	84	
总计							

图 4-11 “选课成绩表”窗体运行结果

5. 创建数据透视图窗体

数据透视图就是用一张图来表示数据，在 Excel 当中会经常用到的比如条形图、曲线图、饼图等，在 Access 当中也能建立这些透视图。下面就来建立一个条形图的窗体，利用条形图可以方便地看到数据的走势。

【例 4-5】 在“学生成绩管理系统”数据库中，创建“学生成绩”的透视表窗体。

操作步骤如下：

① 打开“学生成绩管理系统”数据库，在“导航窗格”中选定“查询”中的“学生成绩查询表”。

② 在“创建”选项卡中选择“窗体”组，单击“其他窗体”按钮，并在下拉列表框中选择“数据透视图”，打开“数据透视图”设计窗口，同时显示“图表字段列表”对话框，如图 4-12 所示。

③ 在“图表字段列表”对话框中将“图表字段列表”中的“姓名”字段拖到分类字段处，“课程名称”字段拖到系列字段处，“成绩”字段拖到数据字段处，如图 4-13 所示。

④ 设计完毕后，选择“文件”→“保存”命令，输入文件名“学生成绩查询表”，就可以保存该窗体。此时，在数据库窗口的窗体列表中可以看到新建立的窗体名称，双击它可以运行该窗体。

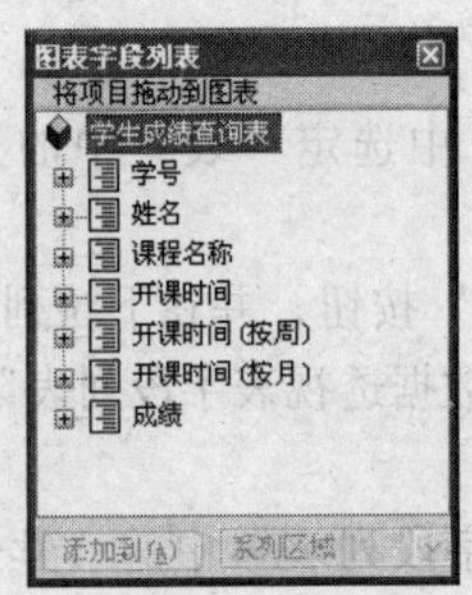

图 4-12 “图表字段列表”对话框

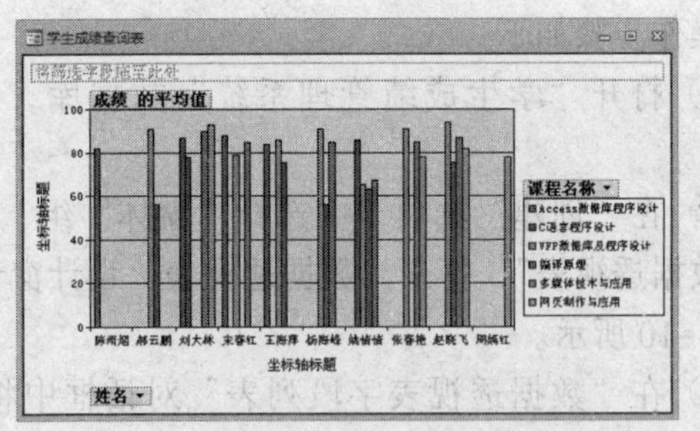

图 4-13 “学生成绩查询表”窗体运行结果

6. 使用“空白窗体”工具创建窗体

“空白窗体”是 Access 2010 增加的新功能。用户可以使用“空白窗体”工具打开一个新的、无任何内容的空窗体。根据创建需要，把该空白窗体设计成符合需要的自定义窗体。用户可以将数据源中全部字段或部分字段放在窗体上，从而完成创建窗体的工作。使用空白窗体工具创建起来非常快捷。

【例 4-6】在“学生成绩管理系统”数据库中，使用空白窗体工具创建显示“学号”“姓名”“性别”和“照片”的窗体。

操作步骤如下：

① 打开“学生成绩管理系统”数据库，在“导航窗格”中选定“表”中的“学生表”。

② 在“创建”选项卡中选择“窗体”组，单击“空白窗体”按钮，同时打开“字段列表”对话框。

③ 在“字段列表”窗格中，单击“学生表”左侧的“+”，展开“学生表”中的所有字段，如图 4-14 所示。

④ 依次双击“学生表”中的“学号”“姓名”“性别”和“照片”字段，将字段添加到空白窗体中。如果想同时添加几个字段到窗体，可按住【Ctrl】键同时选择多个字段，将这几个字段一次性拖到空白窗体中。

⑤ 关闭“字段列表”对话框，调整空间布局，保存该窗体，窗体名称为“学生”，生成的窗体如图 4-15 所示。

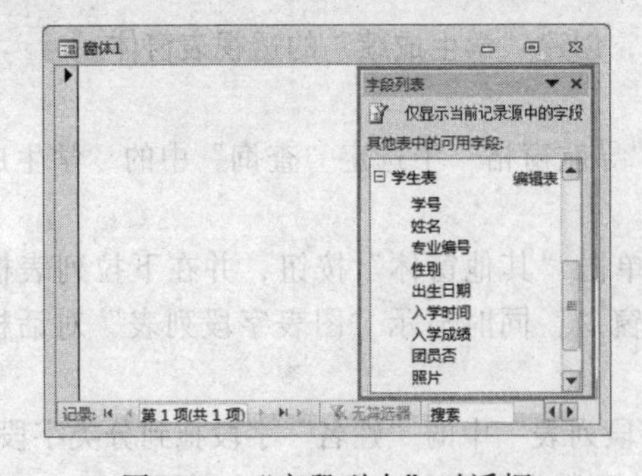

图 4-14 “字段列表”对话框

图 4-15 “空白窗体”运行结果

4.2.2 使用向导创建窗体

使用向导创建窗体的过程比使用“自动窗体”稍复杂，它要求用户输入所需数据源、字段、版式以及格式等信息，并且创建的窗体可以基于多个表或查询。

【例 4-7】利用窗体向导创建以学生表为数据源的学生基本情况窗体。

操作步骤如下：

① 打开“学生成绩管理系统”数据库，在“创建”选项卡中选择“窗体”组，单击“窗体向导”按钮，系统将打开“窗体向导”对话框，如图 4–16 所示。

② 在“窗体向导”对话框的下拉列表框中选择要作为窗体数据来源的表或查询，这里系统会自动选择“学生表”。

③ 在“可用字段”列表框中选择表中的所有字段，单击所需字段，然后单击右箭头按钮，将它添加到“选定的字段”列表框中。本例选中“学生表”中的所有字段，如图 4–17 所示。

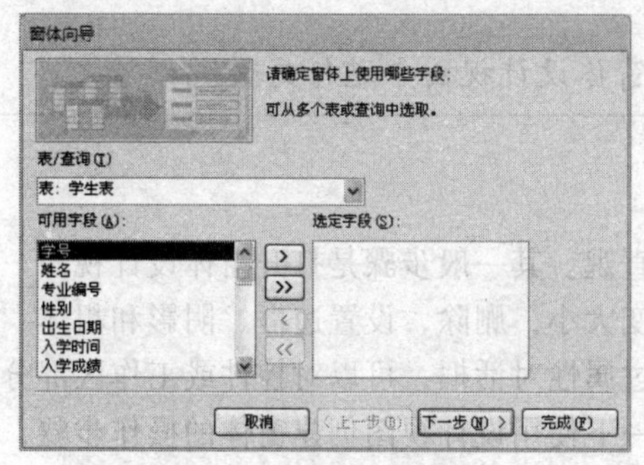

图 4–16　“窗体向导”对话框

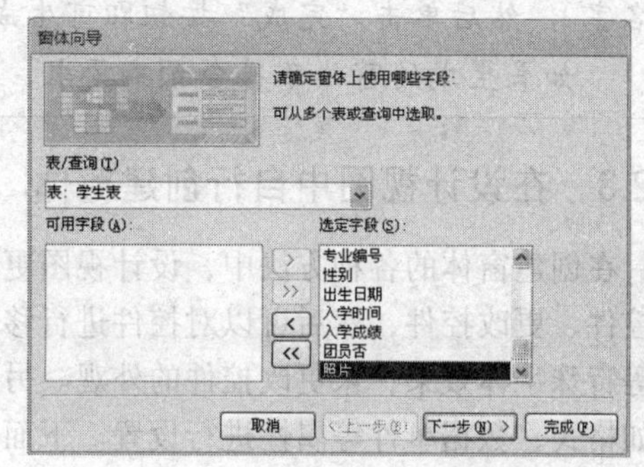

图 4–17　选择所需字段

④ 在选择窗体布局对话框中，向导提供了 4 种窗体布局供用户选择，分别是纵栏表、表格、数据表和两端对齐。这里选择“纵栏表”，单击“下一步”按钮，如图 4–18 所示。

⑤ 输入窗体标题“学生情况一览表”，单击“完成”按钮，如图 4–19 所示。

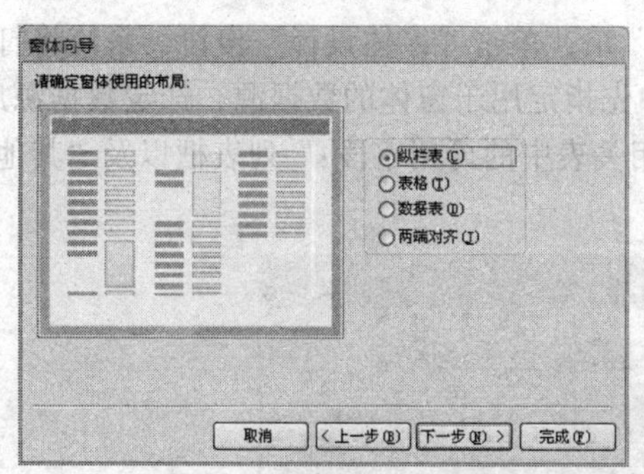

图 4–18　设置窗体布局

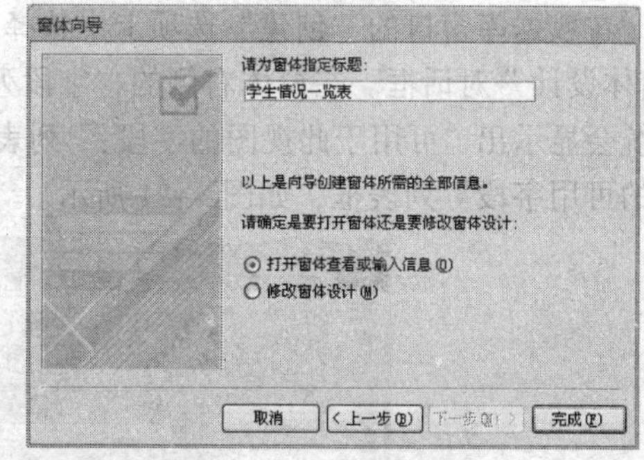

图 4–19　输入标题

⑥ 由向导生成的窗体 Access 会自动保存，打开该窗体，如图 4–20 所示。

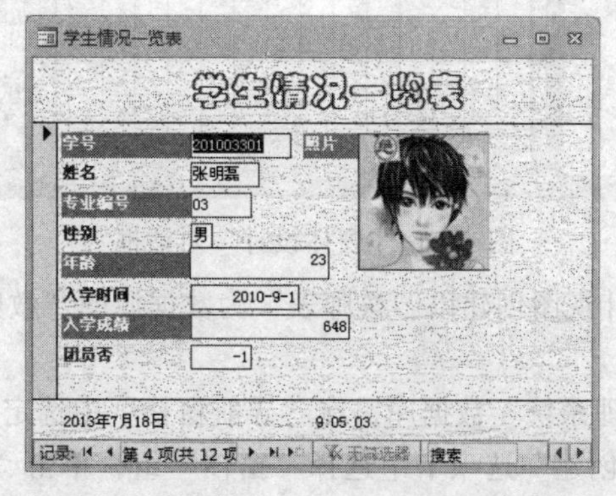

图 4–20　“学生情况一览表”窗体运行结果

注 意

如果要在窗体中包含来自多个表或查询的字段（多个表之间必须已经建立“关系”），则在窗体向导中选择第一个表或查询中的字段后，不要单击“下一步”或“完成”按钮，而是重复执行选择表或查询的步骤，直至选完所有需要的字段。字段选择完毕后，单击“下一步”按钮，在弹出的对话框中选择窗体使用的布局。接着弹出的对话框要求选择窗体所用的样式，最后一个对话框要求输入窗体的标题（也是窗体的名字），然后单击“完成”按钮即可生成窗体。

如果生成的窗体不符合预期要求，可以在窗体设计视图中进行更改。

4.2.3 在设计视图中自行创建窗体

在创建窗体的各种方法中，设计视图更为灵活直观。其一般步骤是打开窗体设计视图、添加控件、更改控件，然后可以对控件进行移动，改变大小，删除，设置边框、阴影和粗体、斜体等特殊字体效果，来更改控件的外观。另外，通过属性对话框，可以对控件或工作区部分的诸如格式、数据事件等属性进行设置。下面先了解一下使用设计视图创建窗体的操作步骤，窗体控件将在其 4.3 节进行介绍。

1. 使用设计视图创建窗体

设计视图可以让用户完全自主地创建窗体。在实际应用中，许多用户喜欢先使用向导创建窗体，然后在设计视图中修改窗体的设计。

在数据库窗口的“创建”选项卡中选择“窗体”组，单击“窗体设计”按钮，系统将打开“窗体设计”对话框。在窗体右侧的“字段列表”中先指定用于窗体的数据源，选定数据源后，系统会显示出“可用于此视图的字段:”列表框、“相关表中的可用字段:”列表框以及“其他表中的可用字段”列表框，如图 4-21 所示。

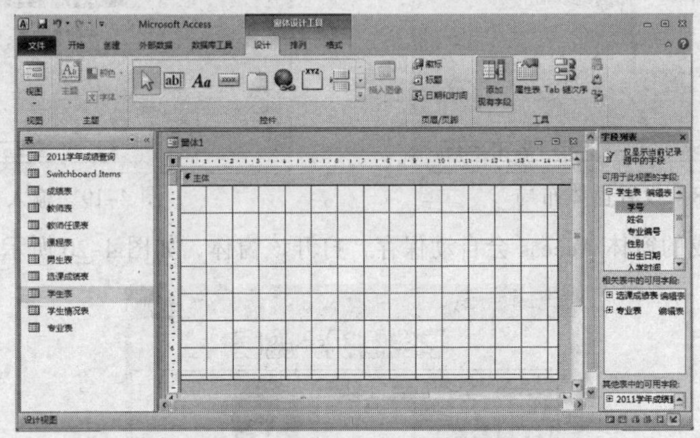

图 4-21 “窗体设计”对话框

【例 4-8】利用窗体设计视图创建以“教师表”为数据源的“教师基本情况”窗体。

操作步骤如下：

① 打开“学生成绩管理系统”数据库，在“导航窗格”中选定“表”中的“教师表”。

② 在数据库窗口的“创建”选项卡中选择“窗体”组，单击“窗体设计”按钮，系统将打开“窗体设计”对话框。

③ 在窗体右侧的“字段列表”窗口中先指定数据表“教师表”。

④ 在窗体工作区右击，在弹出的快捷菜单中选择“窗体页眉/页脚”命令，添加“窗体页眉/页脚”节。

⑤ 在“控件”组中选择“标签”控件，在窗体页眉中拖出标签控件区域，并输入“教师情况一览表”，按【Enter】键后，在“格式”选项卡的“字体”组中设置其字体的字形、字号和颜色。

⑥ 将数据源“教师表”中的所有字段添加到主体带区中，如图 4-22 所示。

⑦ 单击“视图”按钮，屏幕显示窗体设计结果，如图 4-23 所示。

⑧ 单击“保存”按钮，在“另存为”对话框中输入窗体名称“教师基本情况”，并关闭对话框。

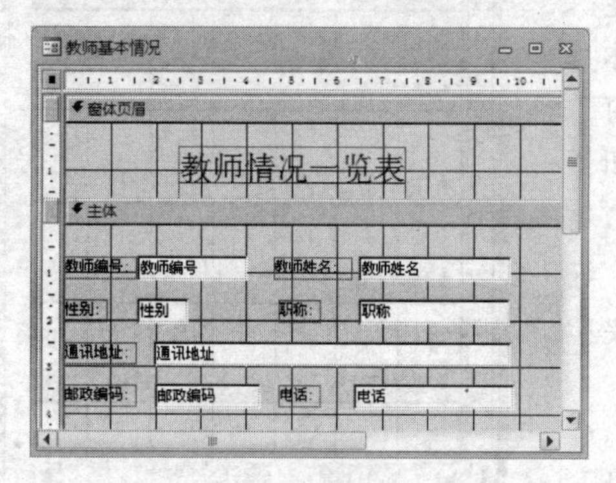

图 4-22　添加字段后的窗体视图

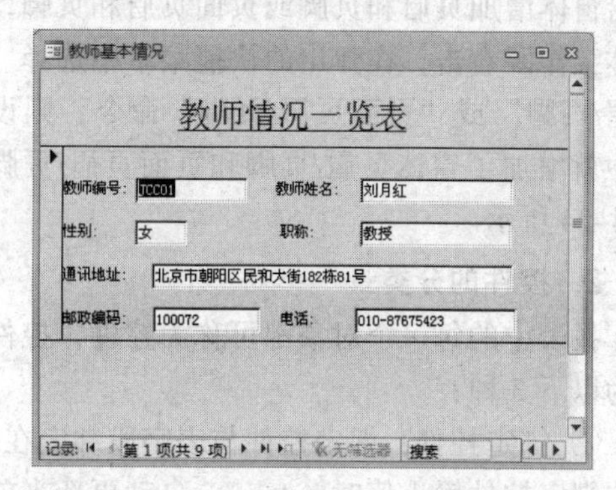

图 4-23　“教师基本情况”窗体运行结果

2．在窗体中操作数据

窗体除了显示记录外，还可以对数据表中的数据进行其他操作，如修改、添加、删除和查找等。由于窗体是基于表或查询而建立的，所以对窗体中数据的操作可以保存到数据表中。

（1）在窗体中查看数据

通过窗体可以查看数据表中的数据，数据可以来自一张或多张表或查询。当两张表具有“一对多”关系时，可以使用子窗体；当主窗体中的记录改变时，子窗体中的记录也随着变化。

还可以使用“数据透视表”和“数据透视图”窗体来查看数据汇总信息，窗体在默认情况下都是以“窗体视图”显示的。用户可以将其转换成“数据透视图”来显示，其方法是首先打开指定的窗体，然后在窗体的标题栏中右击，从弹出的快捷菜单中选择“数据表视图”命令即可。

（2）增加、修改和删除记录

增加新记录的操作步骤会因为窗体的设计不同而有所不同。对于已经设计好的、专门为输入而设计的窗体来说，要增加一个新记录，就是直接运行专用窗体来完成数据输入。这种窗体中通常要包含“新记录”和“确认”等按钮，用来提供新记录的输入界面和完成新记录的保存。

在窗体中修改数据时，有些字段是不能修改的，如一些自动编号字段和汇总字段等。在窗体视图中，也可以将一些字段域设置为不能获得焦点，从而可以控制某些字段不能修改。在单一记录窗体与连续窗体中删除记录与在数据表上删除记录不同。首先必须选中删除记录，就像在数据表中选中一个记录一样，如果窗体被设计成含有记录选定器，则必须从记录中找到该记录，删除它。如果窗体中的记录与其他表或查询中的数据相关，则该窗体中的记录不能被删除。

4.3 窗 体 控 件

在窗体“设计”视图中设计窗体时，需要用到各种各样的控件。下面先了解窗体设计概念，再结合实例介绍如何创建控件。

4.3.1 窗体设计概述

1. 工作区

在默认情况下，窗口中只有“主体”部分，为了给窗体增加页眉和页脚或页面页眉和页脚，可在窗体工作区右击，在弹出的快捷菜单中选择“窗体页眉/页脚”或“页面页眉/页脚”命令，则设计窗口中就增加了窗体页眉/页脚和页面页眉/页脚，如图 4-24 所示。

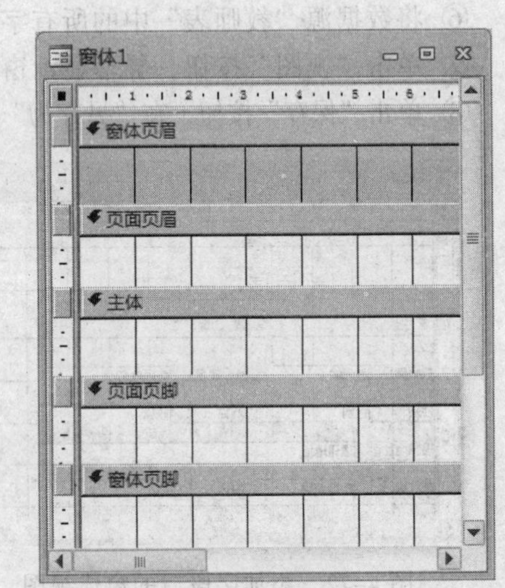

图 4-24 窗体设计窗口和窗体设计工具箱

2. 控件的分类

报表中的每一个对象都可称为控件，控件主要分为以下 3 种：

① 绑定控件：绑定控件与表字段绑定在一起。在向绑定控件输入值时，Access 自动更新当前记录中的表字段值。大多数允许输入信息的控件都是绑定控件。绑定控件可以与大多数数据类型捆绑在一起，包括文本、日期、数值、是/否、图片和备注字段。

② 非绑定控件：非绑定控件保留所输入的值，不更新表字段值。这些控件用于显示文本，把值传递给宏、直线和矩形，存放没有存储在表中但保存报表或报表的 OLE 对象。

③ 计算控件：计算控件是建立在表达式（如函数和计算）基础之上的。计算控件也是非绑定控件，它不能更新字段值。

3. 窗体设计工具箱

在 Access 中，系统为窗体设计提供了非常有用的控件工具箱。选择“窗体设计工具”中“设计”选项卡中的“控件”组，单击“其他”按钮，即可打开窗体工具箱，在这个工具箱中有很多按钮，每个按钮都是构成窗体一个功能的控件，如图 4-25 所示。控件很有用，用户看到的按钮、文本框和标签等都是控件。有了它们，用户创建窗体的工作就是将这些控件放置在空白窗体上，然后将这些控件与数据库联系起来。

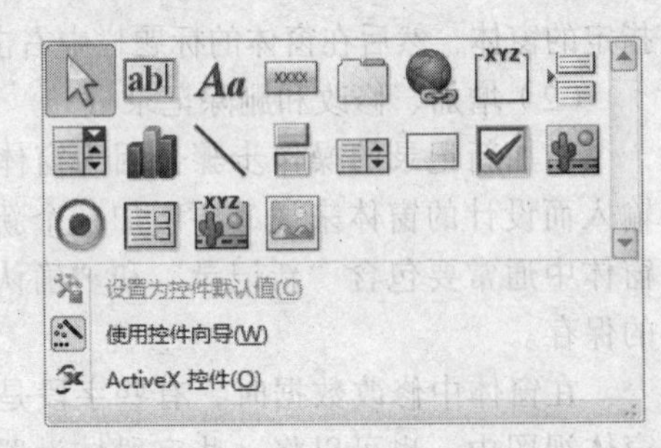

图 4-25 窗体工具箱工具栏

窗体工具箱中各控件按钮的含义如表 4-2 所示。

表 4-2　窗体工具箱中的各控件按钮及功能

序号	窗体控件按钮名称	快捷按钮图标	窗体控件按钮的作用
1	选定对象		移动或改变控件大小
2	文本框	ab|	创建一个文本框控件，用于单行文本接收输入或者显示数据
3	标签	Aa	创建一个标签控件，显示数据或提示信息
4	命令按钮	XXXX	创建一个执行命令按钮，执行一个或多个动作
5	选项卡控件		用来显示属于同一个内容的不同对象的属性
6	超链接		用来与一个数据库对象、文件、网页、URL 等关联
7	选项组	XYZ	用来包含一组控件，如单选按钮、复选框和切换按钮等
8	分隔符		用来定义多页窗体的分页位置
9	组合框		创建一个下拉式列表框或组合框，供选择或输入数值
10	图表		用于向窗体中添加图表
11	线条		在窗体上绘制线条
12	切换按钮		用来显示二值数据，值为 1 即“是”，反之为 0 即“否”
13	列表框		创建一个上下滚动的列表框，用列表显示数据，供用户选择
14	矩形		在窗体上画各种形状图形，如矩形、四角矩形、椭圆或圆
15	复选框		创建一个供选择开/关状态的复选框控件
16	未绑定对象框		添加一个不随记录变化的 OLE 对象
17	选项按钮组		创建一个包含多个选项的按钮组
18	子窗体/子报表		用来加载另一个子窗体/子报表
19	绑定对象框	XYZ	添加一个随记录变化的 OLE 对象
20	图像		用来向窗体中加载具有对象链接嵌入功能的图像、声音等数据
21	设置为控件默认值		用来选择不在工具栏中的控件，单击可以选择其他的 Access 控件
22	使用控件向导		帮助用户输入控件需要的特性参数
23	ActiveX 控件		用于向“工具箱”中添加已经在操作系统中注册的 ActiveX 控件

4．字段名列表

一般情况下，窗体都是基于某一个表或查询建立起来的，因此，窗体内的控件要显示的是表或查询中的字段值。在创建窗体过程中需要某一字段时，单击“工具”组里的“添加现有字段”按钮，即可在窗体右侧显示字段列表，如图 4-26 所示。如果要在窗体内创建文本框来显示字段列表中的某一个字段，只需将该字段拖到窗体内，窗体便自动创建一个文本框与此字段关联。

5．控件属性

在窗体设计视图中，有一个“属性表”对话框，用来显示选定对象的属性。窗体由许多控件（又称对象）组成，这些控件彼此独立，每个对象都具有自己的属性，如颜色、尺寸大小、标题、名字、在屏幕上的位置等，可以通过属性对话框来定义或修改对象的各种属性。

打开“属性表”对话框的方法：选择“创建”→“窗体”，单击“设计”选项卡中“工具”组中的“属性表”按钮，屏幕显示“属性表”对话框，如图4-27所示。窗体中的每个控件都具有自己的属性。控件属性可分为以下4类：

① 格式：用来指定控件的外观。

② 数据：用来指定控件如何使用数据。

③ 事件：允许为控件上所发生的事件指定命令。

④ 其他：任何不属于以上类别的属性。

关于属性的设置下面还会详细介绍。

图 4-26 字段名列表

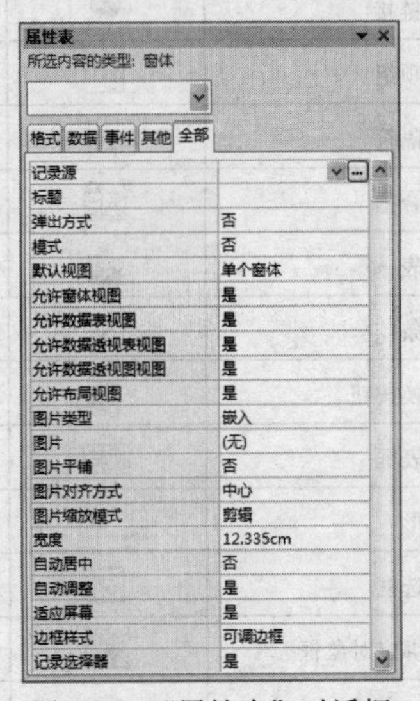

图 4-27 “属性表”对话框

4.3.2 窗体控件的使用

1. 标签

标签是窗体中应用最广泛的一种控件，它可以单独使用，也可以与其他控件结合使用，用于描述信息。

（1）功能

标签控件用于显示文本信息，为窗体提供信息说明。它没有数据源，用户只能通过窗体中的代码改变标签控件中的内容，而不能直接对其内容进行交互式编辑。因此，标签控件无法作为输入信息的界面。

（2）常用属性

① 可见性：设置是否显示标签控件。

② 背景色：设置标签的背景颜色。

③ 背景样式：选择标签是否为透明的，默认值为“常规”，即不透明。

④ 标题：设置标签控件显示的文本内容，最大长度为256个字符。

⑤ 字号：设置标签中字体的大小。

⑥ 字体颜色：设置标签中标题的颜色。

【例 4-9】在空白窗体上设置一个标题为“学生情况一览表”。

操作步骤如下：

① 单击窗体控件工具栏中标签按钮，再将鼠标指针拖到窗体上单击，就在窗体上产生了一个默认大小的标签。单击并拖动鼠标，可产生任意大小的标签。

② 在标签处直接输入标签内容，或在属性窗口的“标题”属性中输入标签内容，如“学生情况一览表”。用同样的方法可以添加其他几个标签（请读者自己设置），添加后的标签在选中后（标签出现 8 个控点）可以移动位置、改变大小等。在窗体上添加一个标签控件，并拖动成适当的大小，如图 4-28 所示。

③ 选定“学生情况一览表”标签，在“格式”选项卡的“字体”组中设置“字号”为“24”，“字体”为“华文彩云”，“字体粗细”为“加粗”。

④ 在“属性表”中选择“背景色”属性设置背景颜色。单击文本框右侧的按钮，打开“颜色”对话框，从中选择“蓝色”。

⑤ 选择“前景色”属性设置前景颜色。单击文本框右侧的按钮，打开“颜色”对话框，从中选择“白色”。

⑥ 在“排列”选项卡中的“调整大小和排序”组中 单击“大小/空格”按钮，选择“正好容纳”命令。再单击“对齐”按钮，选择“对齐网格”命令。最后结果如图 4-29 所示。

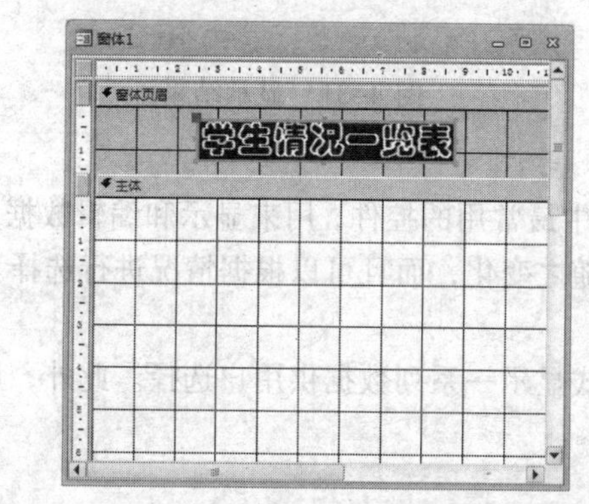

图 4-28　添加的标签控件

图 4-29　显示结果

2. 文本框

文本框控件用于在窗体中创建一个文本框，是用来显示和编辑数据的控件，一般用它来显示一个非备注型字段值。当随着记录指针变化时，文本框中显示的内容也随之变化。文本框是窗体中常用的控件之一。

（1）功能

文本框不仅可以输入输出除备注类型以外的各种类型的数据，还可以设置输入输出格式。在文本框中可以进行剪切、复制和粘贴等操作。可以检验文本框中的数据是否符合规则。通常使用密码来保证应用程序的安全性。

（2）常用属性

① 名称：设置文本框的名称。

② 输入掩码：设置文本框中显示的字符格式。

③ 控件来源：设置控件数据的来源。

④ 有效性规则：设置文本框中值的显示是否符合所设定的规则。

⑤ 字形：设置文本框中字体的类型。

【例 4-10】在【例 4-9】中创建窗体标签之后，添加相应的文本框控件。

操作步骤如下：

① 单击窗体控件工具栏中的“控件向导”按钮，再单击“文本框”按钮。

② 将光标在窗体主体节中拖动，添加一个文本框 Text1，系统同时也会添加一个标签 Label1。

③ 在属性表中将 Label 的“标题”改为“学号”，将文本框 Text1 的控件来源设置为“学号”。

④ 其他字段可按③添加到主体节中（也可将所需字段从字段列表中直接拖动到主体节中），如图 4-30 所示。

⑤ 运行结果如图 4-31 所示。

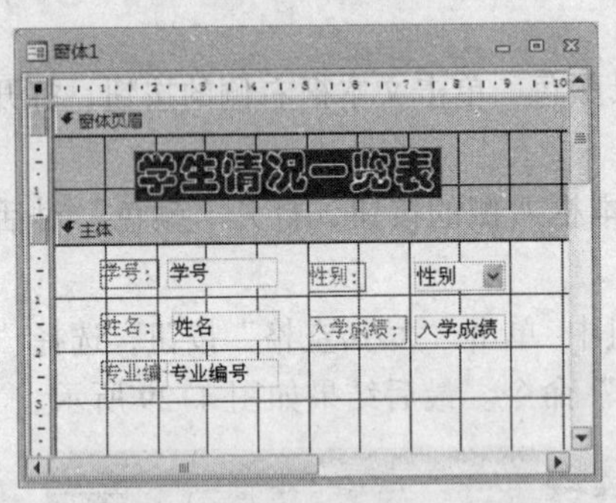

图 4-30 添加的文本框控件

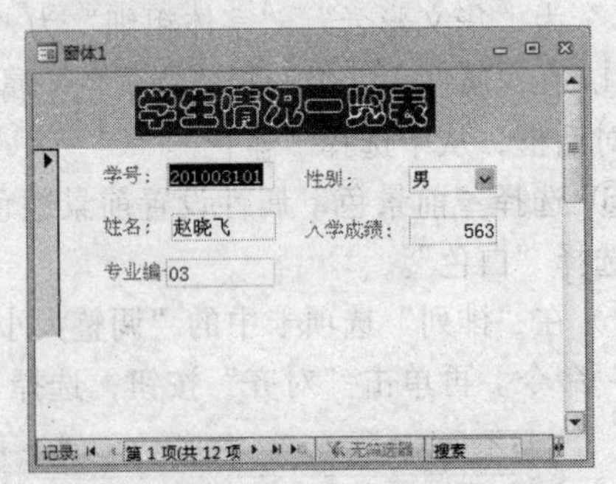

图 4-31 显示结果

3．组合框和列表框

组合框和列表框是 Access 提供的另外两个窗体中最常用的控件，用来显示和编辑数据。当随着记录指针发生变化时，文本框中显示的内容也随之变化，而且可以根据情况进行选择。

（1）功能

用于在窗体中创建组合框和列表框，以列的形式显示一系列数据供用户选择。此外，用户也可直接输入文本。

（2）常用属性

① 控件来源：设置控件数据的来源。

② 行来源类型：设置组合框中值的来源是表/查询、值列表还是自动列表。

③ 行来源：设置组合框中数据的来源。

④ 名称：设置组合框的名称。

⑤ 输入掩码：设置组合框中显示的字符格式。

【例 4-11】创建一个窗体，添加组合框和列表框，用来编辑“学生表”中的学号。

操作步骤如下：

① 在窗体上添加一个组合框和一个列表框，并调整好控件的大小，如图 4-32 所示。

② 打开标签控件的属性窗口，修改组合框和列表框的“标题”属性为“学号”，“字号”属性为“12”，并选择“正好容纳”命令。

③ 分别打开组合框和列表框的属性表，设置数据来源为“学号”，行来源为“学生表”。

④ 单击工具栏中的“视图”按钮，显示该窗体。在组合框中，可以从下拉列表框中选择相应的学号，从列表框中可以直接选择相应的学号，列表框能够提供数据列表，用户从下拉列表中选择数据并返回数据。用户可以上下卷动列表，操作起来很方便，如图 4-33 所示。

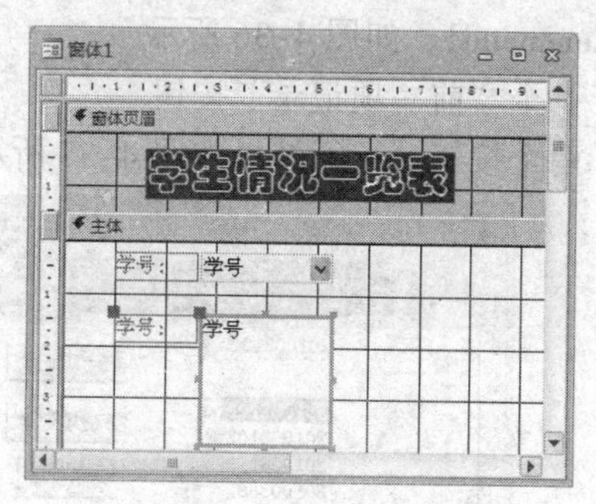

图 4-32　添加编辑框

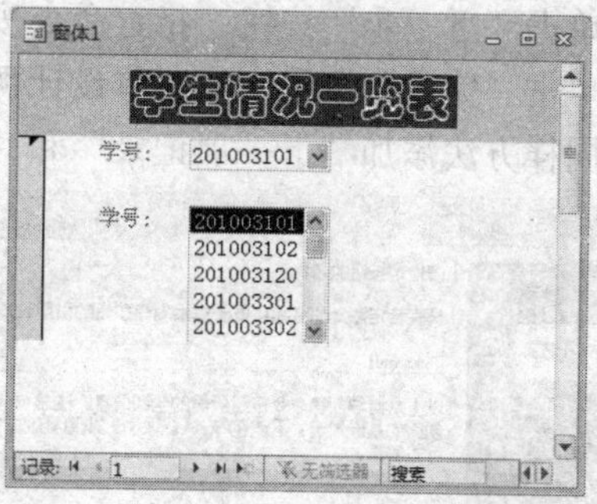

图 4-33　运行结果

4．命令按钮

（1）功能

用于在窗体上创建单个命令按钮，当单击该命令按钮时，可以触发该命令按钮的事件，执行一个特定的操作，如添加、编辑、保存或退出等操作。

（2）常用属性

① 标题：设置命令按钮的标题，如添加、编辑、保存或退出等。

② 图片：设置在命令按钮上显示的图形文件（BMP 或 ICON）。如果在选择该属性的同时也选择了“标题”属性，则图形在命令按钮的上半部分显示。此时命令按钮要足够大，否则图形无法全部显示出来。

③ 可用：指定命令按钮是否有效。为了避免误操作，当前窗体现在不能执行某些操作时，可将其相应的命令按钮设置为无效。这是一个非常重要的属性。

④ 单击：在属性窗口中，单击“单击”事件右侧的浏览按钮，将打开 Click 编辑窗口，用户可在此窗口中输入事件代码。

【例 4-12】在自定义窗体中创建 3 个命令按钮：“前一项记录”“下一项记录”和“关闭窗体”。

操作步骤如下：

① 单击窗体控件工具栏中的“命令”按钮，将鼠标指针移到窗体中单击左键，系统会打开命令按钮向导。

② 在对话框的“类别”列表框中选择“记录导航”选项，在对应的“操作”列表框中选择“转至前一项记录”选项，如图 4-34 所示。

③ 单击“下一步”按钮，选择“文本”单选按钮，默认文本框的内容为“移至上一项”，如图 4-35 所示。

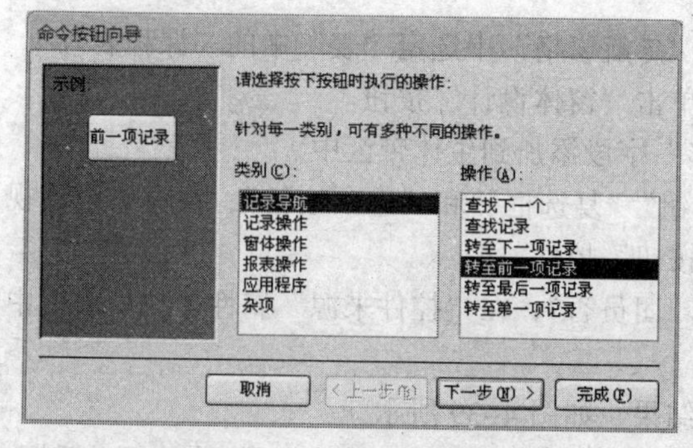

图 4-34　选择操作

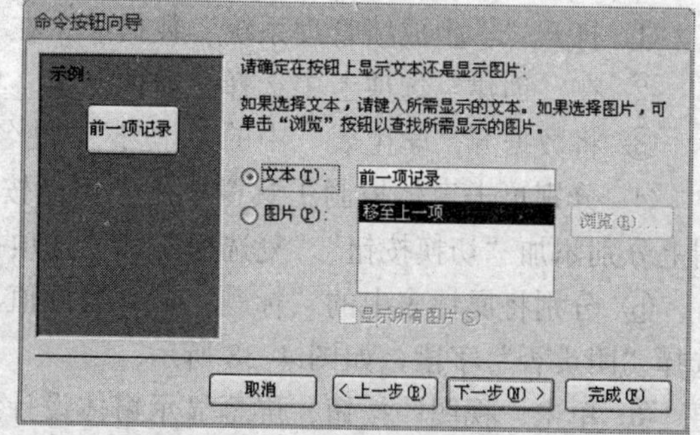

图 4-35　选择按钮上显示的内容

④ 单击“下一步”按钮，指定命令按钮名称为 Command1，如图 4-36 所示。

⑤ 单击“完成”按钮，在窗体设计视图中添加了一个“前一项记录”按钮。

⑥ 同样方法添加“下一项记录”和“关闭窗体”两个按钮。运行结果如图 4-37 所示。

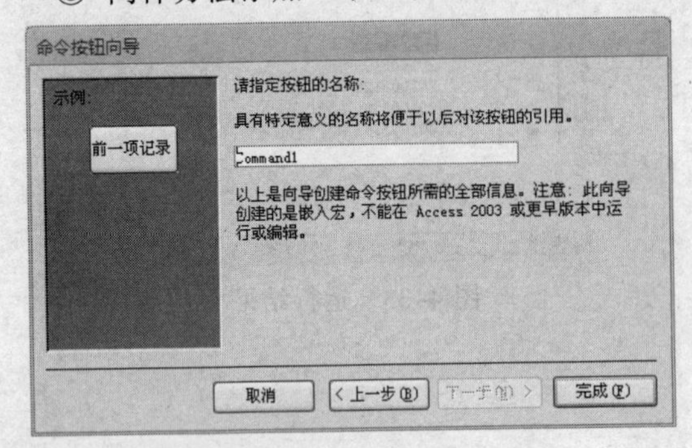

图 4-36 指定按钮名称

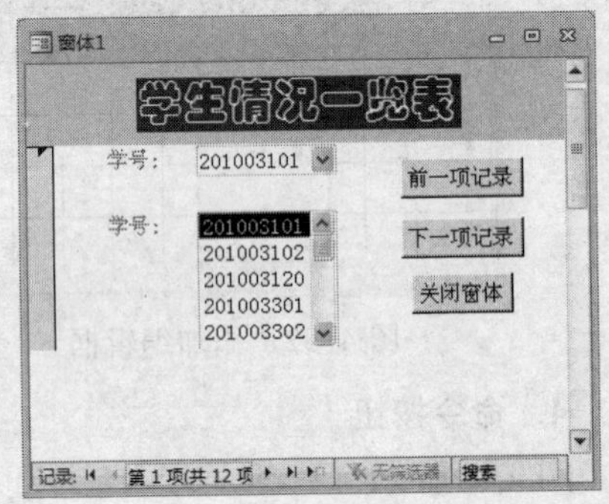

图 4-37 运行结果

5．切换按钮、复选框和选项按钮组

（1）功能

切换按钮、复选框和选项按钮组控件是窗体中最常用的控件，用于在窗体中创建一个切换按钮、复选框和选项按钮组控件。在 Access 2010 中，“是/否”字段只存储两个值：“是”或“否”。如果使用文本框显示“是/否”字段，该值显示1 表示“是”，显示 0 表示“否”。这些值对大多数用户而言没有什么意义，因此，Access 2003 提供复选框、选项按钮和切换按钮，可以用它们来显示和输入“是/否”值。这些控件提供了“是/否”值的图形化表示，以便于使用和阅读。

（2）常用属性

① 控件来源：设置控件数据的来源。

② 标题：设置切换按钮、复选框和选项按钮组控件的标题，如添加、编辑、保存和退出等。

③ 图片：设置在命令按钮上显示的图形文件（BMP 或 ICON）。如果在选择该属性的同时也选择了“标题”属性，则图形在命令按钮的上半部分显示。此时命令按钮要足够大，否则图形无法全部显示出来。

④ 可用：指定命令按钮是否有效。为了避免误操作，当当前窗体现在不能执行某些操作时，可将其相应的命令按钮设置为无效。这是一个非常重要的属性。

⑤ 可见性：设置切换按钮、复选框和选项按钮组控件是否可见。

【例 4-13】分别将“学生表”中的“团员否”字段创建为切换按钮、复选框或选项按钮。

操作步骤如下：

① 打开“学生成绩管理系统”数据库，在“导航窗格”中选定“表”中的“课程表”。

② 在“创建”选项卡中选择“窗体”组，单击“窗体设计”按钮。

③ 将数据源“学生表”中的“学号”“姓名”字段添加到主体带区中。

④ 分别单击窗体控制工具栏上的“切换按钮”“复选框”和“选项按钮”，在窗体设计视图上分别添加“切换按钮”“复选框”和“选项按钮”控件。

⑤ 分别将属性表中的“标题”输入属性值“团员否”，在“控件来源”属性下拉列表框中选择“团员否”字段，如图 4-38 所示。

⑥ 单击“视图”按钮，屏幕显示窗体设计结果，如图 4-39 所示。

⑦ 单击“保存”按钮，在“另存为”对话框中输入窗体名称“切换按钮”，并关闭对话框。

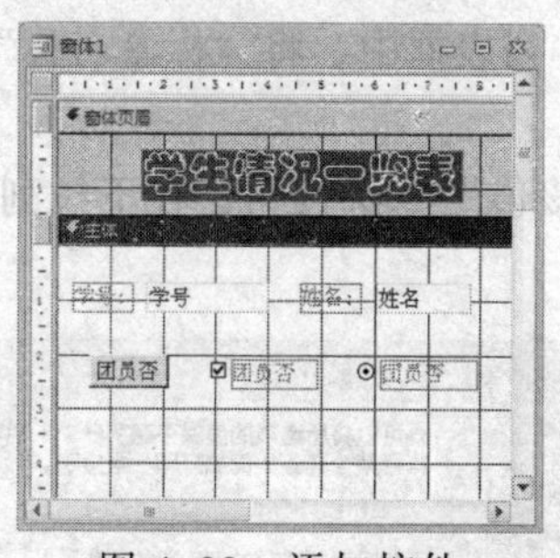

图 4-38　添加控件

图 4-39　运行结果

6. 选项组

(1) 功能

选项组控件是一个容器控件，也是一种常用的控件。在 Access 中，如果是在窗体或报表中创建选项组，复选框、选项按钮或切换按钮 3 种控件都可以加入选项组。在选项组中每次只能选择一个选项。如果要将选项组控件绑定到某个字段，则只有该字段本身绑定到该字段，而不是组内的复选框、选项按钮或切换按钮绑定到该字段。选项组的值只能是数字，而不能是文本。在选项组中所选定的选项决定了字段中的值。

(2) 常用属性

① 标题：设置切换按钮、复选框和选项按钮组控件的标题，如添加、编辑、保存和退出等。

② 选项值：设置选项值，系统会按选项值设置控件默认状态。

【例 4-14】新建一个窗体，在窗体中添加“学生情况表”中的“学号”“姓名”和“专业编号”字段。创建选项组，将性别做成选项按钮，再添加切换按钮和复选框。

操作步骤如下：

① 由于选项组的值只能是数字，而不能是文本，因此，先修改“学生情况表”的结构，将“性别”字段类型改为“数字”型，用“1”表示“男”，用“2”表示“女”。

② 在数据库窗口中单击“对象”栏中的“窗体”按钮，然后单击数据库窗口工具栏上的“新建”按钮，弹出“新建窗体”对话框。

③ 在该对话框中选择“设计视图”和数据表“学生情况表”。

④ 将数据源“学生情况表”中的“学号”“姓名”和“专业编号”字段添加到主体带区中。

⑤ 单击窗体控制工具栏上的“选项组”按钮，分别在窗体设计视图上添加“选项组”控件，系统会打开选项组向导。

⑥ 在“请为每个选项指定标签”列表框下的“标签名称”项中输入“男”“女”，如图 4-40 所示。

⑦ 单击“下一步”按钮，选择“是，默认选项是”单选按钮，如图 4-41 所示。

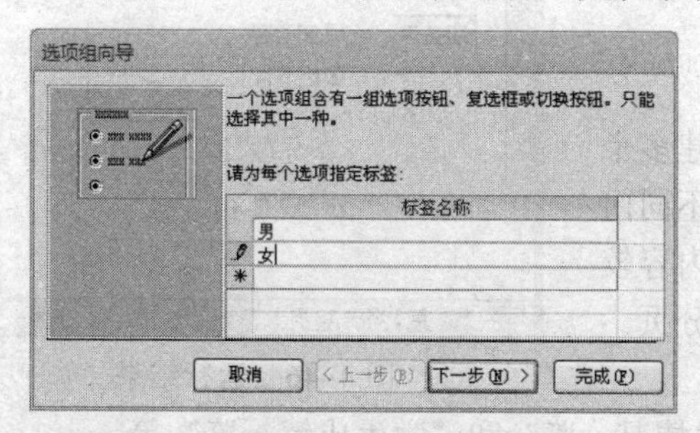

图 4-40　为选项指定标签

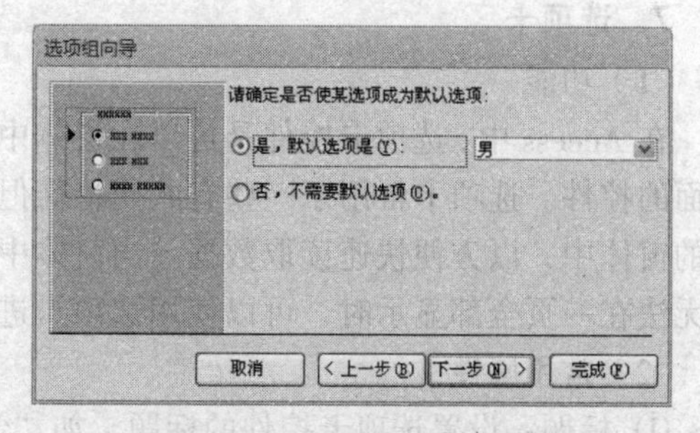

图 4-41　选择默认选项

⑧ 单击“下一步”按钮，在“请为每个选项赋值”列表框中，将“标签名称”下的“男”设置为“1”，“女”设置为“2”，如图 4-42 所示。

⑨ 单击“下一步”按钮，选择“在此字段中保存该值”单选按钮，在下拉列表框中选择“性别”选项，如图 4-43 所示。

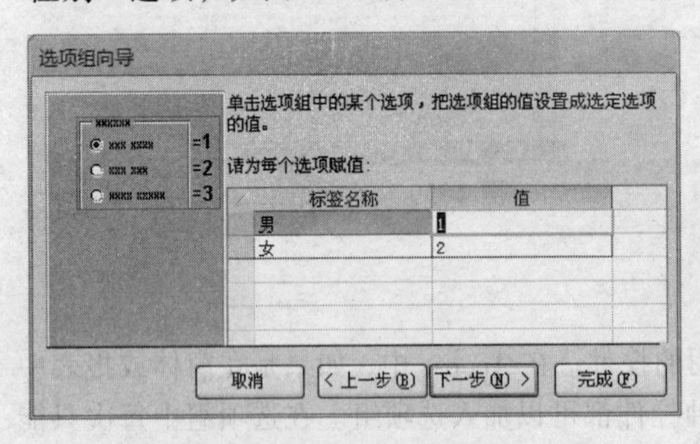

图 4-42 为每个选项赋值

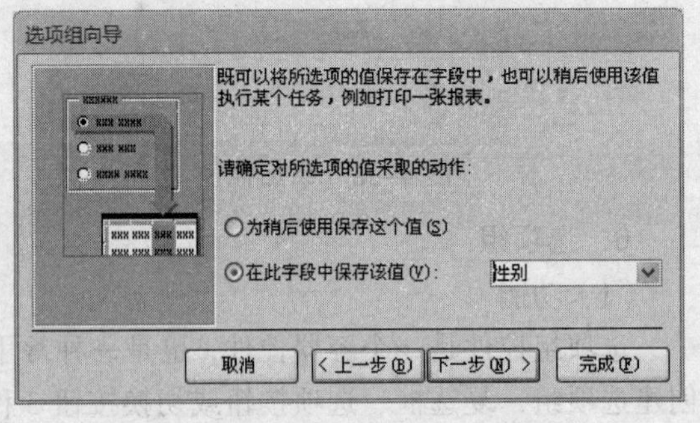

图 4-43 确定对所选的值采取的动作

⑩ 单击“下一步”按钮，在“请确定在选项组中使用何种类型的控件”栏中选择“选项按钮”单选按钮，在“请确定所用样式”栏中选择“凸起”单选按钮，如图 4-44 所示。

⑪ 单击“下一步”按钮，在“请为选项组指定标题”文本框中输入“性别”，如图 4-45 所示。

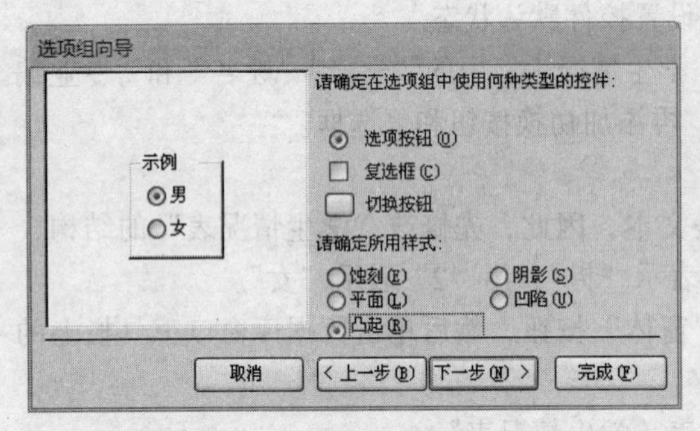

图 4-44 选择控件和样式

选项组向导
请为选项组指定标题:
性别
以上是向导创建选项组所需的全部信息。
取消
< 上一步(B)
下一步(N) >
完成(F)

图 4-45 为选项组指定标题

⑫ 单击“完成”按钮即可完成选项组的创建单击窗体视图，其结果如图 4-46 所示。

⑬ 单击“保存”按钮，在“对象另存为”对话框中输入窗体名称“切换按钮”，并关闭对话框。

7. 选项卡

（1）功能

在 Access 中，选项卡控件是可以在窗体中创建多个页面的控件。选项卡常用于一些有共同特征但是不同内容的窗体中，以方便快速读取数据。当窗体中的内容较多无法在一页全部显示时，可以使用选项卡进行分页。

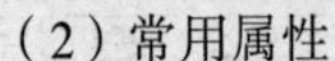

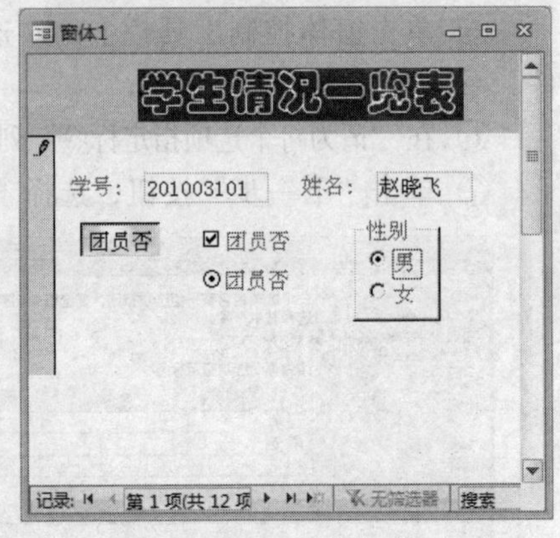

图 4-46 运行结果

（2）常用属性

① 标题：设置选项卡控件的标题，如“学生情况一览”和“学生成绩一览”等。

② 图片：设置在命令按钮上显示的图形文件（BMP 或 ICON）。如果在选择该属性的同时也选择了“标题”属性，则图形在命令按钮的上半部分显示。此时命令按钮要足够大，否则图形无法全部显示出来，因为图形部分不能抢占标题部分的大小。

【例 4-15】新建一个“学生统计信息”窗体，窗体内容包含两部分：一部分是“学生情况一览”，另一部分是“学生成绩一览”。使用选项卡分别显示两页的信息。

操作步骤如下：

① 打开窗体设计视图。单击工具箱中的“选项卡”控件，在窗体处单击要放置选项卡控件的位置。

②单击工具栏中的“属性”按钮，单击选项卡“页 1”，单击“属性表”对话框中的“格式”选项卡，在“标题”属性行中输入“学生情况一览”，设置结果如图 4-47 所示。单击选项卡“页 2”，单击“属性表”对话框中的“格式”选项卡，在“标题”属性行中输入“学生成绩一览”，设置结果如图 4-48 所示。

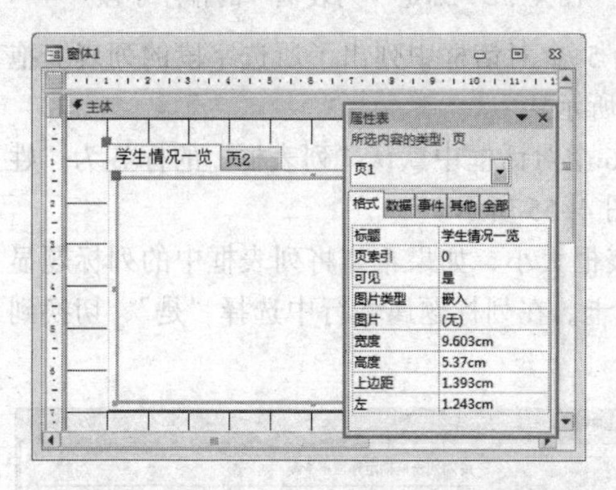

图 4-47　“页”的标题属性设置

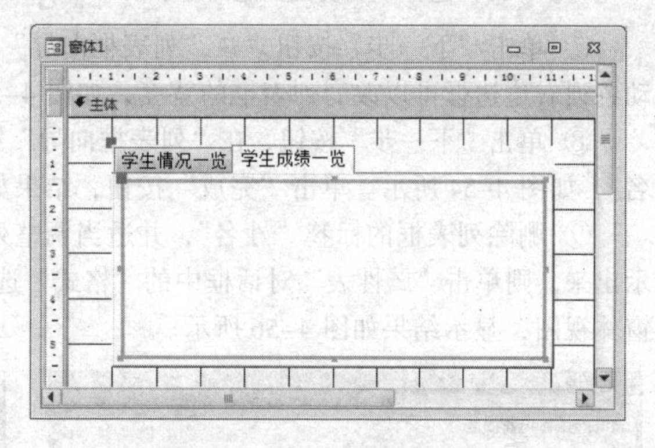

图 4-48　创建选项卡

③ 在“学生情况一览”选项卡控件中添加一个“列表框”控件，打开“列表框向导”第 1 个对话框，选择“使用列表框获取其他表或查询中的值”单选按钮，如图 4-49 所示。

④ 单击“下一步”按钮，打开“列表框向导”第 2 个对话框。在“视图”的“表”中显示数据来源“学生情况表”，如图 4-50 所示。

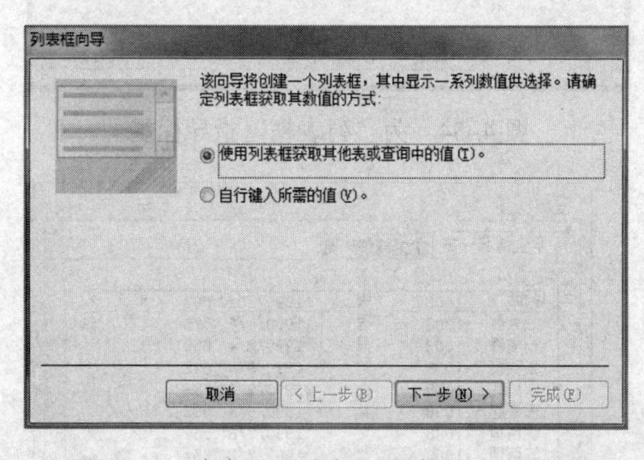

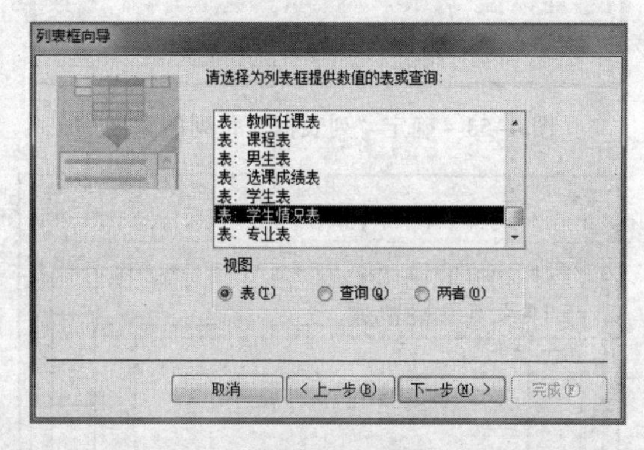

图 4-49　确定“列表框”的数据来源选项　　图 4-50　选择“列表框”的数据源

⑤ 单击“下一步”按钮，打开“列表框向导”第 3 个对话框。以显示“学生情况表”数据表中的内容，在“可用字段”列表中选择需要的字段到“选定字段”列表框中，如图 4-51 所示。

⑥ 单击“下一步”按钮，在“列表框向导”第 4 个对话框中选择用于排序的字段，如图 4-52 所示。

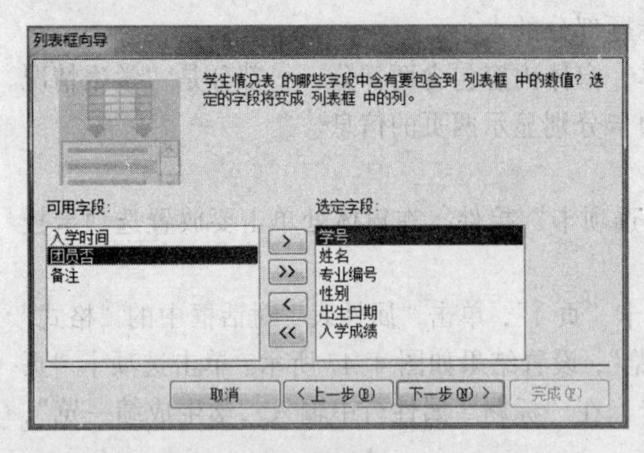

图 4-51　选择“列表框”的可用子段

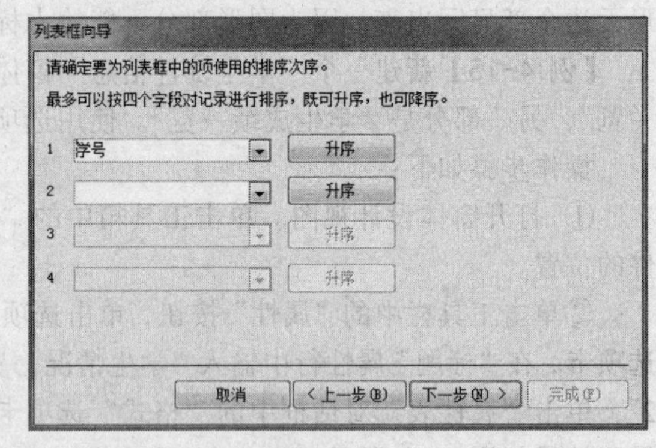

图 4-52　确定“列表框”的排序子段

⑦ 单击“下一步”按钮，在“列表框向导”第 5 个对话框中列出了所选字段的列表。拖动各列右边边框可以改变列表框的宽度，如图 4-53 所示。

⑧ 单击“下一步”按钮，在“列表框向导”第 6 个对话框中默认“列表框”的标签为“姓名”，如图 4-54 所示。单击“完成”按钮，结果如图 4-55 所示。

⑨ 删除列表框的标签“姓名”，并适当调整列表框大小，如果希望将列表框中的列标题显示出来，则单击“属性表”对话框中的“格式”选项卡，在列标题属性行中选择“是”，切换到窗体视图，显示结果如图 4-56 所示。

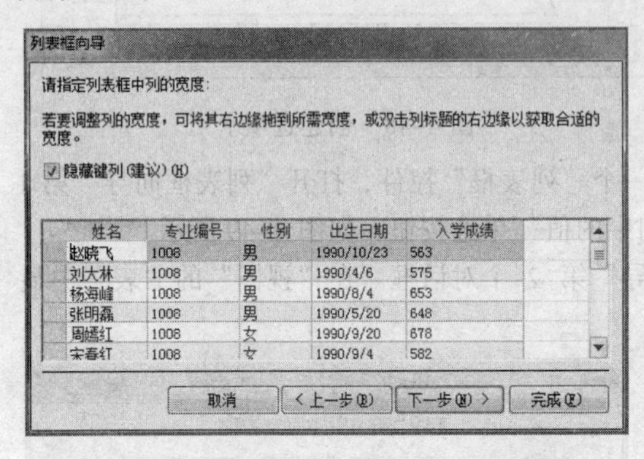

图 4-53　确定“列表框”每列的宽度

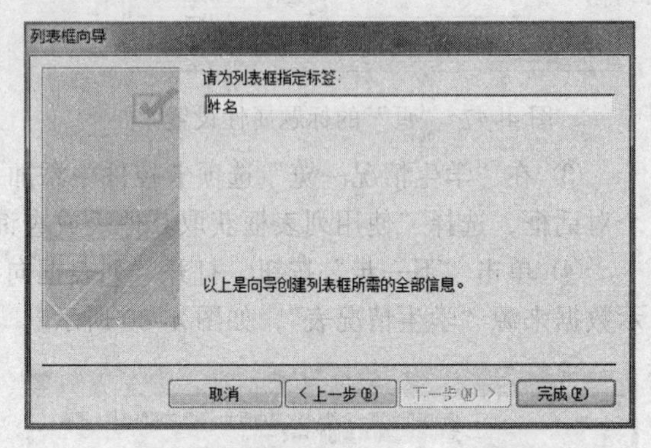

图 4-54　为“列表框”指导标签

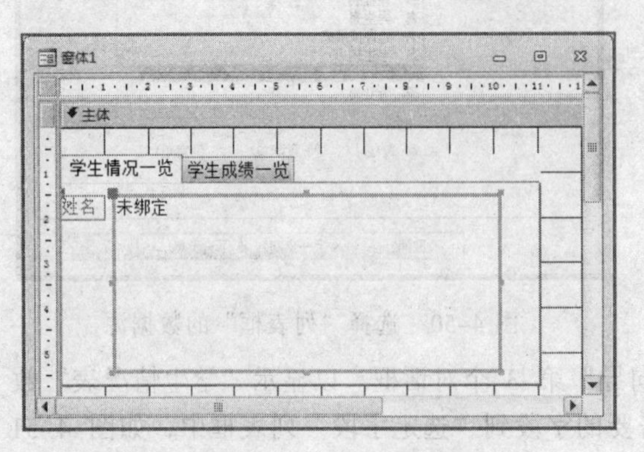

图 4-55　在“选项卡”中创建“列表框”

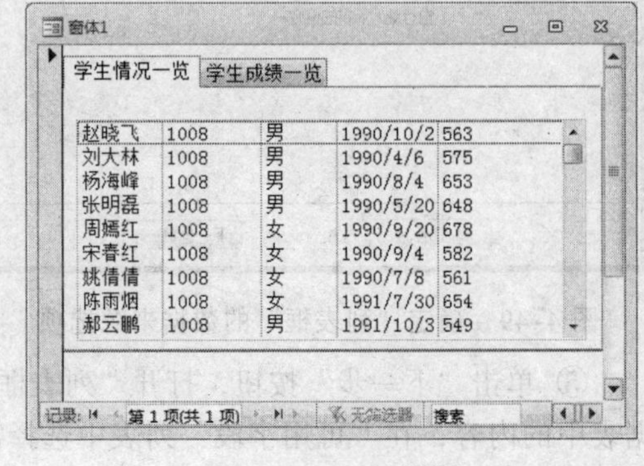

图 4-56　显示结果

8. 绑定对象框和非绑定对象框

（1）功能

绑定对象框控件和非绑定对象框控件常用来在窗体上显示与通用型字段有关的 OLE 对象，绑定对象框所显示的内容随着记录的变化而变化，因此，它与数据表中的通用型字段相连接，而非绑定对象框的内容是不随记录内容的变化而变化的。

（2）常用属性

① 控件来源：设置与数据表中某一通用型字段相连接。

② OLE 类型：设置图像来源的数据类型是"嵌入""链接"还是"无"。

③ 缩放模式：设置图像与显示区域的大小比例，包括以下 3 种：

- 剪裁（默认值）：超过显示区域部分的图像被剪去。
- 拉伸：图像不等比例放大或缩小显示。
- 缩放：图像等比例放大或缩小显示。

【例 4-16】在"切换按钮"窗体中，添加一个 OLE 绑定控件，使它与"学生情况表.照片"字段相连接。此外，再添加一个非绑定图片。

操作步骤如下：

① 打开"切换按钮"窗体，单击窗体控制工具栏中的"OLE 绑定控件"按钮，在窗体的右上方添加一个 OLE 绑定控件。

② 设置 OLE 绑定控件属性。将"控件来源"属性设置为与"学生情况表"的通用型字段相连接的"学生情况表.照片"。将"缩放模式"属性设置为"拉伸"。也可打开"自动列表"对话框，直接将"照片"字段拖动到窗体中。

③ 单击窗体控制工具栏中的"OLE 未绑定控件"按钮，在窗体的右上方添加一个 OLE 未绑定控件，这里添加图片文件"猫.jpg"，如图 4-57 所示。

④ 保存并运行该窗体，结果如图 4-58 所示。

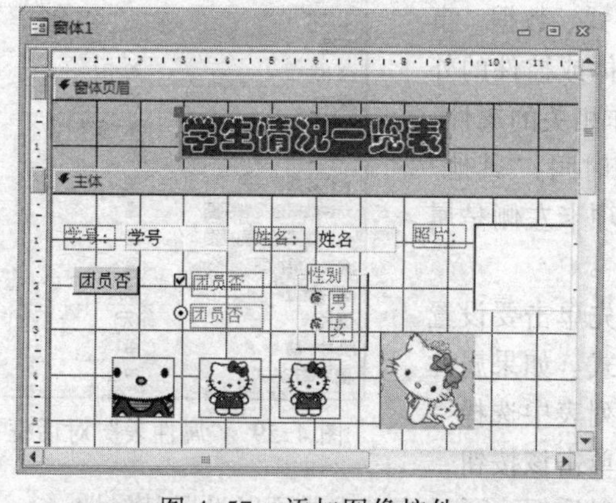

图 4-57 添加图像控件

图 4-58 运行结果

9. 图像

（1）功能

图像控件用于在窗体上添加一个 BMP 图像文件所包含的图片，以美化窗体界面的设计，但该图片不能直接修改。

（2）常用属性

① 图片：指定该控件要显示的 BMP 图像文件来源。

② 边框样式：选择是否显示边框，默认状态为无边框。

③ 缩放模式：设置图像的填充方式，包括以下 3 种：

- 剪裁：系统会自动地剪裁图像的大小，可能会导致图像无法全部显示出来，该选项是默认值。
- 拉伸：图像不等比例放大或缩小显示。
- 缩放：图像等比例放大或缩小显示。

【例 4-17】在窗体上添加 3 个图像控件，其大小和形状如图 4-57 所示。操作步骤如下：

① 设置这 3 个图像控件的 Stretch 属性分别为变比填充、剪裁和等比填充。

② 设置这 3 个图像控件的 Picture 属性：单击输入框右侧的按钮，在“打开”对话框中选择 Fox.bmp 文件，可以在预览区域预览图像内容，然后单击“确定”按钮。

③ 属性设置完后，运行窗体，其结果如图 4-58 所示，从窗体中可以看到 3 个图像控件由于 Stretch 属性值设置的不同，所显示的图像形状也不尽相同。

4.3.3 窗体和控件属性的设置

在 Access 中，属性决定表、查询、字段、窗体及报表的特性。窗体及窗体中的每一个控件都具有各自的属性，这些属性决定了窗体及控件的外观、它所包含的数据，以及对鼠标或键盘事件的响应。下面对窗体和控件的属性进行简要介绍。

1. “属性表”对话框

打开“属性表”对话框的方法是选择“创建”→“窗体”命令，单击“设计”选项卡中“工具”组中的“属性表”按钮，屏幕显示“属性表”对话框，如图 4-59 所示。

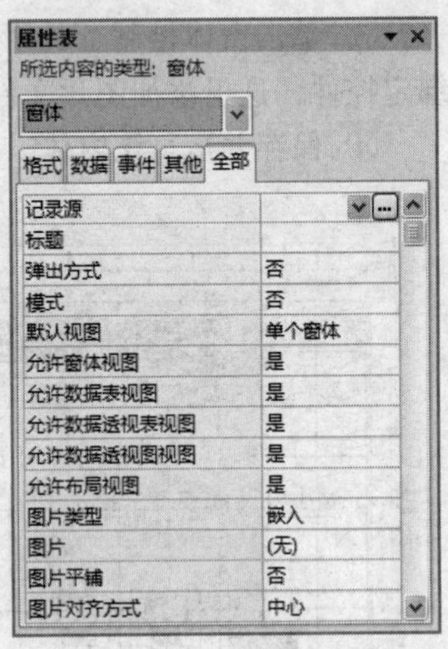

图 4-59 “属性表”对话框

“属性表”对话框包含 5 个选项卡，分别是格式、数据、事件、其他和全部。其中，“格式”选项卡包含了窗体或控件的外观属性，“数据”选项卡包含了与数据源、数据操作相关的属性，“事件”选项卡包含了窗体或当前控件能够响应的时间，“其他”选项卡包含了“名称”“制表位”等其他属性。选项卡左侧是属性名称，右侧是属性值。

在“属性表”对话框中，设置某一属性时，先单击要设置的属性，然后在属性框中输入一个设置值或表达式。如果属性框中显示有下拉箭头，也可以单击该箭头，并从列表中选择一个数值。如果属性框右侧显示“生成器”按钮，单击该按钮，显示一个生成器或显示一个可用以选择生成器的对话框，通过该生成器可以设置其属性。

设计窗体和控件格式、数据等属性很多，下面简单介绍几种常用的属性。

2. 常用的格式属性

“格式”属性主要用于设置窗体和控件的外观或显示格式。控件的格式属性包括标题、字体、名称、字号、字体粗细、前景色、背景色、特殊效果等。

控件中的“标题”属性用于设置控件中显示的文字；“前景色”和“背景色”属性分别用

于设置控件的底色和文字的颜色；“特殊效果”属性用于设定控件的显示效果，如“平面”“凸起”“凹陷”“蚀刻”“阴影”“凿痕”等；“字体名称”“字号”“字体粗细”“倾斜字体”等属性可以根据需要进行设置。

【例 4-18】设置已建窗体“学生情况一览表”窗体中的标题和“学号”标签的格式属性。其中，标题的“字体名称”为“华文彩云”，“字号”为 22，前景色为“深蓝色”；“学号”标签的背景色为“浅蓝色”，前景色为“白色”。

操作步骤如下：

① 在窗体的“设计”视图中，打开“学生情况一览表”窗体。如果此时没有打开“属性表”，可单击工具栏上的“属性表”按钮。

② 选中“学生情况一览表”窗体标题标签，单击“属性表”对话框的“格式”选项卡，在“字体名称”框中选择“华文彩云”，在“字号”框中选择“22”，单击“前景色”栏，并单击右侧的“生成器”按钮，从打开的“颜色”对话框中选择“深蓝色”，“属性表”对话框的设置结果如图 4-60 所示。

③ 选中“学号”标签，使用同样方法设置标签的“前景色”和“背景色”，“属性表”对话框的设置结果如图 4-61 所示。

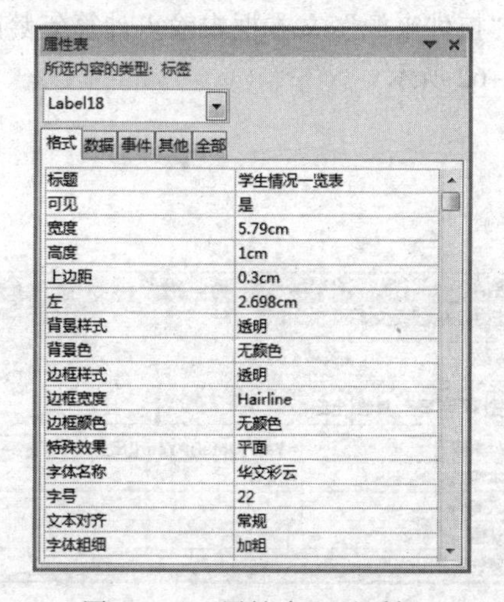

图 4-60　“属性表”对话框

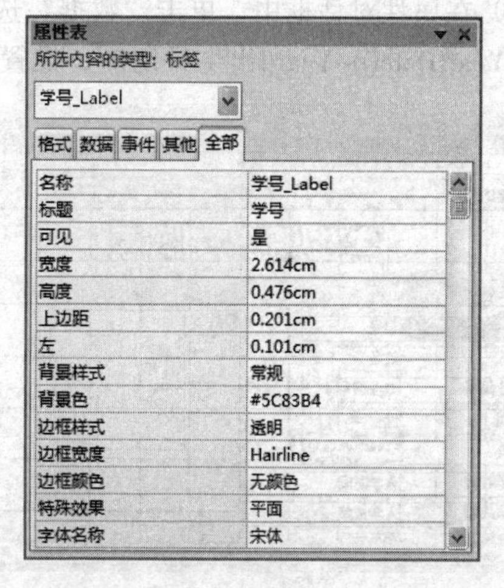

图 4-61　“学号”标签属性设置

从对话框中可以看出，“背景色”和“前景色”属性值是一串数字，代表所设置的颜色。

窗体的“格式”属性包括默认视图、滚动条、记录选择器、导航按钮、分隔线、自动居中、控制框、最大最小化按钮、关闭按钮、边框样式等。

窗体中的“标题”属性值将成为窗体标题栏上显示的字符串。“默认视图”属性决定了窗体的显示形式，包括“连续窗体”“单一窗体”和“数据表” 3 种形式。“滚动条”属性值决定了窗体显示时是否有窗体的滚动条，该性质有“两者均无”“水平”“垂直”和“水平垂直” 4 个选项，可以选择其一。“记录选择器”属性有两个值：“是”和“否”，它决定窗体运行时是否有导航按钮，一般如果不需要导航数据或在窗体本身设置了数据浏览命令按钮时，该属性应设为“否”，这样可以增加窗体的可读性。“分隔线”属性值应在“是”“否”两个选项中选取，它决定窗体显示时是否显示窗体各节间的分隔线。“最大最小化按钮”属性决定是否使用 Windows 标准的最大化和最小化按钮。

3．常用的数据属性

“数据”属性决定了一个控件或窗体中的数据来自于何处，以及操作数据的规则，而这些数据均为绑定在控件上的数据。控件的“数据”属性包括控件来源、输入掩码、有效性规则、有效性文本、默认值、是否有效、是否锁定等。

控件的“控件来源”属性告诉系统如何检索或保存在窗体中要显示的数据，如果控件来源中包含一个字段名，那么在控件中显示的就是数据表中该字段值，对窗体中的数据进行的任何修改都将被写入字段中；如果设置该属性值为空，除非编写了一个程序，否则在窗体控件中显示的数据将不会被写入数据库表的字段中。如果该属性含有一个计算表达式，那么这个控件会显示计算的结果。

【例 4-19】将【例 4-17】中窗体的“出生日期”改为“年龄”，年龄的计算得到的结果要求保留至整数。

操作步骤如下：

① 在窗体“设计”视图中，打开“学生情况一览表”窗体，选择“出生日期”标签，将其中文字改为“年龄”。

② 删除“出生日期”文本框，在相同位置上创建一个文本框，标签为“年龄:”。

③ 在属性对话框中，单击“数据”选项卡，在“控件来源”文本框中输入计算年龄的公式“=Year(Date())-Year([出生日期])”，设置结果如图 4-62 所示。

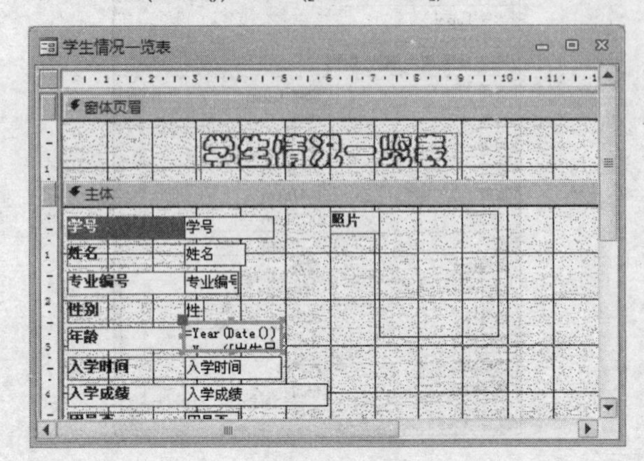

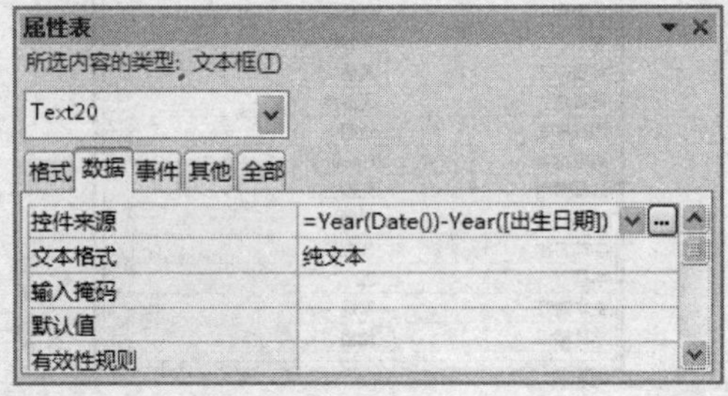

图 4-62 “控件来源”属性设置情况

④ 切换到“窗体”视图，显示结果如图 4-63 所示。

图 4-43 窗体显示结果

控件的“输入掩码”属性用于设定控件的输入格式，仅对文本型或日期型数据有效。“默认值”属性用于设定一个计算型控件或未绑定型控件的初始值，可以使用表达式生成器向导来确定默认值。“有效性规则”属性用于设定在控件中输入数据的合法性检查表达式，可以使用表达式生成器向导来建立合法性检查表达式。在窗体运行时，当在该控件中输入的数据违背了有效性规则时，为了明确给出提示，可以显示“有效性文本”中填写的文字信息.所以“有效性文本”用于指定违背了有效性规则时，显示的提示信息。“是否锁定”属性用于指定该控件是否允许在“窗体”视图中接收编辑控件中显示数据的操作。“是否有效”属性用于决定鼠标是否能够单击该控件。如果该属性设置为“否”，则此控件虽然一直在“窗体”视图中显示，但不能用【Tab】键选中或单击，同时在窗体中控件显示为灰色。

窗体的“数据”包括记录源、排序依据、允许编辑、数据入口等。

窗体的“记录源”属性一般是本数据库中的一个数据表对象名或查询对象名，它指明了该窗体的数据源。“排序依据”属性值是一个字符串表达式，由字段名或字段名表达式组成，指定排序的规则。“允许编辑”“允许添加”“允许删除”属性值可在“是”或“否”中进行选择，它决定了窗体运行时是否允许对数据进行编辑修改、添加或删除等操作。“数据输入”属性值需在“是”或“否”两个选项中选取。取值如果为“是”，则在窗体打开时，只显示一条空记录；否则显示已有记录。

4.4　修饰窗体

前面利用窗体向导和窗体设计视图创建了一些窗体，在创建窗体以后，有时需要对窗体上的各个控件进行适当的调整和修改，从而达到美化窗体的目的。例如，调整控件的大小、重新编排位置、设置字体和颜色等。

4.4.1　窗体的布局

1. 调整窗体控件大小

在调整窗体控件大小之前，必须先选择要调整的控件。调整控件大小的方法如下：

① 打开需要修改的窗体。

② 将光标指向要调整的控件并单击，这时在该控件周围出现 8 个控点，拖动控制点即可。

还可以通过设置该控件属性布局窗口中的“高度”和“宽度”项来进行调整控件大小，这种方法特别适合于对控件进行微调。

2. 移动窗体控件位置

在修改窗体时，有时需要对窗体控件中的位置进行调整移动。移动控件的方法如下：

① 选择要移动的一个控件。

② 单击并拖动鼠标，把控件移到一个适合的位置上。或用键盘上的方向键来移动。

③ 移动控件时，还可以将多个控件一起移动。移动操作前必须先选择多个要移动的控件，选择的方法是按住【Shift】键，然后单击要选择的每一个控件，这时多个控件就被同时选中。移动时，只要用鼠标操作其中任一个控件，这时其他控件可以随之进行相对移动。

另外，在移动控件时，还可以通过设置该控件属性布局窗口中的“左边距”项和“上边距”项来移动，这种方式特别适合于对控件进行精确移动。

3. 设置窗体控件字体和字号

在窗体中，可以给不同的控件设置不同的字体和字号，如窗体标题一般要比其他控件字号大一些，字体设置为黑体等。设置字体和字号分别使用属性布局窗口中的“字体名称”项和“字号”项，通过属性设置框右边的下拉列表可以选择合适的字体和字号。

4. 设置窗体控件颜色

要达到美化窗体的目的，还可以设置窗体和控件的前景色和背景色。设置的方法如下：

① 选择要设置颜色的窗体和控件。

② 在属性布局窗口中，“前景色”项用于设置控件中文本和图像的前景色，“背景色”用于设置窗体或控件中文本和图像的背景色。设置颜色时，可以单击属性设置框右边的颜色选择按钮，打开“颜色”对话框，选择所需要的颜色。

5. 窗体控件布局排列

在创建窗体时，有时需要使多个控件按某一行（或列）对齐，各控件之间有相同的间距，这就需要进行布局排列。布局排列的方法如下：

① 选择要布局排列的多个控件。

② 在“排列”选项卡的“调整大小和排序”组中单击“对齐”命令按钮，选择适当的对齐方式。

用同样的方法，可以设置控件的大小及各控件之间的水平（或垂直）间距，使之具有相同的大小或相同的高度等。

经过以上操作，用户可以根据自己的需要，创建一个更加美观的窗体。

4.4.2 按条件显示格式

除可以使用“属性表”对话框设置控件的“格式”属性外，还可以根据控件的值，按照某个条件设置相应的显示格式。

【例 4-20】在“选课成绩表”窗体中，应用条件格式，使子窗体中的“成绩”字段的值能用不同的颜色显示。60 分以下（不含 60 分）用红色显示，60～89 分用黑色显示，90 分（含 90 分）以上用蓝色显示。

操作步骤如下：

① 在“导航窗格”中打开“选课成绩表”窗体，选中子窗体中绑定“成绩”字段的文本框控件。

② 单击“格式”选项卡中的“控件格式”组中的“条件格式”命令按钮，打开“条件格式规则管理器”对话框。

③ 在“新建规则”栏中设置字段的条件 1 及满足条件 1 时数据的显示格式，设置好后单击“确定”按钮，再选择“新建规则”，在“新建规则”栏中设置字段的条件 2 及满足条件 2 时数据的显示格式。同样方法设置第 3 个条件及条件格式，如图 4-64 所示。

④ 单击“确定”按钮，切换到“窗体”视图，显示结果如图 4-65 所示。

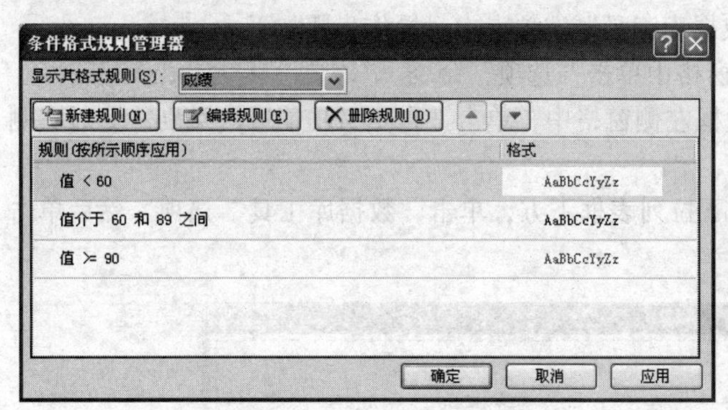

图 4-64 “设置条件格式”对话框

学生选课成绩表

学号	课程编号	开课时间	成绩
201003101	CC02	2011-2-23	94
201003101	CC03	2011-2-23	87
201003101	CS01	2010-9-3	82
201003101	CS02	2010-9-3	75
201003102	CS03	2010-2-20	87
201003102	CC01	2010-2-20	78
201003102	CC03	2010-2-20	90
201003102	CS01	2010-9-1	93
201003120	CS02	2011-2-20	56
201003120	CC02	2011-2-23	91
201003120	CC03	2011-2-23	85

记录: 第 1 项(共 29 项) 无筛选器 搜索

图 4-65 “学生选课成绩表”显示结果

4.4.3　添加日期和时间

如果用户希望在窗体中添加当前日期和时间，可以按以下方法操作：

① 在“导航窗格”中，打开要格式化的窗体。

② 单击窗体“设计”选项卡的“页眉 / 页脚”组中的“日期和时间”命令按钮，打开“日期和时间”对话框，如图 4-66 所示。

③ 若只插入日期或时间，则在对话框中选择“包含日期”或“包含时间”复选框，也可以全选。

④ 选择某项后，再选择日期或时间格式，然后单击“确定”按钮。

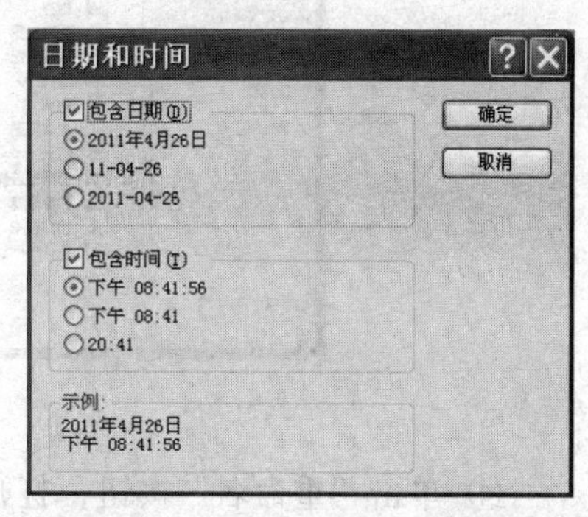

图 4-66 “日期和时间”对话框

4.5　定制系统控制窗体

窗体是应用程序和用户之间的接口，其作用不仅是为用户提供输入数据，修改数据、显示处理结果的界面，更主要的是可以将已经建立的数据库对象集成在一起，为用户提供一个可以进行数据库应用系统功能选择的操作控制界面。本节使用切换面板管理工具和导航窗体工具，介绍创建“学生成绩管理系统”的切换窗体和导航窗体的方法。

4.5.1　创建切换窗体

使用“切换面板管理器”创建的窗体是一种带有按钮的特殊窗体，称为切换窗体。用户可以通过单击这些按钮在数据库的窗体、报表、查询和其他对象中查看、编辑或添加数据。切换窗体上的每一个条目都连接到切换窗体的其他页，或链接到某个动作。切换窗体不仅提供了一个友好的界面，还可以避免用户进入数据库窗口——特别是窗体或报表的设计视图。

1. 添加切换面板管理器工具

通常，使用切换面板管理器创建系统控制界面的第一步是启动切换面板管理器，由于 Access 2010 并未将“切换面板管理器”工具放在功能区中，因此使用前要先将其添加到功能区中。

将“切换面板管理器”添加到“数据库工具”选项卡中，操作步骤如下：

① 单击“文件”选项卡，在左侧窗格中单击“选项”命令。

② 在打开的“Access 选项”对话框左侧窗格中，单击“自定义功能区”类别，此时右侧窗格显示出自定义功能区的相关内容。

③ 在右侧窗格“自定义功能区”下拉列表框下方，单击“数据库工具”选项，然后单击“新建组”按钮，结果如图 4-67 所示。

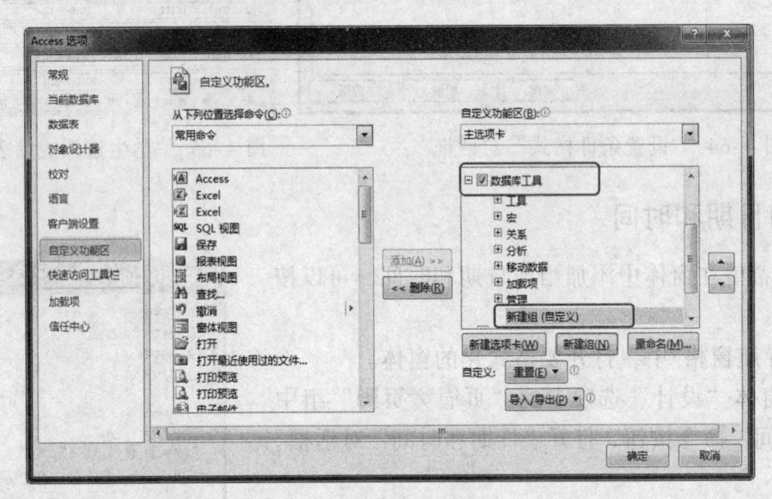

图 4-67　添加“新建组”

④ 单击“重命名”按钮，打开“重命名”对话框，在“显示名称”文本框中输入“切换模板”作为“新建组”名称，选择一个合适的图标，单击“确定”按钮。

⑤ 单击“从下拉位置选择命令”下拉列表框右侧下拉箭头按钮，从弹出的下拉列表中选择“不在功能区中的命令”；在下方列表框中选择“切换面板管理器",如图 4-68 所示。

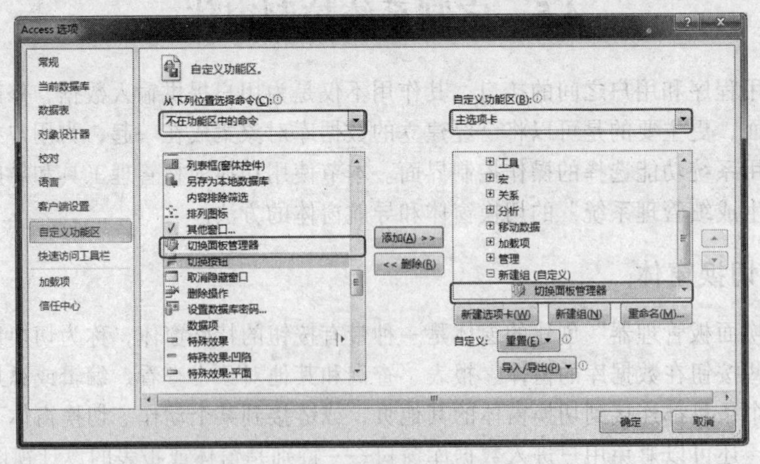

图 4-68　添加“切换面板管理器”命令

⑥ 单击“添加”按钮，然后单击“确定”按钮，关闭“Access 选项”对话框。“切换面板管理器”命令被添加到“数据库工具”选项卡的“切换面板”组中，如图 4-69 所示。

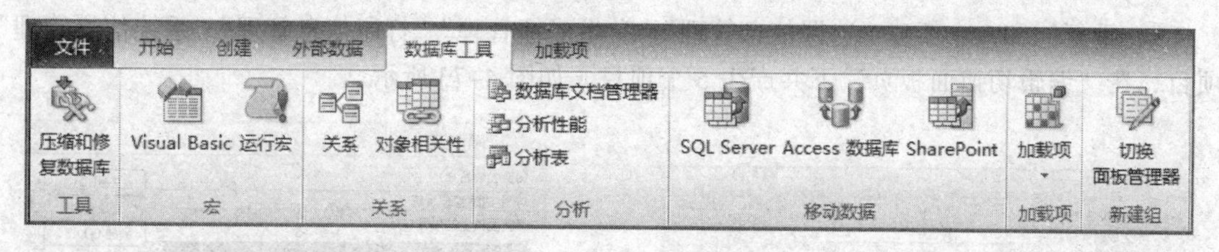

图 4-69　修改后的功能区

2. 启动切换面板管理器

启动切换面板管理器的操作步骤如下：

① 单击“数据库工具”选项卡，单击“切换面板”组中的“切换面板管理器”按钮。由于是第一次使用切换面板管理器，因此 Access 显示“切换面板管理器”提示框。

② 单击“是”按钮，弹出“切换面板管理器”对话框，如图 4-70 所示。

此时，“切换面板页”列表中有一个由 Access 创建的“主切换面板”项。

【例 4-21】在前面的章节中，已经建立了“基本信息子界面”窗体、“学生成绩管理子界面”窗体、“学生选课子界面”窗体和“系统信息管理子界面”窗体，要求用切换窗体将这些窗体联系在一起，形成一个界面统一的数据库系统。

操作步骤如下：

① 打开“学生成绩管理系统”数据库窗口。

② 在“文件”选项卡中选择“选项”，在打开的“选项”对话框中，在右侧“自定义功能区”中的“数据库工具”选项卡中新建组，将组命名为“管理”，将左侧“切换面板管理器”命令添加到右侧的“管理”组中，单击“确定”按钮。在数据库窗口的“数据库工具”选项卡中选择“管理”组，单击“切换面板管理器”命令。系统弹出“切换面板管理器”对话框。

③ 单击“新建”按钮，在弹出对话框的“切换面板页名”文本框内输入“学生成绩管理系统”。此时，在“切换面板管理器”窗口添加了“学生信息管理系统”项，如图 4-71 所示。

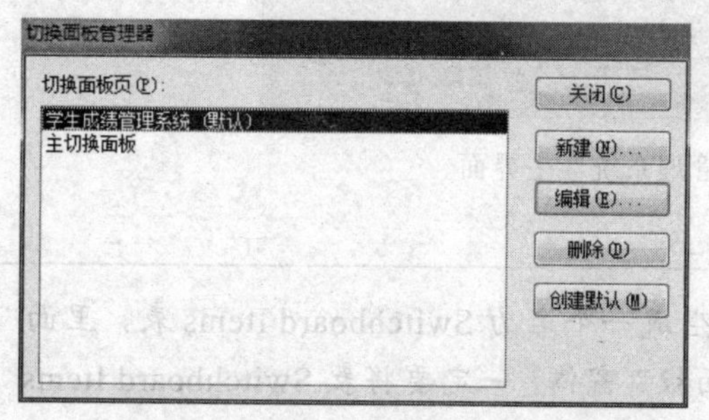

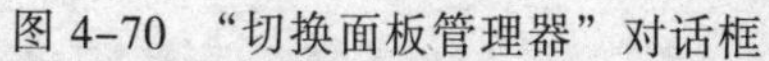
图 4-70　“切换面板管理器”对话框

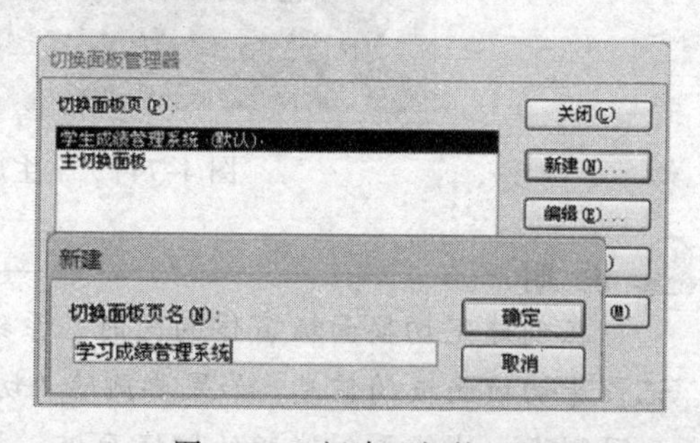

图 4-71　新建“切换面板”

④ 选择“学生成绩管理系统”，单击“编辑”按钮，弹出“编辑切换面板页”对话框。单击“新建”按钮，弹出“编辑切换面板项目”对话框。

⑤ 在“编辑切换面板项目”对话框的“文本”框内输入“学生基本信息”，在“命令”下拉列表框中选择“在‘编辑’模式下打开窗体”，在“窗体”下拉列表框中选择已创建的“基本信息子界面”窗体，如图 4-72 所示，单击“确定”按钮，回到“编辑切换面板页”对话框。

⑥ 重复④和⑤，新建“选课信息管理”“学生成绩管理”“打印信息管理”“系统信息管理”项目，在“编辑切换面板页”下共产生5个项目，如图4-73所示。

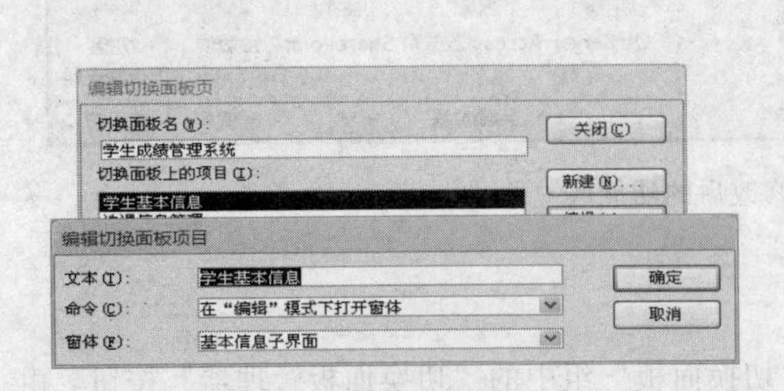

图4-72 “编辑切换面板项目”对话框

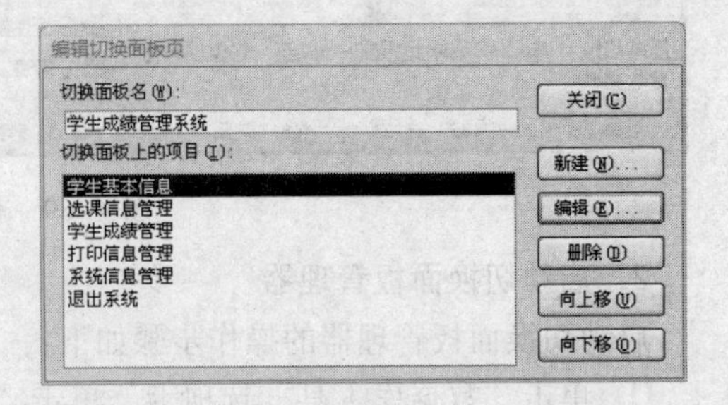

图4-73 “编辑切换面板页”对话框

⑦ 再次单击“新建”按钮，在“编辑切换面板项目”对话框的“文本”框内输入“退出系统”，在“命令”下拉列表框中选择“退出应用程序”。

⑧ 返回到“切换面板管理器”窗口，选择“学生成绩管理系统”，单击“创建默认”按钮，使新创建切换面板加入到数据库的“窗体”对象中，单击“关闭”按钮。

⑨ 切换面板的创建工作完成，在数据库窗口的“窗体”对象下，双击打开“切换面板”窗体，将出现切换面板，学生成绩管理系统主界面如图4-74所示。

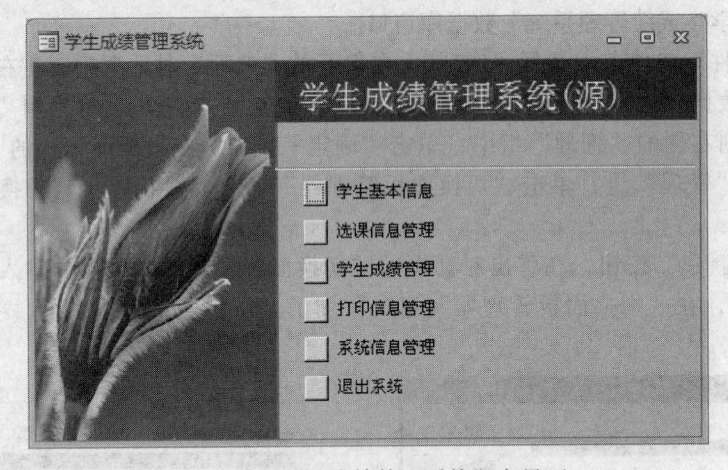

图4-74 “学生成绩管理系统”主界面

说 明

在创建完切换面板窗体的同时，系统还生成一个名为Switchboard Items表，里面记录着切换面板的信息，如果要删除“切换面板”窗体，一定要将表Switchboard Items一同删除，才能再创建新的切换面板。

4.5.2 创建导航窗体

Access 2010提供了一个新型的窗体，称为导航窗体，在导航窗体中可以方便地在数据库中的各种窗体和报表之间切换。导航窗体是只包含导航控件的窗体。导航窗体是数据库的一个非常有效的附加功能，如果计划将数据库发布到Web，则创建导航窗体非常重要，因为Access

导航窗格不会显示在浏览器中。本节主要介绍如何创建和修改导航窗体，以及如何设置格式和显示选项。

1. 创建导航窗体

下面根据实例创建导航窗体。

【例 4-22】使用“导航”按钮，创建“学生成绩管理系统”导航窗体。

操作步骤如下：

① 打开要添加导航窗体的“学生成绩管理系统”数据库。

② 在“创建”选项卡上的“窗体”组中，单击“导航”按钮，然后选择所需的导航窗体的样式，本例选择“水平标签和垂直标签，左侧”选项，进入导航窗体的布局视图。将一级功能放在水平标签上，将二级功能放在垂直标签上。

③ 在水平标签上添加一级功能。单击“新增”按钮，输入“学生基本信息”。使用相同的方法在水平标签中添加“选课信息管理”“学生成绩管理”“打印信息管理”和“系统信息管理”功能按钮，如图 4-75 所示。

图 4-75　创建一级功能按钮

④ 在垂直标签上添加二级级功能。单击“学生基本信息”按钮，单击左侧“新增”按钮，输入“学生信息输入”。使用相同的方法在垂直标签中添加“选课成绩输入”“学生课程表”“教师任课情况”“专业管理”功能按钮，如图 4-76 所示。

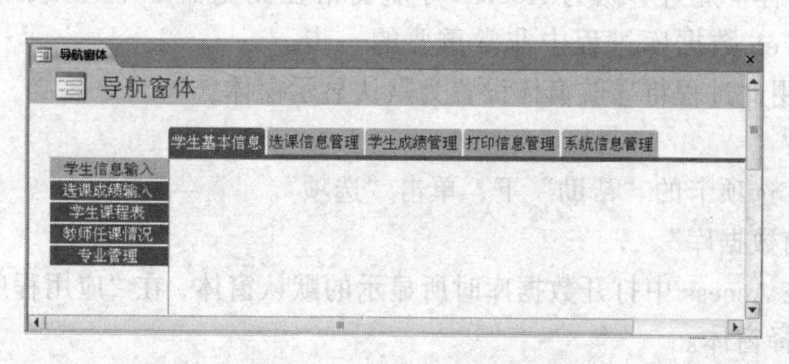

图 4-76　创建二级功能按钮

⑤ 为“学生信息输入”功能按钮设置操作宏。右击“学生信息输入”导航按钮，从弹出的快捷菜单中选择“属性”命令，打开“属性表”，在“属性表”对话框中，单击“事件”选项卡，单击“单击”事件右侧下拉箭头按钮，从弹出的下拉列表中选择已建立的宏“子宏. 表 1”。使用同样方法设置其他导航按钮的功能。

⑥ 编辑导航窗体标题。窗体标题是窗体上方“文档”选项卡中显示的文本（如果将数据库设置为以重叠窗口显示对象，则是在窗口标题栏中显示的文本）。在导航窗格中右击窗体，然后单击“布局视图”，在布局视图中打开该窗体。右击窗体顶部旁边的窗体页眉，然后单击“窗体属性”。在“属性表”任务窗格中的“全部”选项卡上，编辑“标题”属性，在标题栏中输入

"学习成绩管理系统"，其他属性也可根据情况设置，直到满足需要为止。

⑦ 为导航窗体设置一个主题。在导航窗格中右击窗体或报表，然后单击"布局视图"，在布局视图中打开任何窗体或报表。在"设计"选项卡上，使用"主题"组中的选项将不同的颜色和字体主题应用到数据库中。从"主题"库中选择一个项目，本例选择"时尚设计"主题。（也可以将鼠标悬停在每个项目上以查看主题的实时预览，然后单击一个主题进行应用）

导航窗体运行效果如图 4-77 所示。

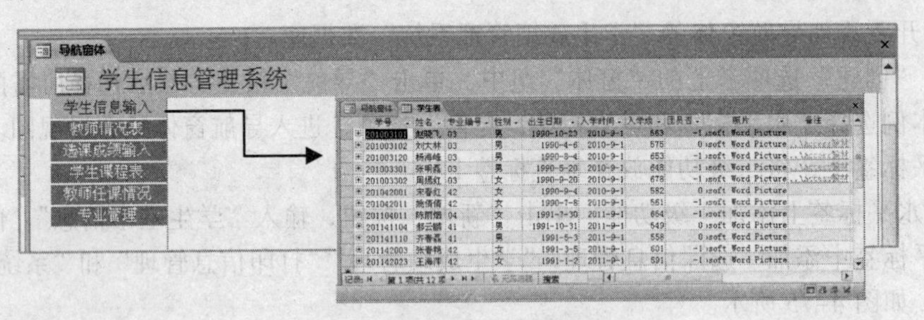

图 4-77 导航窗体运行效果

注 意

① 主题可以快速更改数据库中使用的所有颜色和字体。这些主题适用于数据库中的所有对象，并非仅限于当前已打开的对象。

② 使用"布局视图"创建和修改导航窗体更直观、方便，可以直接看到运行结果。

2. 将导航窗体设置为默认显示窗体

由于导航窗体通常用作数据库的切换面板或"主页"，所以有必要默认为每次打开数据库时显示导航窗体。此外，因为 Access 导航窗格在浏览器中不可用，所以指定默认 Web 显示窗体是创建 Web 数据库过程中非常重要的一步。

【例 4-23】使用此过程将导航窗体设置为默认显示窗体。

操作步骤如下：

① 在"文件"选项卡的"帮助"下，单击"选项"。

② 单击"当前数据库"。

③ 若要设置在 Access 中打开数据库时所显示的默认窗体，在"应用程序选项"下，从"显示窗体"列表中选择窗体。

④ 若要设置在 SharePoint Server 中打开数据库时所显示的默认窗体，在"应用程序选项"下，从"Web 显示窗体"列表中选择窗体。

4.5.3 设置启动窗体

完成"学生信息管理系统"切换窗体或导航窗体的创建后，每次启动时都需要双击该窗体。如果希望打开"学生信息管理系统"数据库时自动打开该窗体，那么需要设置其启动属性。

操作步骤如下：

① 打开"学生信息管理系统"，打开"Access 选项"对话框。

② 设置窗口标题栏显示信息。在该对话框的"应用程序标题"文本框中输入"学生信息

管理系统”，这样在打开数据库时，在 Access 窗口的标题栏上会显示“学生信息管理系统”。

③ 设置窗口图标。单击“应用程序图标”文本框右侧的“浏览”按钮，找到所需图标所在的位置并将其打开，这样将会用该图标代替 Access 图标。

④ 设置自动打开的窗体。在“显示窗体”下拉列表中，选择“学生信息管理系统”窗体，将该窗体作为启动后显示的第一个窗体，这样在打开“学生信息管理系统”数据库时，Access 会自动打开“学生信息管理系统”窗体。

⑤ 取消选中的“显示导航窗格”复选框，这样在下一次打开数据库时，导航窗格将不再出现。单击“确定”按钮。

还可以设置取消选中的“允许默认快捷菜单”和“允许全部菜单”复选框。设置完成后，重新启动数据库。当再打开“学生信息管理系统”数据库时，系统将自动打开窗体“学生信息管理系统”窗体。

当某一数据库设置了启动窗体，在打开数据库时想终止自动运行的窗体，可以在打开这个数据库的过程中按住【Shift】键。

小　结

窗体是 Access 的重要对象，是维护表中数据的最灵活的一种形式。通过学习本章，读者应掌握以下内容：

① 理解窗体的概念、作用和类型。
② 掌握各种创建窗体以及图表窗体的方法。
③ 掌握使用控件工具箱的控件设计窗体。
④ 掌握操作窗体中的数据的方法。
⑤ 了解预览和打印窗体。
⑥ 理解数据透视表和数据透视图的基本概念。
⑦ 掌握数据透视图组件的使用，用不同的方式建立数据透视图。
⑧ 了解建立汇总函数和多图形区的方法。
⑨ 掌握窗体的修饰语美化。

课后练习

一、思考题

1. 利用“窗体向导”创建窗体的基本步骤是什么？
2. 如何利用“窗体设计视图”在窗体中或各种容器中添加或删除各种控件？
3. Access 中的窗体的创建有几种方法？各是什么？
4. Access 中的窗体操作中，什么情况下必须建立“关系”？
5. Access 中的窗体中的每个控件都具有自己的属性，控件属性可分为几类？各是什么？

二、选择题

1. Access 中不可以建立的窗体________。
　A. 纵栏式窗体　　B. 表格式窗体　　C. 数据表窗体　　D. 隐藏式窗体

2. 以下不属于窗体组成区域的是________。

A. 窗体页眉　　B. 文本框　　C. 页面页眉　　D. 主体

3. 窗体的数据源可以是________。

A. 报表　　B. 数据库　　C. 数据表　　D. 宏

4. 以下不属于窗体的“格式”属性的是________。

A. 导航按钮　　B. 分隔线　　C. 记录源　　D. 关闭按钮

5. 以下不属于窗体的“数据”属性的是________。

A. 允许添加　　B. 排序依据　　C. 记录源　　D. 调整大小

6. 以下不属于窗体的“事件”属性的是________。

A. 插入前　　B. 加载　　C. 记录源　　D. 筛选

7. 数据表类型的窗体不显示________。

A. 窗体页面/页脚　　B. 文本框内容　　C. 列表框内容　　D. 标签内容

8. 组合框的内容不能用________方式获取。

A. 值列表　　B. 从表或查询导入

C. 自行键入　　D. 从另一组合框

9. 工具箱中的按钮用于创建________控件。

A. 标签　　B. 文本框　　C. 列表框　　D. 选项按钮

10. 工具箱中的按钮用于创建________控件。

A. 标签　　B. 文本框　　C. 列表框　　D. 选项按钮

三、填空题

1. 窗体中的数据来源主要是包括数据表和________。

2. 要在窗体中显示表中 OLE 字段，就向窗体中添加________对象框控件。

3. 要在窗体或报表中显示一串固定文本，应该使用工具箱的________控件。

4. 计算型控件的控件数据来源属性设置一般输入以________开头的表达式。

5. 使用窗体设计器，一是可以创建窗体，二是可以________。

6. 窗体中的控件分为 3 种类型：________、________、________。

7. 在创建主/子窗体之前，要确定主窗体的数据源与子窗体的数据源之间存在着_______的关系。

8. 窗体的信息主要有两类：一类是设计的提示信息；另一类信息是所处理的________的记录。

9. 窗体控件的种类很多，但其作用及________各不相同。

10. 如果用多个表作为窗体的数据来源，就要先利用多个表创建一个________。

四、操作题

打开数据库文件 Access4.accdb，里面已经设计好表对象 tAddr 和 tUser，同时还设计出窗体对象 fEdit 和 fEuser。请在此基础上按照以下要求补充 fEdit 窗体的设计：

（1）将窗体中名称为 lRemark 的标签控件上的文字颜色改为“棕色”（棕代码为 128）、字体粗细改为“加粗”。

（2）将窗体标题设为“显示/修改用户口令”。

（3）将窗体边框改为“对话框边框”样式，取消窗体中的水平和垂直滚动条、记录选择器、导航按钮、分隔线和控制框。

（4）将窗体中“退出”命令按钮（名称为 cmdquit）上的文字颜色改为蓝色（蓝色代码为16711680）、字体粗细改为“加粗”，并在文字下方加上下画线。

（5）在窗体中已有名称为 Cmdquit 的“退出”命令按钮，需要添加一个“打开”命令按钮，名称为 CmdOpen，请设计子宏，当单击“打开”命令按钮是显示窗体 fEuser,当单击“退出”命令按钮，退出 Access 系统。

（6）在窗体中还有“修改”和“保存”两个命令按钮，名称分别为 CmdEdit 和 CmdSave，其中“保存”命令按钮在初始状态为不可用，当单击“修改”按钮后，“保存”按钮变为可用。现已编写了部分 VBA 代码，请按照上述要求将 VBA 代码补充完整。

要求：修改后运行该窗体，并查看修改结果。

注 意

不要修改窗体对象 fEdit 和 fEuser 中未涉及的控件、属性；不要修改表对象 tAddr 和 tUser。

程序代码只能在“*****Add*****”与“*****Add*****”之间的空行内补充一行语句，完成设计，不允许增删和修改其他位置已存在的语句。

第5章 宏

宏也是Access的主要功能对象之一。用户可以利用宏来自动完成指定的任务，并向窗体、报表和控件中添加功能。利用宏可以打开或关闭窗体或报表，显示或隐藏工具栏，检索并更新特定记录等。本章将在介绍宏和事件基本概念的基础上，讲解宏的创建和参数设置、宏的调试和运行、事件触发宏等内容。

5.1 宏的概念

5.1.1 宏的基本定义

在创建和使用宏之前，我们先简要介绍宏的基本概念。

1. 什么是宏

宏（Macro）是指一个或多个操作的集合。我们把那些能自动执行某种操作的命令统称为“宏”。宏也是一种操作命令，它和菜单操作命令都是一样的，只是它们对数据库施加作用的时间有所不同，作用时的条件也有所不同。

在Access中，可以将宏看作一种简化的编程语言，可用于向数据库中添加功能。例如，可将一个宏附加到窗体上的某一按钮，这样每次单击该按钮时，所附加的宏就会运行。宏包括可执行任务的操作，例如打开报表、运行查询或者关闭数据库等。通过使用宏，用户无须在VBA模块中编写代码，即可向窗体、报表和控件中添加功能。由于大多数手动执行的数据库操作都可以利用宏自动执行，因此宏是非常方便又省时的方法。

菜单命令一般用在数据库的设计过程中，而宏命令则用在数据库的执行过程中。菜单命令必须由用户来施加这个操作，而宏命令则可以在数据库中自动执行。

2. 宏的基本功能

宏是一种功能强大的工具，可用来在Access中自动执行许多操作。通过宏的自动执行重复任务的功能，可以保证工作的一致性，还可以避免由于忘记某一操作步骤而引起的错误。宏节省了执行任务的时间，提高了工作效率。宏的具体功能如下：

① 显示和隐藏工具栏。

② 打开和关闭表、查询、窗体和报表。

③ 执行报表的预览和打印操作以及报表中数据的发送。

④ 设置窗体或报表中控件的值。

⑤ 设置 Access 工作区中任意窗口的大小，执行窗口移动、缩小、放大和保存等操作。

⑥ 执行查询操作，以及数据的过滤、查找。

⑦ 为数据库设置一系列的操作，以简化工作。

3. 宏名

一个宏对象具有自己的对象名称，而其中的每一个宏也具有一个书写在“宏名”列中的唯一名称“宏名”。

4. 操作

操作是宏的基本组成部分，其作用就是执行某个操作命令。一个宏对象可以包含多个宏操作，组成一个操作系列。宏将按序列执行一系列控制指令。

5. 操作参数

操作参数指定操作方向，让操作沿着用户的要求执行。只有指定了操作参数，宏的操作才是完善的。

6. 独立宏

独立宏是独立的对象，它独立于窗体、报表等对象之外。独立宏在导航窗格中可见。

7. 嵌入宏

嵌入宏与独立宏正好相反，它嵌入到窗体、报表和控件对象的事件中，嵌入宏是所嵌入的对象和控件的一部分。嵌入宏在导航窗格中不可见。

8. 数据宏

数据宏是 Access 2010 中新增的一项功能，该功能允许在表事件中（如添加、更新或删除数据等）自动运行。数据宏有两种主要的类型：一种是由表事件触发的数据宏（也称“事件驱动的”数据宏）；一种是为响应按名称调用而运行的数据宏（也称“已命名的”数据宏）。

9. 子宏

子宏是存储在一个宏名下的一组宏的集合，宏组通常只被作为一个宏引用。一个宏可以只包含一个子宏，也可以包含若干子宏。而每一个宏又是由若干操作组成的。因此，可以将若干子宏设计在一个宏对象中，这个宏对象即称为子宏（在 Access 2010 以前的版本中称为宏组）。

5.1.2 宏的结构及常用宏

1. 宏的结构

宏是由操作、参数、注释、组、条件和子宏等组成。Access 2010 对宏的结构进行了重新设计，使得宏从结构上与计算机程序结构从形式上看十分相似。宏的操作内容比程序代码要简单，易于设计和理解。

（1）注释

注释是对操作的文字说明，标明该操作的用途和意义。比较简单的操作可以省略注释部分。

（2）条件

条件是一个计算结果为“是”或“否”的逻辑表达式。为宏操作设置执行条件，在一个宏操作中可以设置多个条件。运行宏时，Access 将求出第一个条件的表达式的结果，如果这个条件为真，Access 就会执行此行所设置的宏操作，直到遇到另一个表达式、宏名或宏的结尾为止。如果条件为假，Access 则会忽略相应的宏操作，并且移到下一个包含其他条件或条件列为空的操作行。

（3）组

为了有效地理解宏，Access 2010 引进了组（Group）的概念。使用组可以把宏的若干操作，根据其操作目的的相关性分成块，一个块就是一个组。这样宏的结构显得十分清晰，阅读起来也十分方便。

2．常用的宏操作

在 Access 2010 中，宏的操作种类繁多，表 5-1 给出了一些常用的宏操作及功能描述。

表 5-1 常用宏的功能

分类	宏操作	宏操作说明
操作对象类	OpenModule	打开特定的 Visual Basic 模块
	OpenForm	打开一个窗体
	OpenReport	打开报表
	OpenQuery	打开选择查询或交叉表查询
	OpenTable	打开数据表
	Rename	对指定的数据库对象重新命名
	RepaintObject	完成指定数据库对象挂起的屏幕更新
	SelectObject	选择指定的数据库对象
	Close	关闭指定的 Microsoft Access 窗口
数据导入导出类	TransferDatabase	在 Microsoft Access 数据库(.mdb)或 Access 项目(.adp)与其他的数据库之间导入与导出数据
	TransferSpreadsheet	在当前的 Microsoft Access 数据库(.mdb)或 Access 项目(.adp)和电子表格文件之间导入或导出数据
	TransferText	在当前的 Microsoft Access 数据库（.mdb）或 Access 项目(.adp)与文本文件之间导入或导出文本
记录操作类	GoToControl	把焦点移到打开的窗体、窗体数据表、表数据表、查询数据表中当前记录的特定字段或控件上
	FindRecord	查找符合 FindRecord 参数指定的准则的第一个数据实例
	FindNext	查找下一个记录，该记录符合由前一个 FindRecord 操作或“在字段中查找”对话框所指定的准则
数据传递类	Requery	通过重新查询控件的数据源来更新活动对象中的特定控件的数据
	SendKeys	把按键直接传送到 Microsoft Access 或别的 Windows 应用程序
	SetValue	对 Microsoft Access 窗体、窗体数据表或报表上的字段、控件或属性的值进行设置
代码执行类	RunApp	运行一个 Windows 或 MS-DOS 应用程序，如 Word，Excel 和 PowerPoint
	RunCode	调用 Visual Basic 的 Function 过程
	RunSQL	执行指定的 SQL 语句以完成操作查询，还可以运行数据定义查询
	RunMacro	运行宏，该宏可以在子宏中
提示类	Beep	通过个人计算机的扬声器发出“嘟嘟”声
	Echo	指定是否打开回响。例如，可以使用该操作隐藏或显示宏运行时的结果
	MsgBox	显示包含警告信息或其他信息的消息框

续表

分类	宏 操 作	宏操作说明
其他	AddMenu	创建所有类型的自定义菜单
	FindRecord	查找符合指定条件的第一条或下一条记录
	FindNext	查找符合最近的 FindRecord 操作或对话框中指定条件的下一条记录
	MoveSize	移动活动窗口或调整其大小
	Minimize	将活动窗口缩小为 Microsoft Access 2010 窗口底部的小标题栏
	Quit	退出 Microsoft Access 2010
	Save	保存指定对象。未指定对象时，保存当前活动的对象
	SetValue	对窗体、窗体数据表或报表上的字段、控件或属性的值进行设置
	ShowAllRecords	从激活表、查询和窗体中移去所有已应用过的筛选
	StopAllMacros	中止当前所有宏的运行
	StopMacro	停止当前正在运行的宏

5.1.3 宏选项卡和宏设计视图

要创建宏首先要了解宏选项卡和宏设计视图。

1.“宏工具设计”选项卡

在 Access 2010 中，在“创建”选项卡的“宏与代码”组中，单击“宏”按钮，打开“宏工具/设计”选项卡，该选项卡中共有3个组，分别是“工具”“折叠/展开”和“显示/隐藏”，如图5-1所示。

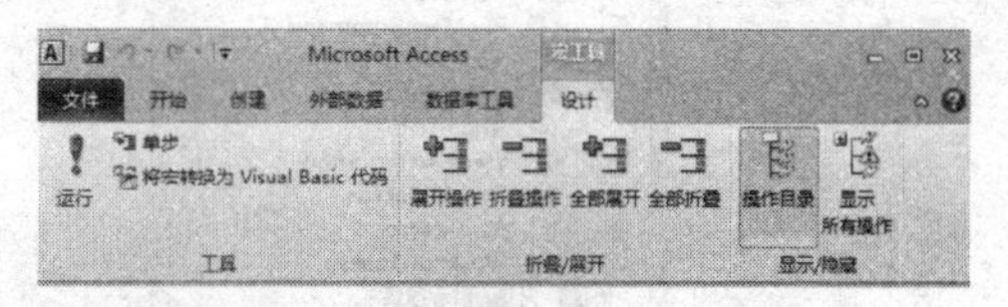

图5-1 “宏工具/设计”选项卡

用户可以根据需要在不同组中选择相应的命令按钮进行宏的创建和操作。

2. 操作目录

进入“宏设计”选项卡后，在 Access 窗口下方分成3个窗格：左边导航窗格显示宏对象，中间窗格是宏设计器，右边窗格就是“操作目录”，如图5-2所示。

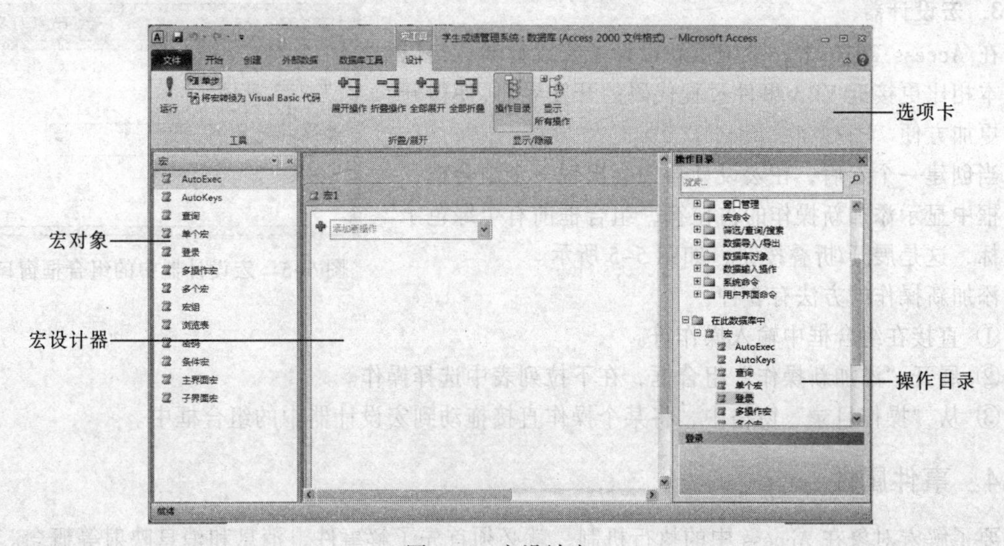

图5-2 宏设计窗口

操作目录窗格由 3 部分组成：上部是程序流程部分，中间是操作部分，下部是此数据库中的对象。

（1）程序流程

程序流程包括注释（Comment）、组（Group）、条件（If）和子宏（Submacro）。

（2）操作部分

操作部分把宏的操作按操作性能分为 8 组，分别是“窗口管理”“宏命令”“筛选/查询/搜索”“数据导入/导出”“数据库对象”“数据输入操作”“系统命令”和“用户界面命令”，如图 5-3 所示。Access 2010 以清晰的结构形式操作命令，使用户创建和管理宏更加方便。

（3）在此数据库中

在此部分中列出了当前数据库中的所有宏，以便用户可以重新使用所创建的宏或事件过程代码，如图 5-4 所示。

图 5-3 操作部分展示窗格

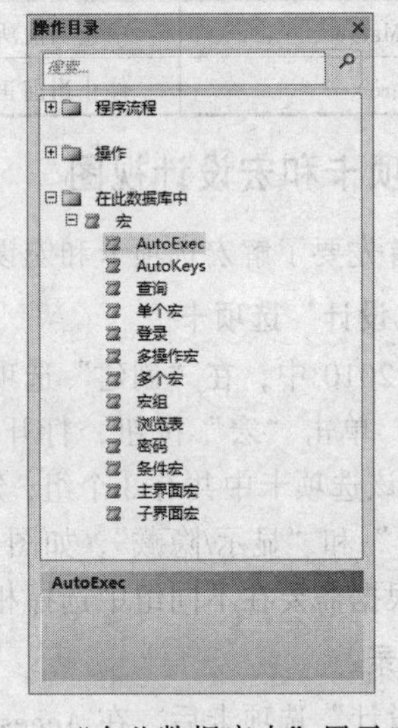

图 5-4 “在此数据库中”展示窗格

3．宏设计器

在 Access 2010 中，系统重新设计了宏设计器，与以前版本相比更接近 VBA 事件过程代码的开发界面，使得开发宏更加方便。

当创建一个宏后，在宏设计器中会出现一个组合框，组合框中显示添加新操作的占位符，组合框前有个绿色十字图标，这是展开/折叠按钮，如图 5-5 所示。

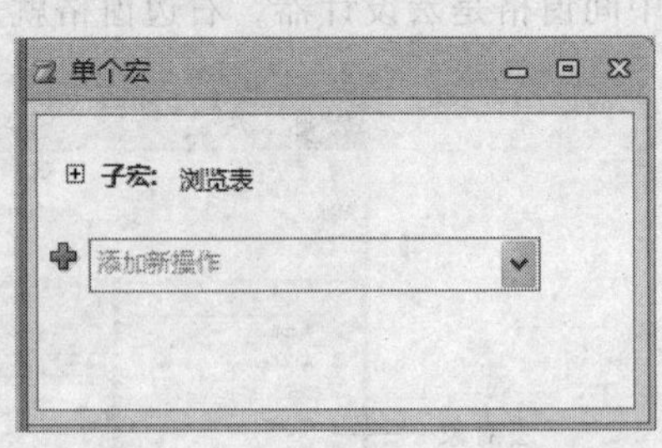

图 5-5 宏设计器中的组合框窗口

添加新操作的方法有 3 种：

① 直接在组合框中输入操作符。

② 展开“添加新操作”组合框，在下拉列表中选择操作。

③ 从“操作目录”窗格中，将某个操作直接拖动到宏设计器中的组合框中。

5.1.4 事件属性

要了解宏对象在 Access 中的执行机制，就必须首先了解事件、消息和消息映射等概念。

1．事件

事件是预先设置好的可由对象识别并可定义如何响应的动作（或操作）。Access 可以响应多种类型的事件：鼠标单击、数据更改、窗体打开或关闭及许多其他类型的事件。事件可由用户的操作或 Visual Basic 语句引起，也可由系统触发。使用与事件关联的属性时，可告知 Access 执行宏、调用 Visual Basic 函数或者运行事件过程来响应事件。

2．事件属性

事件的详细信息称为属性。事件通常分为鼠标事件、键盘事件、消息事件和空事件 4 种基本类型。某事件发生后，即刻触发调用一个 void 类型的响应函数。组件用户和组件设计者均可设定这个函数的内容。

本质上，事件是一种特殊属性，是一个指向事件句柄的函数指针。

对象（object）就是软件中所看到窗体、文本框、按钮和标签等。

在一个软件中，总会有一些对象在运行时被用户操作，当然用户不是平白无故去操作一个对象，总是希望这个对象在被操作后能做出用户所期望的反应，如“退出”按钮在被单击后，用户就希望它使软件结束运行。

为了使得对象在某一事件发生时能够做出所需要的反应，必须针对这一事件编出相应的程序代码来完成目标。如果一个对象的某个事件被添加了相应的代码，那么软件运行时，当这一事件发生（如按钮被单击），相应的程序段就会被激活，并开始执行；如这一事件不发生，则这段程序就不会运行。

而没有编有代码的事件，即使发生也不会有任何反应。

3．常用的事件属性

插入前（BeforeInsert）：事件当用户在新记录中输入第一个字符时发生，在记录真正被创建之前发生。

插入后（AfterInsert）：事件在添加新记录之后发生。

更新前（BeforeUpdate）：事件发生在控件中的数据被改变或记录被更新之前。

更新后（AfterUpdate）：事件发生在控件中的数据被改变或记录被更新之后。

删除（Delete）：事件在用户完成了某些操作时发生。例如，按【Delete】键，以删除一条记录，事件在记录实际上被删除之前就发生了。

打开（Open）：在窗体已打开，但第一条记录尚未显示时，Open 事件发生。对于报表，事件发生在报表被预览或被打印之前。

关闭（Close）：事件发生在当窗体或报表被关闭并从屏幕删除时。

加载（Load）：窗体打开并且显示其中记录时发生 Load 事件。

卸载（Unload）：事件发生在窗体被关闭之后，在屏幕上删除之前。当窗体重新加载时，Access 将重新显示窗体和重新初始化其中所有控件的内容。

获得焦点（GotFocus）：事件在窗体或控件接收到焦点时发生。

失去焦点（LostFocus）：事件在窗体或控件失去焦点时发生。

单击（Click）：当用户在一个对象上按下然后释放鼠标按键时，Click 事件发生。

计时器触发（Timer）：窗体的 Timer 事件按窗体的 TimerInterval 属性指定的时间间隔定期发生。使用 TimerInterval 属性可以以毫秒为单位在窗体的 Timer 事件之间指定一个时间间隔。

4．消息

消息是系统定义的一个 32 位的值，它唯一地定义了一个事件，向 Windows 发出一个通知，告诉应用程序某个事情发生了。例如，单击鼠标、改变窗口尺寸、按下键盘上的一个键都会使 Windows 发送一个消息给应用程序。消息可以由系统或者应用程序产生。比如应用程序改变系统字体改变窗体大小。应用程序可以产生消息使窗体执行任务，或者与其他应用程序中的窗口通信。

5．消息映射

消息映射就是把消息跟处理消息的函数一一对应起来,系统内部有一个结构体数组,每个结构体元素都放有消息的类型与对映的处理函数入口地址,这样系统可以跟据消息的类型或 ID 找到相应的函数处理程序进行处理。

5.2 创建各类宏

创建 Access 宏是一件轻松而有趣的工作，不同于以往的编程，在创建中用户不涉及设计宏的代码，也没有太多的语法需要用户去掌握，用户所需要去做的就是在宏的操作设计列表中安排一些简单的选择。下面介绍各类宏的简单创建过程。

5.2.1 创建操作序列宏

要学会使用宏，我们先来看看宏的设计窗口。宏的创建方法非常简单，所以既不需要有什么“宏向导”，也不必有很多的视图，在宏的创建过程中只有一个设计窗口。

在 Access 2010 中，在“创建”选项卡的“宏与代码”组中，单击“宏”按钮，即可打开宏设计窗口，就可以在这个窗口中设计宏了，如图 5-6 所示。

单击宏设计器中组合框右边的下拉箭头，在操作列表中选择宏操作命令，如 OpenForm，系统会打开宏名为“宏 1”的操作窗口，如图 5-7 所示。

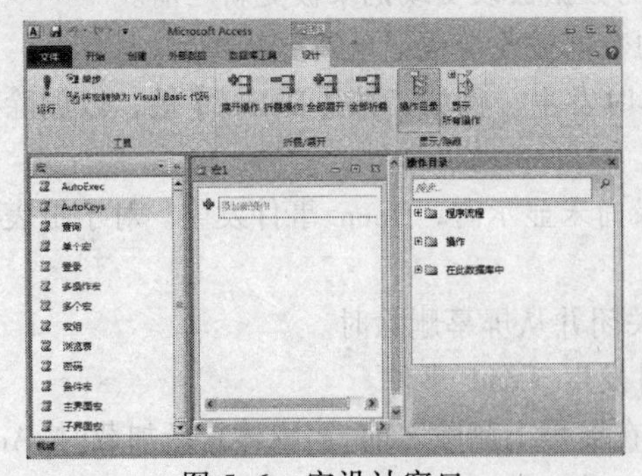

图 5-6　宏设计窗口

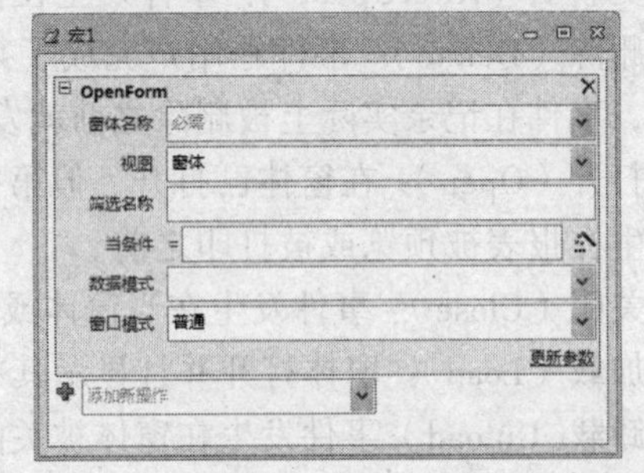

图 5-7　添加宏操作命令后的宏设计窗口

在该窗口可以按窗口要求设置对象名称、条件等。如果想在宏执行某个操作之前，对宏是否能执行进行一些限制，就需要在条件这一列中输入相应的条件表达式，这样可以实现在宏执行之前先判断条件是否满足，如果满足，则执行这个宏；如果不满足，则不能执行这个宏。

创建操作序列宏，首先要打开宏设计器窗口。在 Access 2010 中，宏并不能单独执行，必须有一个触发器。而这个触发器通常是由窗体、页及其上面控件的各种事件来担任的。比如，在窗体上单击一个按钮，这个单击过程就可以触发一个宏的操作。下面分别介绍单个操作序列宏和多个操作序列宏。

1. 单个宏操作

【例 5-1】利用宏设计窗口设计宏。用来控制“宏窗体”中的“成绩表”内容的显示。

操作步骤如下：

① 在“创建”选项卡的“宏与代码”组中，单击“宏”按钮，打开宏设计窗口。

② 在打开的宏设计器窗口的组合框中，选择操作为 OpenTable，设计“表名称”“视图”“数据模式”等，如图 5-8 所示。

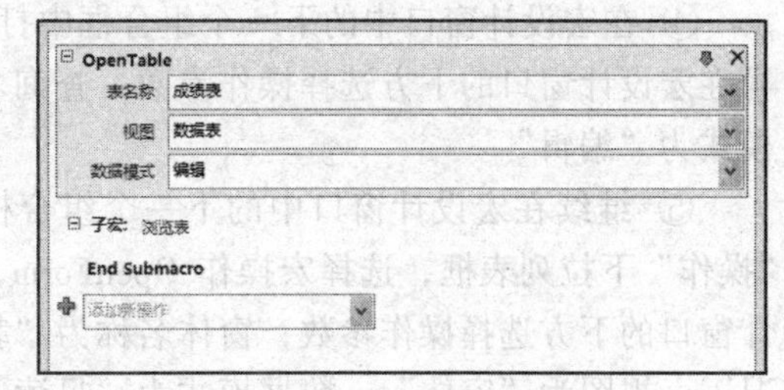

图 5-8　设置宏设计窗口

③ 在数据库窗口的“创建”选项卡中选择“窗体”组，单击“窗体设计”按钮，系统将打开“窗体设计”对话框。添加命令按钮，标题为“浏览表”。

④ 在“浏览表”按钮的“属性表”对话框中，设置宏“单个宏”的触发事件。首先选中这个按钮，然后打开这个按钮的“属性表”对话框，如图 5-9 所示。

⑤ 在“属性表”对话框上切换到“事件”选项卡，然后将光标移动到“单击”选项右边的方框内单击，这时在这个方框右侧会出现一个“向下”按钮，单击这个按钮，在弹出的下拉列表框中选择“单个宏”选项。

⑥ 运行窗体“宏窗体”，单击“浏览表”按钮就可以执行刚才建立的宏了，如图 5-10 所示。

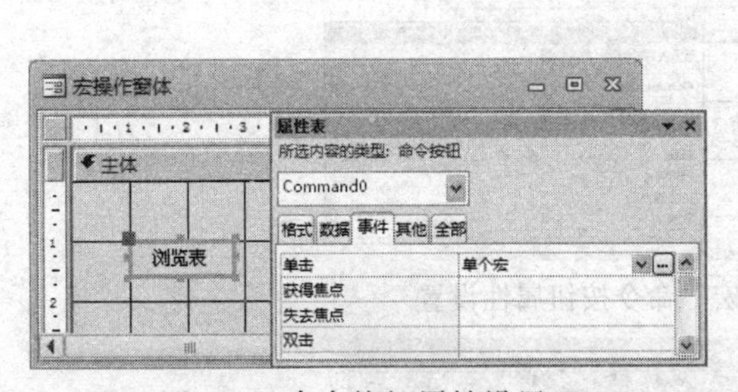

图 5-9　命令按钮属性设置

图 5-10　单击“浏览表”按钮执行宏后的结果

2. 多个宏操作

创建包含多个宏操作也是通过宏设计窗口完成的。

【例 5-2】设计一个宏，依次打开两张表和一个查询。

操作步骤如下：

① 在“创建”选项卡的“宏与代码”组中，单击“宏”按钮，打开宏设计窗口。

② 在打开的宏设计器窗口的组合框中，按照表 5-2 依次设置宏操作及操作参数，如图 5-5 所示。

表 5-2　多操作宏的功能表

宏　操　作	操 作 参 数	注　释
OpenTable	学生情况表	打开“学生情况表”
OpenForm	教师基本情况	打开“教师基本情况”窗体
OpenQuery	学生成绩查询	打开“学生成绩查询”

③ 在宏设计窗口中的组合框中，单击“新添加操作”组合框的下拉按钮，打开“操作”下拉列表框，选择宏操作 OpenTable，在宏设计窗口的下方选择操作参数，表名称为“学生情况表”，视图为“数据表”，数据模式为“编辑”。

④ 在宏设计窗口中的下一个组合框中打开“操作”下拉列表框，选择宏操作 OpenQuery，再在宏设计窗口的下方选择操作参数，查询名称为“学生成绩查询”，视图为“数据表”，数据模式为“编辑”。

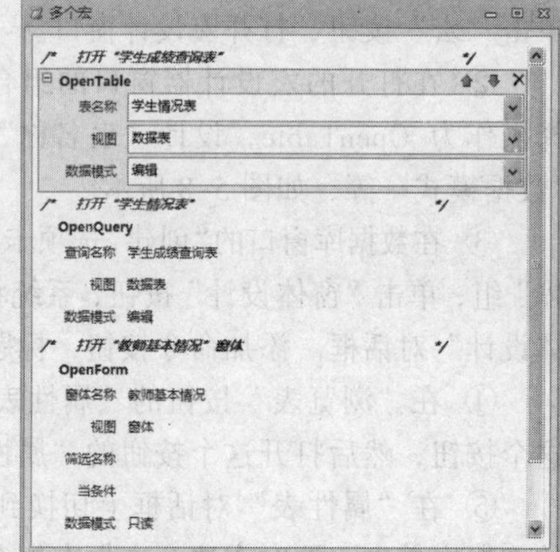

图 5-11 宏设计窗口

⑤ 继续在宏设计窗口中的下一个组合框中，打开“操作”下拉列表框，选择宏操作 OpenForm，再在宏设计窗口的下方选择操作参数，窗体名称为“教师基本情况”，视图为“窗体”，数据模式为“只读”，结果如图 5-11 所示。

⑥ 在宏设计窗口中单击“关闭”按钮，再单击“是”按钮打开“另存为”对话框。

⑦ 在“另存为”对话框中输入宏名“多操作宏”，再单击“确定”按钮，保存宏，结束包含多操作宏的创建。

⑧ 在“宏窗体”的窗体属性对话框中设置宏的触发事件，如图 5-12 所示。

⑨ 运行“宏窗体”，可按照宏操作的设置打开表和查询，如图 5-13 所示。

图 5-12 “多操作宏”命令按钮属性设置

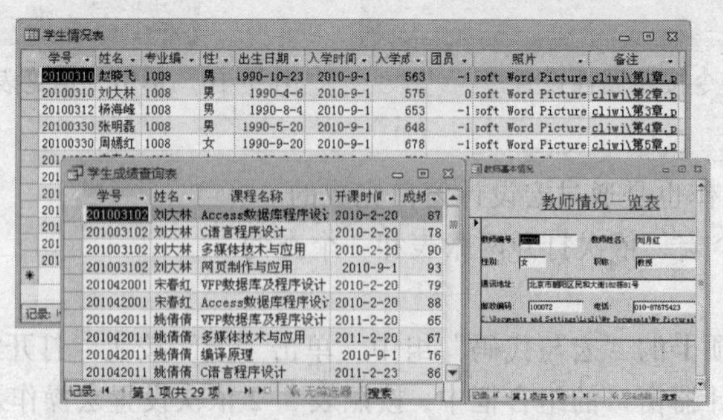

图 5-13 单击“多操作宏”按钮执行宏后的结果

提 示

① 利用上述方法创建的多操作宏，会同时打开指定的表、窗体和查询。子宏则可以避免这种情况的发生。

② 如果操作选择打开报表 OpenReport，在“操作参数”的“视图”中应选择“打印预览”，否则，在没安装打印机的情况下将无法正常显示。

5.2.2 创建子宏

Access 2010中的子宏就是之前版本的宏组。子宏是宏的集合，它是将完成同一项功能的多个相关宏组织在一起，构成子宏。通过创建子宏，可以方便地进行分类管理和维护。子宏类似于程序中的“主程序”，而子宏中的“宏名”列中的宏类似于“子程序”。使用子宏既可以增加控制，又可以减少编制宏的工作量。

用户也可以通过引用子宏中的“宏名”执行子宏中的一部分宏。在执行子宏中的宏时，Access 2010将按顺序执行“宏名”列中的宏所设置的操作以及紧跟在后面的“宏名”的操作。在Access 2010中，创建子宏同样也是通过宏设计窗口完成的。

在一个复杂的Access 2010数据库系统中，经常需要响应多种事件，甚至于一个复杂的数据库中很可能需要数百个宏协同工作。如果是用户自行设计宏的话，可能会出错。因此，Access 2010提供了一种方便的组织方法，即将宏分组。将几个相关的宏组成一个宏对象，可以创建一个子宏，这样可以减少用户的工作量。

在Access 2010中创建子宏的操作步骤如下：

① 选择Access 2010“创建”选项卡，打开一个数据表。在“创建”选项卡上的“宏与代码”组中，单击“宏”按钮，打开宏设计器窗口。

② 在“操作目录”窗格中，将程序流程中的子宏命令SubMacro拖动到“新添加操作”组合框中。

③ 在“添加新操作”列中单击下拉按钮，显示操作列表，单击要使用的操作。

④ 在“子宏”列表框中为第一个宏输入名称，重复前面两步，用户可以添加后续宏执行。

⑤ 单击快速访问工具栏中的“保存”按钮，弹出“另存为”对话框，在“宏名称”文本框中输入名称，单击“确定”按钮即完成创建子宏的工作。

【例5-3】设计一个名为“宏组”的子宏，利用窗体分别运行子宏中的各个宏，它们分别是“浏览学生表”“浏览教师表”“学生成绩表”“打开窗体”“打开报表”和“退出”，按照图5-14所示进行设计。

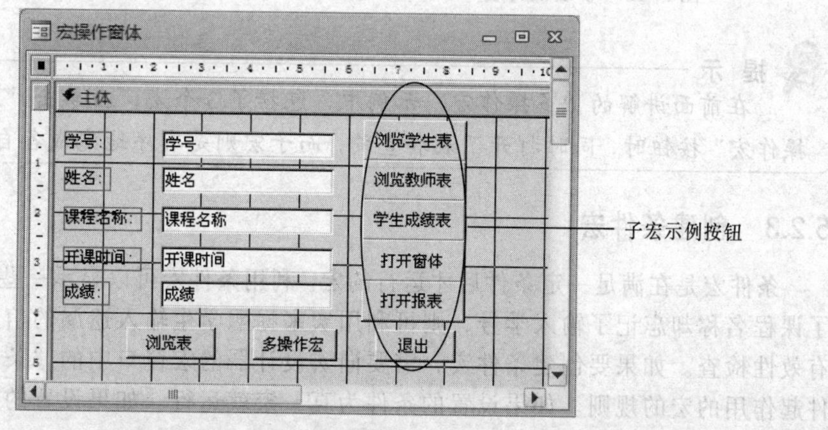

图5-14 子宏示例

操作步骤如下：

① 在“创建”选项卡的“宏与代码”组中，单击“宏”按钮，打开宏设计窗口。

② 在“操作目录”窗格中，将程序流程中的子宏命令SubMacro拖动到“新添加操作”组

合框中。

③ 单击“新添加操作”组合框的下拉按钮，打开“操作”下拉列表框，选择宏操作 OpenTable，在宏设计窗口的下方选择操作参数，表名称为“学生情况表”，视图为“数据表”，数据模式为“编辑”，如图 5-15 所示。

④ 如果希望在子宏内包含其他的宏，重复步骤②。在新建宏中添加需要宏执行的操作。

⑤ 保存子宏时，指定的名字是“宏组”。这个名字也是显示在数据库窗口中的宏和子宏列表的名字。如果要引用子宏中的宏，用下面的语法：宏组名.宏名。

⑥ 在“宏窗体”的窗体属性对话框中可以设置宏的触发事件，在按钮属性窗口的“事件”选项卡中，单击下拉列表框选择合适的宏名，如图 5-16 所示。

⑦ 运行“宏窗体”。单击各按钮后会执行子宏中相应的宏。

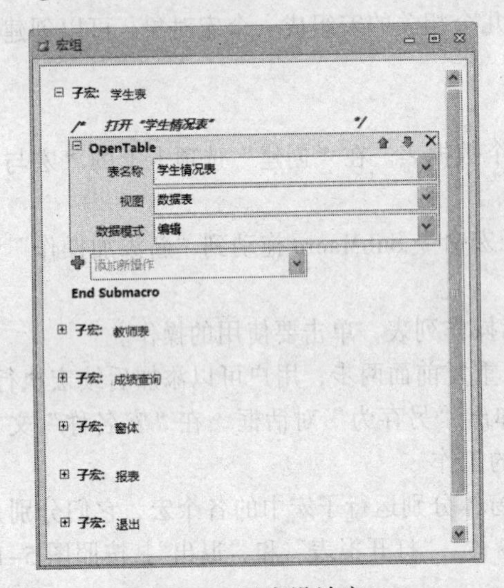

图 5-15　子宏设计窗口

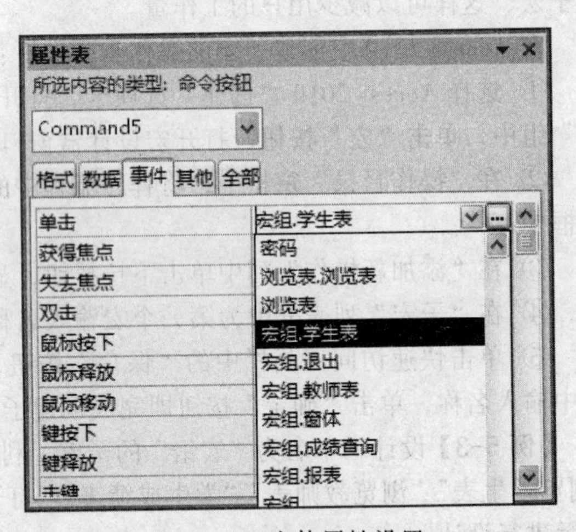

图 5-16　窗体属性设置

提　示

在前面讲解的“多操作宏”示例中，包括了 3 个宏，当单击“宏窗体”上的“多操作宏”按钮时，同时打开了表和查询，而子宏则是有序地完成各自相应的操作功能。

5.2.3　创建条件宏

条件宏是在满足一定条件后才运行的宏。利用条件宏可以显示一些信息，如果学生输入了课程名称却忘记了输入学号，则可利用宏来提醒学生输入遗漏的信息，或者进行数据的有效性检查。如果要创建条件宏，需要向宏设计器的宏窗口中的“条件”列表中输入使条件起作用的宏的规则。如果设置的条件为真，宏就运行。如果设置的条件为假，就转到下一个操作。

设置“条件”的含义是：如果前面的条件式结果为 True，则执行此行中的操作；若结果为 False，则忽略其后的操作。在紧跟此操作的下一行的“条件”栏内输入省略号（…）。就可以在上述条件为真时连续执行其后的操作。

【例 5-4】创建带有条件的宏“条件宏”，对“宏窗体”的姓名进行验证。

操作步骤如下：

① 在“创建”选项卡的“宏与代码”组中，单击“宏”按钮，打开宏设计器窗口。

② 在打开的宏设计器窗口的添加新操作组合框中，输入 If，单击条件表达式右侧按钮，打开“表达式生成器”对话框。在表达式对话框中，设置条件为：IsNull([姓名])，如图 5-17 所示。

③ 设置宏操作及操作参数可按照表 5-3 进行设置。

表 5-3 宏操作及操作参数

条 件	宏 操 作	宏操作说明	注 释
IsNull([姓名])	MsgBox	消息：姓名字段不能为空 类型：警告 标题：数据验证	若“姓名”字段为空，则弹出警告信息
…	CancelEvent		取消正在执行的事件
…	GoToControl	[姓名]	将焦点移到“姓名”字段中，等待输入数据

④ 在宏设计窗口中，单击“新添加操作”组合框的下拉按钮，打开“新添加操作”下拉列表框，选择宏操作 MessageBox，再在宏设计窗口中，设置其他操作参数，消息为“姓名字段不能为空”，类型是“警告”，标题是“数据验证”。

⑤ 在宏设计窗口中的下一个“新添加操作”组合框中，打开“新添加操作”下拉列表框，选择宏操作 CancelEvent，以取消正在执行的事件。

⑥ 继续在宏设计窗口中的下一个“新添加操作”组合框中，打开“新添加操作”下拉列表框，选择宏操作“GoToControl”，再在宏设计窗口的下方，选择操作参数，控件名称为“[姓名]”，如图 5-18 所示。

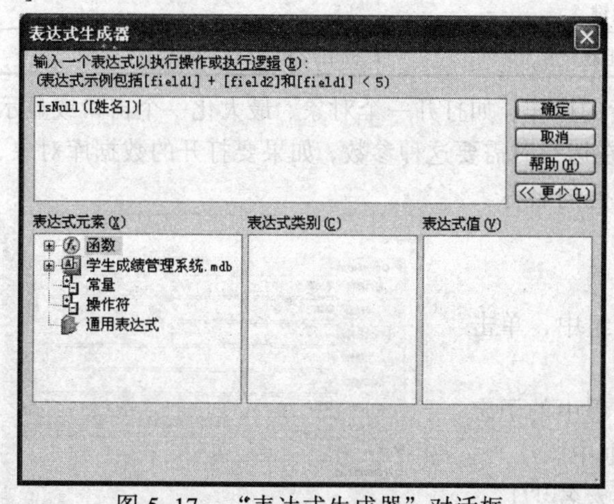

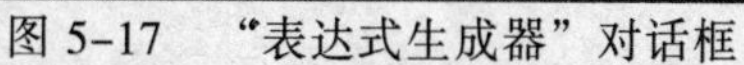
图 5-17 “表达式生成器”对话框

图 5-18 设置带条件的宏设计窗口

⑦ 单击快速访问工具栏中的“保存”按钮，弹出“另存为”对话框，在“宏名称”文本框中输入“条件宏”，单击“确定”按钮，即完成创建条件宏的工作。

⑧ 在“宏窗体”的窗体属性对话框中设置宏的触发事件，如图 5-19 所示。

⑨ 运行“宏窗体”。当姓名为空时，系统会有提示，如图 5-20 所示。

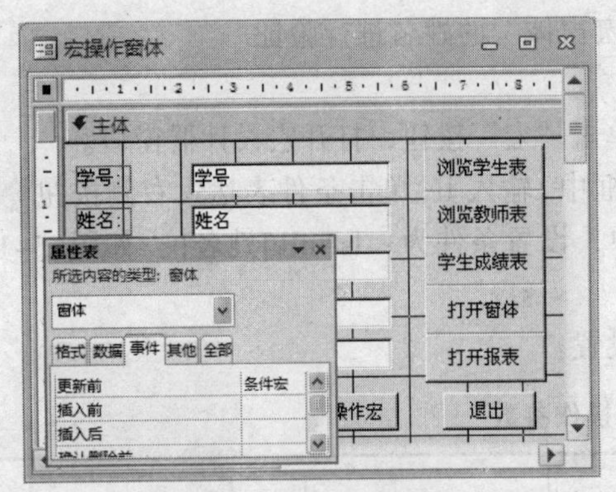

图 5-19 窗体属性设置

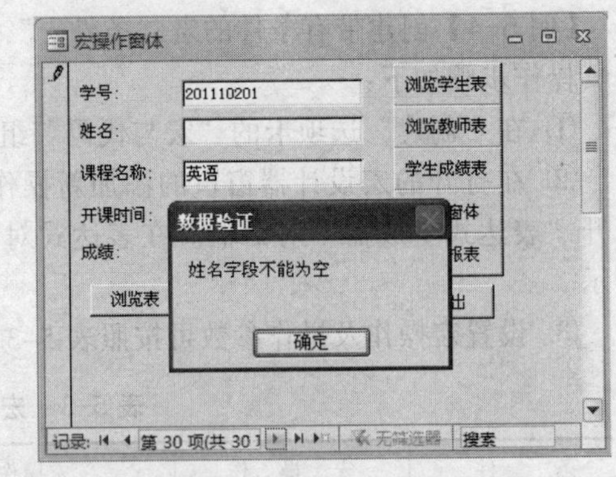

图 5-20 运行窗体后的结果

5.2.4 创建自动运行宏

1. 创建 AutoKeys 宏

AutoKeys 宏通过按下指定给宏的一个键或一个键序触发。为 AutoKeys 宏设置的键击顺序称为宏的名字。例如，名为 F5 的宏将在按【F5】键时运行。

命名 AutoKeys 宏时，使用符号“^”表示【Ctrl】键。表 5-4 列出了可用来运行 AutoKeys 宏的组合键的类型。

表 5-4 AutoKeys 宏的组合键的类型

语 法	说 明	示 例
^number	Ctrl+任一数字	^3
F*	任一功能键	F5
^F*	Ctrl+任一功能键	^F5
Shift+F*	Shift+任一功能键	Shift+F5

创建 AutoKeys 宏时，必须定义宏将执行的操作，如打开一个对象、最大化一个窗口或显示一条消息。另外，还需要提供操作参数，宏在运行时需要这种参数，如果要打开的数据库对象，则要最大化的窗口或要在对话框中显示的消息的名称。

【例 5-5】创建一个 AutoKeys 宏。

操作步骤如下：

① 在“创建”选项卡的“宏与代码”组中，单击“宏”按钮，打开宏设计窗口。

② 在“操作目录”窗格中，将程序流程中的子宏命令 SubMacro 拖动到“新添加操作”组合框中。

③ 在“子宏”列表框中为第一个宏输入宏名“1”，在操作列中选择操作，这里选择操作 OpenForm，设置相应的参数。用同样的方法建立其他 3 个宏，如图 5-21 所示。

④ 以 AutoKeys 为宏名保存宏。

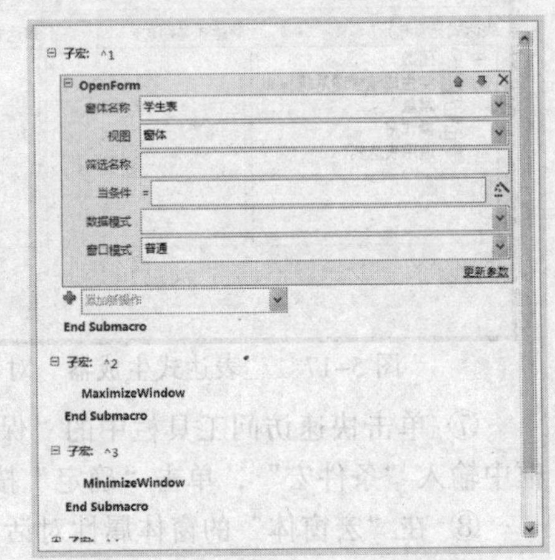

图 5-21 添加宏名及操作后的窗口

这时只需按【Ctrl+1】组合键就可以打开“学生表”窗体，按【Ctrl+2】组合键可以最大化该窗体，按【Ctrl+3】

组合键可以最小化该窗体，按【Ctrl+4】组合键可以关闭该窗体。

2. 创建 AutoExec 宏

AutoExec 宏也称为启动窗口宏，它可以创建一个在第一次打开数据库时运行的特殊的宏。用户可以执行如打开数据输入窗体、显示消息框提示用户输入、发出表示欢迎的声音等操作。一个数据库只能有一个名为 AutoExec 的宏。

在 Access 中，宏并不能单独执行，必须有一个触发器。而这个触发器通常是由窗体、页及其上面的控件的各种事件来担任的。创建 AutoExec 宏的操作步骤如下：

① 在“创建”选项卡的“宏与代码”组中，单击“宏”按钮，打开宏设计窗口。

② 在“新添加操作”组合框的下拉列表中选择 OpenForm 操作打开窗体，将“窗体名称”操作参数设置为“登录界面”；再选择 MaximizeWindowse 操作，打开窗体后立即最大化窗口，如图 5-22 所示。

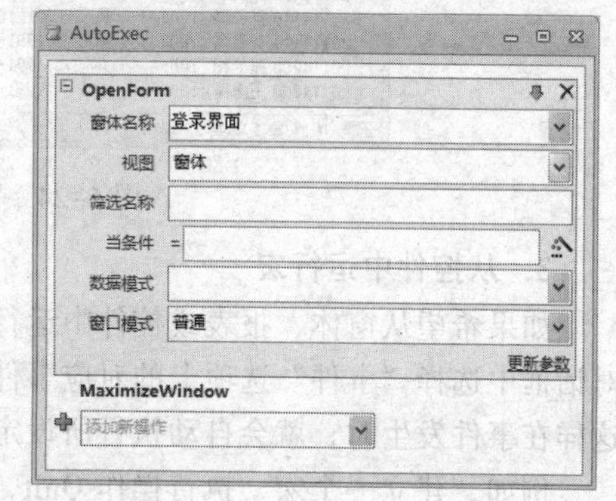

图 5-22　设置 AutoExec 宏的操作和操作参数

③ 保存宏。将宏名命名为 AutoExec，单击“确定”按钮保存该宏。

5.3　运行宏和调试宏

创建完一个宏后，就可以运行宏并执行各操作。当运行宏时，Access 2010 会运行宏中的所有操作，直到宏结束。

可以直接运行宏，或者从其宏或事件过程中运行宏，也可以作为窗体、报表或控件中出现的事件响应运行宏。也可以创建自定义菜单命令或工具栏按钮来运行宏，将某个宏设定为组合键，或者在打开数据库时自动运行宏。

5.3.1　运行宏

1. 在宏设计窗口运行宏

如果希望在宏设计窗口直接运行宏，可以在“导航窗格”中选择要运行的宏，右击并在弹出的快捷菜单中选择“运行”命令。或者以设计视图的方式打开要运行的宏，在“创建”选项卡的“宏与代码”组中，单击“宏”按钮，打开宏设计窗口，单击“工具”组中的“运行”按钮，都可直接运行宏。

2. 在子宏中运行宏

要把宏作为窗体或报表中的事件属性设置，或作为 RunMacro（运行宏）操作中的 Macro Name（宏名）说明，可以用如下格式指定宏：[子宏名.宏名]。例如，运行子宏.学生表，可在“数据库工具”选项卡下，单击“宏”组中的“运行宏”命令，在打开的“运行宏”对话框的下拉列表中选择“宏组.学生表”，如图 5-23 所示。宏运行结果如图 5-24 所示。

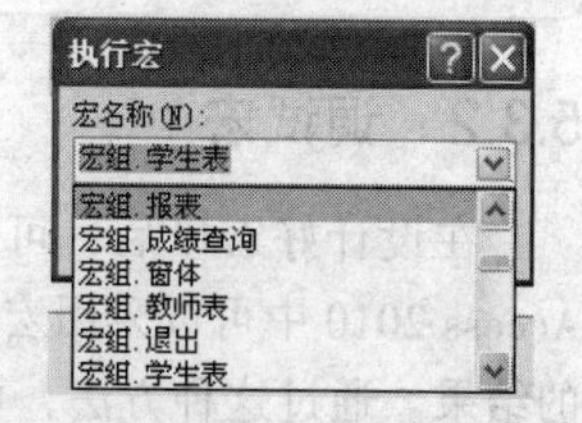

图 5-23　选择“宏组.学生表”

学生情况表

学号	姓名	专业编	性!	出生日期	入学时间	入学成	团员	照片	备注
20100310	赵晓飞	1008	男	1990-10-23	2010-9-1	563	-1	soft Word Picture	cljwj\第1章
20100310	刘大林	1008	男	1990-4-6	2010-9-1	575	0	soft Word Picture	cljwj\第2章
20100312	杨海峰	1008	男	1990-8-4	2010-9-1	653	-1	soft Word Picture	cljwj\第3章
20100330	张明磊	1008	男	1990-5-20	2010-9-1	648	-1	soft Word Picture	cljwj\第4章
20100330	周嫣红	1008	女	1990-9-20	2010-9-1	678	-1	soft Word Picture	cljwj\第5章
20104200	宋春红	1008	女	1990-9-4	2010-9-1	582	0	soft Word Picture	
20104201	姚倩倩	1008	女	1990-7-8	2010-9-1	561	-1	soft Word Picture	
20110401	陈雨烟	1008	女	1991-7-30	2011-9-1	654	-1	soft Word Picture	
20114110	郝云鹏	1008	男	1991-10-31	2011-9-1	549	0	soft Word Picture	
20114111	齐春磊	1008	男	1991-5-3	2011-9-1	558	0	soft Word Picture	
20114200	张春艳	1008	女	1991-3-5	2011-9-1	601	-1	soft Word Picture	
20114202	王海萍	1008	女	1991-1-2	2011-9-1	591	-1	soft Word Picture	

记录: 第 1 项(共 12 项 无筛选器 搜索

图 5-24 “宏组.学生表”运行结果

3. 从控件中运行宏

如果希望从窗体、报表或控件中运行宏，只需单击设计窗口中的相应控件，在相应的属性对话框中选择“事件”选项卡的对应事件，然后在下拉列表框中选择当前数据库中的相应宏。这样在事件发生时，就会自动执行所设定的宏。

例如，建立一个宏，执行操作 Quit，将某一窗体中的命令按钮的单击事件设置为执行这个宏，则当在窗体中单击按钮时，将退出 Access。

4. 创建运行宏的命令按钮

用户可以将所要运行的宏在窗体中创建成命令按钮，从而在该窗体中单击命令按钮运行宏。操作步骤如下：

① 在设计视图中打开窗体。

② 如果工具箱中的“控件向导” 按钮为凹陷状态，请单击此按钮将其关闭。

③ 在工具箱中单击“命令按钮”按钮。

④ 在窗体中单击要放置命令按钮的位置。

⑤ 确保选定了命令按钮，然后在工具栏上单击“属性”按钮来打开它的属性对话框。

⑥ 在“单击”属性框中输入在按下此按钮时要执行的宏或事件过程的名称，或单击“生成器”按钮来使用宏生成器或代码生成器。

⑦ 如果要在命令按钮上显示文字，则在窗体的“标题”属性框中输入相应的文本。如果在窗体的按钮上不使用文本，可以用图片代替。

提 示

在窗体上，也可以将宏从数据库窗口拖动到窗体的设计视图中，来创建运行宏的命令按钮，这在前面的例题中已经作过介绍。

5.3.2 调试宏

在设计好宏以后，可能需要检验所设计的宏是否符合需求，这时可以对宏进行调试。在 Access 2010 中可以采用宏的单步执行，即每次只执行一个操作，以观察宏的流程和每一步操作的结果。通过这种方法，可以比较容易地分析出错的原因并加以修改，来完成宏的调试。操作步骤如下：

① 打开要进行调试的宏，进入宏设计窗口。

② 在“设计”选项卡的“工具”组中，单击“单步”按钮，使其处于选中状态。

③ 单击工具栏上的“运行”按钮，系统弹出“单步执行宏”对话框，如图 5-25 所示。

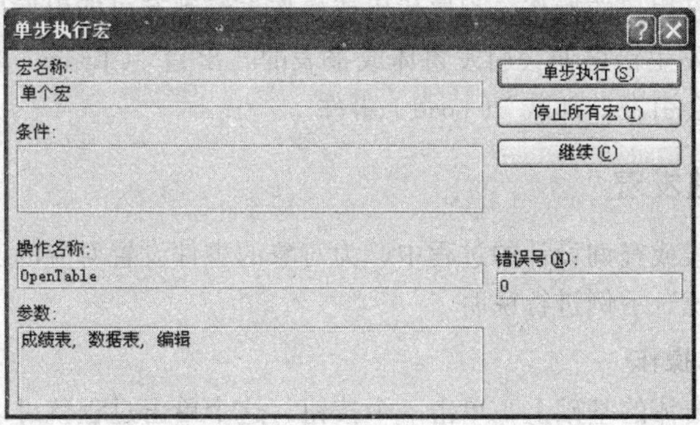

单步执行宏
宏名称:
单个宏
条件:
操作名称:
OpenTable
参数:
成绩表, 数据表, 编辑
单步执行(S)
停止所有宏(T)
继续(C)
错误号(N):
0

图 5-25　“单步执行宏”对话框

④ 在“单步执行宏”对话框中显示出当前运行的宏的宏名和具体的宏操作及其参数等信息。单击“单步执行”按钮，系统会自动执行该步的宏操作，执行完成后，在该对话框中将显示下一个要执行的宏操作。用这种方式，将一次执行一个宏操作，并在执行完成后，暂停并显示当前状态，如果要停止该宏的运行，可以单击“停止”按钮，如果单击“继续”按钮，将关闭“单步执行宏”对话框，同时一次性执行完所有的操作。

5.4　触　发　宏

在实际的应用系统中，设计好的宏更多的是通过窗体、报表或查询产生的“事件”触发相应的宏，使之投入运行。

5.4.1　事件的概念

事件（Event）是在数据库中执行的一种特殊操作，是对象所能辨识的检测的动作，当次动作发生于某一个对象上时，其对应的事件便会被触发。例如单击鼠标、打开窗体或者打印报表。可以创建某一特定事件发生时运行的宏，如果事先已经给这个事件定义了宏或事件程序，此时就会执行宏或事件过程。例如，当使用鼠标单击窗体中的一个按钮时，会引起“单击”（Click）事件，此时事先指派给“单击”事件的宏或时间程序也就被投入运行。

事件是预先定义好的活动，也就是说一个对象拥有哪些事件是由系统本身定义的，至于时间被引发后要执行什么内容，则由用户为此事件编写的宏或事件过程决定。事件过程是为响应由用户或程序代码引发的事件或由系统触发的事件而运行的过程。

打并或关闭窗体，在窗体之间移动，或者对窗体中数据进行处理时，将发生与窗体相关的事件。由于窗体的事件比较多，在打开窗体时，将按照下列顺序发生相应的事件：打开（Open）→加载（Load）→调整大小（Resize）→激活（Activate）→成为当前（Current）。

如果窗体中没有活动的控件，在窗体的“激活”事件发生之后仍会发生窗体的“获得焦点”（GotFocus）事件，但是该事件将在“成为当前”事件之前发生。

在关闭窗体时，将按照下列顺序发生相应的事件：卸载（Unload）→停用（Deactivate）→关闭（Close）。

如果窗体中没有活动的控件，在窗体的“卸载”事件发生之后仍会发生窗体的“失去焦点”

（LostFocus）事件，但是该事件将在“停用”事件之前发生。

引发事件不仅仅是用户的操作，程序代码或操作系统都有可能引发事件，例如，如果窗体或报表在执行过程中发生错误便会引发窗体或报表的“出错”（Error）事件；当打开窗体并显示其中的数据记录时会引发“加载”（Load）事件。

5.4.2 通过事件触发宏

可以在窗体、报表或查询设计的过程中，为对象的事件设置对应的宏或事件过程。下面通过“学生成绩管理系统”示例进行说明。

1. 常用宏的基本操作

在原“学生表”窗体的基础上，单击一个按钮，这个单击过程就可以触发一个宏的操作，按学生姓名查询学生基本信息。

① 打开窗体“学生表”的窗体设计视图。在这个窗体上再添加一个文本框，用这个文本框来输入要查询的学生的姓名，将这个文本框的标签名字改为“需要查询的学生姓名”。

② 完成之后在窗体上添加一个按钮，并把它的名字改为“查询”。

③ 打开宏设计窗口，添加宏名列，输入宏名“查询”，在“新添加操作”组合框的下拉列表框中选择 GoToControl，在下方的窗体控件名称中输入“[姓名]”，如图 5-26 所示。

④ 切换到“学生表”窗体设计窗口中。为添加好的“查询”按钮的属性设置宏“查询”的触发事件。首先选中这个按钮，然后打开这个按钮的“属性表”对话框，如图 5-27 所示。

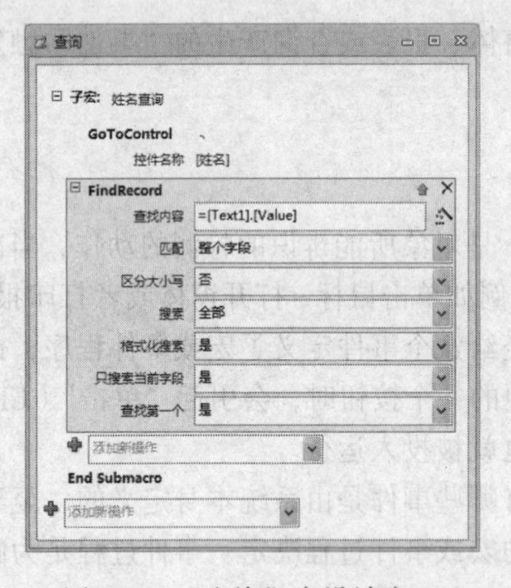

图 5-26 “查询”宏设计窗口

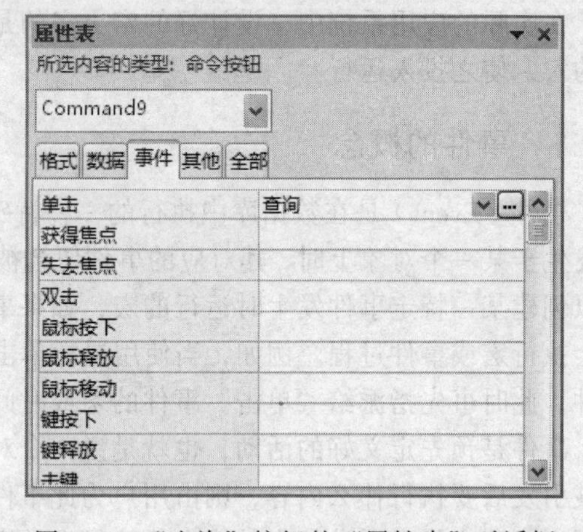

图 5-27 “查询”按钮的“属性表”对话框

⑤ 选择“事件”选项卡，然后将光标移动到“单击”选项右边的方框内单击，这时在这个方框右侧会出现一个向下按钮，单击这个按钮，在弹出的下拉列表框中选择“查询”选项。以后当这个窗体以数据表视图出现的时候，单击这个按钮就可以执行刚才建立的宏了。

⑥ 现在运行该窗体。将需要查询的学生姓名输入到“需要查询的学生姓名”的文本框中，输入完以后单击“查询”按钮，现在学生记录已经跳转到刚才所输入的那个学生位置上了，如图 5-28 所示。

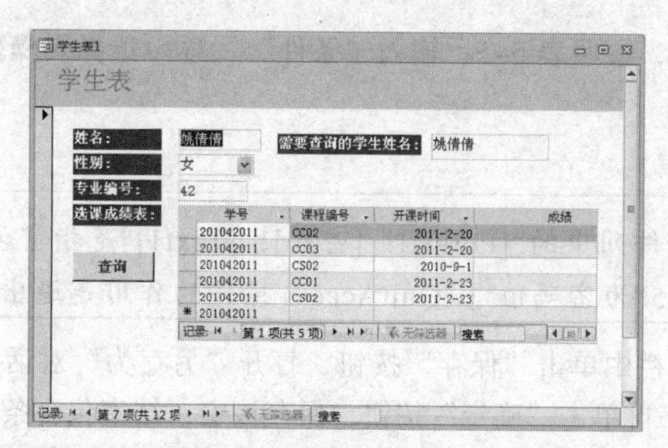

图 5-28　查询学生姓名窗体运行结果

2. 登录密码宏的操作

新建一个密码输入并进行检测的窗体。新建一个宏，检测从窗体中输入的密码是否正确，如果正确，则打开指定窗体；如果不正确，则弹出消息框，提示错误。设正确的密码是“12345”。宏操作的功能表如表 5-5 所示。具体操作步骤如下：

表 5-5　宏操作的功能表

条　　件	宏　操　作	操 作 参 数
[input].[Value]="12345"	OpenForm	打开“主界面”窗体
[input].[Value]<>"12345"	MessageBox	消息和密码输入错误
	QuitAccess	关闭宏

① 在“创建”选项卡的“宏与代码”组中，单击“宏”按钮，打开宏设计器窗口。

② 在打开的宏设计器窗口的添加新操作组合框中，输入“If”，单击条件表达式右侧按钮 ，打开“表达式生成器”对话框。在表达式对话框中，设置条件为：[Forms]! [密码]! [Txet1]="12345"，在“添加新操作”列表中选择“OpenForm”，设计相应的窗体名称、视图、条件、窗口模式等。

③ 同样，在下一个添加新操作组合框中，输入“If”，单击条件表达式右侧按钮 ，打开“表达式生成器”对话框。在表达式对话框中，设置条件为：[Forms]! [密码]! [Txet1]<> "12345"，在“添加新操作”列表中选择“MessageBox”，设计相应的窗体名称、视图、条件、窗口模式等，如图 5-29 所示。

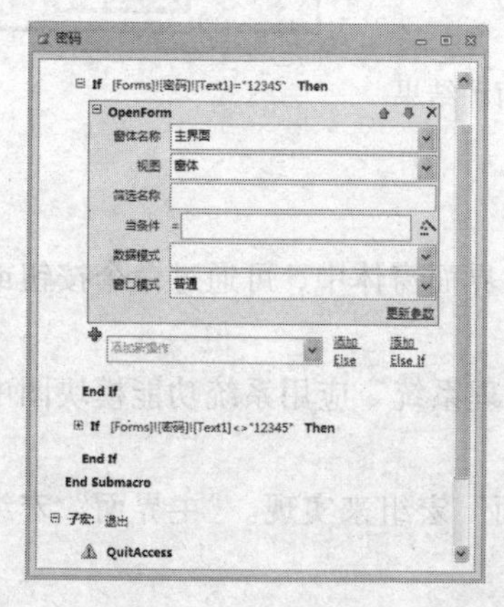

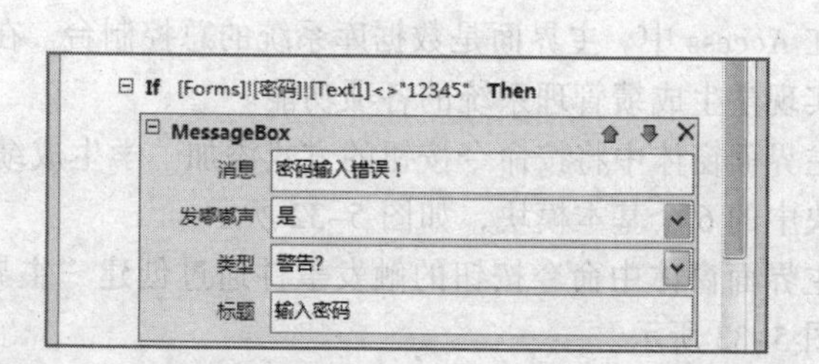

图 5-29　宏设计窗口

④ 在宏设计窗口中，参照表 5-5，输入“条件”，逐一选择宏操作，再逐一选取宏操作参数。

在图 5-29 中，条件列中的“[Forms]！[密码]！[Text1]”是指窗体容器中的密码窗体中的文本框 1，“12345”为密码值， QuitAccess 操作的作用是退出 Access。

⑤ 在快速访问工具栏中单击“保存”按钮，打开“另存为”对话框。在“另存为”对话框中输入宏名“密码”，再单击“确定”按钮，保存该宏，结束包含条件宏的宏操作创建。

⑥ 建立窗体，并命名为“密码”窗体，如图 5-30 所示。

⑦ 窗体中的文本框的名称为 Text1（与条件宏中使用的名称相同），有两个命令按钮“登录”和“退出”，其“单击”事件选项“密码”宏，即要执行密码宏。

⑧ 运行“密码”窗体，若输入的密码是“12345”，则打开“主界面”窗体，若输入的密码不是“12345”，则弹出“密码输入错误”的消息框，如图 5-31 所示。

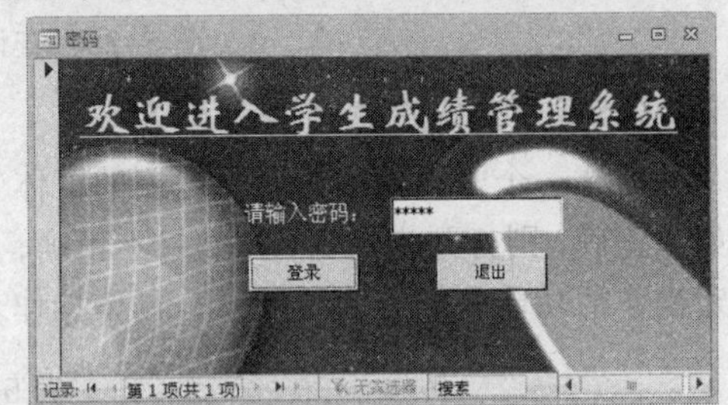

图 5-30 “密码”输入窗体

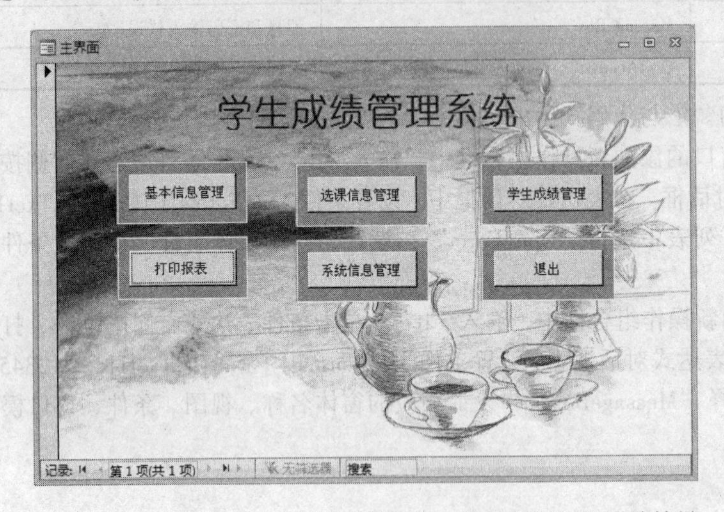

图 5-31 输入密码后的两种结果

5.4.3 窗体与宏的综合应用

在 Access 中，主界面是数据库系统的总控制台。在主界面窗体中，可通过命令按钮或菜单命令实现学生成绩管理系统的各项功能。

主界面窗体中将按命令按钮的方式添加“学生成绩管理系统”应用系统功能模块图中的主控模块中的 6 个基本模块，如图 5-32 所示。

主界面窗体中命令按钮的触发事件通过创建“主界面”宏组来实现。“主界面”宏组的设计如图 5-33 所示。

图 5-32　主界面窗体设计

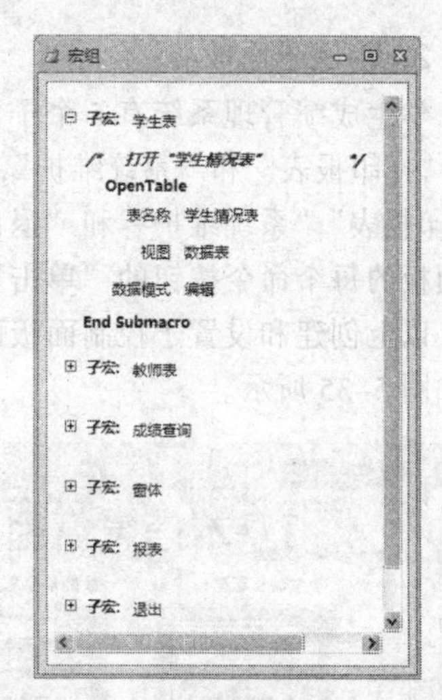

图 5-33　“主窗体”宏组的设计

在主界面窗体上，不同的命令按钮对应不同的“单击”触发事件。例如，若登录“学生信息管理”窗体，则可单击“基本信息管理”按钮，在该按钮的“命令按钮”属性对话框中选择“事件”选项卡，设置“单击”属性值为“主窗体.学生信息管理”。

1．学生成绩管理系统中主界面窗体设计

操作步骤如下：

① 打开“学生成绩管理系统”数据库，在数据库窗口的“创建”选项卡中选择“窗体”组，单击“窗体设计”按钮，系统打开窗体设计窗口。

② 在主窗体的主体带区中，用标签控件在窗体页眉中拖出标签控件区域，并输入“学生成绩管理系统”，确认后设置其字形、字号和颜色，设置标签背景色。

③ 单击工具箱中的“命令按钮”按钮，在窗体设计窗口上添加命令按钮，将命令按钮更改为“基本信息管理”“选课信息管理”“学生成绩管理”“打印报表”“系统信息管理”和“退出”。

④ 在属性对话框中设置窗体和 Box 的属性，如表 5-6 和表 5-7 所示。

表 5-6　窗体的属性设置

属 性 名	设 置 值	属 性 名	设 置 值
名称	主体	背景色	13680025
高度	8.0 cm	特殊效果	平面

表 5-7　Box1 的属性设置

属 性 名	设 置 值	属 性 名	设 置 值
可见性	是	背景色	14597340
宽度	3.5 cm	特殊效果	凸起
高度	1.5 cm	边框颜色	0

⑤ 其他几个 Box 的创建和属性设置同上，在此不再赘述。

⑥ 选择“文件”→“保存”命令，在“另存为”对话框中输入窗体名称“主界面”，单击“确定”按钮，完成窗体创建。

2. 创建子面板

学生成绩管理系统有 5 个子面板，分别是“基本信息管理”“选课信息管理”“学生成绩管理”“打印报表”和“系统维护”，分别创建“基本信息管理”“选课信息管理”“学生成绩管理”“打印报表”“系统维护”和“退出”6 个宏组。在 6 个子面板上设置相应的命令按钮，把每个子面板的每个命令按钮的“单击”事件与相应宏组的宏连接在一起。

以上创建和设置子控制面板的方法省略。基本信息子界面如图 5-34 所示，打印报表子界面如图 5-35 所示。

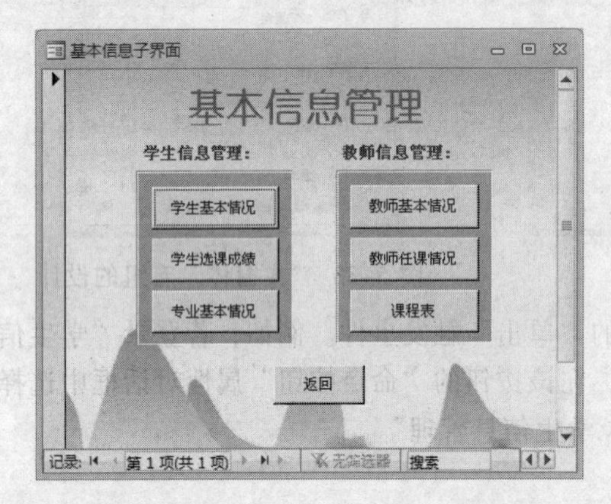

图 5-34 “基本信息子界面”窗体

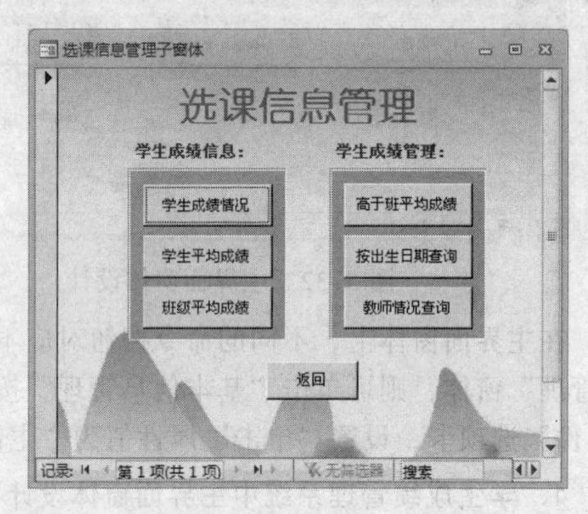

图 5-35 “打印报表”窗体

选择主界面中的“基本信息管理”子面板，单击“学生基本情况”按钮，打开“学生情况一览表”窗体，如图 5-36 所示。

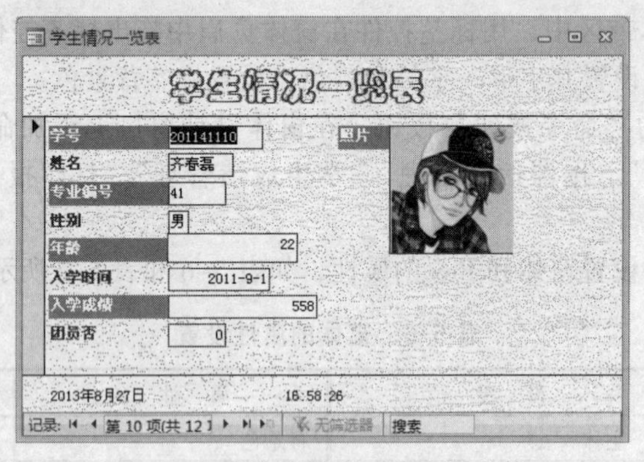

图 5-36 “学生情况一览表”窗体

3. 学生成绩管理系统主界面窗体中宏的设计

根据主界面窗体中各模块的具体情况，主界面及子界面的操作要求和对应宏操作功能如表 5-8 所示。

表 5-8 系统菜单所包含的菜单项

系统菜单各项	对应的子菜单项	对应的宏操作功能说明
基本信息管理	教师档案登录	OpenForm
	授课信息登录	OpenForm
	学生档案登录	OpenForm

续表

系统菜单各项	对应的子菜单项	对应的宏操作功能说明
选课信息管理	课程信息登录	OpenForm
	选课信息登录	OpenForm
学生成绩管理	学生成绩输入	OpenForm
	学生成绩查询	OpenForm
	学生成绩统计	OpenForm
打印报表	教师信息预览	OpenForm
	教师信息打印	OpenForm
	不及格学生预览	OpenForm
	不及格学生打印	OpenForm
系统信息管理	密码更改	OpenForm
	数据备份	OpenForm
退出	退出	QuitAccess

创建学生成绩管理系统主界面窗体中各子宏，完成“主界面”中的各项操作。具体操作步骤如下：

① 在“创建”选项卡的“宏与代码”组中，单击“宏”按钮，打开宏设计器窗口。

② 将“操作目录”窗格中“程序流程”中的子宏命令 SubMacro 拖动到“新添加操作”组合框中。

③ 在“子宏”列表框中为宏输入宏名，在操作列中选择操作。依此类推。

④ 在打开的操作对话框中设置对象名、条件及操作参数等，操作设置如图 5-37 所示。

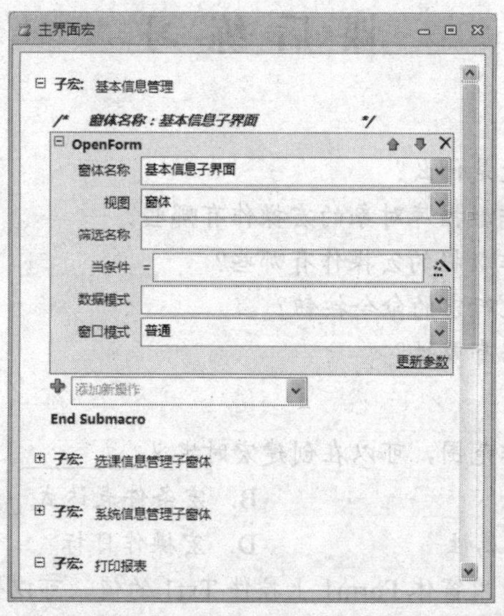

图 5-37　添加宏操作后的窗口

⑤ 以“主界面宏”为名保存宏。

⑥ 在“主界面”窗体的属性窗口中，设置宏的触发事件，如图 5-38 所示。

⑦ 运行“主界面”。可以完成“主界面”中的各项操作。

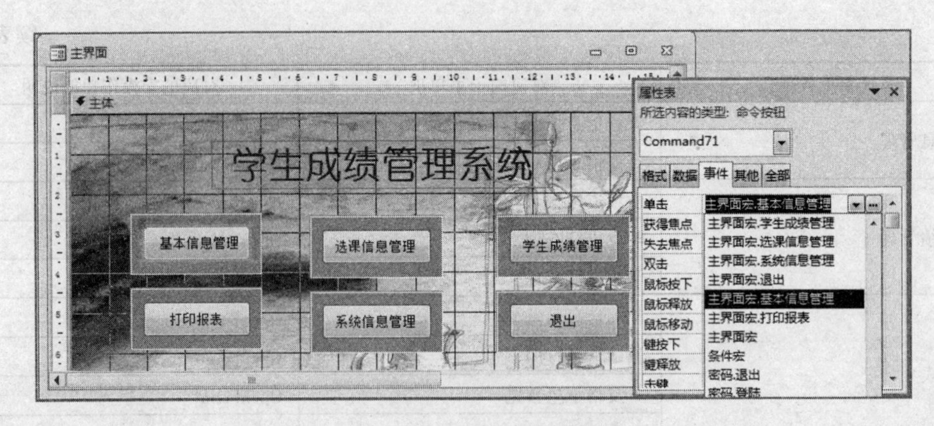

图 5-38 窗体属性设置

小 结

宏操作是 Access 的主要功能对象之一。利用宏能自动完成指定的任务，并向窗体、报表和控件中添加功能。通过学习本章，读者应掌握以下内容：

① 理解宏的概念。

② 了解宏的创建及常用的宏操作。

③ 了解对象的事件属性。

④ 了解宏的综合应用。

课后练习

一、思考题

1. 宏和子宏的主要功能是什么？
2. Access 中常用的操作数据库对象的宏操作有哪些？
3. Access 中常用的操作数据的宏操作有哪些？
4. 如何在窗体上创建运行宏的命令按钮？
5. 如何使用宏检查数据有效性？

二、选择题

1. 要限制宏命令的操作范围，可以在创建宏时定义________。

   A. 宏操作对象　　B. 宏条件表达式

   C. 窗体或报表控件属性　　D. 宏操作目标

2. 在宏的表达式中要引用窗体 Form1 上控件 Txt1 的值，可以使用的引用式是________。

   A. Txt1　　B. Form1!Txt1　　C. Forms!Form1!Txt1　　D. Forms!Txt1

3. OpenForm 基本操作是打开________。

   A. 表　　B. 窗体　　C. 报表　　D. 查询

4. 如果不指定对象，Close 基本操作将会________。

   A. 关闭正在使用的表　　B. 关闭正在使用的数据库

C. 关闭当前窗体　　D. 关闭相关的使用对象（窗体、查询、宏）

5. 以下________事件发生在控件接收焦点时。

A. Enter　　B. Exit　　C. GotFocus　　D. LostFocus

6. 宏可以单独运行，但大多数情况下都与________控件绑定在一起使用。

A. 命令按钮　　B. 文本框　　C. 组合框　　D. 列表框

7. 显示包含警告信息或其他信息的消息框，应该使用的操作是________。

A. Echo　　B. MsgBox　　C. Warn　　D. Message

8. 表达式 IsNull([名字])的含义是________。

A. 没有"名字"字段　　B. "名字"字段值是空值

C. "名字"字段值是空字符串　　D. 检查"名字"字段名的有效性

9. 用于打开窗体的宏操作命令是________。

A. OpenForm　　B. OpenReport　　C. OpenQuery　　D. OpenTable

10. 用于打开查询的宏操作命令是________。

A. OpenForm　　B. OpenReport　　C. OpenQuery　　D. OpenTable

三、填空题

1. 宏（Macro）是指一个或多个________的集合。

2. MsgBox 显示包含警告信息或其他信息的________。

3. 当用户在一个对象上按下然后释放鼠标按键时，________事件会发生。

4. 创建 AutoKeys 宏时，必须定义宏将执行的________，如打开一个对象，最大化一个窗口或显示一条消息。

5. 如果要引用子宏中的宏，语法是________.宏名。

6. Access 为很多对象提供了创建的向导工具，但在其支持的 6 种对象中________和模块的创建没有向导工具。

7. 要使数据库打开时自动打开某一窗体，可以建立一个自动宏来打开这个窗体，该宏名为________。

8. 宏的使用一般是通过窗体或报表中的________控件来实现的。

9. 显示包含警告信息或其他信息的消息框应选择________操作命令。

10. 在宏的 Close 操作中，如果不指定对象，此操作将会________。

四、操作题

打开数据库文件 Access5.accdb，数据库文件中已建立好表对象 tStud 和 tScore、宏对象 mTest 和窗体 fTest。试按以下要求，完成各种操作：

（1）设置表 tScore 的"学号"和"课程号"两个字段为复合主键。

（2）删除 tStud 表结构的"照片"字段列。

（3）冻结表 tStud 中的"姓名"字段列。

（4）将窗体 fTest 的"标题"属性设置为"测试"。

（5）将窗体 fTest 中名为 bt2 的命令按钮，其宽度设置为 2 厘米、左边界设置为左边对齐 bt1 命令按钮。

（6）将宏 mTest 重命名保存为自动执行的宏。

第6章 报 表

报表是Access中的主要功能之一，是数据库程序设计的重要环节，用户可以根据需要来设计数据输出格式。尽管数据表和查询都可用于打印，但是，报表是打印和复制数据库管理信息的最佳方式，可以帮助用户以更好的方式表示数据。可见，报表为用户在打印的文档中显示数据提供了灵活的途径。本章主要介绍报表的一些基本应用操作，如报表的创建，报表的设计、分组记录及报表的存储和打印等内容。

6.1 报表的基本概念

报表是 Access 提供的一种对象。报表对象可以将数据库中的数据以格式化的形式显示和打印输出。下面介绍报表的基本概念。

6.1.1 报表的功能

报表是查阅和打印数据的方法，与其他的打印数据方法相比，报表具有可以执行简单数据浏览和打印的功能，还可以对大量原始数据进行比较、汇总和小计。报表还可以生成清单、订单及其他所需的输出内容，从而方便、有效地处理商务。

报表作为 Access 数据库的一个重要组成部分，不仅可用于数据分组，单独提供各项数据和执行计算，还提供了以下功能：

① 可以制成各种丰富的格式，从而使用户的报表更易于阅读和理解。

② 可以使用剪贴画、图片或者扫描图像来美化报表的外观。

③ 通过页眉和页脚，可以在每页的顶部和底部打印标识信息。

④ 可以利用图表和图形来帮助说明数据的含义。

6.1.2 报表的类型和视图

1. 报表的类型

建立报表之前，首先必须确定报表类型。报表可能是一个电话号码簿，也可能是发票之类的复杂清单。还可以建立特殊种类的报表，如标签就是一种特殊的报表。常见的报表类型有 4 种，有关说明如表 6-1 所示。

表 6-1　常见报表类型

报表类型	说明	例子
纵栏式报表	在一页主体节区域内显示一条或多条记录。一行一个字段，每个记录的字段在一侧竖直放置	数据列表等
表格式报表	每行一个记录，每个记录的字段在页面上按水平方向放置。字段标题安排在页眉中	分组/总计报表、财政报表、存货清单或销售总结等
图表报表	以图表的形式表示数据之间的关系	数据分析图
标签报表	标签是报表的一种特殊方式	书签、信封或物品标签

2. 报表的视图

Access 2010 提供的报表视图有 4 种，分别是设计视图、布局视图、报表视图和打印预览。

① 报表视图：用于显示报表内容，可对报表内容进行筛选、查找等。

② 打印预览：用来查看报表的页面数据输出形态。

③ 布局视图：也称为设计网格或设计图面，使用布局视图可以排列报表中的报表项。

④ 设计视图：用来创建和编辑报表的结构。

这 4 个视图是可以相互转换的，单击“开始”选项卡中“视图”组里的“视图”按钮位置下的 4 个选项：报表视图、打印预览、布局视图和设计视图，即可对视图进行转换。

6.1.3　报表的组成

在报表“设计”视图中，报表的结构一般由报表主体、报表页眉、报表页脚、页面页眉、页面页脚 5 个区段组成，这些区段称为“节”。

1. 报表页眉节

报表页眉节位于报表的最上端，一般用来显示报表的标题、图形或说明性文字，每份报表只有一个报表页眉。

2. 页面页眉节

页面页眉中的文字或控件一般输出在每页的顶端。通常，它是用来显示报表中的字段名称或对记录的分组名称。

3. 主体节

主体节用来定义报表中最主要的数据输出内容和格式，将针对每条记录进行处理，各字段数据均要通过文本框或其他控件（主要是复选框和绑定对象框）绑定显示，可以包含通过计算得到的字段数据。根据主体节内字段数据的显示位置，报表又划分为 4 种类型：纵栏式报表、表格式报表、图表报表和标签报表。

（1）纵栏式报表

纵栏式报表（也称为窗体报表）一般是在一页的主体节区内以垂直方式显示一条或多条记录。这种报表可以安排显示一条记录的区域，也可同时显示一对多关系的“多方”的多条记录的区域，甚至包括合计。在设计纵栏式报表时，字段标题信息与字段记录数据要安排在每页的主体字节内。

（2）表格式报表

表格式报表是以整齐的行、列形式显示记录数据，通常一行显示一条记录、一页显示多行记录。表格式报表与纵栏式报表不同，字段标题信息不能安排在每页的主体节，而是要安排在页面页眉节区。可以在表格式报表中设置分组字段、显示分组统计数据。

（3）图表报表

图表报表是指包含图表显示的报表类型。在报表中使用图表可以更直观地表示出数据之间的关系。

（4）标签报表

标签是一种特殊类型的报表。在实际应用中，经常会用到标签，例如物品标签、客户标签等。

上述各种类型报表设计过程中，根据需要可以在报表页中显示页码、报表输出日期甚至直线或方框等来分隔数据，与窗体设计一样也可以设置颜色和阴影等外观属性。

4．页面页脚节

页面页脚位于每页报表的最底部，用来显示本页数据的汇总情况。一般包含有页码或控制项的合计内容，数据显示安排在文本框和其他一些类型控件中。

5．报表页脚节

该节区一般是在所有的主体和组页脚输出完成后才会出现在报表的最后面，用来显示整份报表的汇总说明。通过在报表页脚区域安排文本框或其他一些控件，可以输出整个报表的计算汇总或其他的统计信息。

另外，根据报表设计需要还可以添加组页眉和组页脚。组页眉一般在组的明细部分的最前面，显示分组字段等分组信息；组页脚一般在组的明细部分的最后面，显示分组统计数据等分组信息。

6.2 创 建 报 表

报表的创建过程可归纳为以下3种方法：一是使用自动报表创建基于单个表或查询的报表，二是使用向导创建基于一个或多个表或查询的报表，三是在设计视图中自行创建报表。

6.2.1 自动创建报表

“自动创建报表”是使用向导创建报表的一种方法。使用“自动创建报表”方法可以选择表或查询作为报表的记录源，然后选择纵栏式或表格式类型来创建报表。

1．使用“报表”按钮创建报表

使用“报表”按钮创建报表是一种创建报表的快速方法，其数据源是某个表或查询，所创建的报表是表格是报表。

【例6-1】使用“报表”按钮创建一个“选课成绩表”的简单报表。

操作步骤如下：

① 打开“学生成绩管理系统”数据库，在“导航窗格”中选定“表”中的“选课成绩表”。

② 在“创建”选项卡中选择“报表”组，单击“报表”按钮，系统将自动创建窗体，如图6-1所示。

③ 设计完毕后，关闭报表，系统将以“选课成绩表”为

选课成绩表

学号	课程编号	开课时间	成绩
201003102	CS03	2010-2-20	87
201003102	CC01	2010-2-20	78
201003102	CC03	2010-2-20	90
201003102	CS01	2010-9-1	93
201042001	CC02	2010-2-20	79
201042001	CS03	2010-2-20	88
201042011	CC02	2011-2-20	65
201042011	CC03	2011-2-20	67
201042011	CS02	2010-9-1	76
201042011	CC01	2011-2-23	86
201042011	CS02	2011-2-23	50
201141104	CS02	2011-2-20	56

图6-1 新建报表

文件名保存该报表。此时在“导航窗格”的报表列表中可以看到新建立的“选课成绩表”报表，双击它可以在报表视图中浏览该报表。

2. 创建空报表

创建空报表时可以在布局视图中打开一个空报表，并显示出字段列表任务窗格。将字段从字段列表拖到报表中时，Access 将创建一个嵌入式查询并将其存储在报表的记录源属性中。

【例 6-2】使用“空报表”创建“学生选课成绩表”信息报表。

操作步骤如下：

① 打开“学生成绩管理系统”数据库，在“导航窗格”中选定“表”中的“选课成绩表”。

② 在“创建”选项卡中选择“报表”组，单击“报表设计”按钮，系统将自动创建一个空报表。

③ 空报表是一个表格式的自动创建一个空报表，并以布局视图显示，同时打开“字段列表”窗口，如图 6-2 所示。

④ 打开“选课成绩表”里的“+”号，展开字段，将“选课成绩表”中的所有字段拖动到报表的空白区域，如图 6-3 所示，设计完毕后，单击工具栏上的“保存”按钮，输入文件名“学生选课成绩表”，就可以保存该报表了。此时，在数据库窗口的报表列表中可以看到新建立的报表名称，双击它可以运行该报表。

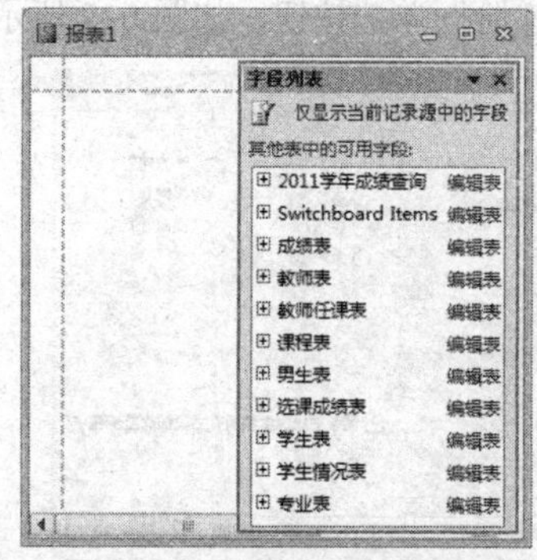

图 6-2　空报表与字段列表

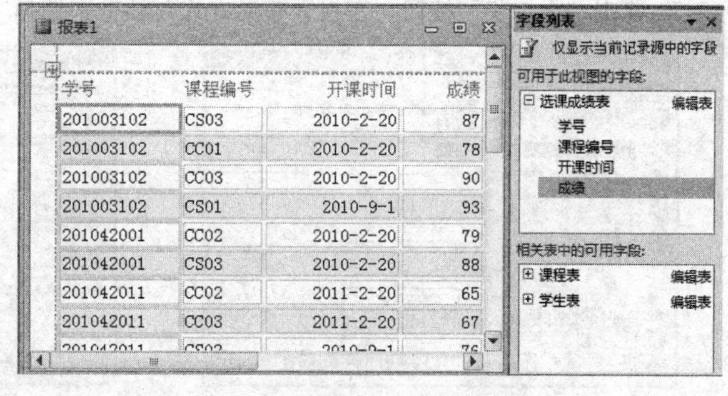

图 6-3　拖动字段到报表中

6.2.2　利用“报表向导”创建报表

使用向导创建报表比较简单，用户只要按照向导提供的步骤，回答向导提出的问题，就能正确地建立报表。在建立报表的过程中，如果对前面的设计不满意，可以返回上一步，进行修改，直到满意为止。

1. 使用报表向导创建报表

【例 6-3】利用向导创建以“学生表”为数据源的学生基本情况报表。

操作步骤如下：

① 打开“学生成绩管理系统”数据库，在“导航窗格”中选定“表”中的“学生表”。

② 在“创建”选项卡中选择“报表”组，单击“报表向导”按钮，系统将打开“报表向导”对话框。

③ 在“报表向导”对话框的下拉列表框中选择要作为窗体数据来源的表或查询，这里系统会自动选择“学生表”。

④ 在字段选取对话框中，选取数据库中的“学生表”，“可用字段”列表框列出了选中表中的所有字段，单击所需字段，然后单击右箭头按钮，将它添加到“选定字段”列表框中。本例选中“学生表”中除了“团员否”和“照片”两个字段外的所有字段，如图 6-4 所示。

⑤ 单击“下一步”按钮，在确定是否添加分组级别对话框中选择“性别”字段，如图 6-5 所示。

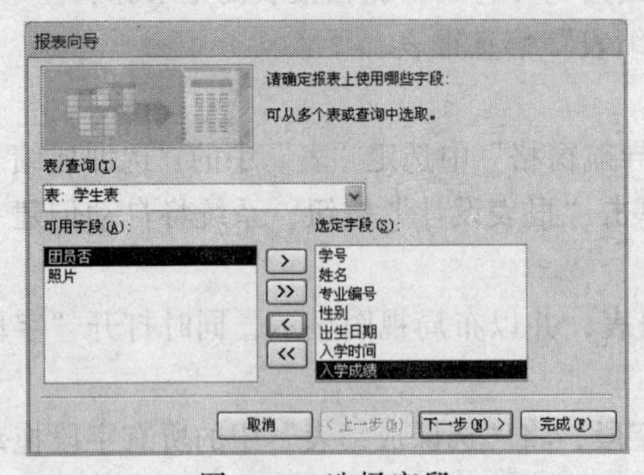

图 6-4　选择字段

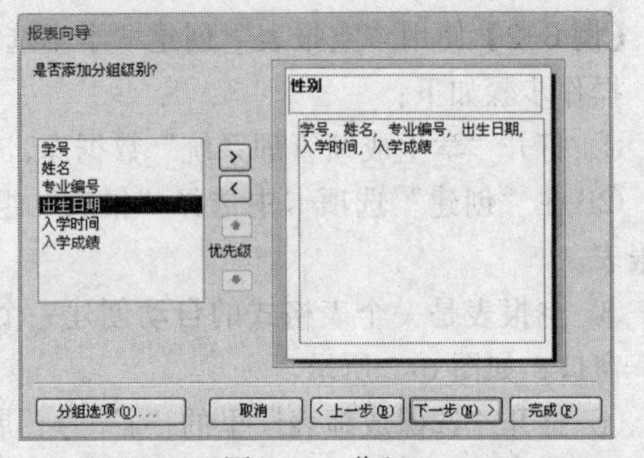

图 6-5　分组

⑥ 单击“下一步”按钮，进入排序对话框，选择“学号”字段作为排序字段，如图 6-6 所示。

⑦ 单击“下一步”按钮，在报表布局方式对话框中选择“递阶”单选按钮，如图 6-7 所示。

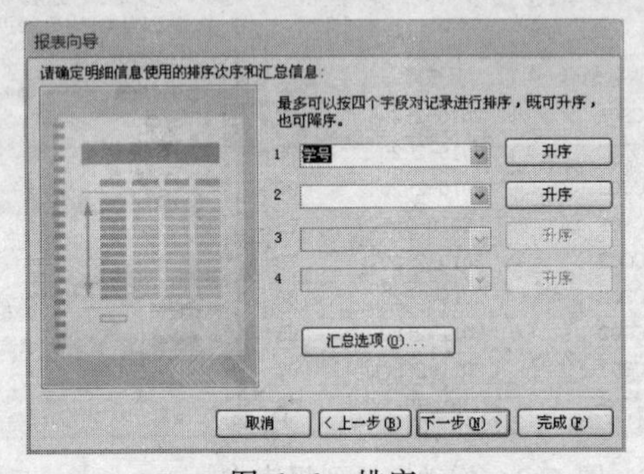

图 6-6　排序

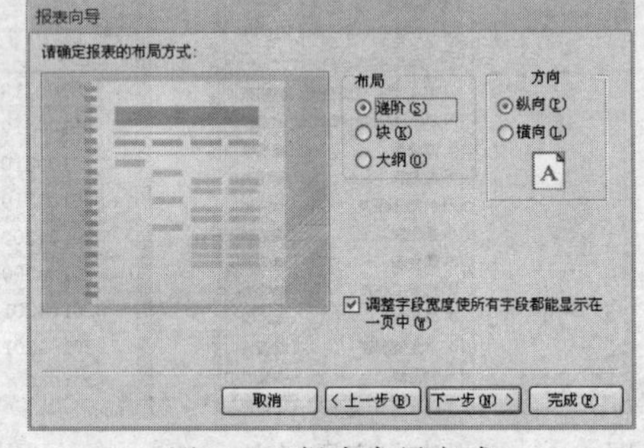

图 6-7　报表布局方式

⑧ 单击“下一步”按钮，输入报表标题“学生情况一览表”，单击“完成”按钮，如图 6-8 所示。

⑨ Access 会自动保存由向导生成的报表，打开该报表，如图 6-9 所示。

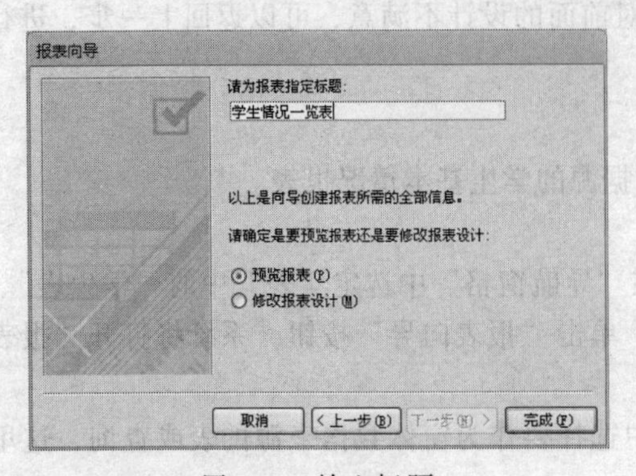

图 6-8　输入标题

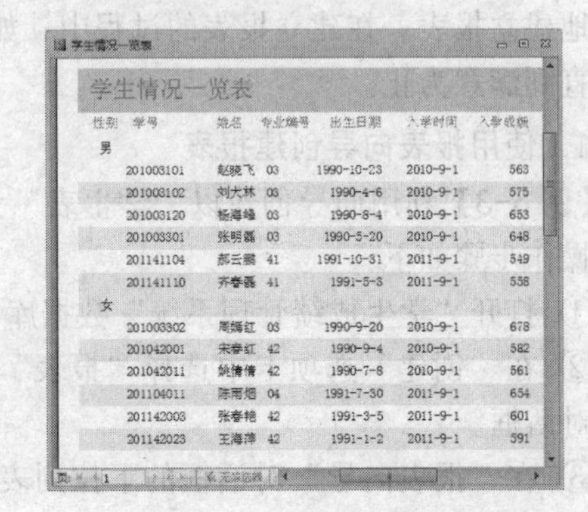

图 6-9　报表运行结果

注 意

如果要在报表中包含来自多个表或查询的字段（多个表之间必须已经建立“关系”），则在报表向导中选择第一个表或查询中的字段后，不要单击“下一步”按钮或“完成”按钮，而是重复执行选择表或查询的步骤，直至选完所有需要的字段。字段选择完毕后，按“下一步”按钮，弹出的对话框要求选择报表使用的布局，接着弹出的对话框则要求选择报表所用的样式，最后一个对话框则要求给出报表的标题（也是报表的名字），然后单击“完成”按钮即可生成报表。

如果生成的报表不符合预期要求，可以在报表设计视图中进行修改。

2. 使用图表向导创建报表

以上所创建的报表，大都以数据形式为主。如果需要更加直观地将数据以图表的形式表示出来，可以使用图表向导创建报表。图表向导功能强大，提供了几十种图表形式供用户选择。

【例 6-4】利用图表向导创建以“学生表”为数据源的图表报表。

操作步骤如下：

① 打开“学生成绩管理系统”数据库，在“导航窗格”中选定“表”中的“学生表”。

② 在“创建”选项卡中选择“报表”组，单击“报表设计”按钮，系统将自动创建一个空报表。

③ 进入设计视图，在“控件”组中选择“图表”控件，并在主窗体中拖动出一个图表对象区域，如图 6-10 所示。同时系统会打开“图表向导”对话框，如图 6-11 所示。

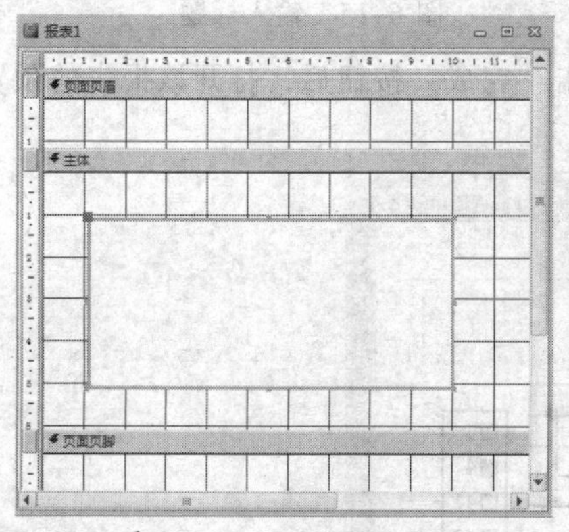

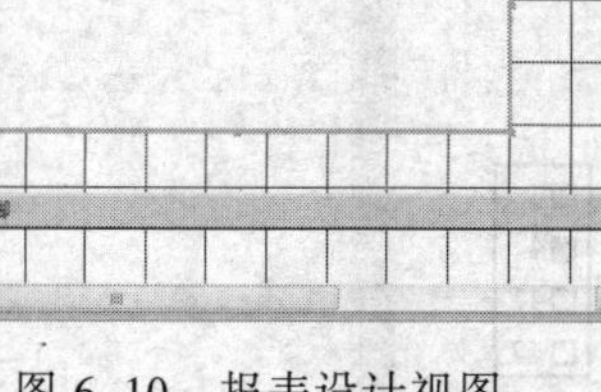

图 6-10　报表设计视图

图 6-11　“图表向导”对话框

④ 在“图表向导”对话框中，在“视图”中选择要作为报表数据来源的表或查询，这里选择“表”。在“请选择用于创建图表的表或查询”下拉列表框中选择“学生表”。单击“下一步”按钮。屏幕显示图表向导中的字段选取对话框。

⑤ 在字段选取对话框中选取数据库中的“学生表”，“可用字段”列表框列出了选中表中的所有字段，单击所需字段，然后单击右箭头按钮，将它添加到“用于图表的字段”列表框中。本例选中学生表中的“姓名”“专业编号”和“入学成绩”3 个字段，如图 6-12 所示。

⑥ 在选择图表样式对话框中选择“柱形图”类型，单击“下一步”按钮，如图 6-13 所示。

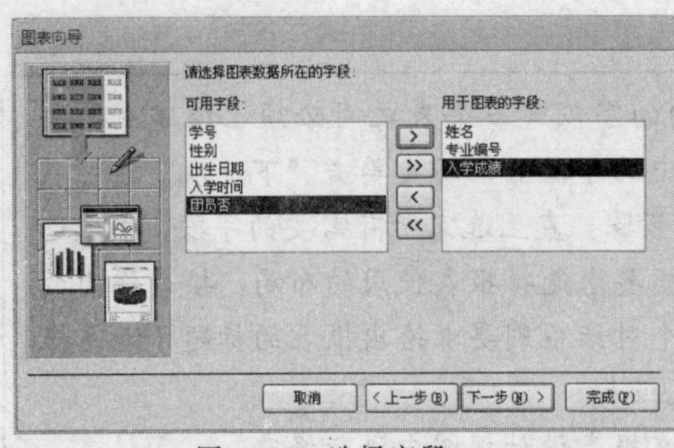

图 6-12　选择字段

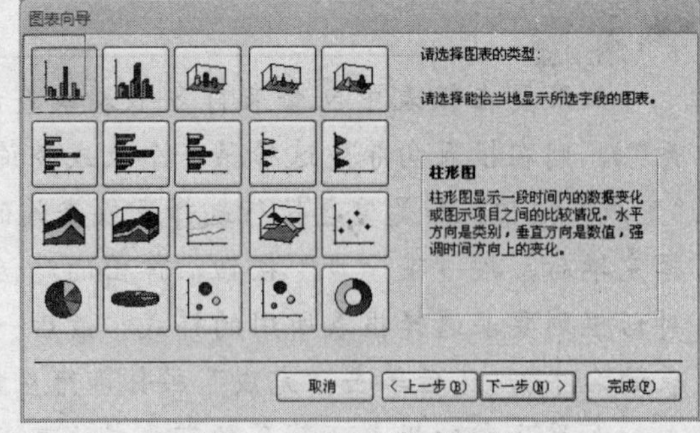

图 6-13　选择图表类型

⑦ 设置布局，将选择的字段按图表中布局的方式布局，单击“下一步”按钮，如图 6-14 所示。

⑧ 输入报表标题“学生情况一览图表”，单击“完成”按钮，如图 6-15 所示。

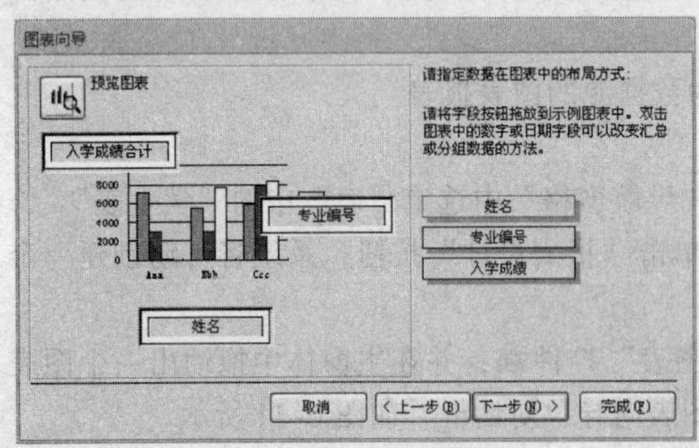

图 6-14　设置布局

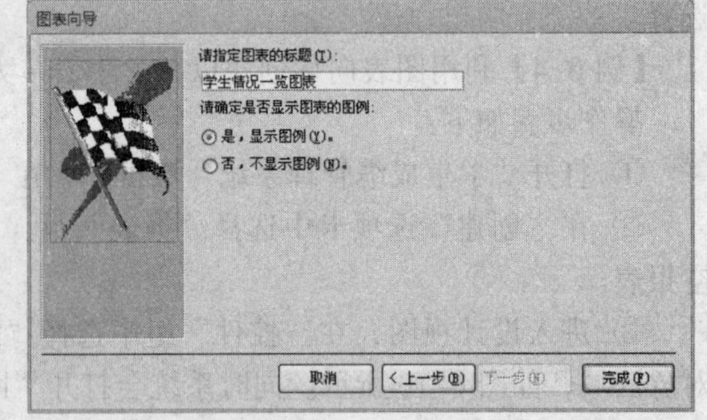

图 6-15　输入标题

⑨ 因为选择“是，显示图例”单选按钮，所以单击“完成”按钮后，打开该报表的预览界面，如图 6-16 所示。

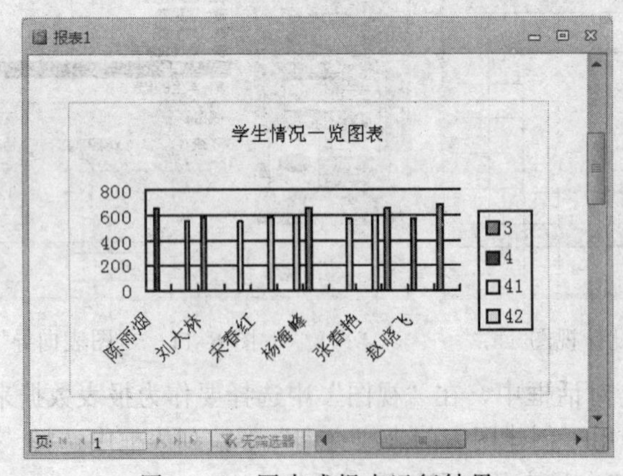

图 6-16　图表式报表运行结果

⑩ 关闭预览窗口后，系统弹出“另存为”对话框，此处输入文件名“图表报表”，就可以保存该报表了。此时，在数据库窗口的报表列表中可以看到新建立的报表名称，双击它可以预览该报表。

3. 使用标签向导创建标签报表

以上所创建的报表，大都以数据形式为主。为了使报表更形象，或为了特殊需要，可以使用标签向导来创建标签报表。

【例 6-5】利用标签向导创建以“教师表”为数据源的标签报表。

操作步骤如下：

① 打开“学生成绩管理系统”数据库，在“导航窗格”中选定“表”中的“教师表”。

② 在“创建”选项卡中选择“报表”组，单击“标签”按钮，系统将自动打开“标签向导”对话框。

③ 选择标签类型。在选择标签类型对话框中选择“英制”或“公制”单选按钮，并确定标签的型号、尺寸和横标签号，也可以自定义。这里选择“公制”单选按钮及 C2180 型号的标签，如图 6-17 所示，单击“下一步”按钮。

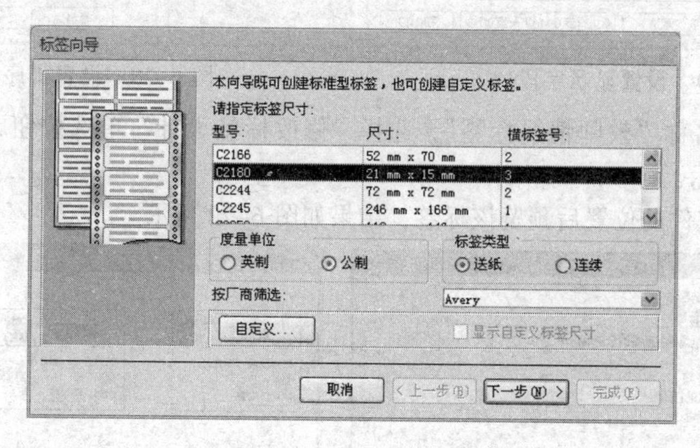

图 6-17　选择标签类型

④ 选择文本的字体和颜色。在此对话框中设置字体为“宋体”，字号为 10 号字，字体粗细为“细”，文本颜色为“蓝色”，如图 6-18 所示，单击“下一步”按钮。

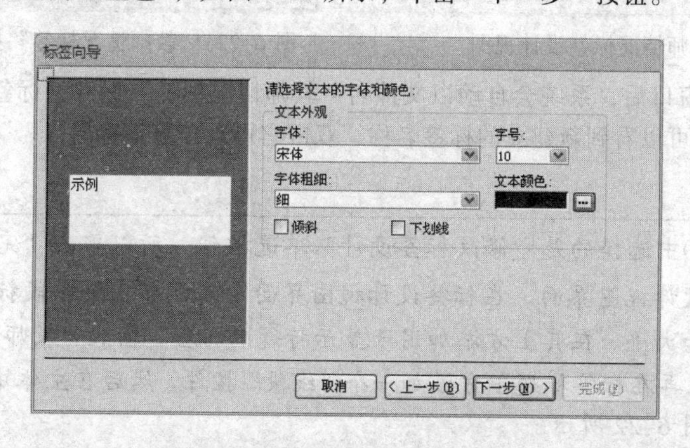

图 6-18　设置文本的字体和颜色

⑤ 在字段选取对话框中选取数据库中的“教师表”，“可用字段”列表框列出了选中表中的所有字段，单击所需字段，然后单击右箭头按钮，将它添加到“原型标签”列表框中。本例选中教师表中的“教师姓名”“性别”和“职称”3 个字段。标签中的字段名称可以在该对话框的“原型标签”列表框中分别输入“教师姓名:”“性别:”和“职称:”之后，分别将可用字段“教师姓名”“性别”和“职称”添加到字段名称的后面，如图 6-19 所示。也可以在标签设计器中用标签控件添加和修改，单击“下一步”按钮。

⑥ 在字段排序对话框中，将“可用字段”列表框中的“教师姓名”字段移动到“排序依据”列表框中，如图 6-20 所示，单击“下一步”按钮。

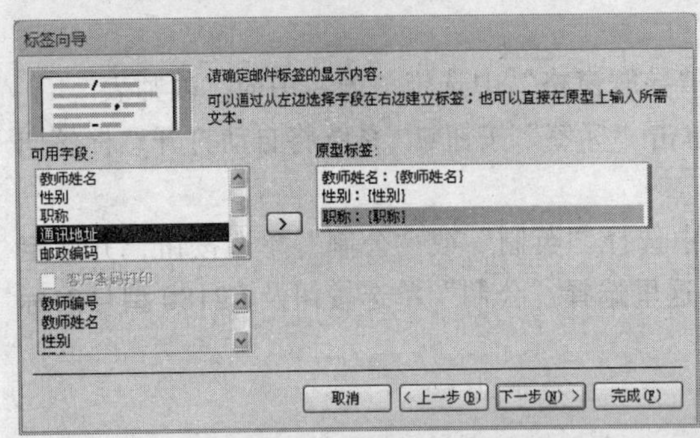

图 6-19 设置显示字段

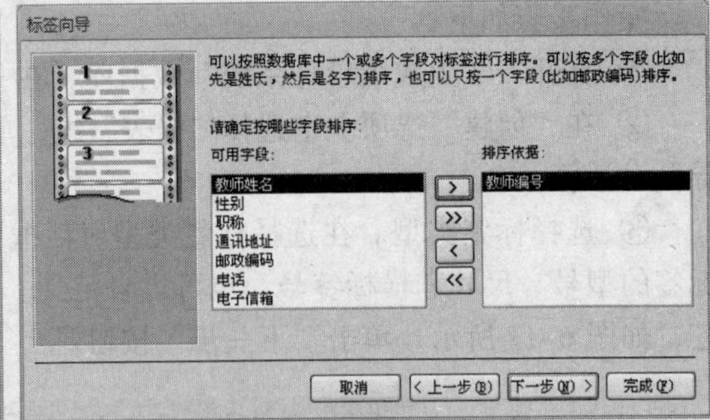

图 6-20 设置排序字段

⑦ 输入报表名称“教师情况标签”，选择“修改标签设计”单选按钮，单击“完成”按钮，如图 6-21 所示。

⑧ 调整好各控件的位置后预览该标签，结果如图 6-22 所示。

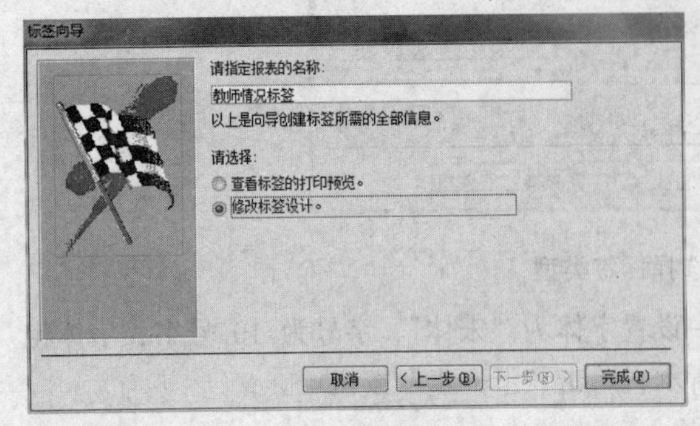

图 6-21 教师情况标签设计视图

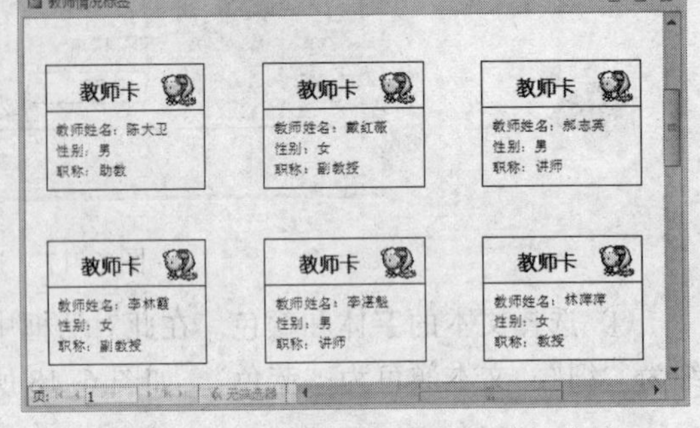

图 6-22 “教师情况标签”报表运行结果

⑨ 关闭预览窗口后，系统会自动以文件名“教师情况标签”保存该标签。此时在数据库窗口的报表列表中可以看到新建立的标签名称，双击它可以预览该标签。

说 明

因为步骤⑦中选择的是“修改标签设计”单选按钮，所以单击“完成”按钮后，打开该标签的设计视图界面。在标签设计视图界面中，调整 3 个字段标签和 3 个字段文本框的位置和大小，在其上方添加用于显示标题的标签，输入“教师卡”，在其右侧添加一个图片，再在标签标题下方添加一个“线段”控件，然后在主体中添加一个“矩形”控件，如图 6-22 所示。

6.2.3 使用“报表设计”工具创建报表

设计视图可以让用户完全自主地来创建报表。在实际应用中，许多用户喜欢先使用向导创建报表，然后在设计视图中修改报表的设计。

在数据库窗口中，选择“对象”列表中的“报表”，然后单击数据库窗口工具栏上的“新建”按钮，打开“新建报表”对话框，在该对话框中先指定用于报表的数据源，然后双击上面列表框中的“设计视图”，系统将弹出报表设计窗口和报表设计工具栏。

【例 6-6】利用报表设计视图创建以“教师表”为数据源的“教师情况报表”报表。

操作步骤如下：

① 打开“学生成绩管理系统”数据库，在“导航窗格”中选定“表”中的“教师表”。

② 在“创建”选项卡中选择“报表”组，单击“报表设计”按钮，系统将自动打会开“报表设计”视图对话框。

③ 将数据源“教师表”中的所有字段添加到主体节中。

④ 用“标签”控件在报表页眉中拖出标签控件区域，并输入“我院教师基本情况一览表”，按【Enter】键后，设置其字体的字形、字号和颜色，添加线条，如图 6-23 所示。

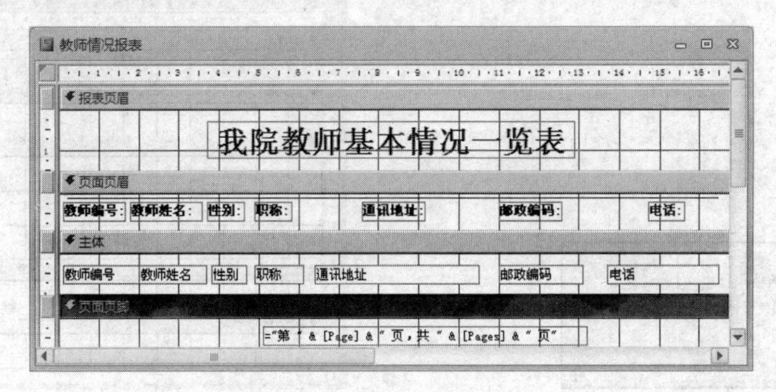

图 6-23　添加字段后的报表视图

⑤ 单击“视图”按钮，屏幕显示报表设计结果，如图 6-24 所示。

⑥ 单击“保存”按钮，在“另存为”对话框中输入报表名称“教师情况报表”，并关闭对话框。

教师情况报表

我院教师基本情况一览表

教师编号:	教师姓名:	性别:	职称:	通讯地址:	邮政编码:	电话:
JCC01	刘月红	女	教授	北京市朝阳区民和大街182栋	100072	010-87675423
JCC02	李林霞	女	副教授	北京市丰台区月夕大街202栋	100043	010-87876745
JCC03	于平清	女	副教授	北京市海淀区民族大街102栋	100037	010-87886543
JCS01	戴红薇	女	副教授	北京市西城区卫星大街82栋1	100030	010-83457231

页: 1　无筛选器

图 6-24　“教师情况报表”运行结果

6.3　报 表 设 计

报表设计主要指如何利用报表视图创建报表，利用报表设计视图可以把字段和控件添加到空白报表中，设计出美观大方、实用且复杂的报表，同时还可以对使用向导创建的报表进行修改和完善。报表控件在报表视图设计中起着非常重要的作用。下面以“学生表”为例，介绍报表的设计和报表控件的使用。

6.3.1 报表设计视图

1. 打开报表视图的方法

在Access中提供了报表视图，允许用户通过直观的操作来直接设计或修改报表。打开报表视图的方法如下：

打开 Access 2010 数据库，在“导航窗格”中选定“表”中作为报表数据源的数据表，在“创建”选项卡中选择“报表”组，单击“报表设计”按钮，如图 6-25 所示。系统将自动打会开“报表设计”视图对话框，这时屏幕会出现报表视图窗口，如图 6-26 所示。

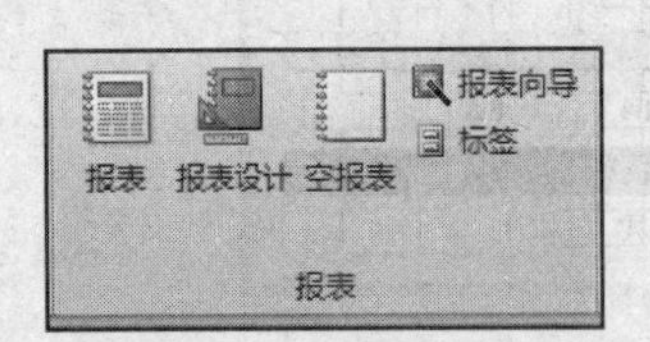

图 6-25 “新建报表”对话框

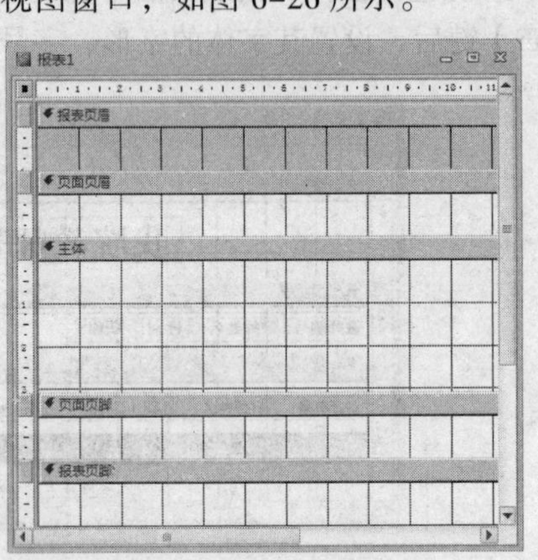

图 6-26 报表视图窗口

2. 报表视图的基本组成

首次启动“报表视图”时，报表布局中默认有3个节：页面页眉、主体和页面页脚。也可以根据需要添加报表页眉和报表页脚，如图 6-26 所示。

除了以上通用区段外，在分组和排序时，有可能需要组页眉和组页脚区段。可选择“视图”下的“排序与分组”命令，弹出“排序与分组”对话框。选定分组字段后，对话框下端会出现“组属性”选项组，将“组页眉”和“组页脚”框中的设置改为“是”，在工作区即会出现相应的组页眉和组页脚。

提 示

① 报表页眉：以字号大的文本将该份报表的标题放在报表顶端。只有报表的第 1 页才出现报表页眉内容。报表页眉的作用是作封面或信封等。

② 页面页眉：页面页眉中的文字或字段，通常会打印在每页的顶端。如果报表页眉和页面页眉共同存在于第 1 页，则页面页眉数据会打印在报表页眉的数据下面。

③ 主体：用于处理每一条记录，其中的每个值都要被打印。主体区段是报表内容的主体区域，通常含有计算字段。

④ 页面页脚：页面页脚通常包含页码或控件，其中的“="第"&[page]& "页"”表达式用来打印页码。

⑤ 报表页脚：用于打印报表末端，通常使用它显示整个报表的计算汇总等。

每个节的大小是可以改变的，将鼠标指针指向节分隔条，此时鼠标指针变成垂直双箭头，拖动鼠标就可以改变节的大小。改变大小后的节，反映在报表上，页面页眉区域、页面页脚区域和记录的行间距也随之发生改变。

6.3.2　报表控件

报表是由各种控件组成的。标题、图标、页面页眉、日期及时间等，都需要用添加控件的方法来实现。在“创建”选项卡中选择“报表”组，单击“报表设计”按钮，屏幕的“报表设计工具”中的“设计”选项卡下就会显示报表控件工具栏，如图 6-27 所示。

1. 控件的操作

用户可以在设计视图中对控件进行如下操作：

① 通过鼠标拖动可以创建新控件、移动控件。

② 通过按【Delete】键删除控件。

③ 激活控件对象，拖动控件的边界调整控件大小。

④ 通过格式化改变控件外观，可以运用边框、粗体等效果。

⑤ 对控件增加边框和阴影等效果。

⑥ 向报表中添加非绑定控件，可通过从工具栏中选择相应的控件，拖动到报表上即可。向报表中添加绑定控件是一项重要工作，这类控件主要是文本框，它与字段列表中的字段相结合来显示数据。

图 6-27　报表控件工具栏

2. 计算控件的操作

在报表中创建计算控件时，可使用以下两种方法：如果控件是文本框，可以直接在控件中输入计算表达式；不管控件是不是文本框，都可以使用表达式生成器来创建表达式。

使用表达式生成器创建计算控件的操作步骤如下：

① 在设计视图中打开报表。

② 创建或选定一个非绑定的文本框。

③ 单击“报表设计”→“属性”按钮。

④ 打开属性对话框中的“数据”选项卡，并单击“控件来源”行。

⑤ 单击表达式生成器按钮，弹出“表达式生成器”。

⑥ 单击“=”按钮，并单击相应的计算按钮。

⑦ 双击计算中使用的一个或多个字段。

⑧ 输入表达式中的其他数值，然后单击“确定”按钮。

3. 控件属性

在报表设计视图中，有一个属性对话框，用来显示选定对象的属性。报表由许多控件（又称对象）组成，这些控件彼此独立，每个对象都具有自己的属性，如颜色、尺寸大小、标题、名字、在屏幕上的位置等都是它的属性，可以通过属性对话框来定义或修改对象的各种属性。

打开属性对话框的方法是，选择“视图”下的“属性”命令，或单击“报表设计”工具栏中的“属性”按钮，屏幕显示“属性表”对话框，如图 6-28 所示。报表中的每个控件都具有自己的属性。

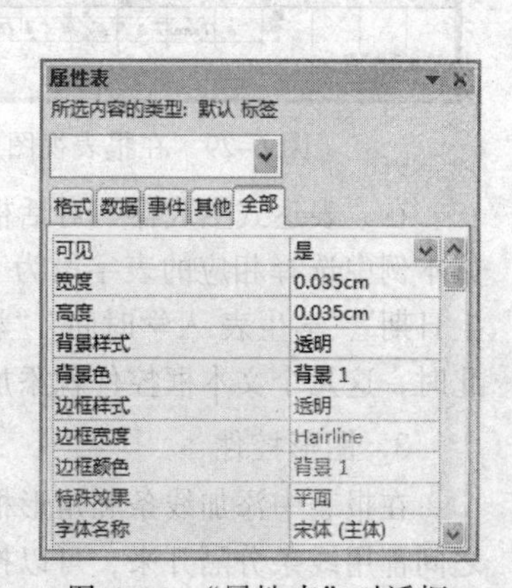

图 6-28　“属性表”对话框

6.3.3 报表控件的使用

下面介绍如何添加各种报表控件，添加报表控件的方法也类似于添加窗体控件的方法。下面介绍几个主要控件。

1. 标签

在报表中，标签控件是最常用的一种控件，它可以单独使用，也可以和其他控件结合使用。在报表视图窗口中，单击报表控件工具栏中的“标签”按钮，然后将鼠标指针指向报表页眉节并单击在光标处输入标签文本内容“学生基本情况一览表”。用同样的方法，在页面页眉节输入字段名，如输入“学号”“姓名”“专业编号”“性别”和“入学成绩”等。

2. 文本框控件

报表设计中的文本框控件用于显示表字段、变量和表达式的内容。添加文本框控件有以下两种方法。

（1）从字段列表中添加

在字段列表对话框中选择要添加到数据表中的字段，单击该字段并拖动到报表区域。本例中将数据环境学生表中的“学号”“姓名”“专业编号”“出生日期”“入学时间”和“入学成绩”字段分别拖动到主体节内，并与页面页眉节内相应的标头对齐。结果如图 6-29 所示。

（2）从报表控件工具栏中添加

单击报表控件工具栏中的“文本框控件”按钮，将光标指向要放置文本框控件的位置并单击，可在指定区域添加一个未绑定文本框控件。在属性窗口的“控件来源”行中选择相应字段。或者单击“控件来源”行后面的浏览按钮，打开“表达式生成器”。

在工具栏上单击“使用控件向导”按钮，打开“生成器表达式”对话框，如图 6-30 所示。

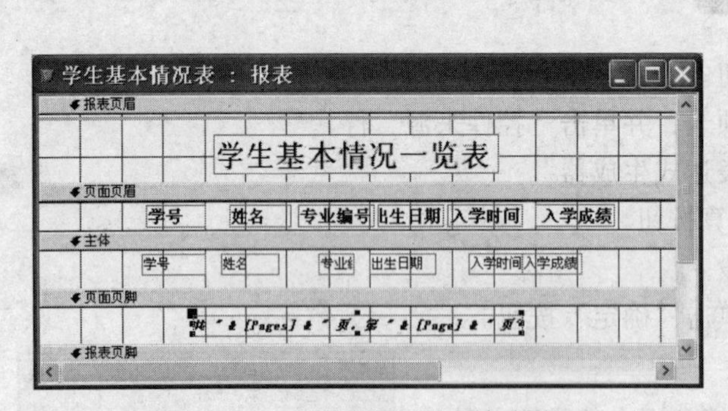

图 6-29 在报表视图中添加控件

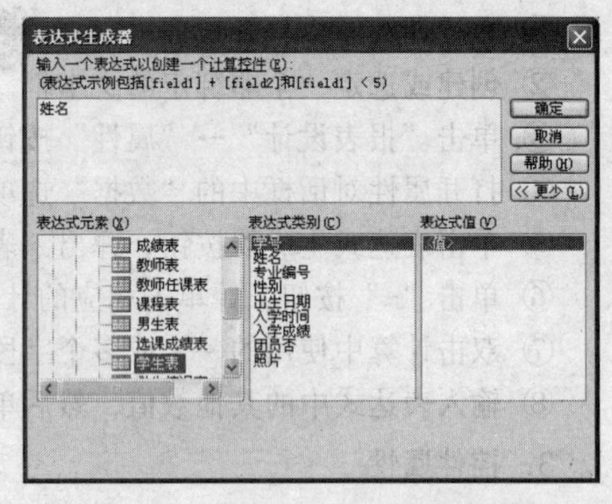

图 6-30 “表达式生成器”对话框

在“表达式生成器”对话框中，双击选定的字段名，如果是表达式则输入相应的表达式。如本例中选择相应的表字段为“学生表.学号”“学生表.姓名”“学生表.专业编号”“学生表.出生日期”“学生表.入学时间”“学生表.入学成绩”。依次单击“确定”按钮，返回报表视图窗口。此时，这几个文本框控件就添加在了报表中，在输出时，将它们的值显示出来。

3. 图形控件

在报表中添加线条和矩形框等控件可以使报表更为清晰、美观。例如，在标题与页面页眉之间都用线条分隔开来，可以按照以下操作步骤完成：

① 单击报表控件工具栏中的“直线”按钮，分别将鼠标指针指向标题节和总结节，单击并拖动鼠标，一条直线就画出来了。

② 如果要修改线条的粗细或形状，可在“属性表”对话框中的“边框宽度”下拉列表框中设置，在其下拉列表框中选择适当粗细的线条磅值。

利用同样的方法，可以画出矩形。例如，在标题“学生基本情况一览表”上添加矩形：先添加矩形控件，再将标题粘贴在矩形控件上即可。

4．图像控件

在报表中添加图片、公司的标志和学校的校徽，根据显示记录的不同显示每个学生的照片……这些会使设计的报表图文并茂，更加美观。下面介绍如何添加图片。

首先，单击报表控件工具栏中的图像控件按钮，将鼠标指针指向标题节的合适位置单击，屏幕出现“插入图片”对话框，在“插入图片”对话框中指定图片来源及图片文件名，单击“确定”按钮，则可在报表视图中显示选中的图片。报表设计结果如图 6-31 所示。预览结果如图 6-32 所示。

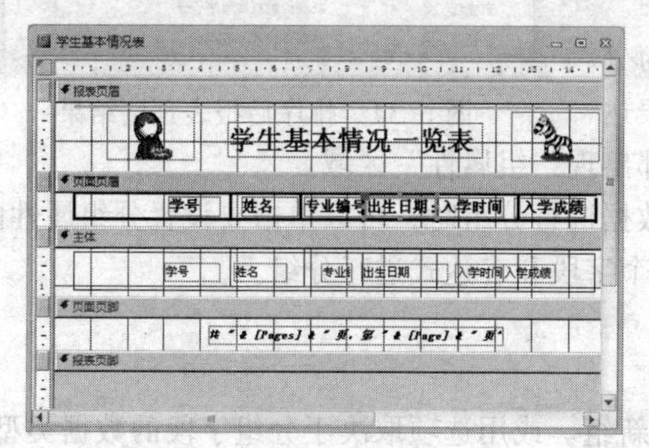

图 6-31　报表设计结果

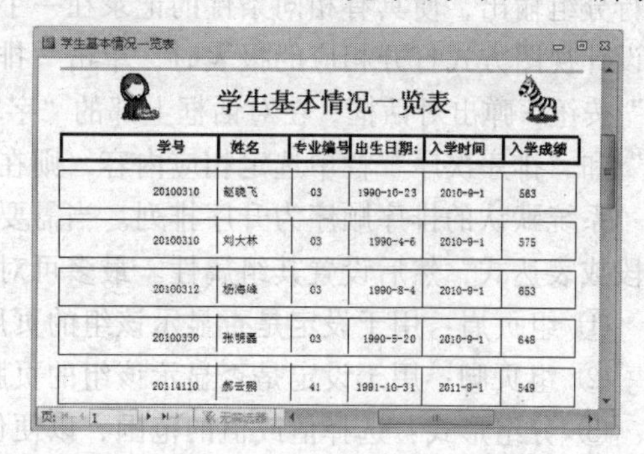

图 6-32　报表预览结果

6.4　报表的高级设计

在实际应用过程中，经常需要按照某个指定的顺序排列记录数据，也会在报表设计时按选定的某个（或几个）字段值是否相等而将记录划分成组，将字段值相等的记录归为同一组，字段值不等的记录归为不同组。

6.4.1　排序和分组数据

1．排序

排序一般用来整理数据记录，以便查找和输出。

【例 6-7】创建“成绩表”报表，按“成绩”进行降序排序。

操作步骤如下：

① 以“成绩表”为数据源，利用向导或设计视图创建“成绩表”报表。

② 单击报表“设计”选项卡下的“分组和汇总”组中的“分组和排序”按钮，在窗体下方显示“分组、排序和汇总”对话框。

③ 单击“添加排序”按钮，选择“成绩”字段，在“排序次序”栏中选择“降序”选项，如图 6-33 所示。

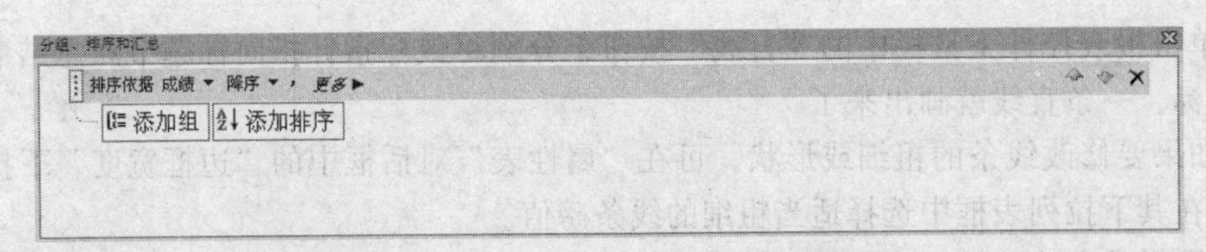

图 6-33 “分组、排序和汇总”对话框

④ 单击“视图”组中“视图”按钮下拉菜单中的“打印预览”按钮，结果如图 6-34 所示。

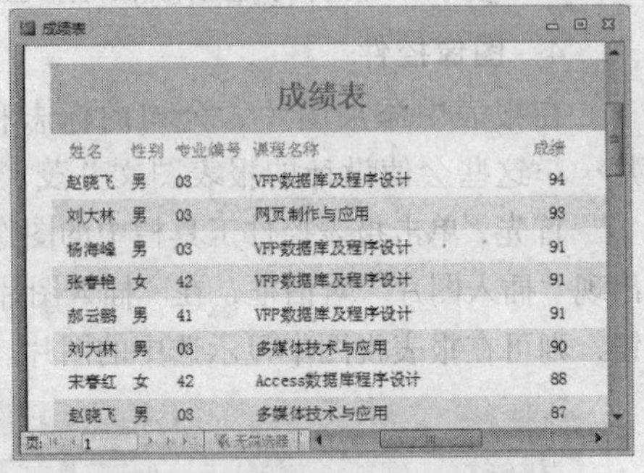

图 6-34 排序后报表预览结果

2. 分组

排序是指按某个字段值将记录排序。而分组是指按某个字段值进行归类，将字段值相同的记录分在一组之中。使用报表视图也可以根据一定的条件对记录进行分组输出，使具有相同条件的记录在一个组中。在设计视图方式打开相应的报表时，单击“排序与分组”按钮，弹出对话框，在对话框上部的“字段/表达式”和“排序次序”栏中选定相应内容，则在下部出现“组属性”区域。

系统默认的排序顺序为升序排列。当需要对数据进行分组时，可以单击要设置分组属性的字段或表达式，然后设置其组属性。最多可对 10 个字段和表达式进行分组。

① 组页眉：用于设定是否显示该组的页眉。

② 组页脚：用于设定是否显示该组的页脚。

③ 分组形式：选择值或值的范围，以便创建新组。或用选项取决于分组字段的数据类型。

④ 组间距：指定分组字段或表达式值之间的间距值。

⑤ 保持同页：用于指定是否将组放在同一页上。

下面对不同的分组情况进行介绍。

（1）按日期/时间字段分组记录

① 每一个值：按照字段或表达式相同的值对记录进行分组。

② 年：按照相同历法中的日期对记录进行分组。

③ 季度：按照相同历法季度中的日期对记录进行分组。

④ 月份：按照同一月份中的日期对记录进行分组。

⑤ 周：按照同一周中的日期对记录进行分组。

⑥ 日：按照同一天的日期对记录进行分组。

⑦ 时：按照相同小时的时间对记录进行分组。

⑧ 分：按照同一分钟的时间对记录进行分组。

（2）按文本字段分组记录

① 每一个值：按照字段或表达式相同的值对记录进行分组。

② 前缀字符：按照字段或表达式中前几个字符相同的值对记录进行分组。

（3）按自动编号、货币字段或数字字段分组记录

① 每一个值：按照字段或表达式中相同数值对记录进行分组。

② 间隔：按照位于指定间隔中的值对记录进行分组。

（4）设置排序与分组的步骤

在对报表中的数据分组时，可以添加组页眉或组页脚。组页眉通常包含报表数据分组所依据的字段，称为分组字段，而组页脚通常用来计算每组的总和或其他汇总数据。它们不一定要成对出现。

【例 6-8】将【例 6-7】“成绩表”报表按“姓名”进行分组统计。

操作步骤如下：

① 打开“成绩表”报表，在设计视图下单击报表“设计”选项卡下的“分组和汇总”组中的“分组和排序”按钮，在窗体下方显示“分组、排序和汇总”对话框。

② 单击“添加排序”按钮，选择“姓名”字段，在“排序次序”栏中选择“升序”选项，

③ 单击“添加组”按钮，选择“姓名”字段设置姓名字段有组页眉，有组页脚，如图 6-35 所示。

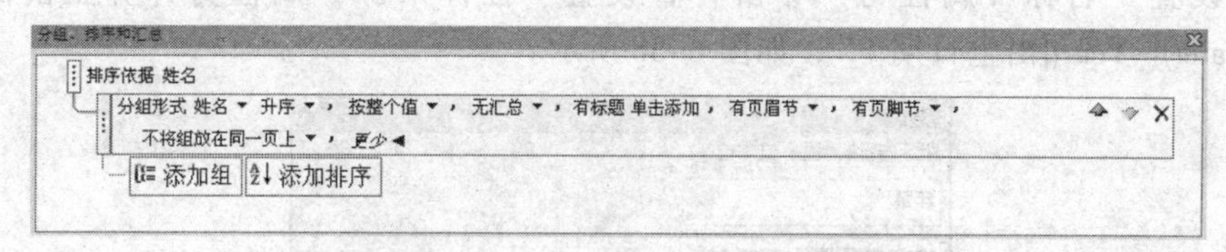

图 6-35　“分组.排序和汇总”对话框

④ 选中主体中的“姓名”，将其复制到“姓名页眉”节之中，并调整到合适位置。再按住【Shift】键，分别单击主体中的“性别”“专业编号”“课程名称”“成绩”4 个文本框，将其调整到合适位置。

⑤ 单击工具栏上的文本框控件，在“姓名页脚”节中添加文本框控件。在添加的标签控件中输入“平均成绩”，在文本框控件中输入表达式“=Avg([成绩])”或在属性对话框的“控件来源”文本框中输入该表达式，如图 6-36 所示。

⑥ 选择“文件”→“另存为”命令，输入“学生平均成绩报表”。

⑦ 单击“视图”组中的“打印预览”按钮，结果如图 6-37 所示。

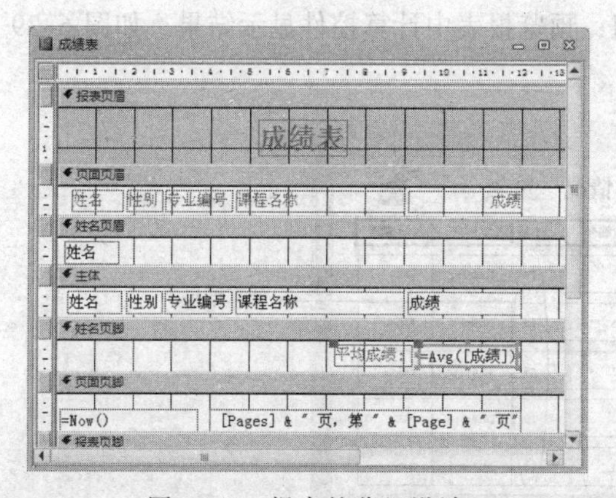

图 6-36　报表的分组设计

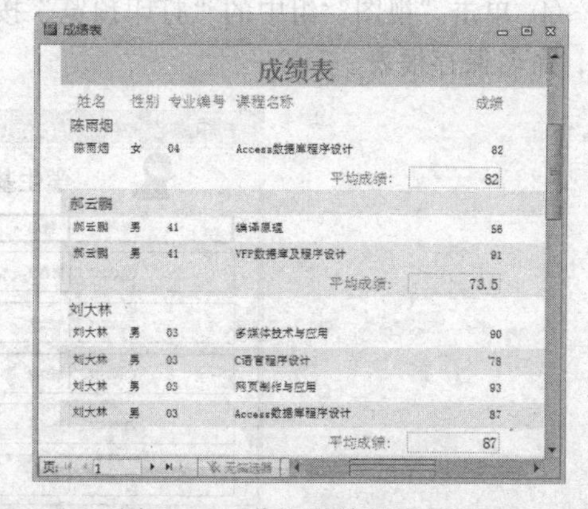

图 6-37　分组设计报表结果

6.4.2　创建有计算数据的报表

报表设计过程中，经常要进行各种运算并将结果显示出来。例如，前面报表设计中页码的输出、分组统计平均成绩的数据的输出等均是通过设置绑定控件的控件来源为计算表达式形式

而实现的，这些控件就称为“计算控件”。

1. 报表添加计算控件

计算控件的控件来源是计算表达式，当表达式的值发生变化时，会重新计算结果并输出。文本框是最常用的计算控件。

【例 6-9】在“学生基本情况一览表”报表设计中根据学生的“出生日期”字段值使用计算控件来计算学生年龄。

操作步骤如下：

① 用设计视图打开“学生基本情况表”报表。

② 将页面页眉节内的“出生日期”标签标题更改为“年龄”。

③ 在主体节内选择“出生日期”绑定文本框，打开其“属性表”对话框，选择“全部”选项卡。设置“名称”属性为“年龄”，设置“控件来源”属性为计算工龄的表达式“=Year(Date())-Year([出生日期])”，如图 6-38 所示。

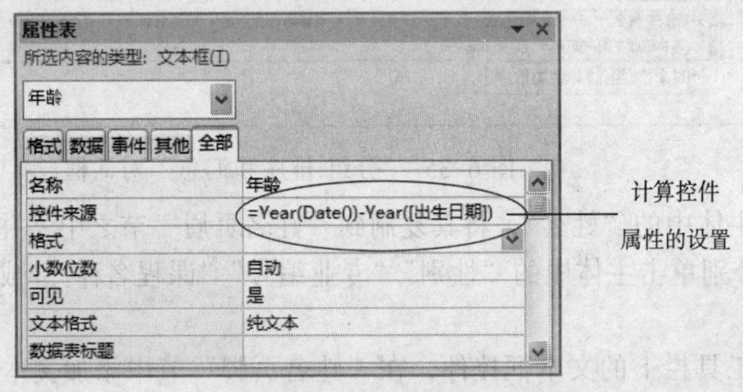

图 6-38 设置计算控件的“控件来源”属性

计算控件的控件来源必须是以等号“=”开头的计算表达式。

④ 单击“视图”组中的“打印预览”按钮，预览报表中计算控件显示结果，如图 6-39 所示，命名保存报表。

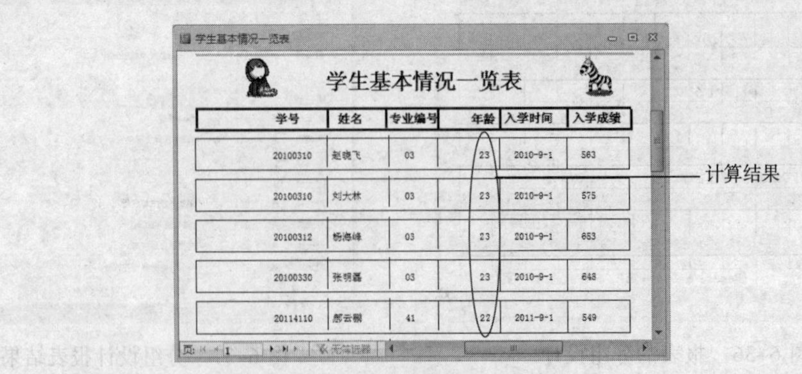

图 6-39 计算年龄后的运行结果

【例 6-10】要将【例 6-2】中“学生选课成绩表”报表中增加一个根据“成绩”的文字说明信息，操作步骤如下：

① 用报表设计视图打开“学生选课成绩表”。

② 在页面页眉的“成绩”后面增加一个标签“备注”；在主体的“成绩”后面增加一个文本框。

③ 打开文本框的“属性”窗体，选择“全部”选项卡，设置“名称”属性为“备注”，设置“控件来源”属性为根据成绩判断是否通过的表达式“=IIf([成绩]<60,"不及格",IIf([成绩]<75,"及格",IIf([成绩]<85,"良好","优秀")))”，如图 6-40 所示。

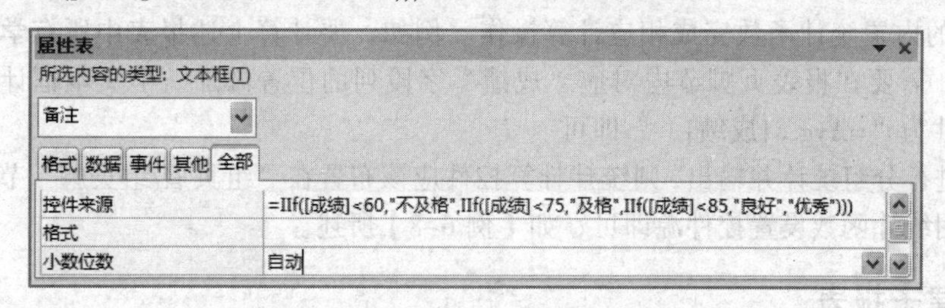

图 6-40 设置计算控件的“控件来源”属性

④ 预览报表中计算控件的显示结果，如图 6-41 所示。

学生选课成绩表

学号	姓名	课程名称	开课时间	成绩	备注
201003101	赵晓飞	多媒体技术与应用	2011-2-23	87	优秀
201003101	赵晓飞	网页制作与应用	2010-9-3	82	良好
201003101	赵晓飞	编译原理	2010-9-3	75	良好
201003101	赵晓飞	VFP数据库及程序设	2011-2-23	94	优秀
201003102	刘大林	多媒体技术与应用	2010-2-20	90	优秀
201003102	刘大林	C语言程序设计	2010-2-20	78	良好
201003102	刘大林	网页制作与应用	2010-9-1	93	优秀
201003102	刘大林	Access数据库程序设	2010-2-20	87	优秀
201003120	杨海峰	编译原理	2011-2-20	56	不及格

图 6-41 设置备注后的运行结果

2. 报表统计计算

报表设计中，可以根据需要进行各种类型统计计算并输出显示，操作方法就是将计算控件的“控件来源”设置为需要统计计算的表达式。

在 Access 中利用计算控件进行统计运算并输出结果，有以下两种操作形式：

（1）主体节内添加计算控件

在主体节内添加计算控件对记录的若干字段求和或计算平均值时，只要设置计算控件的“控件来源”为相应字段的运算表达式即可。例如【例 6-8】计算学生平均成绩只要设置新添计算控件的控件来源为“=Avg([成绩])”。又如，在报表中列出学生 3 门课“多媒体技术与应用”“网页制作与应用”和“Access 数据库程序设计”的成绩，若要对每位学生计算 3 门课的平均成绩，只要设置新添计算控件的控件来源为“=([多媒体技术与应用]+[网页制作与应用]+[Access 数据库程序设计])/3”即可。

这种形式的计算还可以前移到查询设计当中，以改善报表操作性能。若报表数据源为表对象，则可以创建一个选择查询。其中添加计算字段完成计算；若报表数据源为查询对象，则可以再添加计算字段完成计算。

（2）组页眉/组页脚节区内或报表页眉/报表脚节区内添加计算字段

在组页眉/组页脚内或报表页眉/报表页脚内添加计算字段对记录的若干字段求和或进行统计计算，这种形式的统计计算一般是对报表字段列的纵向记录数据进行统计，而且要使用Access 提供的内置统计函数完成相应计算操作。例如，要计算上述报表中所有学生考试课程的平均成绩，需要在报表页脚节内对应“成绩”字段列的位置添加一个文本框计算控件，设置控件源属性为“=Avg（[成绩]）”即可。

如果是进行分组统计并输出，则统计计算控件应该布置在“组页眉/组页脚”节区内相应位置，然后使用统计函数设置控件源即可，如【例 6-8】所述。

6.4.3 创建子报表

子报表是出现在另一个报表内部的报表，包含子报表的报表称为主报表。主报表中包含的是“一对多”关系中的“一”，而子报表显示“多”的相关记录。创建子报表的过程与创建常规报表的过程相似。子报表具有报表的大多数特性，包括它自己的记录选择条件。子报表与主报表之间的唯一区别是子报表作为对象插入主报表中，它不能独立存在（但可以将子报表另存为主报表）。 可以放置在报表的任意一节内，整个子报表将在该节中打印。子报表不能包含另一个子报表。

一个主报表，可以是结合型，也可以是非结合型。也就是说，它可以基于查询或 SQL 语句，也可以不基于查询或 SQL 语句。通常，主报表与子报表的数据来源有以下几种联系：

① 一个主报表内的多个子报表的数据来自不相关记录源。在此情况下，非结合型的主报表只是作为合并的不相关的子报表的“容器”使用。

② 主报表和子报表数据来自相同数据源。当希望插入包含与主报表数据相关信息的子报表时，应该把主报表与查询或 SQL 语句结合起来。

③ 主报表和多个子报表数据来自相关记录源。一个主报表也可以包含两个或多个子报表共用的数据，在此情况下，子报表包含与公共数据相关的详细记录。

1. 非结合型的子报表

有时，可能希望将不相关的报表组合到单个报表中。例如，可能希望创建单个报表来表示按姓名分组的学生成绩和按课程分组的学生成绩。 虽然两个报表都处理成绩数据，但两个报表之间没有真正的线性关系。可以使用子报表将不相关的报表组合到像这样的单个报表中。虽然报表可以基于相同的数据集，但不必非要这样。它们可以分别基于完全不同的数据集。这些报表中的每一个都是独立的，任何报表中的数据不以任何方式链接到另一个报表中的数据。这是最容易使用的子报表选项。

【例 6-11】用“学生表”和“成绩表”创建非结合型报表。

操作步骤如下：

① 打开“学生成绩管理系统”数据库，在“导航窗格”中选定“表”中的“学生表”。

② 在“创建”选项卡中选择“报表”组，单击“报表设计”按钮，系统将自动打开“报表设计”视图对话框。

③ 将数据源“学生表”中的“学号”“姓名”和“专业编号”字段添加到主体节中。

④ 用标签控件在报表页眉中，拖动出标签控件区域，并输入“学生成绩子表”，按【Enter】键后，设置其字体的字形、字号和颜色，添加线条。

⑤ 用子窗体/子报表控件在报表主体中拖动出子窗体/子报表控件区域，将其标签输入“各科成绩”，剪切后复制到页面页眉中。选定子窗体/子报表控件，在属性对话框中设置数据源对象为“成绩表”，如图 6-42 所示

⑥ 单击“视图”按钮，屏幕显示报表设计结果，如图 6-43 所示。

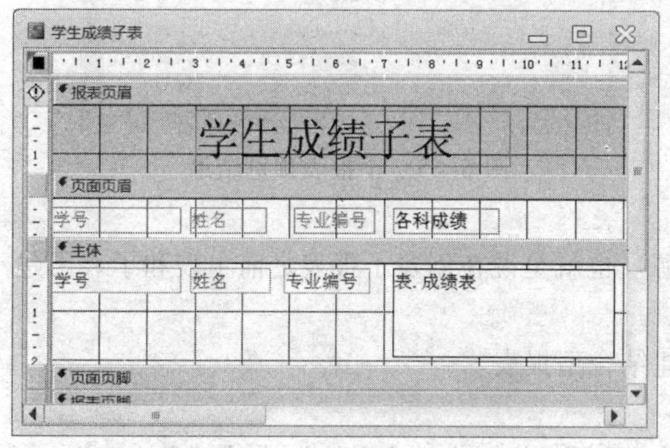

图 6-42　子报表设计结果

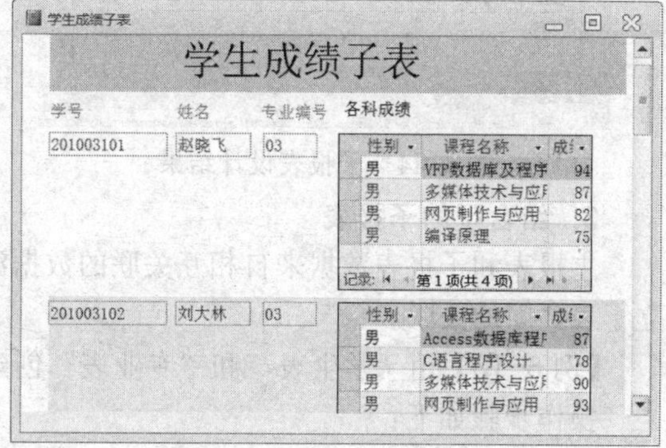

图 6-43　子报表预览结果

2．相同数据源的子报表

主报表数据和子报表数据来自相同数据源。例如，利用某个查询作为主子报表的共同数据源。如果插入包含与主报表数据相关信息的子报表时，应该把主报表与查询或 SQL 语句结合起来。

【例 6-12】用“学生成绩查询”创建相同数据源的子报表。

操作步骤如下：

① 打开“学生成绩管理系统”数据库，在“导航窗格”中选定“查询”中的“学生成绩情况”。

② 在“创建”选项卡中选择“报表”组，单击“报表设计”按钮，系统将自动打开“报表设计”视图对话框。

③ 将数据源“学生成绩情况”中的所有字段添加到主体节中。

④ 用标签控件在报表页眉中，拖动出标签控件区域，并输入“学生成绩查询子报表”，按【Enter】键后设置其字体的字形、字号和颜色，添加线条。

⑤ 用标签控件在页面页眉中，拖动出标签控件区域，分别输入“姓名”“性别”“专业编号”“课程名称”和“成绩”。

⑥ 单击“添加排序”按钮，选择“姓名”字段，在“排序次序”栏中选择“升序”选项。

⑦ 单击“添加组”按钮，选择“姓名”字段设置姓名字段有组页眉，无组页脚。在报表设计视图中添加了组页眉节，用“姓名页眉”来标识。

⑧ 按住【Shift】键，分别单击主体中的“姓名”“性别”和“专业编号”3 个文本框，选中后将其移动到“姓名页眉”节之中，并调整到合适位置，如图 6-44 所示。

⑨ 单击“视图”按钮，屏幕显示报表预览结果，如图 6-45 所示。

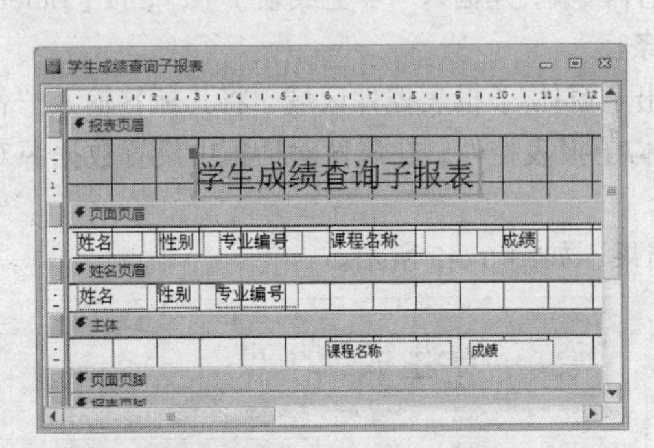

图 6-44　子报表设计结果

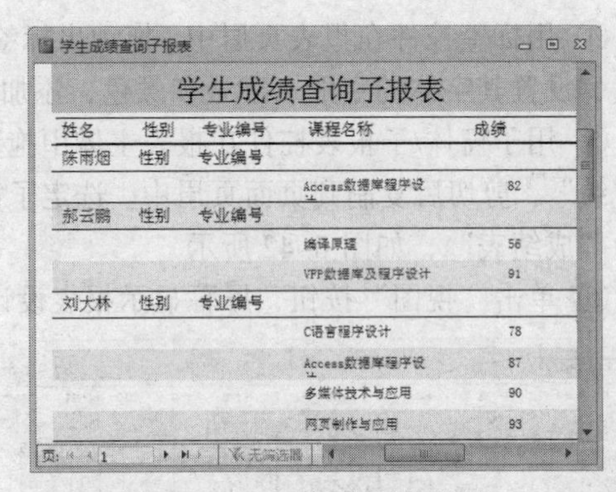

图 6-45　子报表预览结果

3. 结合型的子报表

主报表和子报表数据来自相互关联的数据源。也就是说在创建子报表之前主表和子表已建立了表之间的关联。

【例 6-13】用“学生表”和“专业表”创建结合型报表。

操作步骤如下：

① 打开“学生成绩管理系统”数据库，在“导航窗格”中选定“表”中的“学生表”。

② 在“创建”选项卡中选择“报表”组，单击“报表设计”按钮，系统将自动打开“报表设计”视图对话框。

③ 将数据源“学生表”中的“学号”“姓名”和“性别”字段添加到主体节中。

④ 用标签控件在报表页眉中拖动出标签控件区域，并输入“专业情况子报表”，按【Enter】键后设置其字体的字形、字号和颜色，添加线条。

⑤ 用子窗体/子报表控件在报表主体中，拖动出子窗体/子报表控件区域，将其标签输入“专业情况”，剪切后复制到页面页眉中。选定子窗体/子报表控件，在属性对话框中设置数据源对象为“专业表”。

⑥ 在“属性表”对话框中设置“链接子字段”和“链接主字段”为“专业编号”。设置好的子报表结果如图 6-46 所示。

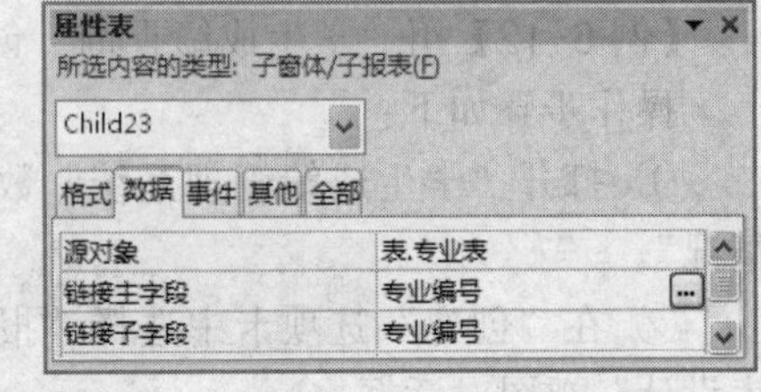

图 6-46　子窗体/子报表“属性表”对话框

⑦ 屏幕显示报表设计结果，如图 6-47 所示。单击“视图”按钮，屏幕显示报表预览结果，如图 6-48 所示。

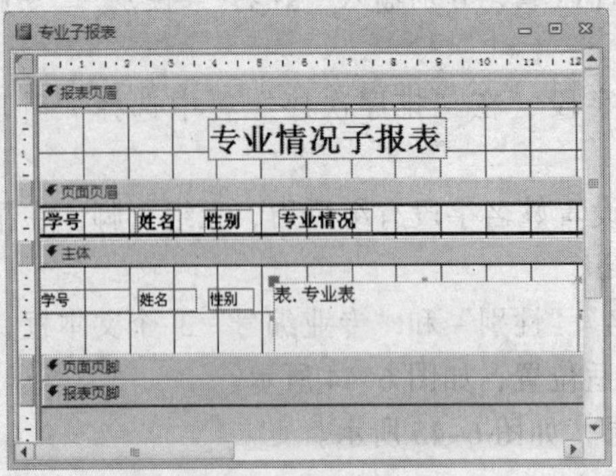

图 6-47　子报表设计结果

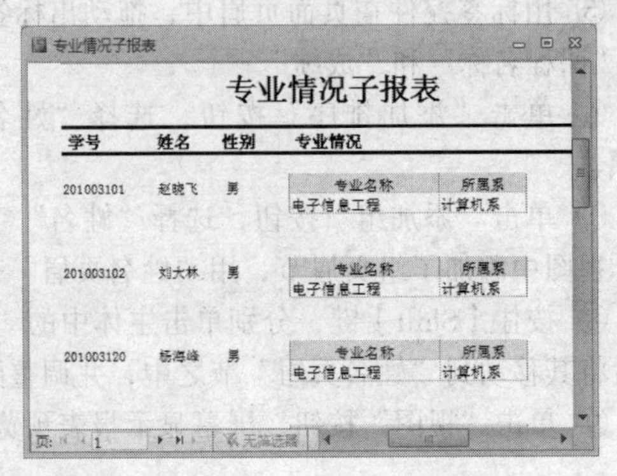

图 6-48　子报表预览结果

6.5　修 饰 报 表

创建好的报表如何进一步修饰和完善？这是报表操作中非常重要的一环节。在创建报表后，许多细节是不够完善的，这就需要对报表中各控件进行适当的修饰，达到美化报表的目的。主要包括选择、移动、删除控件、设置字体和字号、设置颜色、控件布局排序等。

6.5.1　完善报表

1. 添加背景图案

【例 6-14】给已经创建的报表“学生基本情况一览表”的背景可以添加图片以增强现实效果。

具体操作如下：

① 使用“设计视图”打开报表，通过报表选择器，打开报表“属性”窗体。

② 在“格式”卡片中选择“图片”属性对图片进行设置。

③ 设置背景图片的其他属性，包括在“图片类型”属性框中选择“嵌入”或“链接”图片方式；在“图片缩放模式”属性框中选择“剪裁”“拉伸”或“缩放”图片大小调整方式；在“图片对齐方式”属性框中选择图片对齐方式；在“图片平铺”属性框中选择是否平铺背景图片；在“图片出现的页”属性框中选择现实背景图片的报表页。

④ 单击工具栏中的“预览”按钮，显示报表预览结果，如图 6-49 所示。

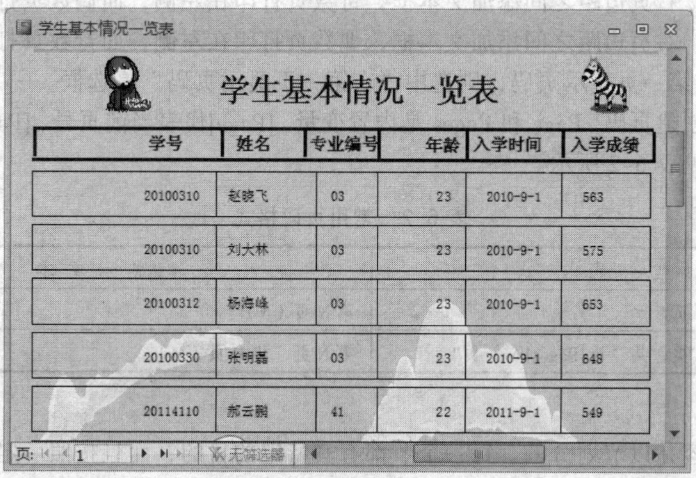

图 6-49　报表添加背景图案后的运行结果

2. 添加日期和时间

【例 6-15】在报表“设计”视图中给报表添加日期和时间。

操作步骤如下：

① 使用“设计视图”打开报表，在“页眉/页脚”组中单击“日期和时间”按钮。

② 在打开的“日期和时间”对话框中选择显示日期和时间及显示格式，单击“确定”按钮即可。

此外，也可以在报表上添加一个文本框，通过设置其“控件源”属性为日期或时间的计算表达式，例如，=Date()或=Time()，可显示日期或时间，该控件可安排在报表的任何节区中。

3. 添加分页符和页码

(1) 在报表中添加分页符

在报表中，可以在某一节中使用分页控制符来标志要另起一页的位置。操作步骤如下：

① 使用“设计视图”打开报表，单击工具箱中的“分页符”按钮。

② 选择报表中需要设置分页符的位置后单击，分页符会以短虚线标志在报表的左边界上。

注 意

分页符应设置在某个控件之上或之下，以免拆分了控件中的数据。如果要将报表中的每条记录或记录组都另起一页，可以通过设置组标头、组注脚或主体节的“强制分页”属性来实现。

(2) 在报表中添加页码

在报表中添加页码的操作步骤如下：

① 使用“设计视图”打开报表，在“页眉/页脚”组中单击“页码”按钮。

② 在“页码”对话框中，根据需要选择相应的页码格式、位置和对齐方式。对齐方式有下列可选项：

- 左：在左页边距添加文本框。
- 中：在左右：在右页边距添加文本框。
- 内：在左、右页边距之间添加文本框，奇数页打印在左侧，而偶数页打印在右侧。
- 外：在左、右页边距之间添加文本框，偶数页打印在左侧，而奇数页打印在右侧。

③ 如果要在第一页显示页码，则选中“在第一页显示页码”复选框。

可用表达式创建页码。Page 和 Pages 是内置变量，[Page]代表当前页号，[Pages]代表总页数。常用的页码格式见表 6-2 所示。

表 6-2　常用页码格式

代　码	显 示 文 本
="第 " & [Page] & " 页"	第 N 页（N）
="第 " & [Page] & " 页，共 " & [Pages] & " 页"	第 N 页，共 M 页（M）

4. 使用节

报表中的内容是以节划分的。每一个节都有其特定的目的，而且按照一定的顺序输出在页面及报表上。在“设计”视图中，节代表各个不同的带区，每一节只能被指定一次。在打印报表中，某些节可以指定很多次。通过放置控件来确定在节中显示内容的位置。

(1) 添加或删除报表页眉、页脚和页面页眉、页脚

页眉和页脚只能作为一对同时添加。如果不需要页眉或页脚，可以将不要的节的“可见性”属性设为“否”，或者删除该节的所有控件，然后将其大小设置为零或将其“高度”属性设为“0”。删除页眉和页脚，将同时删除页眉、页脚中的控件。

(2) 改变报表的页眉、页脚或其他节的大小

可以单独改变报表上各个节的大小。但是，报表只有唯一的宽度，改变一个节的宽度将改变整个报表的宽度。

可以将鼠标指针放在节的底边（改变高度）或右边（改变宽度）上，上下拖动改变节的高

度，或左右拖动改变节的宽度。也可以将鼠标指针放在节的右下角上，然后沿对角线的方向拖动，同时改变高度和宽度。

（3）为报表中的节或控件创建自定义颜色

如果调色板中没有需要的颜色，用户可以利用节或控件的属性表中的“前景颜色”（对控件中的文本）、“背景颜色”或“边框颜色”等属性框并配合使用“颜色”对话框来进行相应属性的颜色设置。

5. 绘制线条和矩形

在报表设计中，可通过添加线条或矩形来修饰版面，以达到一个更好的显示效果。

（1）在报表上绘制线条

在报表上绘制线条的操作步骤如下：

① 使用“设计视图”打开报表，单击控件工具箱中的“直线”按钮。

② 单击报表的任意处可以创建默认大小的线条，或通过单击并拖动的方式创建自定大小的线条。

③ 利用“格式”工具栏中的“线条/边框宽度”按钮和“属性”对话框，可以分别更改线条样式（点、点画线等）和边框样式。

（2）在报表上绘制矩形

在报表上绘制矩形的操作步骤如下：

① 使用“设计视图”打开报表，单击控件工具箱中的“矩形”工具。

② 单击窗体或报表的任意处可以创建默认大小的矩形，或通过拖动方式创建自定大小的矩形。利用“控件格式”组中的“形状填充”按钮和“形状轮廓”按钮，分别更改线条的颜色、线条宽度和线条类型等。

6.5.2 页面设计

1. 选择、移动和删除控件

在完善报表的操作中，必须遵循“先选择，后操作”的原则。选择一个控件时，将鼠标指针指向要调整的控件并单击，这时在控件的周围出现控点，可以对它进行相应的操作。也可以同时选择多个控件，对多个控件进行操作，方法是，按住【Shift】键，然后单击每一个要选择的控件，这样就可以选择多个控件，将它们作为一组进行相应的操作。

选择了一个控件或一组控件后就可以进行移动操作了，单击并拖动可以使被选中的控件移到另一个位置，如果是一组控件也同时被移动，它们的相对位置保持不变。

控件的删除操作同移动操作类似，首先选中要删除的单个控件或一组控件，然后按【Delete】键，这时选中的控件就会被删除。

2. 设置字体和字号

在报表视图中可以对不同栏目中的文字属性进行设置。设置控件字体和字号的方法是：在报表视图窗口中选择控件，在“格式”选项卡中的“字体”组中，选择合适的文字属性进行设置。

3. 设置颜色

对报表中的控件，特别是图片和标题，可以设置控件的前景色和背景色，使设计的报表更漂亮。设置颜色的方法是：首先选中要设置颜色的控件，在“格式”选项卡中的“字体”组中，可分别打开前景色或背景色的“调色板工具栏”对话框，对控件进行相应的设置。

4. 布局排列

创建的报表往往需要调整各个控件的布局排列，包括控件间距、文本对齐方式等。首先选择要调整布局的一个或一组控件，在“排列”选项卡中的“调整大小和排序”组中，单击“对齐”按钮，选择一种对齐方式。比如，选择“靠上”，系统会使选中的一组控件以最上边的一个为参照控件，其余控件全部和它顶边对齐。

5. 调整各节的大小

在报表视图中，节用来放置报表所需的各个控件。有时需要根据控件的多少、字体的大小及报表中各部分内容之间的间距来调整节的大小。调整时，只要将鼠标指针指向要调整节的分隔条，这时鼠标指针变成上下双箭头，按下鼠标左键并上下拖动，节的大小随之调整。也可以双击节分隔条，设置节的精确高度。

6.5.3 报表的预览及打印

1. 预览报表

在数据库的“导航窗格”中的“报表”对象中选择所需预览的报表后右击，在弹出的快捷菜单中选择“打开”按钮，即进入“打印预览”窗口。打印预览与打印真实结果一致。如果报表记录很多，一页容纳不下，在每页的下面有一个滚动条和页数指示框，可进行翻页操作。

2. 设置页面

在“页面设置”选项卡中的“页面布局”组中单击“页面设置”按钮，弹出“页面设置”对话框。在该对话框中可以设置页面的边距、每列的宽度、打印纸张大小及方向等，如图 6-50 所示。

3. 打印报表

在“文件”选项卡中单击“打印”按钮，在打开的“打印”选项中单击“打印”按钮，直接将报表发送到打印机上。但在打印之前，有时需要对页面和打印机进行设置，如图 6-51 所示。

图 6-50 “页面设置”对话框

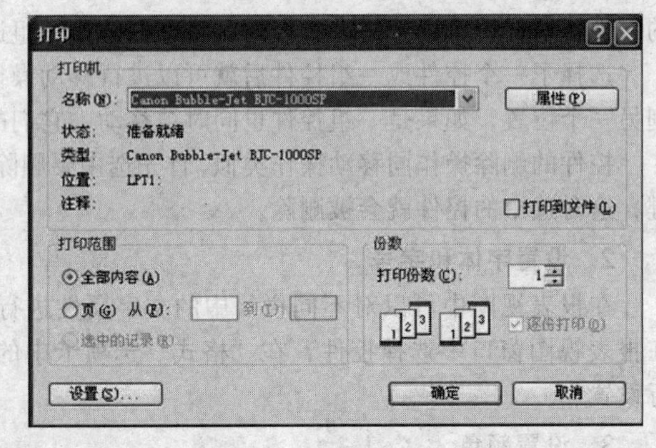

图 6-51 “打印”对话框

小　结

报表是Access中的主要功能之一，是数据库程序设计的重要环节，用户可以根据需要来设计数据输出格式。通过学习本章，读者应掌握以下内容：

① 理解报表的概念、作用和类型。

② 熟练掌握创建普通报表的方法。

③ 掌握建立和修改报表。了解报表排序和分组的方法。

④ 了解使用计算控件和创建子报表的基本操作，了解创建和使用报表快照的方法。

⑤ 掌握窗体向导创建各类窗体的方法。

⑥ 掌握窗体的修饰语美化。

课后练习

一、思考题

1. 利用“报表向导”创建报表的基本步骤是什么？
2. 如何利用“报表设计视图”在报表中添加或删除各种控件？
3. Access中的报表的创建有几种方法？各是什么？
4. Access中如何在报表中对记录进行分组？
5. Access中如何在报表中对记录进行排序？

二、选择题

1. 以下关于报表的叙述，正确的是________。

   A. 报表只能输入数据　　B. 报表只能输出数据

   C. 报表可以输入和输出数据　　D. 报表不能输入和输出数据

2. 将表中的数据打印成统计表，用以下________最合适。

   A. 表向导　　B. 数据库向导　　C. 查询向导　　D. 报表向导

3. 只在报表的每页底部输出的信息是通过________设置的。

   A. 报表主体　　B. 页面页脚　　C. 报表页脚　　D. 报表页眉

4. 要设置只在报表最后一页的主体内容之后输入信息，需要设置________。

   A. 报表页眉　　B. 报表页脚　　C. 页面页眉　　D. 页面页脚

5. 报表页眉主要用来显示________。

   A. 标题　　B. 数据　　C. 分组名称　　D. 汇总说明

6. 要显示格式为“页码/总页数”的页码，应当设置文本框的控件来源属性值为________。

   A. [Page]/[Pages]　　B. =[Page]/[Pages]

   C. [Page]&"/"&[Pages]　　D. =[Page]&"/"&[Pages]

7. 下列有关报表的叙述，________是不正确的。

   A. 报表是输出检索到的信息的常用格式，可以显示或打印

   B. 报表可以包括计算（如统计、求和等）、图表、图形及其他特性

   C. 报表可用于进行数据的输入、显示及应用程序的执行控制

   D. 报表可以基于数据表或查询结果集

8. 如果设置报表上的某个文本框的控件来源为“=2*3+1”，则打开报表视图时，该文本框的显示信息是________。

A. 未绑定 B. 7 C. 2*3+1 D. 出错

9. 在设置报表格式时，若想设置多个控件格式，可以按住________，并单击这些控件。

A. 【Ctrl】键 B. 【Shift】键 C. 【Enter】键 D. 【Tab】键

10. Access 中创建报表的方式有________。

A. 使用“自动报表”功能 B. 使用向导功能

C. 使用设计视图 D. 以上都是

三、填空题

1. 报表和窗体这两种对象有着本质的区别：________只能查看数据，而________可以改变数据源中的数据。

2. 报表的结构和窗体类似，也由节组成。报表除了包含这些节：主体、报表页眉、报表页脚、页面页眉、页面页脚外，还有________页眉和________页脚。

3. Access 数据库的报表有 3 种视图：设计视图、________和________。

4. 报表允许有________数据源。

5. 要在报表设计视图中显示组页眉和组页脚，应单击菜单________。

6. 要计算报表中所有学生的平均分，应把计算平均分的文本框设置在________（节）中。

7. 报表不能对数据源中的数据进行________。

8. ________节是报表中不可缺少的关键内容。

9. 报表标题一般放在________中。

10. 计算机控件的控件源是________。

四、操作题

打开数据库文件 Access6.accdb，里面已经设计好表对象“教师表”“学生表”“课程表”“系部表”和“选课表”，按要求完成以下设计：

(1) 以表对象“课程表”为报表的数据源，应用“报表”生成一个报表，将报表命名为 RT11。

(2) 以表对象"课程表"为报表的数据源，设计一个"标签报表"，具体要求：

① 度量单位“公制”，标签的尺寸：C2166。

② 设置字体：黑体、字体粗细：“特细”，字号：14。

③ 标签所显示的内容：课程名称-学分；用“-”相隔。

④ 排序字段为“课程名称”字段。

⑤ 将报表命名为 RT12。

(3) 以表对象“学生表”“课程表”“选课表”为报表的数据源，设计一个报表，具体要求：

① 选取字段：“学生姓名”“课程名称”“学分”“成绩”。

② 在报表页眉节区位置添加一个标签控件，标签控件的名称属性为 Title，标签控件的标题属性为“报表综合操作”。

③ 在报表的报表页脚区添加一个标签控件与文本框控件，要求依据“成绩”来计算并显示成绩的最大值。文本框控件放置在“成绩的最大值：”标签控件的右侧，并设计其“控件来源”属性，以显示成绩的最大值。

④ 将报表命名为 RT13。

第 7 章 模块与 VBA

在 Access 2010 中，通过宏与窗体的组合能完成一定数据管理的常规任务，但宏的使用是有一定局限性的，一些非常规且较为复杂的自动化任务就无法使用宏来实现，此时需要使用模块对象来完成，模块是由 VBA 语言来实现的。用 VBA 编写程序，并将这些程序编译成拥有特定功能的“模块”，在 Access 中调用。可以把模块理解为装着 VBA 程序代码的容器。本章主要介绍模块与 VBA 的概念。

7.1 VBA 程序设计基础

VBA(Visual Basic for Application)是微软 Office 套件的内置编程语言，其语法与 Visual Basic 编程语言互相兼容。在 Access 程序设计中，当某些操作不能用其他 Access 对象实现，或者实现起来很困难时，就可以利用 VBA 语言编写代码，完成这些复杂任务。VBA 程序设计是一种面向对象的程序设计。面向对象程序设计是一种系统化的程序设计方法，它基于面向对象模型，采用面向对象的程序设计语言实现编程。

在面向过程的程序设计中，程序员在分析完问题域之后，得到一个面向过程的模型，模型中常用的术语是变量、函数和过程等。在面向对象中，程序员先得到一个面向对象的模型，模型中常用的术语是对象、属性、方法和事件等。

7.1.1 VBA 中的常量和变量

VBA 提供了多种数据类型的支持，在使用 VBA 编程时，还需要用到常量和变量，常量是在程序运行过程中其值始终固定不变的量，变量是指在程序运行过程中其值可以变化的数据。

1. 常量

在 VBA 程序设计过程中，通过定义常量来表示一些固定不变的数字或字符串，可以提高代码的可读性和可维护性。常量是固定不变的，也不能赋予新值。Access 支持 3 种类型的常量：符号常量、系统定义常量和固有常量。

(1) 符号常量

例如，有一个程序用于计算圆的周长、面积和球的体积与表面积，在执行算术运算时需要多次使用 π 的值 3.1415926。多次重复输入 3.1415926 容易出错，并且要改变 π 的精确度时需要修改程序中的多个地方，既麻烦，又容易遗漏。为了减少这一类错误，可以使用符号常量。先定义一个表示 3.1415926 的符号常量 Pi，并将程序中原来所有需要输入的 3.1415926 都用 Pi 代替。这样不但易于输入，不易出错，而且要改变 π 的精确度时，也只需改变程序中定义符号常量 Pi 的一条语句就可以了，既方便，又省事。符号常量必须先定义，后使用。可见，需要声明的常量都是符号常量。

基本语法格式：

```
[Public/Private]Const 常量名[As 类型]=表达式
```

语句功能：定义一个符号常量，并将指定表达式的值赋给符号常量。

语句说明如下：

①“常量名”指定符号常量的名字。符号常量名可以由字母、数字和下画线组成，但只能以字母开头，也不能含有空格。

②“表达式”指定符号常量的值。该表达式通常由数值型、字符型、逻辑型或日期型数据以及各种运算符组成，但在表达式中不能出现变量和函数。

例如，定义符号常量 Pi 表示 3.1415926，可以使用语句：

```
Const Pi = 3.1415926
```

但是，使用如下语句定义符号常量则是错误的。

```
Const A1 = x + 2          ' 定义符号常量的表达式中有变量 x，这是不允许的
Const A2 = Abs(-9)        ' 定义符号常量的表达式中有函数，这是不允许的
```

③ public 用来表示这个常量的作用范围是整个数据库的所有模块。

④ private 则表示这个常量只在使用该声明常量语句的模块中起作用。

说 明

① 除用户定义的符号常量外，VBA 还提供了许多符号常量，可以直接使用。

② 对数码比较长，并且在程序中多次使用的常量，通常使用符号常量代替。运行程序时，系统自动把程序中的所有符号常量换为赋给它的值。

（2）系统定义常量

系统定义常量有 3 个值，分别是 True、False 和 Null。

（3）固有常量

固有常量是 Access 或引用对象库的一部分，由 Access 自动定义，并且由程序列与控件提供。用户若需要使用该常量，可以使用对象浏览器来查看所有对象库中的固有常量列表。

在 VBA 中，常量的数据类型有整型、长整型、单精度型、双精度型、字节型、货币型、字符型、日期型和逻辑型。一个整型数据就是一个整型常量，一个长整型数据就是一个长整型常量。例如，12%、-1%是整型常量，32768&、10000000&是长整型常量，-2.5!、3.14!是单精度实型常量，3.1415926#是双精度实型常量，China、Shanghai 是字符型常量，#07/13/2001 11:45PM#是日期型常量。

2. 变量

VBA 中的变量可以不断地创建和清除，可以在不同的时期保持不同的值，并且在定义它们的程序结束后，它们便自动清除。因此，变量常常用来在程序运行时临时存储数据。

（1）变量名

每个变量都有一个名字。变量名指定引用变量时的名称。变量名可以由字母、数字和下画线组成，但只能以字母开头，也不能含有空格，并且变量名的长度不超过 255 个字符。如 Book，Name12，Number_1 和 RectangleArea 都是合法的变量名，而下面的名字则不能作为变量名。

```
_Book                    ' 变量名的第一个字符必须是字母，而这里是下画线
12Name                   ' 变量名的第一个字符必须是字母，而这里是数字
Number-1                 ' 变量名由字母、数字和下画线组成，而这里含有减号
Rectangle Area           ' 变量名不能含有空格，而这里含有空格
```

说　明

① 在变量名中，英文字母的大小写等价，即 Name12 和 NAME12 表示同一个变量。

② 变量名不能与 VBA 的保留字重名，即 For，Do，End，Sub，Function，While 等保留字不能直接作为变量名。

③ 给变量命名时，最好做到“见名知意”，选取具有相关意义的英文单词、汉语拼音或拼音的首字母作为变量名，以增加程序的可读性。

（2）变量的定义

变量在使用之前一般会先声明。其格式如下：

```
[Dim/Public/Private] 变量名 As 数据类型
```

说　明

① 使用 Dim 关键字表示定义本地变量，也就是说，所声明的变量仅在声明的过程和函数中有效。

② 使用 Public 关键字表示定义公共变量，也就是说所声明的变量在所有模块的所有过程和函数中都可以使用。

③ 使用 Private 关键字表示定义私有变量。也就是说，所声明的变量只在当前模块的所有过程和函数中有效。

【例 7-1】声明一个 X1 的本地变量，并给该变量赋值，其值为一个字符串“北京欢迎您!”。

其语句格式如下：

```
Dim X1 As String              '声明一个名为 X1 的变量
X1="北京欢迎您! "              '给变量赋值
```

（3）变量的数据类型

每个变量都有一个数据类型，变量的数据类型指定变量可以存储的数据的数据类型，确定变量在计算机内存中占用多少字节的存储空间。变量的数据类型与常量的数据类型相同。正确指定变量的数据类型，VBA 就可以更有效地进行数据处理。

7.1.2　VBA 的数据类型

在 VBA 程序设计中也需要对使用的变量的数据类型进行声明。一般情况下，在 Access 数据库中，数据表里面的字段所使用的数据类型除未解释 OLE 对象的概念和备注字段外，在 VBA 中都有对应的类型，VBA 的相应字段数据类型如表 7-1 所示。

表 7-1　数据类型表

类　型	符　号	字段类型	有效值	默认值
Byte		字节	0 ~ 255	0
Integer	%	整型	–32 768 ~ 32 767	0

续表

类　型	符　号	字段类型	有效值	默认值
Boolean		是/否	True 和 False	False
Long	&	长整型	-2 147 483 648 ~ 2 147 483 647	0
Single	!	单精度	负数：-3.402 823E+38 ~ -1.401 298E-45 正数：1.401 298E-45 ~ 3.402 823E+38	0
Double	#	双精度	负数：-1.797 693 134 862 31E+308 ~ -4.940 656 484 124 7E-324 正数：4.940 656 484 124 7E-324 ~ 1.797 693 134 862 31E+308	0
Currency	@	货币	-223 372 036 85 ~ 922 337 203 685	0
String	$	文本或备注	根据字符串长度而定	""
Date		日期/时间	January 1,100 ~ December 31,9999	0
Variant		任何		Empty

7.1.3 操作符和表达式

操作符是表示数据之间运算方式的运算符号，一般根据所处理数据类型的不同可分为算术运算符、字符运算符、关系运算符和逻辑运算符 4 种。表达式是由常量、变量、函数、操作符及圆括号组成的算式。表达式中的操作对象必须具有相同的数据类型，如果表达式中有不同类型的操作对象，则必须将它们转换成同种数据类型。

1. 算术表达式

算术表达式是由数值型变量、常量、函数和数值操作符组成的，用于对数值型数据进行常规的算术运算。数值运算符及其含义如表 7-2 所示。

表 7-2　数值运算符及其含义

运算符	含义	优先级
( )	括号	高
^	乘方	↓
* 、 / 、\	乘、除、整除	↓
MOD	取模（或取余），取两数相除的余数	↓
+、 -	加、减	低

例如：`X+12*X^2`

或 `32 MOD 5˜X^3`

2. 字符表达式

运算符用于连接两个字符型数据。用字符运算符连接字符型数据组成的表达式是字符型表达式。字符型表达式运算后的结果是一个字符型数据。

字符运算符包括“+”和“&”两个。它们的功能是把运算符右边的字符串连接到左边字符串的尾部，组成一个新的字符串。例如，"Visual " & "Basic"的运算结果是 Visual Basic。

使用字符运算符进行运算时，如果运算符两边都是字符型数据，“+”与“&”运算的结果相同。如果运算符两边不全是字符型数据，则“+”运算符不能进行运算，“&”运算符可以将非字符型数据转换为字符型数据，再进行运算。例如，"VBA " + 6 将显示数据类型不匹配的信息，而"VBA " & 6 的结果是 VBA 6。

3. 关系表达式

关系表达式用于数值、字符和日期型数据的比较运算。关系表达式的运算优先级相同，如表 7-3 所示。

表 7-3　关系运算符

运　算　符	含　义	运　算　符	含　义
<	小于	<=	小于或等于
>	大于	>=	大于或等于
=	等于	<>	不等于

例如：
```
? "xyz"="XYZ"          && 值为 True
? "abcd"="abc"         && 值为 False
? "abc"="abcd"         && 值为 False
```

4. 逻辑表达式

逻辑表达式是由逻辑型变量、常量、函数和字符运算符组成的，用来对逻辑型数据进行各种逻辑运算，形成各种简单的逻辑结果，如表 7-4 所示。

表 7-4　逻辑运算符

运　算　符	含　义	优　先　级
( )	分组符号	高
.Not.	逻辑非	↓
.And.	逻辑与	↓
.Or.	逻辑或	低

例如：
```
? 17>33  .And. 34>12          && 值为 False
? 6<7.Or.8=9.AND.3<8          && 值为 True
```

5. 表达式的优先级

将常量和变量用各种运算符连接在一起构成的式子就叫表达式。

当一个表达式由多个运算符连接在一起时，如果一个表达式中含有多种不同类型的运算符，运算进行的先后顺序由运算符的优先级决定。可见，运算进行的先后顺序是由运算符的优先级决定的。优先级高的运算先进性，优先级相同的运算依照从左向右的顺序进行，如表 7-5 所示。

表 7-5 运算符的优先级

优先级	高 ——→ 低			
	算术运算符	字符串运算符	关系运算符	逻辑运算符
高	指数运算(^)		等于（=）	逻辑非（Not）
│	负数(-)		不等于（<>）	逻辑与（And）
│	乘法和除法(*、/)	&	小于（<）	逻辑或（Or）
↓	整数除法(\)	+	大于（>）	
低	取模运算(Mod)		小于等于（<=）	
	加法和减法(+、-)		大于等于（>=）	

7.1.4 输入/输出函数

Access 2010 系统为用户提供了十分丰富的函数，灵活运用这些函数，不仅可以简化许多运算，而且能够加强和完善 Access 2010 的许多功能。Access 2010 提供了许多不同用途的标准函数，以帮助用户完成各种工作。下面主要介绍 Access 的输入/输出函数。

输入/输出是应用程序的重要组成部分。通过输入函数 InputBox()，用户可以向应用程序提供必要的数据，使其按用户的要求执行。而使用输出函数 MsgBox()，应用程序把结果或其他中间信息提供给用户，以便于用户检查程序的进程。

1. 输入函数

格式：`InputBox(prompt [,title ] [,default ] [,xpos ] [,ypos ] [,helpfile ] [,context ] )`

功能：该函数能产生一个对话框，用于在对话框中显示提示，等待用户输入文本或单击按钮，然后返回包含文本框内容的字符串数据类型类型的值。如果用户单击“OK”按钮或按【Enter】键，则 InputBox()函数返回包含文本框中内容的字符串；如果单击“Cancel”按钮，则此函数返回一个长度为 0 的字符串（""）。

举例：在立即窗口输入如下语句。

```
str1 = "请输入你的姓名" + Chr(13) + Chr(10) + "然后单击确定"
'注: Chr(13) 表示回车、Chr(10)表示换行
strname = InputBox(str1, "输入框", , 100, 100)
Print strname
```

输入框运行结果如图 7-1 所示。

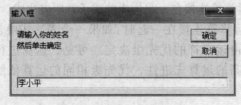

图 7-1 输入框运行结果

InputBox()函数语法包含的参数说明如表 7-6 所示。

表 7-6　InputBox()函数语法包含的参数说明

参　数	说　明
prompt	必选。字符串表达式，在对话框中显示为消息。prompt 的最大长度约为 1024 个字符，具体长度取决于所用字符的宽度。如果 prompt 包含多行，可在各行之间使用回车符（Chr(13)）、换行符（Chr(10)）或回车符与换行符的组合（Chr(13) & Chr(10)）来分隔各行
title	可选。字符串表达式，显示在对话框的标题栏中。如果省略 title，则标题栏中将显示应用程序名称
default	可选。字符串表达式，显示在文本框中。如果未提供其他任何输入，则此表达式将作为默认响应。如果省略 default，则文本框显示为空
xpos	可选。数值表达式，用于指定对话框左边缘距离屏幕左边缘的水平距离（以缇为单位）。如果省略 xpos，则对话框水平居中
ypos	可选。数值表达式，用于指定对话框上边缘距离屏幕顶部的垂直距离（以缇为单位）。如果省略 ypos，则对话框在垂直方向上位于距屏幕顶部约 1/3 处
helpfile	可选。字符串表达式，用于标识为对话框提供上下文相关帮助的帮助文件。如果提供 helpfile，必须同时提供 context
context	可选。其值为数值表达式，它是帮助文件的作者为相应帮助主题分配的帮助上下文编号。如果提供 context，必须同时提供 helpfile

2. 输出函数

格式：MsgBox(<提示信息>[,按钮形式][,[对话框标题]]

功能：该函数能产生一个显示消息的对话框，等待用户单击按钮。

举例：在立即窗口输入如下语句。

```
A = InputBox("Enter Your Name", "输入姓名")
b = InputBox("请输入数据")
c = a + b
MsgBox (c)
MsgBox ("字符原样输出")
```

MsgBox()函数的返回值是一个整数，它与选择的命令按钮有关。MsgBox()函数的返回值如表 7-7 所示，MsgBox()函数的按钮设置值如表 7-8 所示。

表 7-7　MsgBox()函数的返回值

内部常数	返回值	被单击的按钮
vbOK	1	确定
vbCancel	2	取消
vbAbout	3	终止
vbRetry	4	重试
vbIgnore	5	忽略
vbYes	6	是
vbNo	7	否

表 7-8 Msgbox()函数按钮设置值

分　组	内 部 常 数	按 钮 值	描　述
按钮分组	vbOkOnly	0	只显示“确定”按钮
	vbOkCancel	1	显示“确定”和“取消”按钮
	vbAboutRetryIgnore	2	显示“终止”“重试”和“忽略”按钮
	vbYesNoCancel	3	显示“是”“否”和“取消”按钮
	vbYesNO	4	显示“是”和“否”按钮
	vbRetryCancel	5	显示“重试”和“取消”按钮
图标类型	vbCritical	16	关键信息图标，红色 Stop 标志
	vbQuestion	32	询问信息图标“？”
	VbExclamation	48	警告信息图标“！”
	VbInformation	64	信息图标“i”
缺省分组	vbDefaultButton1	0	第 1 个按钮为默认
	vbDefaultButton2	256	第 2 个按钮为默认
	vbDefaultButton3	512	第 3 个按钮为默认
模式	vbApplicationModale	0	应用模式
	vbSystemModal	4096	系统模式

举 例

用 MsgBox()函数显示一个消息框，正文为“这是一个教师工资管理的数据库!”，消息框中有“是”“否”和“取消”按钮。“取消”按钮是默认按钮，消息框标题栏中的文本为“消息框”。如用 MsgBox()函数显示一个消息框，正文为“这是一个教师工资管理的数据库!”，消息框中有“是”“否”和“取消”按钮。“取消”按钮是默认按钮，消息框标题栏中的文本为“消息框”。消息框的窗口显示如图 7-2 所示。

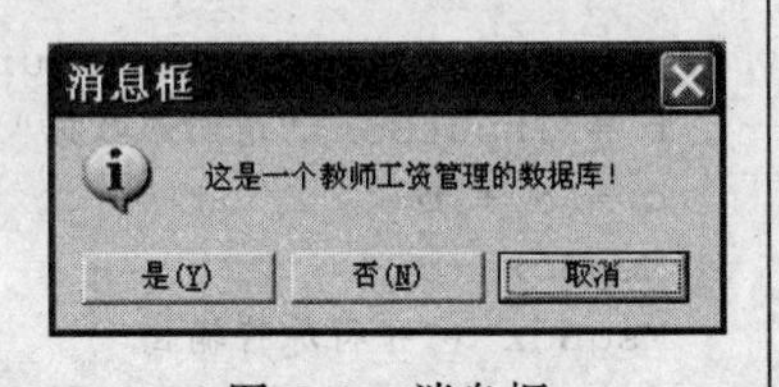

图 7-2 消息框

```
? MsgBox("这是一个教师工资管理的数据库！",3+64+512, "消息框")
```

7.2 VBA 的程序结构

与 Visual Basic 不同的是，VBA 不是一个独立的开发工具，一般被嵌入像 Word、Excel、Access 这样的软件中，与其配套使用，从而实现在其中的程序开发功能。

7.2.1 VBA 程序设计基础

VBA 是一种完全面向对象体系结构的编程语言。由于其在开发方面的易用性和强大功能，许多作为开发工具的应用程序均嵌入了该语言。Access 2010 也内置了 VBA 开发工具，同时提供了适用于 VBA 开发的 ActiveX Automation 对象模型。

VBA 具有很强的开发能力，其主要功能如下：

① 创建对话框及其他界面。

② 创建工具栏。

③ 建立模块级宏指令。

④ 提供建立类模块的功能。

⑤ 具有完善的数据访问与管理能力，可通过数据访问对象（DAO）对 Access 数据库或其他外部数据库进行访问和管理。

⑥ 能够使用 SQL 语句检索数据，与远程数据对象（RDO）结合起来，可建立客户机/服务器（C/S）级的数据通信。

⑦ 能够使用 Windows API 提供的功能，建立应用程序与操作系统间的通信。

从功能上来说，VBA 与 VB 几乎完全一样，或者说 VBA 是 VB 的一个子集。但 VBA 没有自己独立的工作环境，而必须依附于主应用程序。

1. VBA 的启动和界面

启动 Access 2010，然后才能进入 IDE 环境。启动 VBA 的方式为：在“创建”选项卡的“宏与代码”组中，单击“Visual Basic 编辑器”命令按钮，启动 VBA 编辑器后，其常用界面如图 7-3 所示。

① 标题栏：显示应用程序名称和窗口控制按钮。

② 菜单栏：通过执行命令来完成相应的功能。

③ 工具栏：提供了对常用功能的快速调用。VBA IDE 共提供了 4 个工具栏：“标准”“编辑”“用户窗体”和“调试”工具栏。

④ 工程窗口：以树状结构显示主应用程序与窗体、模块及类模块的完整结构，用户可在工程窗口中直接选择窗体或模块，对其进行编辑。

⑤ 属性窗口：用于显示窗体上的某个控件的可见属性及其默认值，通过该属性窗口，还可以对可见属性的值进行直接编辑。

⑥ 代码窗口：用于编写模块的过程代码。

⑦ 本地窗口：本地窗口显示当前过程中所有变量的当前值，它只反映当前过程的情况，所以当程序的执行从一个过程切换到另一个过程时，本地窗口的内容会发生改变。

⑧ 立即窗口：立即窗口用于显示当前过程中的有关信息。

⑨ 监视窗口：监视窗口用于查看指定表达式的值。

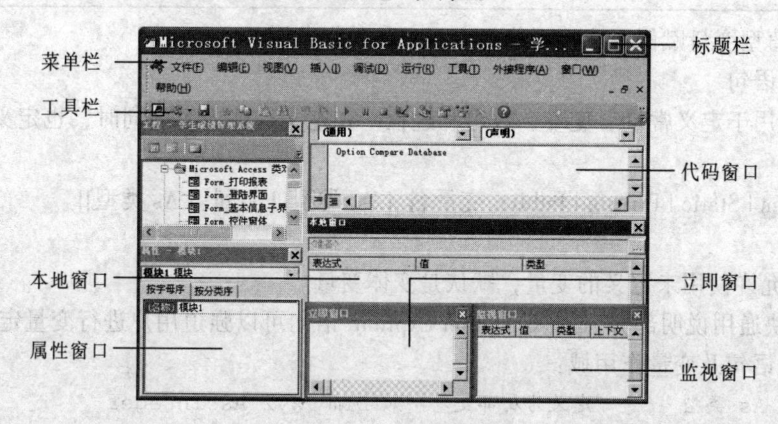

图 7-3　VBA 界面

2．退出 VBA IDE

用户可以选择“文件”→“关闭并返回到 Microsoft Access”命令或单击窗口右上角的按钮退出 VBA IDE，并返回 Access 系统窗口。

7.2.2 常用语句

1．VBA 语句书写规则

VBA 不区分标识符字母的大小写，一律认为是小写字母。

一行可以书写多条语句，各语句之间以冒号“ ：”分开。

一条语句可以多行书写，以空格加下画线“ _ ”来标识下行为续行。

2．VBA 常用语句

（1）赋值语句

给变量赋值，就是将指定的数据保存到变量中。VBA 使用赋值语句给变量赋值。

格式：<变量名> = <表达式>

功能：将表达式的值赋给指定的变量。

说明：

①“=”是赋值号，不是等号。它的功能是将其右侧表达式的值赋给左侧的变量，因此语句中的变量名与表达式不能交换位置。

② 表达式指定给变量赋的值。VBA 先计算表达式的值，再用计算的结果给变量赋值。

例如，定义字符型变量 strVB，并给变量赋值，可以使用如下语句：

```
Dim VB As String          '定义变量 VB 为字符型变量
VB = "VB"                 '给变量 VB 赋值为 VB
VB = "VBA"                '再次给变量 VB 赋值为 VBA
```

注意

给变量赋值时，要特别注意赋值号左边只能是变量名，不能是其他表达式。下列语句均是错误的赋值语句。

```
3=a        ' 用变量给常数赋值是不允许的
2+5=a      ' 用变量给表达式赋值是不允许的
2+b=a      ' 用变量给表达式赋值是不允许的
```

③ 给数值型变量赋值要注意不能超出指定的数据范围。

（2）声明语句

声明语句用于定义常量、变量、数组和过程。在定义这些内容的同时，也定义了它们的使用范围。

格式：Dim | Static | Private | Public 变量名 [As 类型] [,变量 [As 类型]]

说明：

① VBA 允许使用未定义的变量，默认是变体变量。

② 在模块通用说明部分，加入 Option Explicit 语句可以强迫用户进行变量定义。

变量定义语句及变量作用域：

```
Dim 变量 As 类型        '定义为局部变量，如 Dim  xyz As integer
Private 变量 As 类型    '定义为私有变量，如 Private  xyz As byte
Public 变量 As 类型     '定义为公有变量，如 Public  xyz As single
```

```
Global 变量 As 类型  '定义为全局变量，如 Global  xyz As date
Static 变量 As 类型  '定义为静态变量，如 Static  xyz As double
```

一般变量作用域的原则是：哪部分定义就在哪部分起作用，模块中定义的只在该模块中起作用。

（3）注释语句

格式 1：Rem 注释内容

格式 2：'注释内容

功能：注释语句是用来说明程序中某些语句的功能和作用。VBA 中的两种方法标识为注释语句，其中单引号“'”可以位于别的语句之尾，也可单独一行；而 Rem 可以定义全局变量，只能单独一行。

3．运行 VBA 程序

程序代码存盘后，可以用多种方式执行，程序运行结果将显示在主窗口中。程序及其运行结果如图 7-4 所示。

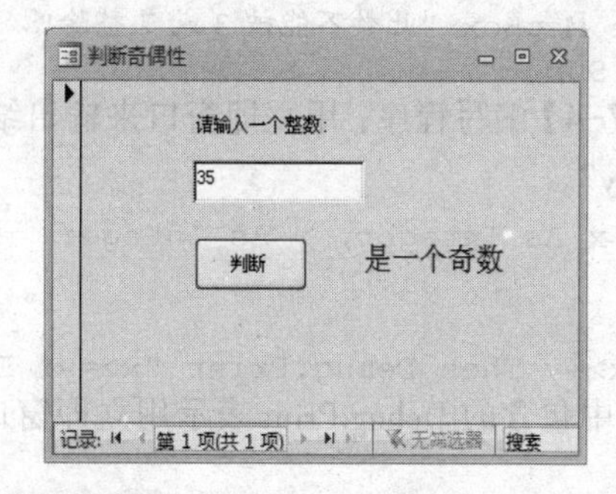

图 7-4　程序及其运行结果

方法 1：打开代码窗口，执行“运行”→“运行子过程/用户窗口”命令。

方法 2：打开代码窗口，在工具栏上单击“运行子过程/用户窗口”按钮。

7.2.3　程序流程控制

1．顺序结构

在结构化程序设计方法中，程序的基本控制结构有 3 种，即顺序结构、选择结构和循环结构。顺序结构是一种线性结构，是最基本的程序结构，它是按照命令或语句的排列顺序，依次执行。下面举一个简单的顺序结构的程序例子。

【例 7-2】从键盘输入圆的半径 R，通过计算圆面积公式 πR^2 计算出圆的面积 S，最后输出该圆的面积 S。

参考程序如下：

```
Private Sub prg2()
  Dim R As Integer
  R = InputBox("请输入半径")           '键盘输入一个数值，赋值给变量 R
  S = 3.1416 * R * R                   '将计算结果存储到变量 S 中
  Debug.Print "圆的面积 S=", S         '显示字符串及变量 S 的值
End Sub
```

2．选择结构

在描述较复杂的问题时，除了用到顺序结构程序外，还要用到选择结构和循环结构。

选择结构是根据给定的条件是否为真，决定执行不同的分支，完成相应的操作。例如，在

求一元二次方程 $ax^2+bx+c=0$ 的解时，一般先求出 $d=b^2-4ac$，再根据 d 大于、等于或小于 0，分别求出方程的根为实根、重根或虚根。Access 2010 系统提供了多种分支条件选择结构。

（1）简单选择语句

格式：If 条件表达式 Then 语句 1 [Else 语句 2]

功能：如果<条件表达式>为真(.T.)，则执行“语句 1”，如果没有 Else 语句，顺序执行下一句；如果有[Else 语句 2]选项，当<条件表达式>为假时，则执行“语句 2”。

【例 7-3】从键盘上输入一个数，若该数能被 3 或 7 整除，则输出该数的平方，否则，提示“此数不能被 3 或 7 整除”。

参考程序如下：

```
Private Sub prg2()
Dim X As Integer
X = InputBox("请输入一个整数", "判断 x 能否被 3 或 7 整除")
If X Mod 3 = 0 Or X Mod 7 = 0 Then MsgBox X * X _
Else MsgBox "此数不能被 3 或 7 整除"
End Sub
```

【例 7-4】编写程序，用立即窗口来输出结果。如果 x 大于或等于 y，则打印“x>=y”；否则，打印“x<y”。

```
Dim x As Integer, y As Integer
x=5
y=1
If x>=y Then Debug.Print "x>=y" Else Debug.Print "x<y"
```

程序中包含的 Debug.Print 表示用立即窗口来输出结果。

提 示

一个简单选择语句须在一行中写完，所以当语句较长时对程序的可读性造成影响。为克服这个弱点，VBA 为用户提供了结构化的选择语句。

（2）结构化的选择语句

结构化的选择语句由 If 开头，End if 结尾，其语句结构如下：

格式：

```
If 条件 Then
    语句组
    [Else 语句]
  End if
```

或者

```
If 条件 Then
    语句组 1
Else
    语句组 2
End if
```

功能：在执行时也是首先判断条件是否成立。如果成立，则执行语句组 1；否则，执行 Else 后的语句组 2。如果条件不成立，又没有 Else 部分，则跳过该语句。其中，语句组 1 和语句组 2 可以是多条 VBA 的可执行语句。

【例 7-5】若 x 表示学生成绩，用立即窗口来输出成绩及格或不及格。

```
Dim x As Integer
x=20
```

```
If x>=60 Then
   Debug.Print "及格"

Else
   Debug.Print "不及格"

End if
```

说 明

① 结构化选择语句的 Then 后不能放入其他语句，否则会被当做简单选择语句来处理。

② 当条件不成立时，可以在 Else 的后面再用 If 语句进行进一步判断，形成选择语句的嵌套形式。但嵌套的使用会降低程序的可读性和运行速度，当条件较多时，可使用 VBA 提供的多分支选择语句。

（3）多分支选择语句

多分支选择语句又称为情况语句，其语句结构如下：

```
Select Case 测试条件
 Case 条件 1
   语句 1
 Case 条件 2
   语句 2
 …
 Case 条件 n
   语句 n
 [Case Else
   语句 n+1]
 End Select
```

功能：当条件成立时，程序执行该 Case 下面的语句，如果没有一个条件成立，则执行 Case Else 后面的语句 n+1。

Select Case 语句先对其后面的测试条件求值，然后按照顺序与每个 Case 表达式进行比较。Case 表达式可以有以下多种形式。

① 单个值或一列值，相邻两值之间用逗号隔开。例如，Case 1,2,3。

② 用关键字 To 指定值的范围，其中第一个值不应大于第二个值，对字符串将比较它的第一个字符的 ASCII 码大小。

③ 使用关键字 Is 指定条件。Is 后紧接关系运算符（如<、>、=、<=、>=和<>）和一个变量或值。例如，Case Is>=90。

④ 前面的 3 种条件形式混用，多条件之间用逗号隔开。

【例 7-6】若 x 表示学生成绩，为该成绩划分等级。90 分及以上为优秀，80 分及以上为良好，70 分及以上为中等，60 分及以上为及格，60 分以下为不及格。请用 Select Case 语句编程。

```
Dim x As Integer
x=95
Select Case x
Case 90 To 100
   MsgBox  "优秀"
Case 80 To 89
   MsgBox  "良好"
```

```
Case 70 To 79
   MsgBox "中等"
Case 60 To 69
   MsgBox "及格"
Case Else
   MsgBox "不及格"
End Select
```

由于 x=95，将执行 Case 90 To 100 后的语句，在提示窗口中显示结果：优秀。

可以看到，Select Case 语句提供了更加清晰的程序结构，也更加容易理解。一般地，程序有多个分支控制时，使用 Select Case 语句比较合适。

下面是使用关键字 Is 指定条件改写上面的程序。

```
Dim x As Integer
x=95
Select Case x
Case Is>=90
   MsgBox "优秀"
Case Is>=80
   MsgBox "良好"
Case Is>=70
   MsgBox "中等"
Case Is>=60
   MsgBox "及格"
Case Else
   MsgBox "不及格"
End Select
```

无论是使用关键字 To 指定值的范围，还是使用关键字 Is 指定条件，都能实现为成绩划分等级。

（4）选择结构的嵌套

在 If 语句的 Then 分支和 Else 分支中可以完整地嵌套另一 If 语句或 Select Case 语句，同样 Select Case 语句每一个 Case 分支中都可嵌套另一 If 语句或另一 Select Case 语句。选择结构的嵌套不允许交叉。比如图 7-5 所示的几个选例中，（a）、（b）嵌套形式正确，（c）嵌套形式错误，不能交叉。

```
If <条件 1> Then
  If <条件 2> Then
    …
  Else
    …
  End If
Else
  If <条件 3> Then
    …
  Else
    …
  End If
End If
```

（a）正确

```
If <条件 1> Then
Select Case …
Case …
  If <条件 1> Then
  …
  Else
  …
  End If
Case…
  …
End Select
End If
```

（b）正确

```
If <条件 1> Then
  If <条件 2> Then
  …
  Else
  …
  Else
  End If
  If <条件 3> Then
  …
  Else
  …
  End If
End If
```

（c）错误

图 7-5　选择结构的嵌套示例

（5）与选择相关的几个函数

① IIf 函数：IIf(条件式,表达式 1,表达式 2)

说明：条件为真，返回表达式 1 的值；为假，返回表达式 2 的值。

例如：y=IIf(a>b,a,b) 如果 a>b 为真，返回 a，为假则返回。即返回 a，b 中较大的值。

② Switch()函数：Switch(条件式 1,表达式 1[条件式 2,表达式 2…])

说明：条件式与表达式成对出现，如条件式为真，则返回对应表达式的值。

例如：y=switch(x>0,1,x=0,0,x<0,-1) 如果现在 x = 10，条件 x>0 满足，则 y=1。

③ Choose()函数：Choose(索引式,选项 1[,选项 2…[,选项 n]])

说明：根据索引式的值返回选项列表中的某个值。

例如：y=choose(x,1,m,7,n) 如果 x=2，则 y=m，即返回第二个选项的值。

3. 循环结构

顺序结构和选择结构在程序执行时，每个语句只能执行一次，循环结构则能够使某些语句或程序段重复执行若干次。如果某些语句或程序段需要在一个固定的位置上重复操作，使用循环语句是最好的选择。VBA 提供了多种循环结构，可以根据实际问题进行选择。

（1）While…Wend 循环语句

While…Wend 循环语句是当条件成立时执行循环体，故称为当型循环，其语句结构如下：

格式：

```
While 条件
      循环体
Wend
```

功能：While…Wend 循环语句是结构化循环语句，当条件成立时执行一次循环体，然后进行条件判断。若条件成立，再执行一次循环体。如此反复，直到判断条件不成立时结束循环语句。在使用该类循环时，在循环体中一定要有使循环条件不成立的语句，否则将是一个死循环。

【例 7-7】编写程序，计算 1+2+3+…+100 的和。

```
Dim s As Integer, i As Integer
s=0
i=0
While i<100
  i=i+1
  s=s+i
Wend
Debug.Print "1+2+3+…+100=";s
```

思 考

该程序中哪条语句在修改循环条件？如果将程序中的语句 i = i +1 和 s=s+ i 执行顺序交换，程序应该如何修改？

（2）Do While…Loop 语句

通过 Do 执行循环有如下两种格式。其中 While 是条件为真时循环，Until 是条件为假时循环。

格式 1：

```
Do [While|Until <条件表达式>]
    <循环代码>
[Exit Do]
Loop
```

【例 7-8】用 Do While|Until…Loop 循环语句改写【例 7-7】。

① Do While…Loop 循环语句：

```
Dim s As Integer, i As Integer
s=0
i=0
Do While i<100
  i=i+1
  s=s+i
Loop
Debug.Print "1+2+3+…+100=";s
```

Do While…Loop 循环与 While 循环通常用于不知道循环次数的程序中。

② Do Until…Loop 循环语句：

```
Dim s As Integer, i As Integer
s=0
i=0
Do Until i>=100
  i=i+1
  s=s+i
Loop
Debug.Print "1+2+3+…+100=";s
```

格式 2：

```
Do
  <循环代码>
Loop [While|Until <条件表达式>]
```

【例 7-9】用 Do…Loop While|Until 循环语句改写【例 7-7】。

```
Dim s As Integer, i As Integer
s=0
i=0
Do
  i=i+1
  s=s+i
Loop While i<100
Debug.Print "1+2+3+…+100=";s
Do…Loop Until 循环语句
Dim s As Integer, i As Integer
s=0
i=0
Do
  i=i+1
  s=s+i
Loop Until i>=100
Debug.Print "1+2+3+…+100=";s
```

格式 1 和格式 2 的区别是：格式 2 中的循环代码至少被执行一次，格式 1 中的循环体可能一次也执行不到。

（3）For…Next 循环语句

For…Next 循环语句常用于循环次数已知的程序中。其语句结构如下：

```
For 循环控制变量=初值 To 终值 [Step 步长]
  <循环代码>
Next
```

说　明

其中，“Step 步长”可以省略，步长默认值为 1。循环控制变量的初值和终值的设置受步长的约束。当步长为负数时，初值必须大于终值才能执行循环体；当步长为正数时，初值必须小于终值才能执行循环体。For 循环执行步骤如下：

① 将初值赋给循环控制变量。

② 判断循环控制变量是否在初值与终值之间。

③ 如果循环控制变量超出范围，则跳出循环；否则，继续执行循环体。

④ 在执行完循环体后，将执行 Next 语句，该语句将循环控制变量加上步长后再赋给循环控制变量，其含义用语句表示为：循环控制变量=循环控制变量+步长。

⑤ 在循环控制变量加上步长后再返回第②步继续执行。

⑥ For 循环的循环次数可以使用如下公式计算：循环次数=(终值初值)/步长+1。

⑦ 在循环体中，可以使用 Exit For 跳出循环体。

【例 7-10】用 For…Next 循环语句改写【例 7-7】。

```
Dim s As Integer,i As Integer
s=0
For i=1 To 100
  s=s+i
Next
Debug.Print "1+2+3+…+100=";s
```

注　意

改变循环的条件已交给 Next 语句。

（4）循环的嵌套

如果在一个循环内完整地包含另一个循环结构，则称为多重循环，或循环嵌套，嵌套的层数可以根据需要而定。对于循环的嵌套，比如图 7-6 所示的几个选例中，（a）、（b）嵌套形式正确，（c）、（d）嵌套形式错误。循环嵌套要注意以下事项：

① 内循环变量与外循环变量不能同名，如图 7-6（d）所示。

② 外循环必须完全包含内循环，不能交叉，如图 7-6（c）所示。

③ 不能从循环体外转向循环体内，也不能从外循环转向内循环。

举例，用 For…Next 循环嵌套编写能在立即窗口输出 5 行 5 列的 “*”，事件代码如下：

```
Public Sub prg1()
Dim i As Integer, j As Integer
For i = 1 To 5
   For j = 1 To 5
     Debug.Print " *";
   Next j
   Debug.Print
Next i
End Sub
```

```
For i=1 to 10
    For j=1 to 20
        …
    Next j
Next i
```

（a）正确

```
For i=1 to 10
    …
Next i
For j=1 to 20
    …
Next j
```

（b）正确

```
For i=1 to 10
    For j=1 to 20
        …
    Next i
Next j
```

（c）错误

```
For i=1 to 10
    For i=1 to 20
        …
    Next i
Next i
```

（d）错误

图 7-6 循环的嵌套示例

说 明

图 7-6 所示的 4 个例子中，（c）图错误在于内外交叉了，（d）图错误原因在于内外循环变量名相同了。对于嵌套循环，需注意的是，外部循环执行一次，内部循环要完整的执行。

7.2.4 数组

1. 声明数组

数组是包含相同数据类型的一组变量的集合，对数组中的单个变量引用通过数组索引下标进行。在内存中表现为一个连续的内存块，必须用 Global 或 Dim 语句来定义。定义规则如下：

```
Public/Private/Static/Dim 数组名([下标] To 上界) [As 数据类型]
```

例如：

```
Public SZ(8) As Integer
Dim SZ(8) As Integer
Static SZ(8) As Integer
```

说 明

① 数组下标默认为 0，上述例子中，上界为 8，共 9 个元素。也可以人为指定数组下标，如 Dim SZ(1 To 8) As Integer。

② 通常可以通过 For 循环处理数组。

```
Static Numbers(1 To 15) As Integer
Dim I As Integer
For I = 1 To 10
    Numbers(I) = 15
    Debug.Print Numbers(6)
Next I
```

③ 在模块的声明部分使用“Option Base 1”语句，可以将数组下标默认值由 0 改为 1。

2．二维数组和多维数组

定义二维数组和多维数组的语法结构如下：

```
Dim 数组名([下标] To 上界,[[下标] To 上标,…])[As 数据类型]
```

例如：

```
Static Aa(19,19) As Integer
Static Aa(1 To 20,1 To 20) As Integer
```

下面将值 20 赋给数组中每个元素。

```
Dim I As Integer,J As Integer
Static Aa(19,19) As Integer
For I=0 To 19
   For J=0 To 19
      Aa(I,J)=20
   Next J
Next I
```

多维数组的语法结构同二维数组大致一样，仅在声明时多了几项，最多可以定义 60 维。

3．动态数组

如果在程序运行之前不能肯定数组的大小，可以使用动态数组。

格式：`Dim Array()`

然后用 ReDim 语句配置数组个数。ReDim 语句声明只能用在过程中，它是可执行语句，可以改变数组中元素的个数，但不能改变数组的维数。每次用 ReDim 配置数组时，原有数组的值全部清零。

【例 7-11】动态数组示例。

```
Dim Aa() As Integer
Dim I As Integer,J As Integer
ReDim Aa(7,5)
For I=0 To 7
  For J=0 To 5
    Aa(I,J)=I*J
  Next J
Next I
ReDim Aa(9,2)
For I=0 To 9
  For J=0 To 2
    Aa(I,J)=2*(I*J)
  Next J
Next I
```

7.3　面向对象程序设计基础

VBA 是面向对象的程序设计语言，掌握面向对象程序设计的基本概念的基本方法，对于使用 VBA 编写程序是非常必要的。

7.3.1　基本概念

在 VBA 编程中，首先必须理解对象、属性、方法和事件。同其他任何面向对象的编程语言一样，VBA 里也有对象、属性、方法和事件。

面向对象的程序设计方法与传统的结构化程序设计方法有较大区别。学习面向对象的程序设计，需要透彻地理解对象、类、事件和方法等基本概念。

1. 对象

所谓对象，就是代码和数据的组合，可将它看作单元。例如，表、窗体或文本框等都是对象。每个对象由类来定义。现实生活的对象就是一个具体的事物。自然界的任何一个具体的事物都可以看作一个对象。一个人、一本书、一部电话、一台计算机和一架飞机等都是对象。

在面向对象的程序设计中，对象是一个具有属性和方法的实体，是面向对象程序设计的基本元素。在 VBA 中，每个可以操作的实体都是对象。例如，窗体、按钮、文本框、列表框等都是常用的对象。对象是 VBA 应用程序的基本单元，VBA 提供了各种标准对象，可以在程序中直接使用这些对象。

现实生活中的对象可以包含其他对象。例如，一台计算机是一个对象，它又包含组成计算机的主机、显示器、键盘和鼠标等对象。

面向对象程序设计中的对象也可以包含其他对象，如创建的窗体是一个对象，它又包含命令按钮和标签等对象。包含其他对象的对象称为容器对象。

2. 对象的属性和属性值

所谓属性，是指定义的对象特征，如大小、颜色和对象状态等。现实生活中的每个对象都有许多特性，每个特性都有一个具体的值。例如，某个人的姓名是李晓明，性别是男，身高是 1.78 m，体重是 75 kg，出生日期是 1988 年 12 月 31 日，则姓名、性别、身高、体重和出生日期等就是该对象的特性，李晓明、男、1.78 m、75 kg、1988 年 12 月 31 日等则是描述该对象特性的具体数据。

在面向对象程序设计中，对象的特性称为对象的属性，描述该对象特性的具体数据称为属性值。每个对象有多个属性，每个属性有属性值。

【例 7-12】创建一个“实例 1”窗体，在窗体上创建 3 个命令按钮，分别是“显示”、“变色”和“退出”；1 个标签，内容是“欢迎大家到来!!”，如图 7-7 所示。

在本例窗体的属性窗口设置“显示”“变色”和“退出”按钮的属性时，从属性列表框可以看到命令按钮的属性和默认的属性值。所有命令按钮都具有这些属性，但不同的命令按钮具有不同的属性值。在窗体中所创建的 3 个命令按钮，虽然其大小和颜色都相同，但是它们的位置和标题属性值并不相同。由此可知，要设计不同的命令按钮，只须给它们赋予不同的属性值即可。

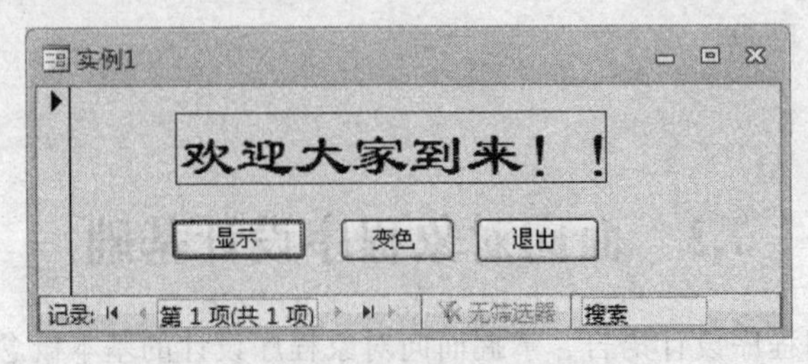

图 7-7 【例 7-12】运行结果

可以通过修改和设置属性值改变对象的外观和位置。有些属性值可以在程序设计时使用属性窗口来设置，设置命令按钮的 Caption 属性值；有些属性则需要通过编写代码，在运行程序时进行设置。如本例窗体中，“显示”、“变色”和“退出”按钮都编写了事件过程代码。

“显示”按钮的事件代码：

```
Private Sub 命令1_Click()
label1.Caption = "欢迎大家到来!! "
End Sub
```

“变色”按钮的事件代码：

```
Private Sub 命令2_Click()
label1.ForeColor = 255
End Sub
```

“退出”按钮的事件代码：

```
Private Sub 命令3_Click()
DoCmd.Close acForm, "变色"
End Sub
```

3. 事件

事件就是对象可以识别和响应的操作。它是预先定义的特定操作。不同对象能够识别不同的事件。例如，电话对象能识别拿起电话听筒这个操作。当需要接听电话时，拿起电话听筒就可以接听对方的电话。当需要打出电话时，拿起电话听筒就可以拨号呼叫对方。因此，拿起电话听筒这个操作就是电话对象的事件。

在 VBA 中，事件也是一种预先定义好的特定动作。如单击鼠标（Click）、双击鼠标（DblClick）、移动鼠标（MouseMove）或按键盘上的某个键等都是事件，当系统装载对象（Load）、初始化对象或遇到导致错误的代码时也会发生事件。也就是说，VBA 中的事件可以由用户激发，也可以由程序或系统激发。

4. 方法

方法就是事件发生时对象所执行的操作。方法与对象紧密联系。例如，拿起电话听筒这个事件发生时，电话就执行通话的操作，通话就是拿起电话听筒这个事件的方法。

VBA 中的方法是事件发生时执行的一段内部程序，即事件过程代码。这些代码指定事件发生时对象需要完成的操作。VBA 提供了许多常用的方法，用户可以直接调用这些方法，但有些方法则需要编写代码来实现。

5. 类

某一种类型的对象具有一些共同的属性，将这些共同属性抽象出来就组成一个类。例如，每个人都有姓名、性别、身高、体重和出生日期等属性，将所有人具有的共同属性抽象出来就组成人类，每个具体的人都是人类中的一个对象。类就像某一种类型对象的模板，基于类可以生成相同类型的任何一个对象，这些对象具有类的所有属性。面向对象的程序设计引入类这个概念后，用户创建一个对象只需从相应的类中生成一个对象，再设置具体的属性值即可，并不需要从最基础的部分开始设计。如创建命令按钮对象时，就是直接从 VBA 的命令按钮类中创建命令按钮，再设置其属性值即可。

7.3.2　VBA 对象设计的操作方法

程序设计需要根据不同的问题设计不同的解决方案，每个程序都有自己独特的功能。虽然程序的编码可能是千变万化、互不相同的，但是使用面向对象程序设计语言开发应用程序却是有一定的规律可循的。

1. 使用 VBA 开发应用程序的基本方法

VBA 充分体现了面向对象程序设计的特点。使用 VBA 开发应用程序的基本步骤如下：

① 设计应用程序的界面。

② 设置对象的属性值。

③ 编写事件过程代码。

④ 运行调试程序。

⑤ 保存程序。

提 示

① 设计应用程序界面的主要工作是创建窗体和向窗体设计器添加控件。从工具箱中可以看到各种控件的形状互不相同，从【例 7-12】可以看出，控件属性的不同值决定控件的大小、位置、颜色、显示内容的不同，因此，掌握控件的功能和属性对于设计用户界面是非常必要的。

② 使用 VBA 开发应用程序的基本方法并不是一成不变的。也可以在添加一个控件后，紧接着就设置控件的属性值和编写事件过程代码，再添加下一个控件，并进行相同的操作。不过，按照上述基本方法操作，条理性和规范性要强一些。

③ VBA 还可以将应用程序编译成可执行文件，并且编译生成的可执行文件可以脱离 VBA 开发环境直接在 Windows 中运行。

2. 程序的事件驱动机制

面向对象程序设计方法与传统的结构化程序设计方法有较大差别。使用结构化程序设计方法设计前面介绍的系统主界面时，需要自己编写代码定义窗口、定义按钮，需要设计程序流程和程序结构。而使用面向对象程序设计方法设计该显示界面时，既不需要定义窗体、标签控件和命令按钮控件，也不需要考虑程序流程和程序结构，而是直接使用系统提供的窗体、标签控件和命令按钮控件，在屏幕上“画”出窗口、按钮、标签等不同类型的对象，为这些对象设置属性，确定标签控件和命令按钮控件的位置、大小，编写鼠标单击命令按钮事件对应的功能代码。

结构化程序设计方法的程序运行时按照预定的流程执行。面向对象程序设计方法的程序运行时按照事件发生的顺序执行程序代码，这就是面向对象程序的事件驱动机制。掌握各种控件的属性、事件，正确编写事件过程代码和灵活运用系统提供的方法，对使用 VBA 设计应用程序是非常必要的。

使用面向对象的程序设计方法编写程序时，要按照事件驱动机制的要求，仔细分析程序运行中可能产生的每一个事件和对应的方法。如果事件发生时需要程序执行某些代码实现某种功能，则应将这些代码编写成该事件的过程代码；如果事件发生时不需要执行任何代码，则不必为这些事件编写过程代码，程序运行时系统将忽略这些事件，事件发生时也不会有任何反应。

注 意

在一个事件对应的过程内部，程序是按照预定的流程执行的，因此，当编写事件过程代码时，也需要设计程序流程和程序结构。

3. Access 事件

事件是一些操作，事件发生一般是由操作界用面触发的，如单击、双击或按下键盘上的键。

此时，该项操作产生消息通知Access系统，让数据库知道发生了什么事情，Access系统根据发生事件的种类来决定如何处理——执行宏或VBA代码。

Access事件只存在于窗体和报表中，如窗体的打开、关闭会产生事件。窗体和报表都有各自的事件，窗体和报表中的每个控件也都有各自的事件。为满足精确控制系统运行的需要，事件非常多。而大部分的事件不需要用户干预，Access按默认的方法处理事件。为了提高系统的功能，可为少量的事件定义自己的处理方法，定义宏或编写VBA代码。Access事件分成8类，如表7-9所示。

表7-9　常用Access事件

分　类	事件类名称	功 能 说 明
1	数据事件	当输入、删除或修改数据时，或者当屏幕焦点从一条记录移动到另一条记录时
2	错误和时间事件	当处理数据发生错误时，或按一定事件间隔发生事件
3	筛选事件	当在窗体上应用创建一个筛选时
4	焦点事件	当一个窗体或控件失去或获得焦点，或活动和不活动时
5	键盘事件	当用键盘输入数据或者使用SendKeys操作发送数据时
6	鼠标事件	当进行鼠标操作时
7	打印事件	当打印报表时
8	窗口事件	当打开、重新调整大小或者关闭一个窗体或报表时

7.3.3 VBA对象设计的常见操作

在VBA编程过程中经常用到一些操作，例如打开关闭窗体和报表、给某个量输入一个值、实现一些定时功能等。

1. 打开对象的操作

(1) 打开窗体操作

格式：DoCmd.OpenForm formname[,view][,filtername][,wherecondition][,datamode][,windowmode][,openargs]

说明：格式中的参数说明如表7-10所示。

表7-10　打开窗体操作的参数

参　数	说　明
formname	字符串表达式，代表当前数据库中的窗体的有效名称 如果在程序数据库中执行包含 OpenForm 方法的 Visual Basic 代码，则 Microsoft Access 首先会在程序数据库中使用该名称搜索窗体，然后再到当前数据库中搜索
view	下列固有常量之一： acDesign acFormDS acNormal（默认值） acPreview acNormal 在窗体视图中打开窗体 如果不设置该参数，将假设为默认常量（acNormal）

续表

参　数	说　　明
windowmode	下列固有常量之一： acDialog acHidden acIcon acWindowNormal（默认值） 如果不设置该参数，将假设为默认常量（acWindowNormal）。

例如：以对话框形式打开名为“选课成绩表”的窗体。

```
DoCmd.OpenForm "选课成绩表",,,,,acidalog
```

注意

式中参数可以省略，取默认参数，但分隔符西文逗号“，”不能省略。

（2）打开报表操作

格式：DoCmd.OpenReport reportname[, view][, filtername][, wherecondition]

说明：格式中的参数说明如表 7-11 所示。

表 7-11　打开报表操作的参数

参　数	说　　明
reportname	字符串表达式，代表当前数据库中的报表的有效名称 如果在程序数据库中执行包含 OpenReport 方法的 Visual Basic 代码，Microsoft Access 将首先在程序数据库中，使用该名称搜索报表，然后再到当前数据库中搜索
view	下列固有常量之一： acViewDesign acViewNormal（默认值） acViewPreview 如果该参数空缺，将假设为默认常量（acViewNormal）。acViewNormal 将立刻打印报表
filtername	字符串表达式，代表当前数据库中查询的有效名称
wherecondition	字符串表达式，不包含 WHERE 关键字的有效 SQL WHERE 子句

例如：预览名为“学生基本情况表”的报表的操作。

```
DoCmd.OpenReport "stuinf",acViewPreview
```

2. 关闭对象的操作

格式：DoCmd.Close [objecttype, objectname], [save]

说明：格式中的参数说明如表 7-12 所示。

表 7-12　关闭对象操作的参数

参　数	说　　明
objectname	字符串表达式，代表有效的对象名称，该对象的类型由 objecttype 参数指定
save	下列固有常量之一： acSaveNo、acSavePrompt（默认值）、acSaveYes 如果该参数空缺，将假设为默认常量（acSavePrompt）

续表

参数	说明
objecttype	下列固有常量之一： acDataAccessPage、acDefault（默认值）、acDiagram、acForm、acMacro、acModule、acQuery、acReport、acServerView、acStoredProcedure、acTable 注意：如果关闭“Visual Basic 编辑器”(VBE) 中的一个模块，则必须在 objecttype 参数中使用 acModule

例如：关闭名为“选课成绩表”的窗体。

```
DoCmd.Close acForm,“选课成绩表”
```

3. VBA 编程验证数据

在建立的窗体和数据访问页中，当要保存记录数据时，如果对数据做过更改，所做的更改便会保存到数据源表当中。在控件中的数据被改变之前或记录数据被更新之前会发生 BeforeUpdate 事件。通过创建窗体或控件的 BeforeUpdate 事件过程，可以实现对输入到窗体控件中的数据进行各种验证。例如，数据类型验证、数据范围验证等。在进行控件输入数据验证时，VBA 提供了一些相关函数来帮助进行验证，这些常用验证函数如表 7-13 所示。

表 7-13　VBA 常用检验函数

函数名称	返回值	说明
IsNumeric	Boolean 值	指出表达式的运算结果是否为数值。返回 True，为数值
IsDate	Boolean 值	指出一个表达式是否可以转换成日期。返回 True，可转换
IsNull	Boolean 值	指出表达式是否为无效数据（Null）。返回 True，无效数据
IsEmpty	Boolean 值	指出变量是否已经初始化。返回 True，未初始化
IsArrav	Boolean 值	指出变量是否为一个数组。返回 True，为数组
IsError	Boolean 值	指出表达式是否为一个错误值。返回 True，有错误
IsObject	Boolean 值	指出标识符是否表示对象变量。返回 True，为对象

【例 7-13】使用 BeforeUpdate 事件过程来检查学生姓名是否已经输入到数据库中。当用户在“姓名”框中输入姓名时，这个值将与“学生表”表中的“姓名”字段相比较，如果在“学生表”表中有相符的值时，将显示一条消息通知用户该学生姓名已经被输入。若要试用该示例，可将下列事件过程添加到名为“学生情况一览表”的窗体中，而且该窗体要含有一个名为“姓名”的文本框。在该文本框控件的 txtName 中输入学生姓名数据进行验证，要求该文本框不为空，提示不能为空。

添加该控件的 BeforeUpdate 事件代码如下：

```
Private Sub txtName_BeforeUpdate(Cancel As Integer)
    If(Not IsNull(DLookup("[ProductName]", _
        "Products", "[ProductName] ='" _
        & Me!ProductName & "'"))) Then
        MsgBox "请确定该生姓名已经输入到数据库中！",VbCritical,"警告"
        Cancel = True
        Me!txtName.Undo
    End If
End Sub
```

可见，控件的 BeforeUpdate 事件过程是有参过程。通过设置 Cancel 参数的 True 和 False 来确定 BeforeUpdate 事件是否发生。将 Cancel 参数设置为 True 时将取消 BeforeUpdate 事件。

4．计时事件（Timer）

VB 中提供 Timer 时间控件可以实现“定时”功能。但 VBA 并没有直接提供 Timer 时间控件，而是通过设置窗体的“计时器间隔（TimerInterval）”属性与添加“计时器触发（Timer）”事件来完成类似“定时”功能。

其处理过程是：Timer 事件每隔 TimerInterval 时间间隔就会被激发一次，并运行 Timer 事件过程来响应。这样重复不断，即实现“定时”处理功能。

【例 7-14】使用计时事件 Timer 在窗体的一个标签上实现自动计数操作（从 1 开始）。要求：窗体打开时开始计数，单击其上按钮，则停止计数，再单击一次按钮，继续计数。窗体运行如图 7-8 所示。

操作步骤如下：

① 创建窗体 timer，并在其上添加一个标签 lNum 和一个按钮 bOK。

② 打开窗体属性窗口，设置“计时器间隔”属性值为 1000，并选择“计时器触发”属性为“[事件过程]”项，如图 7-9 所示。单击其后的【…】，进入 Timer 事件过程编写事件代码。

图 7-8　窗体打开计时效果

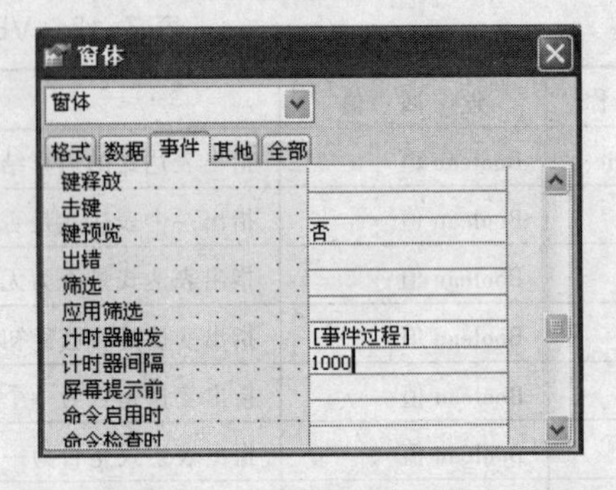

图 7-9　设置计时间隔和计时器事件属性

“计时器间隔”属性值以毫秒为计量单位，故输入 1000 表示间隔为 1 s。

③ 设计窗体“计时器触发”事件、窗体“打开”事件和 bOK 按钮“单击”事件代码及有关变量的类模块定义如下：

```
Option Compare Datebase
Dim flag As Boolean                          '标记标量，用于存储按钮的单击动作
Private Sub bOK_Click ( )                    '按钮单击事件
   flag = Not flag
End Sub
Private Sub Form_Open (Cancel As Integer)    '窗体打开事件
   flag = True                               '设置窗体打开时标记变量的初始状态为 True
End Sub
Private Sub Form_timer ( )                   '计时器触发事件
   If flag = True Then                       '根据标记变量决定是否进行屏幕更新
      Me!lNum.Caption=CLng(Me!lNum.Caption)+1 '标签更新
   End If
End Sub
```

在利用窗体的 Timer 事件进行动画效果设计时，只需将相关代码添加进 Form_Timer()事件模板中即可。

此外，“计时器间隔”属性值也可以安排在代码中进行动态设置（Me.TimerInterval=1000）。而且可以通过设置“计时器间隔”属性值为零（Me.TimerInterval=0）来终止 Timer 事件继续发生。

【例 7-15】设计一个用户登录窗体，用于输入用户名和密码，如图 7-10 所示。如用户名或密码为空，则给出提示，重新输入；如用户名或密码不正确，则给出错误提示，结束程序运行；如用户名或密码正确，则显示“欢迎使用!”信息。要求整个登录过程要在 30 s 中完成，如果超过 30 s 还没有完成正确的登录操作，则程序给出提示，自动终止这个登录过程，如图 7-11 所示。

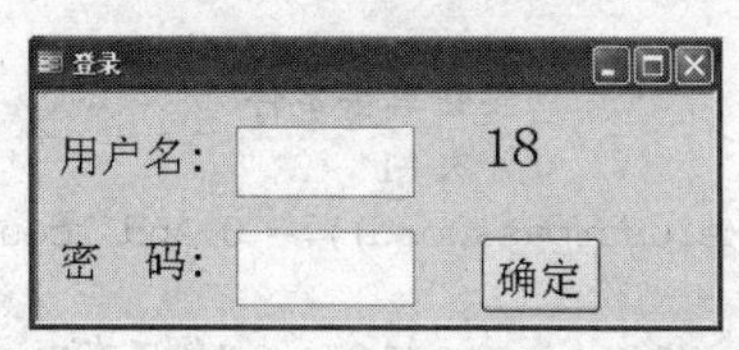

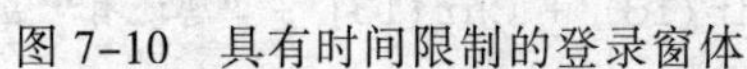
图 7-10　具有时间限制的登录窗体

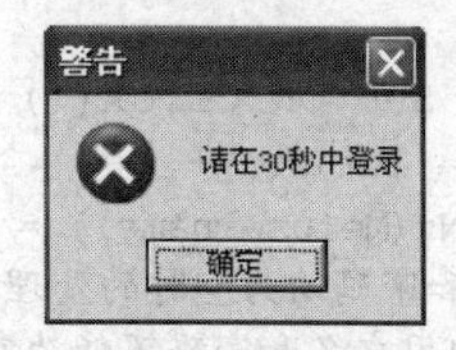

图 7-11　超时时显示的提示信息

登录窗体及其中各控件属性如表 7-14 所示。

表 7-14　登录窗体及控件属性

对　象	对 象 名	属　性
窗体	登录	标题：登录
		滚动条：两者均无
		记录选择器：否
		导航按钮：否
		分隔线：否
		打开：[事件过程]
		计时器触发：[事件过程]
		计时器间隔：1000
标签	Label1	标题：用户名:
	Labe12	标题：密码:
	1Num	标题：30
文本框	UserName	名称：UserName
	UserPassword	名称：UserPassword
		输入掩码：密码
命令按钮	OK	名称：OK
		单击：[事件过程]

代码如下：

```
Option Compare Database
Dim flag As Boolean                            '标志标量，用于存储按钮的单击动作
Dim second As Integer                          '计时器变量
Dim lcount As Integer                          '计次变量
Private Sub Form_Open(Cancel As Integer)       '窗体打开事件
second = 0                                     '事件计数器清 0
```

```
  lcount = 0                                  '登录计次变量清 0
 End Sub
 Private Sub Form_Timer( )                   '计时器触发事件
  If second > 30 Then
 MsgBox "请在 30 秒中登录", vbCritical, "警告"
 DoCmd.Close
 Else
 Me!lNum.Caption = 30 - second               '倒计时显示
 End If
 second = second + 1                         '计时器+1
 End Sub
 Private Sub OK_Click( )                     '按钮单击事件
 lcount = lcount + 1                         '计次+1
  If Len(Nz(Me!username)) = 0 And Len(Nz(Me!userpassword)) = 0 And lcount <= 3 Then
  '用户名和密码均为空时的处理
 MsgBox "用户名和密码不能为空!请输入" + Chr(13) + Chr(13) + "您还有" & 3 - lcount
    & "次机会", vbCritical, "提示"
   Me!username.SetFocus                   '设置输入焦点在"UserName"文本框
 ElseIf Len(Nz(Me!username)) = 0 And Count <= 3 Then    '用户名为空时的处理
   MsgBox "用户名不能为空!请输入" + Chr(13) + Chr(13) + "您还有" & 3 - lcount &
    "次机会", vbCritical, "提示"
      Me!username.SetFocus                '设置输入焦点在"UserName"文本框
 ElseIf Len(Nz(Me!userpassword)) = 0 And Count <= 3 Then  '密码为空时的处理
 MsgBox "密码不能为空!请输入" + Chr(13) + Chr(13) + "您还有" & 3 - lcount & "
    次机会", vbCritical, "提示"
 Me!userpassword.SetFocus                 '设置输入焦点在"UserPassword"文本框
 Else
   If Me!username = "HYJ" Then                 '用户名为: HYJ
     If UCase(Me!userpassword) = "ABCDEF" Then  '密码为: abcdef，不分大小写
       Me.TimerInterval = 0                    '终止 Timer 事件继续发生
       MsgBox "欢迎使用! ", vbInformation, "成功"
       lcount = 0                              '登录成功，将计算器清 0
       DoCmd.Close
     Else                                      '密码有误时的处理
   MsgBox "密码有误! " + Chr(13) + Chr(13) + "您还有" & 3 - lcount & "次机会
      ", vbCritical, "警告"
       End If
    Else                                       '用户名有误时的处理
  MsgBox "用户名有误! " + Chr(13) + Chr(13) + "您还有" & 3 - lcount & "次机会
      ", vbCritical, "警告"
    End If
 End If
 If lcount >= 3 Then
  MsgBox "请确认用户名和密码后再登录", vbCritical, "警告"
  DoComd.Close
 End If
 End Sub
```

5. 鼠标和键盘事件处理

在程序的交互式操作过程中，鼠标与键盘是最常用的输入设备。

（1）鼠标操作

涉及鼠标操作的事件主要有 MouseDown（鼠标按下）、MouseMove（鼠标移动）和 MouseUp（鼠标抬起）3 个，其事件过程形式为（XXX 为控件对象名）：

```
XXX_MouseDown(Button As Integer,Shift As Integer,X As Single,Y As Single)
XXX_MouseMove(Button As Integer,Shift As Integer,X As Single,Y As Single)
XXX_MouseUp(Button As Integer,Shift As Integer,X As Single,Y As Single)
```

其中，Button 参数用于判断鼠标操作的是左、中、右哪个键，可以分别用符号常量 acLeftButton（左键 1）、acRightButton（右键 2）和 acMiddleButton（中键 4）来比较。Shift 参数用于判断鼠标操作的同时，键盘控制键的操作，可以分别用符号常量 acAltMask（Shift 键 1）、acAltMask（Ctrl 键 2）和 acAltMask（Alt 键 4）来比较。X 和 Y 参数用于返回鼠标操作的坐标位置。

（2）键盘操作

涉及键盘操作的事件主要有 KeyDown（键按下）、KeyPress（键按下并且弹起）和 KeyUp（键抬起）3 个，其事件过程形式为（XXX 为控件对象名）：

```
XXX_KeyDown(KeyCode As Integer,Shift As Integer)
XXX_KeyPress(KeyAscii As Integer)
XXX_KeyUp(KeyCode As Integer,Shift As Integer)
```

其中，KeyCode 参数和 KeyAscii 参数均用于返回键盘操作键的 ASCII 值。这里，KeyDown 和 KeyUp 的 KeyCode 参数常用于识别或区别扩展字符键（F1 ~ F12）、定位键（Home、End、PageUp、PageDown、向上键、向下键、向左键、向左键及 Tab）、键的组合和标准的键盘更改键（Shift、Ctrl 或 Alt）及数字键盘或键盘数字键等字符。KeyPress 的 KeyAscii 参数常用于识别或区别英文大小写、数字及换行（13）和取消（27）等字符。Shit 参数用于判断键盘操作的同时，控制键的操作。Shift 指的是 3 个转换键的状态，其参数如表 7-15 所示。

表 7-15 键盘事件过程的 Shift 参数的取值表

二进制值	十进制值	常 数	作 用
001	1	vbShiftMask	按下一个【Shift】键
010	2	vbCtrlMask	按下一个【Ctrl】键
011	3	vbCtrlMask+vbShiftMask	按下【Ctrl+Shift】组合键
100	4	vbAltMask	按下【Alt】键
101	5	vbAltMask+vbShiftMask	按下【Alt+Shift】组合键
110	6	vbAltMask+vbCtrlMask	按下【Alt+Ctrl】组合键
111	7	vbAltMask+vbCtrlMask+vbShiftMask	按下【Alt+Ctrl+Shift】组合键

【例 7-16】利用 KeyPress 事件可以对输入的值进行限制。假定在窗体上建立一个文本框（Text1），然后双击该文本框进入程序代码窗口，并从“过程”框中选择 KeyPress。

编写如下事件过程：

```
Private Sub Text1_KeyDown(KeyCode As Integer, Shift As Integer)
If KeyAscii < 48 Or KeyAscii > 57 Then
Beep
KeyAscii = 0
Debug.Print "hello!"
End If
End Sub
```

该过程用来控制输入值，它只允许输入 0（ASCII 码 48）~ 9（ASCII 码 57）的阿拉伯数字。如果输入其他字符，则响铃（Beep），并消除该字符。

6. 用代码设置 Access 选项

Access 系统环境有许多选项设定（工具/选项菜单项），值不同会产生不同的效果。比如，当程序中执行某个操作查询（更新、删除、追加、生成表）时，有些环境会弹出一些提示信息要求确认等。所有选项设定均可在 Access 环境下静态设置，也可以在 VBA 代码里动态设置。其语法为：

```
Application.SetOption(OptionName,Setting)
```

其中，OptionName 参数为选项名称，一般为英文；Setting 为设置的选项值。

代码为：

```
Application.SetOption  "选项名",选项值
Application.SetOption "Show Status Bar", False
Application.SetOption "Show Startup Dialog Box", False
```

【例 7-17】设置确认记录更改，删除，执行操作查询。

```
Public Sub kkkk()
Application.SetOption "Show Startup Dialog Box", False '不显示启动任务窗口
Application.SetOption "Confirm Record Changes", False  '确认，记录更改
Application.SetOption "Confirm Document Deletions", False '确认，删除文档
Application.SetOption "Confirm Action Queries", False    '确认，操作查询
End Sub
```

7.4 模块的基本概念

模块是将 Visual Basic for Applications 声明和过程作为一个单元进行保存的集合。为了更好地理解模块，需要对宏、模块和 VBA 做一些了解。

7.4.1 宏、模块和 VBA

虽然宏很好用，但它运行的速度比较慢，也不能直接运行很多 Windows 程序。尤其是不能自定义一些函数，当要对某些数据进行一些特殊的分析时，它就无能为力了。

由于宏具有局限性，所以在给数据库设计一些特殊的功能时，需要用到“模块”对象来实现，而这些“模块”都是由 VBA 语言来实现的。使用它编写程序，然后将这些程序编译成拥有特定功能的“模块”，以便在 Access 中调用。

Visual Basic 是微软公司推出的可视化 BASIC 语言，用它来编程非常简单。因为它简单，而且功能强大，所以微软公司将它的一部分代码结合到 Office 中，形成 VBA。它的很多语法继承了 Visual Basic，所以可以像编写 Visual Basic 程序那样来编写 VBA 程序，以实现某个功能。当这段程序编译通过以后，将这段程序保存在 Access 中的一个模块里，并通过类似在窗体中激发宏的操作那样来启动这个“模块”，从而实现相应的功能。

“模块”和“宏”的使用方法差不多。其实 Access 中的“宏”也可以存成“模块”，这样运行起来速度还会更快。“宏”的每个基本操作在 VBA 中都有相应的等效语句，使用这些语句就可以实现所有单独“宏”命令，所以 VBA 的功能是非常强大的。如果要用 Access 来完成一个复杂的桌面数据库系统，就应该掌握 VBA，它可以帮助用户实现很多功能。但如果只是偶尔使用一下 Access 或者只是用 Access 来做一些简单的工作，那么只要简单了解一下它就可以了。

7.4.2　模块的分类

Access 系统提供的“模块”数据库对象可以解决一些实际开发活动中的复杂应用。模块可以分成两种基本类型：类模块和标准模块。

1. 类模块

类模块是可以定义新对象的模块。新建一个类模块，也就是创建了一个新对象。模块中定义的过程将变成该对象的属性或方法。类模块可以独立存在，也可以与窗体或报表同时出现。

窗体和报表模块都是类模块，它们各自与某个窗体或报表相关联。一般地，窗体或报表模块都含有事件过程，这个过程通常用来响应窗体或报表中的某个事件。例如，通过单击某个命令按钮，来控制窗体或报表的行为。

2. 标准模块

标准模块包括通用过程和常用过程，它们不与任何对象相关联，并且可以在数据库中的任何位置运行。标准模块一般用于存放供其他对象使用的公共变量或过程，也可以定义私有变量或私有过程仅供本模块使用。

7.4.3　创建过程

过程是包含 VBA 代码的基本单位，是一段相对独立的代码，完成一个特定任务。一个较大的任务通常由多个过程组成。过程与过程之间相互独立，系统不会从一个过程自动执行到另一个过程，但一个过程可以通过调用执行另一个过程。过程不能单独保存，它只能存在于模块中。

过程的创建可以在类模块中创建，也可以在标准模块中创建。通常过程分为 Sub 过程（也称子程序过程）和 Function 过程（也称函数过程）两大类。

1. Sub 过程

Sub 过程是执行一系列操作的过程，以关键字 Sub 开始，并以 End Sub 结束。Sub 过程语法结构如下：

```
[Public|Private][Static] Sub 子过程名([形参列表])
      <语句组>
[Exit Sub]
      <语句组>
End Sub
```

各语法结构如表 7-16 所示。

表 7-16　Sub 过程语法结构

参　数	意　义
Public	可选的。表示该过程是公共的全局过程，表示所有模块的所有其他过程都可访问这个 Sub 过程，指可被应用程序中的任何窗体或任何标准模块中的过程调用
Private	可选的。表示该过程是私有的局部过程，只有在包含其声明的模块中的其他过程可以访问该 Sub 过程，指可被应用程序中的任何窗体或任何标准模块中的过程调用
Static	可选的。表示在调用之间保留 Sub 过程的局部变量的值。Static 属性对在 Sub 外声明的变量不会产生影响，即使过程中也使用了这些变量
子过程名	必需的。Sub 的名称，遵循标准的变量命名约定
形参列表	可选的。代表在调用时要传递给 Sub 过程的参数的变量列表。多个变量则用逗号隔开
语句组	可选的。Sub 过程中所执行的任何语句组

说 明

子程序过程是以 Sub 语句开头，以 End Sub 语句结尾，在其间是描述操作过程的语句组，成为“子程序体”。在 Sub 过程的任何位置都可以有 Exit Sub 语句，Exit Sub 语句使执行立即从一个 Sub 过程中退出，程序接着从调用该 Sub 过程的语句下一条语句执行。

① 关键字 Public、Private 只能二选其一。

② 子过程名的命名规则与变量名规则相同。子过程名不返回值，而是通过形参与实参的传递得到结果，调用时可返回多个值。

③ 形式参数通常简称“形参”，仅表示形参的类型、个数和位置，定义时是无值的，只有在过程被调用时，虚实参结合后才获得相应的值。过程可以无形式参数，但括号不能省。

④ 参数的定义形式如下：

```
[ByVal | ByRef]变量名[( )][As 类型][,…]
```

ByVal 表示当该过程被调用时，参数是按值传递的。省略或 ByRef 表示当该过程被调用时，参数是按地址传递的。

⑤ 在一个事件对应的过程内部，程序是按照预定的流程执行的，因此，当编写事件过程代码时，也需要设计程序流程和程序结构。

【例 7-18】新建模块，实现输入两个整数，并按从小到大排序输出。

操作步骤如下：

① 打开模块数据库，在“创建”选项卡的“宏与代码”组中，单击“Visual Basic 编辑器”命令按钮，启动 VBA 编辑器。

② 选择 “插入”→ “过程”命令，显示如图 7-12 所示的“添加过程”对话框，并按照对话框提示输入相应信息。完成后单击“确定”按钮。

③ 此时在弹出的 Visual Basic 编辑器窗口中添加了一个名为 Pre1 的过程，并在该过程中输入如下代码。

```
Public Sub Pre1()
Dim x As Integer, y As Integer
Dim z As Integer
x = InputBox("请输入 X 值: ")
y = InputBox("请输入 Y 值: ")
If x > y Then
z = x: x = y: y = z
End If
Debug.Print x, y
End Sub
```

④ 单击工具栏上的“保存”按钮，保存模块。

⑤ 将光标位于 Pre1 过程的任何位置，单击工具栏上的“运行子过程/用户窗体”按钮，弹出要求输入数据的对话框，分别输入 23 和 12 两个数据后就会在立即窗口中显示排序结果，如图 7-13 所示。

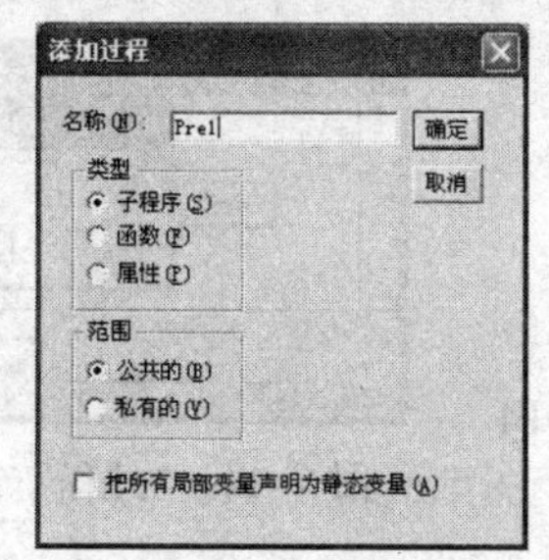

图 7-12 “添加过程”对话框

图 7-13 Pre1 过程运行结果

2. Function 过程

如果用户需要在窗体或报表中重复使用某一表达式，可以使用一个函数过程代替这个表达式。Function 过程其语法结构如下：

```
[Static]|[Private]|[Public]  Function 函数过程名[(参数表列)][As 类型]
    [语句块]
    [过程名=表达式]
    [Exit Function]
    [语句块]
End Function
```

说 明

① Function 过程以 Function 开头，以 End Function 结束，在两者之间是描述过程操作的语句块，即“过程体”。格式中的“函数过程名”“参数表列”“Static”“Private”“Public”和“Exit Function”的含义与 Sub 过程中相同。“As 类型”是由 Function 过程返回值的数据类型，可以是 Integer、Long、Single、Double、Currency 或 String，如果省略，则为 Variant。

② 调用 Sub 过程相当于执行一个语句，不返回值，而调用 Function 过程要返回一个值，因此可以像内部函数一样在表达式中使用。由 Function 过程返回的值放在上述格式中的“表达式”中，并通过“过程名=表达式”把它的值赋给“过程名”。如果在 Function 过程中省略“过程名=表达式”，则该过程返回一个默认值：数值函数过程返回 0 值，字符串函数过程返回空字符串。因此，为使一个 Function 过程完成所指定的操作，通常要在过程体中为“过程名”赋值。

③ 由于过程不能嵌套，因此不能在事件过程中定义通用过程（包括 Sub 过程和 Function 过程），只能在事件过程内调用通用过程。建立 Sub 过程的方法也可用来建立 Function 过程，只是当用第一种方法建立时，在对话框的“类型”栏内应选择“函数”。

【例 7-19】在窗体上添加一个命令按钮，单击命令按钮，观察在消息框中的输出结果。

操作步骤如下：

① 新建一个名为“过程”的窗体，在窗体上添加一个命令按钮，将命令按钮标题由 Command1 改为“确定”。

② 选择该按钮，在按钮属性对话框中选择“事件”选项卡下的“单击”，并选择“[事件过程]”。

③ 单击其右侧的浏览按钮，弹出 Visual Basic 编辑器窗口。编写如下代码。

```
Private Function m(x As Integer, y As Integer) As Integer
  m = IIf(x > y, x, y)
End Function
```

```
Private Sub Command0_Click()
Dim a As Integer, b As Integer
  a = 3
  b = 5
  MsgBox m(a, b)
End Sub
```

④ 运行窗体，单击“确定”按钮，显示结果如图 7-14 所示。

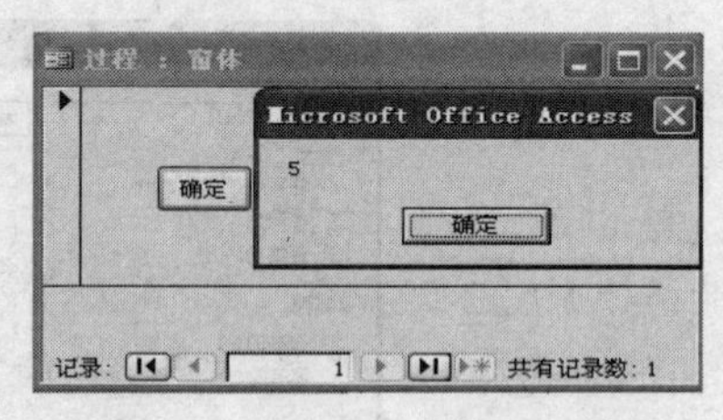

图 7-14 “过程”窗体运行结果

说 明

① 运行“过程”窗体时，单击“确定”按钮，程序开始执行 Command0_Click()事件过程中的语句。首先为整型变量 a 和 b 分别赋值 3 和 5，然后通过 m(a, b)调用 m()函数并用 MsgBox()输出结果。

② 自定义函数过程 m()的功能是通过 IIf()函数判断 x，y（分别接受实参 a，b 的值）的大小，如果 x>y 成立，返回 x 值，否则返回 y 值，并将结果赋给函数 m.

③ 调用结束后，流程回到调用语句处，并用 MsgBox()输出结果。

7.4.4 编写事件过程

Access 中的程序设计是一种面向对象的程序设计，而面向对象的程序设计中很重要的一点就是为对象事件编写事件代码。对象还有现成的方法可以调用，而为自己创建的对象编写独立的代码也是在编写中经常用到的方法。下面用实例介绍如何编写事件代码。

【例 7-20】在“密码窗体”窗体中添加一个命令按钮，并为该按钮编写事件过程，检测输入的密码是否正确，如不正确弹出输入密码错误消息框。

操作步骤如下：

① 建立窗体，并命名为“密码窗体”，如图 7-15 所示。

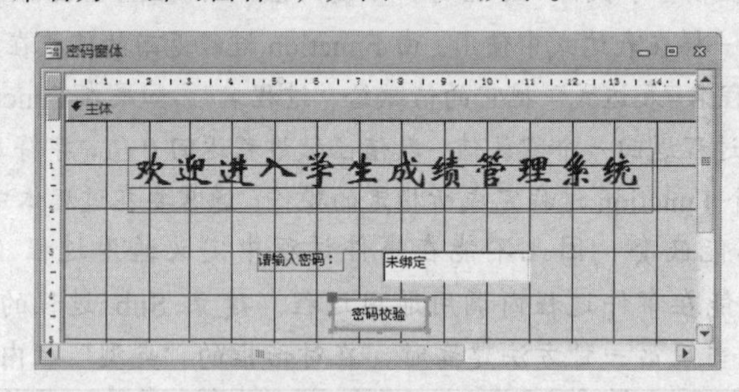

图 7-15 窗体的设计窗口

② 右击“密码校检”按钮控件，弹出一个模块的快捷菜单，如图 7-16 所示。在菜单中选择“事件生成器”命令。

③ 在弹出的“选择生成器”对话框中选择“代码生成器”选项，单击“确定”按钮，如图 7-17 所示。

④ 屏幕由 Access 窗口切换到 Visual Basic 代码窗口，其标题栏显示“Form_密码窗体”。

⑤ 当启动 VBA 代码窗口后，光标自动指向当前对象的过程，代码编辑窗口的最底行有两行自动加上的代码。

```
Private Sub Command3_Click()
End Sub
```

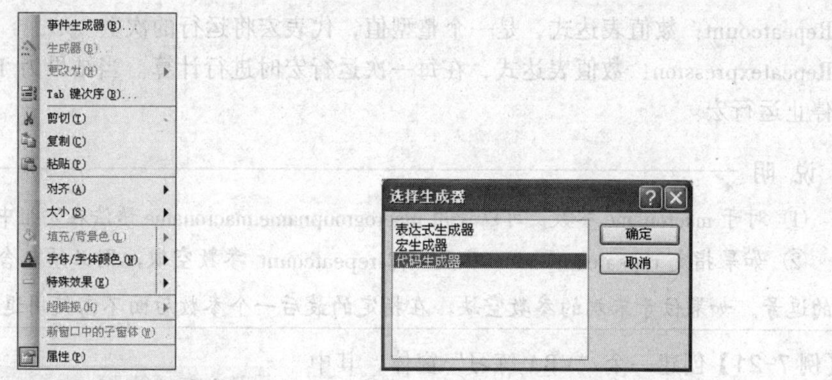

图 7-16　模块的快捷菜单

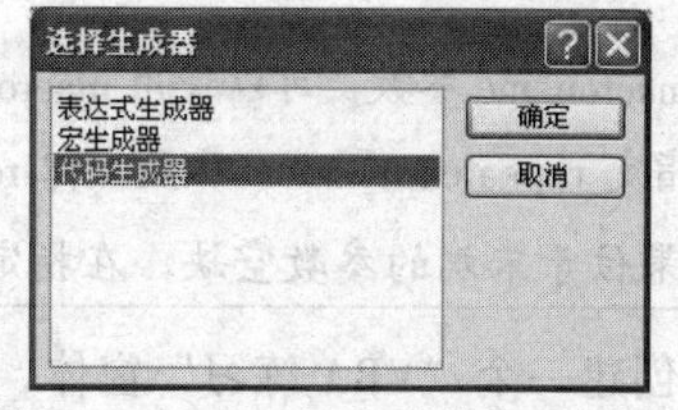

图 7-17　“选择生成器”对话框

⑥ 在该事件过程中输入代码如下：

```
Private Sub Command3_Click()
  MIma = text1.Value
  If MIma <> "12345" Then
    MsgBox ("密码输入错误")
  End If
End Sub
```

⑦ 单击 VBA 代码窗口右上角的“关闭”按钮，返回到 Access 窗口。

⑧ 如图 7-18 所示，运行“密码窗体”窗体，若输入的密码不是 12345，则弹出如图 7-19 所示的消息框。

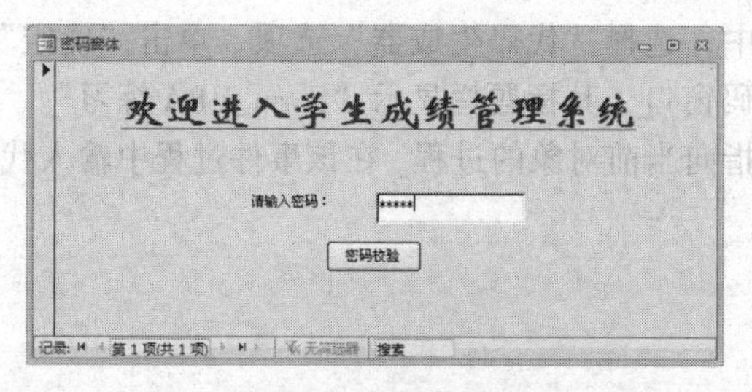

图 7-18　窗体模块代码窗口

图 7-19　消息框

说 明

在输入的事件代码中，Mima = text1.Value 语句表示将从“密码输入”窗体的文本框中取值，并赋给字符变量 Mima，当用户从“密码窗体”窗体中输入的不是 12345 时，弹出消息框。

7.4.5　在 VBA 中执行宏

在 VBA 中，可使用 DoCmd 对象的 RunMacro 方法执行已建好的宏。如果要将 RunMacro 操作添加到 VBA 过程中，请在过程中添加 DoCmd 对象的 RunMacro 方法，然后指定要运行的宏名即可。如语句：DoCmd.RunMacro"My Macro"。

1. 方法格式

```
DoCmd.RunMacro macroname[, repeatcount][, repeatexpression]
```

2. 参数说明

Macroname：字符串表达式，代表当前数据库中的宏的有效名称。

Repeatcount：数值表达式，是一个整型值，代表宏将运行的次数。

Repeatexpression：数值表达式，在每一次运行宏时进行计算。当结果为 False （值为 0）时，停止运行宏。

说 明

① 对于 macroname 参数，可以使用 macrogroupname.macroname 语法在宏组中运行特定的宏。

② 如果指定 repeatexpression 参数，但 repeatcount 参数空缺，则必须包含 repeatcount 参数的逗号。如果位于末端的参数空缺，在指定的最后一个参数后面不需使用逗号。

【例 7-21】创建一个“VBA 练习”窗体，其中添加 3 个文本框和 3 个命令按钮，如图 7-21 所示。并为该按钮编写事件过程，完成文本框内容的清除。单击“计算”按钮，在第 3 个文本框中显示前两个文本框数值之和，最后关闭该窗体。

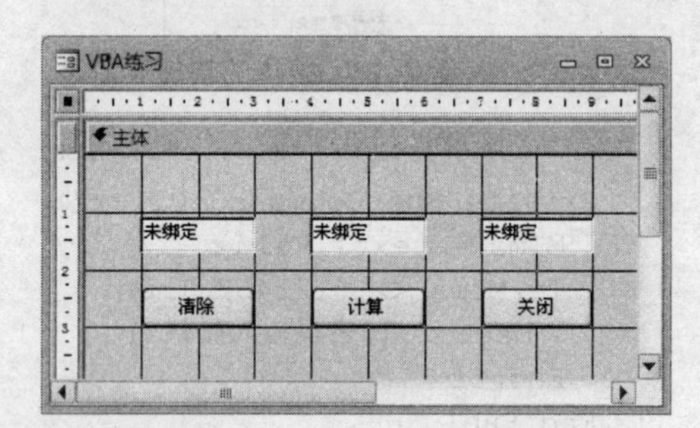

图 7-20 “VBA 练习”设计窗口

操作步骤如下：

① 按图 7-20 建立窗体，3 个文本框的名称分别是 Text0、Text1 和 Text2，3 个命令按钮的名称分别是 Command0、Command1 和 Command2，并命名为“VBA 练习”。

② 右击“清除”按钮，在弹出的快捷菜单中选择“事件生成器”命令。

③ 在弹出的“选择生成器”对话框中，选择“代码生成器”选项，单击“确定”按钮。屏幕由 Access 窗口切换到 Visual Basic 代码窗口，其标题栏显示“Form_VBA 练习”。

④ 启动 VBA 代码窗口后，光标自动指向当前对象的过程，在该事件过程中输入代码如下：

```
Private Sub Command0_Click()
  Me!Text0 = ""
  Me!Text1 = ""
  Me!Text2 = ""
End Sub
```

⑤ 同上，为“计算”按钮编写事件代码如下：

```
Private Sub Command1_Click()
  If Me!Text0 = "" Or Me!Text1 = "" Then
    MsgBox "数据输入不全，请重新输入！"
  Else
    Me!Text2 = Val(Me!Text0) + Val(Me!Text1)
  End If
End Sub
```

⑥ 同上，为“关闭”按钮编写事件代码如下：

```
Private Sub Command2_Click()
 DoCmd.RunMacro "VBA 练习"
End Sub
```

⑦ 单击 VBA 代码窗口右上角的“关闭”按钮，返回到 Access 窗口。

⑧ 运行“VBA 练习”窗体，结果如图 7-21 所示。

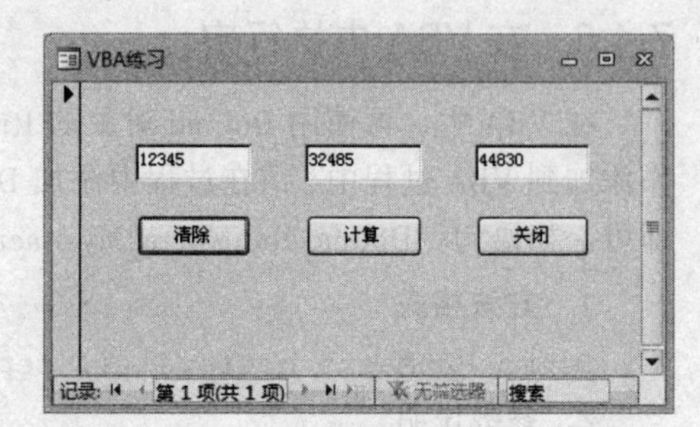

图 7-21 “VBA 练习”窗口运行结果

说 明

【例 7-21】中 DoCmd.RunMacro "VBA 练习"中的宏“VBA 练习”，必须是该数据库中已有的宏操作。

7.5　过程调用和程序调试

当程序没有问题，但运行中出错或者运行的结果与想象中不符时，就需要用到 VBA 的调试功能。下面来了解过程调用和程序调试。

7.5.1　过程调用

过程通过调用而发生相互联系。当一个过程在执行的过程中又去调用另一个过程，就发生了过程调用。过程调用若发生了数据传递，就称为带参调用，否则称为无参调用。过程调用的语句结构如下：

```
Call 子过程名[(形参列表)]
```

或

```
子过程名[(形参列表)]
```

函数过程调用的语句结构如下：

```
变量名 = 函数过程名([参数列表])
```

例如，调用自定义的 Sawp 子过程的形式如下：

```
Swap a, b
```

或

```
Call Swap(a,b)
```

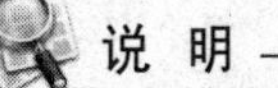

说 明

① 参数列表称为实参或实元，它必须与形参保持个数相同，位置与类型一一对应。

② 调用时把实参值传递给对应的形参。其中值传递（形参前有 ByVal 说明）时实参的值不随形参的值变化而改变。而地址传递时实参的值随形参值的改变而改变。

③ 当参数是数组时，形参与实参在参数声明时应省略其维数，但括号不能省。

④ 调用子过程的形式有两种，用 Call 关键字时，实参必须加圆括号括起，反之则实参之间用“,”分隔。

7.5.2　程序调试

在 VBA 环境中除了可以编写代码外，还可以对已编写的代码边运行边调试，以便及时发现错误和改正错误。调试程序的方法有逐句调试法，可以利用立即窗口逐句进行调试。这种方法简单但比较耗时。还有以过程为单位来进行调试，这种调试方法更加有效，可以适当地减少每个过程的错误，另外还有从开始到光标处的调试等方法。在 VBA 编辑器菜单栏的“调试”菜单中有多种调试方法供选择，如图 7-22 所示。

另外，还可以通过在 VBA 模块中添加 Debug.Print 语句或设置断点的方法对程序的运行实行跟踪。

图 7-22 VBA 调试方法

1. Debug.Print 语句

在程序代码中加入 Debug.Print 语句，可以在屏幕上显示变量当前的值。对程序的执行情况进行监视。

假设程序中有变量 x，如果在程序调试过程中需要显示该变量的变化情况，那么就可以在程序代码中适当的位置加上以下语句。

```
Debug.Print x
```

则在程序调试过程中，x 的当前值就可以显示在立即窗口中。在一个程序代码中可以使用多个 Debug.Print 语句，也可以对同一变量使用多个 Debug.Print 语句，这是因为 Debug.Print 语句对程序没有影响，它不会改变所有对象或者变量的值和大小。

2. 设置断点

断点就是引起程序暂时停止运行的地方。在程序中设置断点是一种很有效的程序调试方法，其作用主要是为了更好地观察程序的运行情况。

一般来讲，在程序中的适当位置设置了断点后，在程序暂停时，就可以在立即窗口中显示程序中各个变量的情况。除了 Dim 语句以外，用户可以在程序的任何地方设置断点。

实现在程序中设置断点的操作步骤如下：

① 把光标定位在需要停止运行的程序行。

② 在某一代码行旁边单击，会出现一个圆点，表示该行设置为断点行，或选择“调试”→“切换断点”命令，还可以按【F9】键设置断点。

③ 当程序运行到断点时自动停下，在本地窗口中就会显示当前变量的值，如图 7-23 所示。

3. VBA 帮助系统

前面介绍了 VBA 中最基本、最常用的语句与命令的语法，对于没有提及的语句或者符号，可以查阅 VBA 帮助系统来了解和学习。

VBA 帮助主题的大部分具有统一 VBA 风格的 VBA 帮助文件提供。如果用户在一个关键字前添加一个“^”号，或选择一个关键字然后按【F1】键，就会出现该关键字的帮助对话框。VBA 的帮助系统如图 7-24 所示。

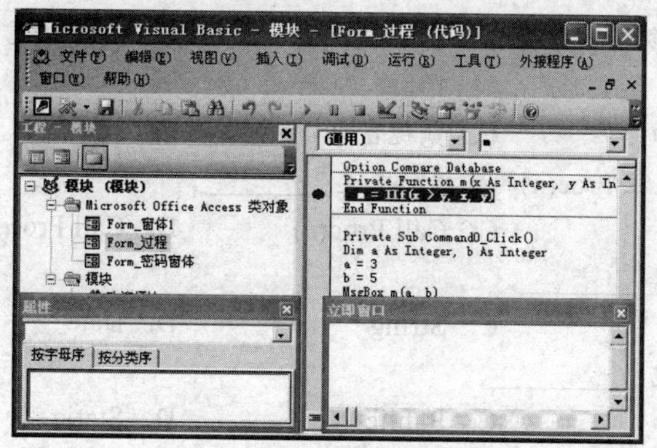

图 7-23　为过程设置断点

图 7-24　VBA 帮助对话框

小　结

通过学习本章，读者应掌握以下内容：

① 理解类模块和标准模块的基本概念。

② 理解创建模块的方法。

③ 理解 VBA 编程基础。

④ 掌握 VBA 的程序结构。

⑤ 掌握模块的基本操作。

⑥ 了解过程调用和程序调试。

课后练习

一、思考题

1. 简述 VBA 中的对象、属性、方法和事件。
2. Access 事件分成 8 类，各是什么？
3. 简述宏、模块和 VBA 的区别。
4. 模块的分类有几种？各是什么。
5. 简述 Sub 过程即子程序过程和 Function 过程即函数过程的区别。

二、选择题

1. 使用________语句可以定义变量。

   A. Dim　　　B. IIf　　　C. For-…Next　　　D. Database

2. 用 Static 声明的变量是_________。

   A. 静态变量　　　B. 本地变量　　　C. 私有变量　　　D. 公有变量

3. 与 c=iif（a>b,a,b）语句等价的是_________。

   A. If a>b Then Debug.Print a Else Debug.Print b

   B. If a>b Then c=a Else c=b

   C. If a>b Then Debug.Print a Else Debug.Print b End If

   D. If a>b Then c=a Else c=b End If

4. 在 VBA 代码调试过程中，能够显示出所有在当前过程中变量声明及变量值信息的是________。

A. 本地窗口　　B. 立即窗口　　C. 览视窗口　　D. 代码窗口

5. VBA 中用实际参数 a 调用有参过程 Proc(x)的正确形式是________。

A. Proc a　　B. Proc m　　C. Call Proc(a)　　D. Call Proc a

6. VBA 中定义整数可以用类型标识________。

A. Long　　B. Integer　　C. String　　D. Date

7. VBA 中定义局部变量可以用关键字________。

A. Const　　B. Dim　　C. Public　　D. Static

8. 关于模块，下面叙述错误的是________。

A. 是 Access 系统中的一个重要对象。

B. 以 VBA 语言为基础，以函数和子过程为存储单元

C. 模块包括全局模块和局部模块

D. 能够完成宏所不能完成的复杂操作

9. 能够触发窗体的 MouseDown 事件的操作是________。

A. 单击鼠标　　B. 拖动窗体

C. 鼠标滑过窗体　　D. 按下键盘上的某个键

10. 能够触发窗体的 DblClick 事件的操作是________。

A. 单击鼠标　　B. 双击窗体

C. 鼠标滑过窗体　　D. 按下键盘上某个键

三、填空题

1. Sub 过程是执行一系列操作的过程，以关键字________开始，并以________结束。

2. 某一种类型的对象具有一些共同的属性，将这些共同属性抽象出来就组成一个________。

3. 模块中包含有各种各样的函数与过程。一般的模块不能调用，只有________才能在设计中调用。

4. 语句 DIM A(3,5)中定义的数组有________个元素。

5. 在 VBA 中，可使用 DoCmd 对象的________方法执行已建好的宏。

6. 窗体模块和报表模块属于________模块。

7. VBA 中定义局部变量可以用________关键字。

8. 能够触发窗体的 MouseDown 事件的操作是________操作。

9. 能够触发窗体的 DblClick 事件的操作是________操作。

10. VBA的执行语句有________种，分别是________、________、________。

四、操作题

1. 打开数据库文件 Access7-1.accdb，试根据以下窗体功能要求，补充已给的事件代码，并运行调试。

在窗体 fSys 中有“账户名称”和“账户密码”两个文本框，名称分别为 tUser 和 tPass，还有“确定”和“退出”两个命令按钮，名称分别为 cmdEnter 和 cmdQuit。在输入账户名称和账户密码后，单击“确定”按钮，程序将判断输入的值是否正确，如果输入的用户名称为 student，用户密码为 12345，则显示提示框，提示框标题为“欢迎你！”，显示内容为“密码输入正确，

欢迎进入系统！”，提示框中只有一个“确定”按钮，当单击“确定”按钮后，关闭该窗体；如果输入不正确，则提示框显示“密码错误！”，同时清除 tUser 和 tPass 两个文本框中的内容，并将光标置于 tUser 文本框中。当单击窗体上的“退出”按钮后，关闭当前窗体。

2. 打开数据库文件 Access7-2.accdb，在 fEmp 窗体上单击“输出”命令按钮（名为 btnP），实现以下功能：计算满足表达式 1+2+3+⋯+n≤20000 的最大 n 值，将 n 的值显示在窗体上名为 tData 的文本框内并输出到外部文件保存。

单击“打开表”命令按钮（名为 btnQ），代码调用宏对象 mEmp 以打开数据表 tEmp。

试根据上述功能要求，对已给的命令按钮事件过程进行代码补充并调试运行。

第8章 VBA数据库编程

前面章节介绍了使用查询、窗体、宏、报表、模块等 Access 对象处理数据的形式和方法。若想更好地管理数据，并开发出具有实用价值的 Access 数据库应用程序，还必须学习和掌握 VBA 的一些实用的编程技术，主要是数据库编程技术。与其他面向对象开发工具一样，Access 的模块编程也用到一些常用技术和操作。本章主要介绍 VBA for Access 的一些定式操作。

8.1 VBA 数据库编程技术

本章对 VBA 数据库编程技术的相关知识作简单介绍。

8.1.1 VBA 数据库编程技术简介

为了在程序代码中实现对数据库对象的访问，VBA 提供了数据访问接口等数据库编程技术。下面就 VBA 数据库引擎体系结构、数据库引擎版本选择和安装等相关知识作简单介绍。

1. 数据库引擎及其体系结构

VBA 一般是通过数据库引擎工具来支持对数据库的访问。所谓数据库引擎，实际上是一组动态链接库（Dynamic Link Library，DLL），它以一种通用接口方式，使用户可以用统一的形式对各类物理数据库进行操作。VBA 程序通过动态链接库实现对数据库的访问功能。

通过数据访问接口，可以在 VBA 代码中处理打开的或没有打开的数据库，可以创建数据库、表、查询、字段等对象，也可以编辑数据库中的数据，使数据的管理和处理完全代码化。

VBA 使用 Microsoft 连接性引擎技术（Joint Engine Technology，JET）引擎。目前，Access 2010 改为使用集成和改进的 Microsoft Access 数据库引擎（ACE 引擎），ACE 引擎与以前版本的 JET 引擎完全向后兼容，以便对早期 Access 版本文件读取和写入。Access 2010 数据库应用体系结构图如图 8-1 所示。

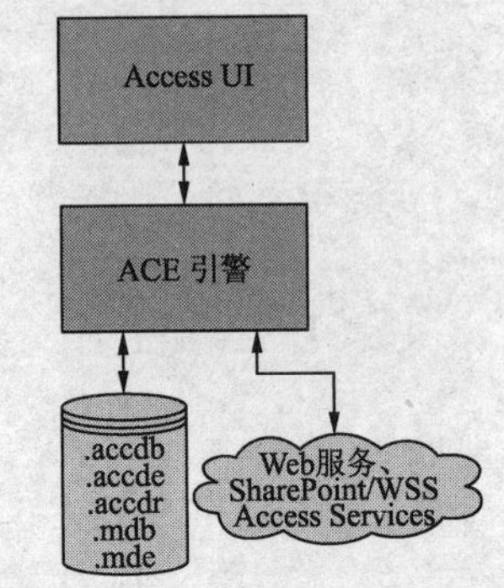

图 8-1 数据库应用体系结构图

用户界面（User Interface，Access UI）决定着用户通过查询、窗体、宏、报表等查看、编辑和使用数据的方式。Microsoft Access 引擎（ACE 引擎）提供诸如以下的核心数据库管理服务：

① 数据存储：将数据存储在文件系统中。

② 数据定义：创建、编辑或删除用于存储诸如表和字段等数据的结构。

③ 数据完整性：强制防止数据损坏的关系规则。

④ 数据操作：添加、编辑、删除或排序现有数据。

⑤ 数据检索：使用 SQL 从系统检索数据。

⑥ 数据加密：保护数据以免遭受未经授权的使用。

⑦ 数据共享：在多用户网络环境中共享数据。

⑧ 数据发布：在客户端或服务器 Web 环境中工作。

⑨ 数据导入、导出和链接：处理来自不同源的数据。

2. 数据库引擎版本选择和安装

Access 使用 Microsoft 连接性引擎技术（JET）引擎。JET 已成为 Windows 操作系统的一部分，使用集成和改进的 ACE 引擎，通过拍摄原始 JET 基本代码的代码快照来开始对该引擎进行开发。

（1）ACE 引擎介绍

ACE 引擎与以前版本的 JET 引擎完全向后兼容，以便从早期 Access 版本读取和写入（.mdb）文件。由于 Access 团队现在拥有引擎，因此开发人员可以相信他们的 Access 解决方案不仅可以在未来继续使用，而且具有更快的速度、更强的可靠性和更丰富的功能。例如，对于 Access 2010 版本，除了其他改进，ACE 引擎还进行了升级，可以支持 64 位的版本，并从整体上增强与 SharePoint 相关技术和 Web 服务的集成。Microsoft 努力将 Access 作为一个开发人员平台进行开发。ACE 引擎的安装关系如图 8-2 所示。

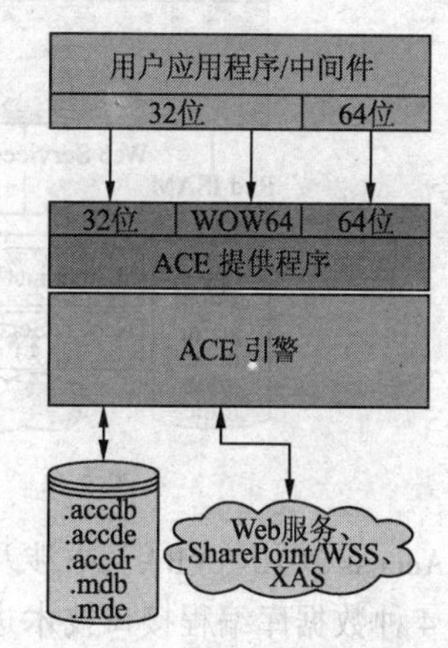

图 8-2　ACE 引擎的安装关系结构图

（2）ACE 引擎安装

若要运行 Access 2010 数据库代码示例，系统必须安装 ACE 引擎，其 3 种来源如下：

① Microsoft Access 2010。在以下 Office 2010 版本中提供：Professional、Professional Academic、Professional Plus 或 Microsoft Access 独立版本。

② Microsoft Access 2010 运行时。利用 Microsoft Access 2010 Runtime，可以将 Access 2010 应用程序分发给未在计算机上安装 Access 2010 完整版的用户，并可免费下载。

③ Microsoft Access Database Engine 2010 可再发行组件。

8.1.2 数据库访问接口

微软公司提供了多种使用 Access 数据库的方式，主要接口技术有：

① 开放式数据库连接（Open Database Connectivity，ODBC）。

② 数据访问对象（Data Access Objects，DAO）。

③ 对象链接嵌入数据库（Object Linking and Embedding DataBase，OLEDB）。

④ ActiveX 数据对象（ActiveX Data Objects，ADO）。

⑤ ADO.NET。

其中，ACE 引擎实现以上所提及的 3 种技术的提供程序：ODBC、DAO 和 OLE DB。ACEODB 提供程序、ACE DAO 提供程序和 ACE OLE DB 提供程序通过 Access 产品（注意不包括 ADO，其仍为 Microsoft Windows DAC 的一部分）分发。许多其他数据访问编程接口、提供程序和系统级别的框架（包括 ADO 和 ADO.NET）均构建于这 3 个 ACE 提供程序之上。Access 2010 数据库编程环境 ACE 引擎和相关接口如图 8-3 所示。

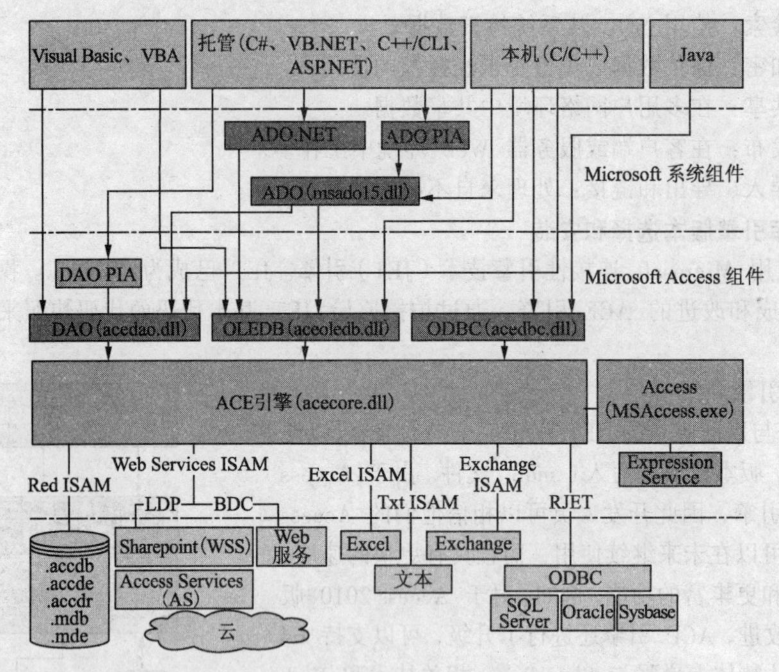

图 8-3　数据访问编程环境中 ACE 引擎和接口示意图

Access 2010（VBA）中涉及的数据库编程接口技术有 ODBC、DAO、OLE DB、ADO。下面对这 4 种数据库编程接口技术进行简单说明。

1．ODBC

目前，Windows 提供 32 位和 64 位 ODBC 驱动程序。在 Access 中，使用 ODBC API 访问数据库需要大量的 VBA 函数原型声明，操作烦琐，因此很少使用。

2．DAO

DAO 提供一个访问数据库的对象模型。利用其中定义的一系列数据访问对象，如 Database、QueryDef、RecordSet 等对象，实现对数据库的各种操作。这是 Office 早期版本提供的编程模型，允许开发者通过 ODBC 直接连接到其他数据库一样，连接到 Access 数据。

DAO 适用于单系统应用程序或小范围地本地分布使用。如果数据库是本地使用的 Access 数据库，可以使用这种访问方式。

Microsoft Office 2000 及以后版本的应用程序均支持广泛的数据源和数据访问技术，于是产生了一种新的数据访问策略，即通用数据访问（Universal Data Access，UDA）。其主要技术称为对象链接和嵌入数据库（OLE DB）的低级数据访问组件结构和称为 ActiveX 数据对象 ADO 的对应于 OLE DB 的高级编程接口。

3．OLE DB

OLE DB 是用于访问数据的 Microsoft 系统级别的编程接口。它是一个规范，定义了一组组件接口规范，封装了各种数据库管理系统服务，是 ADO 的基本技术和 ADO.NET 的数据源。

OLE DB 的设计以消费者和提供者概念为中心。OLE DB 消费者表示传统的客户方，提供者将数据以表格形式传递给消费者。

4. ADO

ActiveX 数据对象（ADO）为 OLE DB 数据提供程序提供基于 COM 的应用程序级接口。虽然与直接对 OLE DB 编码相比，性能有所降低，但 ADO 学习和使用起来要简单得多。

ADO 是基于组件的数据库编程接口。使用 ADO 可以方便地连接任何符合 ODBC（开放式数据库连接）标准的数据库。

ADO 是 DAO 的后继产物。相比 DAO，ADO 扩展了 DAO 使用的层次对象模型，用较少的对象、更多的方法和事件来处理各种操作，简单易用，是当前数据库开发的主流技术。主要接口连接如图 8-4 所示。

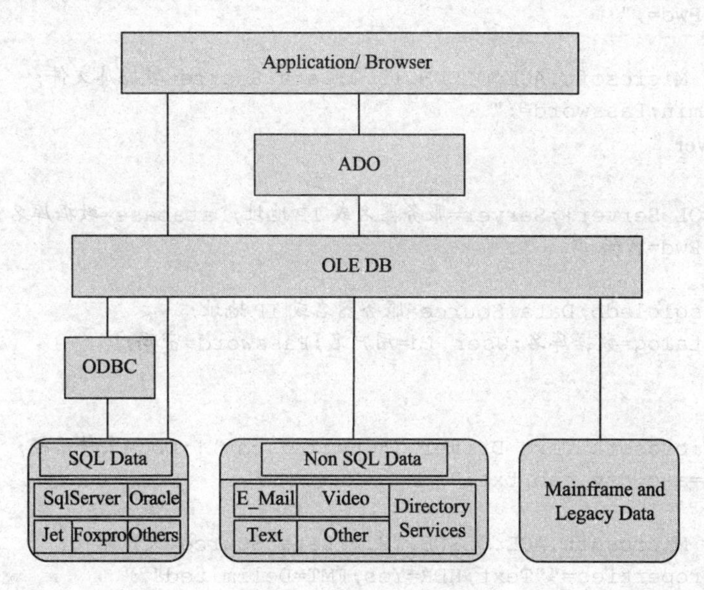

图 8-4　主要接口连接图

Access 2010 同时支持 ADO（含 ADO+ODBC 及 ADO+OLE DB 两种形式）和 DAO 的数据访问。

VBA 可访问的数据库有 3 种：

① JET 数据库，即 Microsoft Access。

② ISAM 数据库，如 dBase、FoxPro 等。

③ ODBC 数据库，凡是遵循 ODBC 标准的客户机/服务器数据库。如 Microsoft SQL Server，Oracle 等。

8.1.3　VBA 数据库编程技术

Access 中，数据库编程可以使用 DAO 或 ADO 技术，对数据库的操作都要经历打开连接、创建记录集并实施操作的过程。

VBA 数据库编程主要技术有：

① 利用 VBA+ADO（或 DAO）操作当前数据库。

② 利用 VBA+ADO（或 DAO）操作本地数据库（Access 数据库或其他）。

③ 利用 VBA+ADO（或 DAO）操作远端数据库（Access 数据库或其他）。

从前面的 ADO（或 DAO）技术分析看，对数据库的操作都要经历打开连接、创建记录集并实施操作的主要过程。

操作本地数据库和远端数据库，最大的不同就是连接字符串的设计。对于本地数据库的操作，连接参数只需要给出目标数据库的盘符路径即可；对于远端数据库的操作，连接参数还必须考虑远端服务器的名称或 IP 地址。

1. 主要连接字符串

连接字符串的确定、记录集参数的选择是学习 VBA 数据库编程的基础和关键环节。

（1）Access

```
ODBC
"Driver={Microsoft Access Driver (*.mdb,*.accdb)};Dbq=数据库文件;
Uid=Admin;Pwd=;"
OLE DB
"Provider= Microsoft.ACE.OLEDB.12.0;Data Source=数据库文件;
User Id=admin;Password=;"
```

（2）SQL Server

```
ODBC
"Driver={SQL Server};Server=服务器名或 IP 地址;Database=数据库名;
Uid=用户名;Pwd=密码;"
OLE DB
"Provider=sqloledb;Data Source=服务器名或 IP 地址;
Initial Catalog=数据库名;User Id=用户名;Password=密码;"
```

（3）Text

```
ODBC
"Driver={Microsoft Text Driver (*.txt; *.csv)};Dbq=文件路径;
Extensions=asc,csv,tab,txt;"
OLE DB
"Provider= Microsoft.ACE.OLEDB.12.0;Data Source=文件路径;
Extended Properties=""Text;HDR=Yes;FMT=Delimited"""
```

这里，HDR=Yes 表示第一行是标题。

提示：SQL 语法为" Select * From customer.txt "。

（4）Excel

```
ODBC
" Driver={Microsoft Excel Driver (*.xls, *.xlsx, *.xlsm, *.xlsb)};Dbq=文件名;
DefaultDir=文件路径; ReadOnly=False;"
OLE DB
"Provider= Microsoft.ACE.OLEDB.12.0;Data Source=文件名;Extended
Properties=""Excel 14.0;HDR=Yes;IMEX=1""
```

这里，HDR=Yes 表示第一行是标题。IMEX=1 表示数据以文本方式读取。

提示：SQL 语法为"SELECT * FROM [sheet1$]" 工作表的名称后要加一个“$”符号，而且将名称放在一对“[" "]”内。

2. 直接打开（或连接）当前数据库

① 在 Access 的 VBA+DAO 操作当前数据库时，系统提供了一种数据库打开的快捷方式，即

```
Dim db As Database
Set db = [Application.]CurrentDB( )     '方括号部分可省略
```

用以绕过 DAO 模型层次开头的两层集合并打开当前数据库。

② 在 Access 的 VBA+ADO 操作当前数据库时，系统也提供了上述类似的当前数据库连接快捷方式，即

```
Dim cnn As new ADODB.Connection
'以下方括号部分可省略
Set cnn=[Application.]CurrentProject.Connection
```

它指向一个默认的 ADODB.Connection 对象，该对象与当前 Access 数据库的 OLE DB 服务提供者一起工作。不像 CurrentDB( )是可选的，用户必须使用 Application.CurrentProject.Connection 作为当前打开数据库的 ADODB.Connection 对象的引用。

3. 绑定表单窗体与记录集对象并实施操作

（1）Recordset 属性

返回或设置 ADO Recordset 或 DAO Recordset 对象，代表指定窗体、报表、列表框控件或组合框控件的记录源。可读写。该属性是窗体(报表及控件)记录源的直接反映，如果更改其 Recordset 属性返回的记录集内某记录为当前记录，则会直接影响表单窗体（或报表）的当前记录。

（2）RecordsetClone 属性

返回由窗体的 RecordSource 属性指定的基础查询或基础表的一个副本。只读。如果窗体基于一个查询，那么对 RecordsetClone 属性的引用与使用相同查询来复制 Recordset 对象是等效的。

（3）RecordSource 属性

指定窗体或报表的数据源。String 型，可读写。

RecordSource 属性设置可以是表名称、查询名称或者 SQL 语句。

如果对打开的窗体或报表的记录源进行了更改，则会自动对基础数据进行重新查询。如果窗体的 Recordset 属性在运行时设置，则会更新窗体的 RecordSource 属性。

4. 域聚合函数

域聚合函数是 Access 内置函数，通过这些函数可以方便地从一个表或查询中取得符合一定条件的值，而无须显式进行数据库的连接、打开等操作，这样所写的代码要少许多。

（1）Nz()函数

将 Null 值转换为 0、空字符串（""）或者其他的指定值。

调用格式：Nz(表达式或字段属性值[,规定值])

例如：vAge=Nz(tAge.Value)

（2）DCount()函数、DAvg()函数和 DSum()函数

用于分别返回指定记录集中满足给定条件的记录数、某字段平均值或求和值

调用格式：DCount(表达式，记录集[，条件式])
　　　　　DAvg(表达式，记录集[，条件式])
　　　　　DSum(表达式，记录集[，条件式])

例如：=DCount("编号", "教师表", "性别='女'")　'女教师人数
　　　=DAvg("年龄", "学生表")　'学生平均年龄

（3）DMax()函数和 DMin()函数

用于分别返回指定记录集中满足给定条件的记录中某字段最大值或最小值。

调用格式：DMax(表达式，记录集[，条件式])
　　　　　DMin(表达式，记录集[，条件式])

例如：　= DMax ("年龄","学生表","性别='男'")　'男生最大年龄

（4）DLookup()函数

从指定记录集里检索满足给定条件的特定字段值。

调用格式：DLookup (表达式，记录集[，条件式])

例如：= DLookup("姓名", "学生表", "学号='20130721'")

但是如果需要更灵活的设计，比如所查询的域没有在一个固定的表或查询里，是一个动态SQL，或是临时、复杂的SQL语句，此时还是需要从DAO或者ADO中定义记录集来获取值。因为上述域聚合函数必竟是一个预先定义好格式的函数，支持的语法有限。

5. Docmd.RunSQL 方法使用

SQL命令可以简化对数据的访问操控制作，特别是有些记录集对象难以实现或不能实现的功能，如创建表、更新表结构、删除表等，都可以用SQL命令来完成。

Access提供了Docmd对象的RunSQL方法，可以在VBA中直接调用SQL命令对数据源进行操作。

RunSQL方法调用格式为：

```
Docmd.RunSQL(SQLStatement[, UseTransaction])
```

这里，SQLStatement为字符串表达式，表示各种操作查询或数据定义查询的有效SQL语句。它可以使用INSERT INTO、DELETE、SELECT...INTO、UPDATE、CREATE TABLE、ALTER TABLE、DROP TABLE、CREATE INDEX或DROP INDEX等SQL语句。

UseTransaction为可选项，使用True可以在事务处理中包含该查询，使用False则不使用事务处理。默认值为True。

8.2 数据访问对象（DAO）

数据库对象（DAO）是VBA提供的一种数据访问接口，包括数据创建、表和查询的定义等工具，借助VBA代码可以灵活地控制数据访问的各种操作。

8.2.1 数据库访问对象（DAO）简介

如果在VBA程序设计中使用DAO的各种访问对象，首先应在Access可使用的引用中增加对DAO库的引用。

1. ACE引擎加载引用

由于在创建数据库时系统并不自动引用DAO库，所以需要用户自行进行引用设置。具体设置步骤如下：

① 在VBE工作环境中，选择“工具”→“引用”命令，打开图8-5所示“引用”对话框。

② 在“可使用的引用”列表中勾选 “Microsoft Office 14.0 Access Database Engine Object Library”，出现复选标志✓后单击“确定”按钮。

2. DAO模型结构

DAO模型结构包含了一个复杂的可编程数据关联对象的层模型的层次，分层结构简图如图8-6所示。其中，DBEngine对象处于顶层，它是模型中唯一不被其他对象所包含的数据库引擎本身。层次低一些的对象，如 Workspace(s)、Database(s)、TabbleDef(s)、QueryDef(s)和RecordSet(s)是DBEngine下的对象层，其下的各种对象分别对应被访问的数据库的不同部分。在程序中设置对象变量，并通过对象变量来调用访问对象方法、设置访问对象属性，这样就实现了对数据库的各项访问操作。下面对DAO的对象层次分别进行说明：

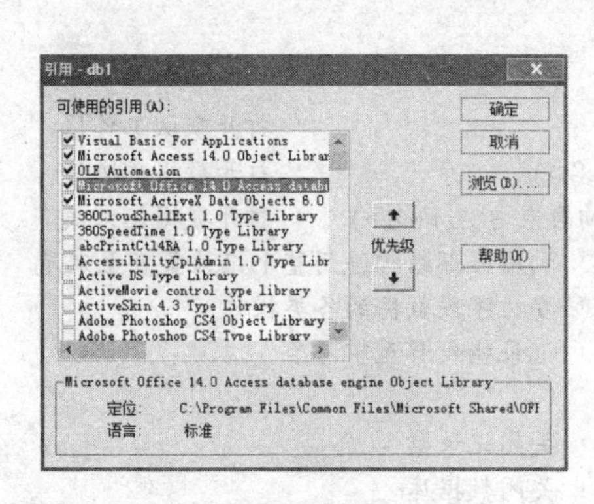

图 8-5 “引用”对话框

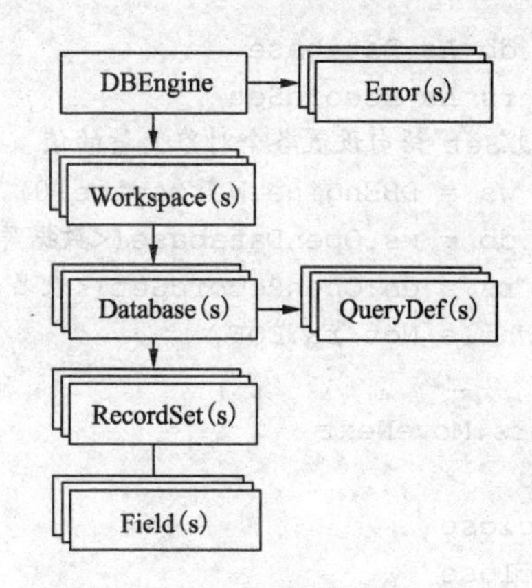

图 8-6 DAO 模型的分层结构简图

DBEngine 对象：表示 Microsoft Jet 数据库引擎。它是 DAO 模型的最上层对象，而且包含并控制 DAO 模型中的其余全部对象。

Workspace 对象：表示工作区。

Database 对象：表示操作的数据库对象。

RecordSet 对象：表示数据操作返回的记录集。

Field 对象：表示记录集中的字段数据信息。

QueryDef 对象：表示数据库查询信息。

Error 对象：表示数据提供程序出错时的扩展信息。

3. DAO 常用对象说明

DAO 的最顶层对象是 DBEngine，其下包含各种对象集合，对象集合下面又包含成员对象。常用 DAO 对象的含义如表 8-1 所示。

表 8-1 DAO 常用对象的含义

对象名称	含义
DBEngine	数据库引擎 Microsoft Jet Database Engine
Workspace	表示工作区，打开到关闭 Access 数据库期间为一个 Workspace，可由工作区号标识
Database	表示要操作的数据库对象
TableDef	表示要操作的数据库对象中的数据表结构
Field	表示字段数据信息
Index	表示索引字段
QueryDef	表示要操作的数据库的查询设计信息
Recordset	表示打开数据表操作、运行查询返回的记录集
Error	表示使用 DAO 对象产生的错误信息

4. DAO 访问数据库通用模板

通过 DAO 编程实现数据库访问时，首先要创建对象变量，然后通过对象方法和属性来进行操作。下面给出数据库操作的一般语句和步骤：

```
'定义对象变量
Dim ws  As Workspace
```

```
Dim db As Database
Dim rs As RecordSet
'通过 Set 语句设置各个对象变量的值
Set ws = DBEngine.Workspace(0)                         '打开默认工作区
Set db = ws.OpenDatabase(<数据库文件名>)                '打开数据库文件
Set rs = db.OpenRecordSet(<表名、查询名或 SQL 语句>)    '打开数据记录集
Do While Not rs.EOF                         '利用循环结构遍历整个记录集直至末尾
    …                                       '安排字段数据的各类操作
   rs.MoveNext                              '记录指针移至下一条
Loop
rs.close                                    '关闭记录集
db.close                                    '关闭数据库
Set rs = Nothing                            '回收记录集对象变量的内存占有
Set db = Nothing                            '回收数据库对象变量的内存占有
…
```

5. 在集合中获取对象

在对象集合中，有上下隶属关系，在引用时需由上而下。例如，要使用一个 TableDef 对象，应先加载 DAO 数据库引擎，然后打开一个工作区（Workspace），在工作区中使用 Database 对象打开数据库文件，最后才可以使用 TableDef 对象取用数据表结构。

8.2.2 VBA 使用 DAO 访问数据库

DAO 编程比较复杂，但却具有更好的灵活性和更强的功能。将表、查询、窗体、报表等对象和 DAO 编程结合在一起，可以开发出功能完善、操作方便的数据库应用程序。

1. 使用 DAO 访问数据库

在 VBA 中，使用 DAO 访问 Access 数据库，通常由以下几个部分组成：

① 引用 DAO 类型库 Microsoft Office 14.0 Access Database Engine Object Library。

② 定义 DAO 数据类型的对象变量（如 Workspace 对象变量、Database 对象变量、Recordset 对象变量等）。

③ 通过 Set 语句设置各个对象变量的值（即要操作对象的名称）。

④ 对通过对象变量获取的操作对象进行各种处理。

⑤ 关闭对象，并释放对象占用的内存空间。

2. DAO 常用对象的属性和方法

通过 DAO 访问 Access 数据库，实际上就是利用 Database、TableDef、Recordset 等对象的属性和方法实现对数据库的操作。

（1）Database 对象的常用属性和方法

Database 是 DAO 最重要的对象之一，其常用的属性和方法如表 8-2 所示。

表 8-2 Database 对象的常用属性和方法

属性/方法	名　称	含　义
属性	Name	标识一个数据库对象的名称
	Updatable	表示数据库对象是否可以被更改或更新
方法	CreateTableDef	创建一个新的表对象

续表

属性/方法	名　称	含　义
方法	CreateQueryDef	创建一个新的查询对象
	OpenRecordSet	创建一个新的记录集
	Execute	执行一个动作查询
	Close	关闭数据库

OpenRecordSet 方法用于创建一个新的 Recordset 对象，其语句格式如下：

```
Set <Recordset> = <Database>.OpenRecordSet (<source>,[<type>],[<options>],[<lockedits>])
```

其中，各参数含义如下：

Recordset、Database 为对象变量名。

Source 参数表示记录集的数据源，可以是表名、也可以是 SQL 查询语句。

type 参数用于设定 Recordset 对象的类型，可以是 dbOpenTable（数据源为单一表）、dbOpenDynaset（默认类型，数据源可为单表或多表）、dbOpenSnapshot（数据源可为单表或多表，但记录不能更新）。

options 参数用于设定记录集的操作方式，可以是 dbAppendOnly、dbReadOnly 等，表示对记录集只能添加或只读等。

Lockedits 参数用于设定锁定方式，可以是 dbOptimistic、dbPessimistic 等。

例如，语句“Set tabex=DBEngine. Workspaces(0). Databases(0).OpenRecordSet ("用户注册表")”与语句“Set tabex=DBEngine. Workspaces(0). Databases(0).OpenRecordSet ("select * from 用户注册表")”效果相同。

（2）TableDef 对象的常用方法

TableDef 对象代表数据库中的数据表结构。在创建数据库时，对要生成的表，必须创建一个 TableDef 对象来完成对表字段的创建。

TableDef 对象最常用的方法是 CreateField，该方法的语句格式如下：

```
Set <field> = <TableDef>.CreateField(<name>,<type>,<size>)
```

其中，field、TableDef 为对象变量名；name、type、size 分别为字段名称、字段类型和字段大小。需要说明的是，type 需用常量表示，例如：dbText 表示文本型。

（3）Recordset 对象的常用属性和方法

Recordset 对象代表一个表或查询中的所有记录。对数据库的访问，其实就是对记录进行操作，Recordset 对象提供了对记录的添加、删除和修改等操作的支持。Recordset 对象的常用属性和方法如表 8-3 所示。

表 8-3　Recordset 对象的常用属性和方法

属性/方法	名　称	含　义
属性	Bof	如果为 True，表示指针已指向记录集的顶部
	Eof	如果为 True，表示指针已指向记录集的底部
	Filter	设置筛选条件，用于将满足条件的记录过滤出来
	RecordCount	返回记录集对象中的记录个数
方法	AddNew	添加新记录
	Delete	删除当前记录

续表

属性/方法	名　称	含　义
方法	Edit	编辑当前记录
	FindFirst	查找满足条件的第一条记录
	FindLast	查找满足条件的最后一条记录
	FindNext	查找满足条件的下一条记录
	FindPrevious	查找满足条件的上一条记录
	Move	移动记录指针位置
	MoveFirst	将记录指针定位在第一条记录
	MoveLast	将记录指针定位在最后一条记录
	MoveNext	将记录指针定位在下一条记录
	MovePrevious	将记录指针定位在上一条记录
	Requery	重新运行查询，以便更新 Recordset 中的记录
	Update	刷新表，实现记录更新

8.2.3 数据访问对象（DAO）应用

下面通过实例对数据库访问对象（DAO）有所了解。

【例 8-1】首先建立“读者管理”数据库，然后通过 DAO 编程方式，在数据库中创建一个数据表，表的名称为“读者注册表”，字段情况如表 8-4 所示。

表 8-4 “读者注册表”表结构

字段名称	字段类型	字段大小	备　注
读者 ID	文本型	5	主键字段
姓名	文本型	5	
证件号码	文本型	15	
注册日期	日期/时间型		
联系方式	文本型	20	

实现过程如下：

① 建立空数据库“读者管理.accdb”。

② 在数据库中建立一个名称为“创建数据表”的窗体，且窗体上没有滚动条、记录选定器、导航按钮和分隔线。最后在窗体上建立一个名称为 cmd1、标题为“创建表”的命令按钮。

③ 切换至 VBE 工作环境，引用 DAO 类型库 Microsoft Office 14.0 Access Database Engine Object Library。

④ 对 cmd1 命令按钮设计如下事件过程：

```
Option Compare Database
Private Sub Cmd1_Click()
    Rem 声明DAO对象变量
    Dim ws As DAO.Workspace
    Dim db As DAO.Database
    Dim tb As DAO.TableDef
    Dim fd As DAO.Field
```

```
    Dim idx As DAO.Index

    Set ws = DBEngine.Workspaces(0)
    Set db = ws.Databases(0)
    Set tb = db.CreateTableDef("读者注册表")                 '创建数据表

    Set fd = tb.CreateField("读者 ID", dbText, 5)          '创建第 1 个字段
    tb.Fields.Append fd                                    '添加第 1 个字段
    Set fd = tb.CreateField("姓名", dbText, 5)
    tb.Fields.Append fd
    Set fd = tb.CreateField("证件号码", dbText, 15)
    tb.Fields.Append fd
    Set fd = tb.CreateField("注册日期", dbDate)
    tb.Fields.Append fd
    Set fd = tb.CreateField("联系方式", dbText, 20)
    tb.Fields.Append fd

    Set idx = tb.CreateIndex("stdno")                      '创建索引
    Set fd = idx.CreateField("读者 ID")                    '创建索引字段
    idx.Fields.Append fd                                   '添加索引
    idx.Unique = True
    idx.Primary = True
    tb.Indexes.Append idx

    db.TableDefs.Append tb                                 '添加表
    db.Close
End Sub
```

⑤ 在“创建数据表”窗体上单击“创建表”命令按钮，将实现创建“读者注册表”的过程。

从例中可以看出，用户创建的字段对象、索引对象、表对象都必须通过 Append 方法将它们添加到 Fields、Indexes、TableDefs 对象集合中。

【例 8-2】针对【例 8-1】创建的表“读者注册表”，通过 DAO 编程方式，实现表记录的添加、查找功能。

实现过程如下：

① 在数据库“读者管理.accdb”中建立一个名称为“管理数据”的窗体，且窗体上没有滚动条、记录选定器、导航按钮和分隔线。窗体上的控件如表 8-5 所示，运行界面如图 8-7 所示。

表 8-5 “管理数据”窗体的控件

控件类型	控件名称	控件标题
标签	Label1	读者 ID:
	Label2	姓名:
	Label3	证件号码:
标签	Label4	注册日期:
	Label5	联系方式:
文本框	txt1	
	txt2	
	txt3	

续表

控件类型	控件名称	控件标题
文本框	txt4	
	txt5	
命令按钮	Cmd1	添加记录
	Cmd2	查找记录
	Cmd3	退出

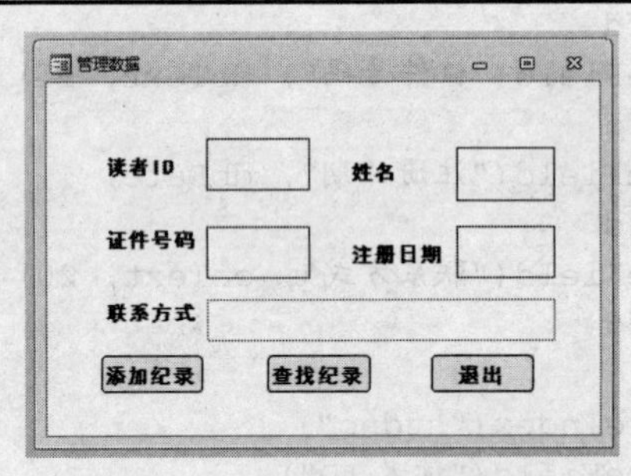

图 8-7 “管理数据”窗体运行界面

② 选择 Cmd1 命令按钮，在“属性表”对话框中选择“事件”选项卡，并选择“单击”→“代码生成器”，切换至 VBE 工作环境。

③ 在通用声明段中，声明模块级变量。

```
Dim rst As DAO.Recordset
Dim db As DAO.Database
```

④ 输入以下窗体加载事件（即 Load 事件）代码，以完成对象变量赋值、打开数据表“读者注册表’、设置 5 个文本框的初始值等操作。

```
Private Sub Form_Load()
   Set db = DBEngine.Workspaces(0).Databases(0)
   Set rst = db.OpenRecordset("读者注册表")        '打开数据表

   txt1.Value = " " : txt2.Value = " " : txt3.Value = " "
   txt4.Value = Date : txt5.Value = " "
End Sub
```

⑤ 对“添加记录”命令按钮 cmd1 设计如下事件过程：

```
Private Sub Cmd1_Click()
   If RTrim(txt1.Value) = "" Or RTrim(txt2.Value) = "" Then
      MsgBox "读者 ID 和姓名不能为空,请重新输入", vbOKOnly, "错误提示"
      txt1.SetFocus
   Else
      rst.AddNew
      rst("读者 ID") = txt1.Value
      rst("姓名") = txt2.Value
      rst("证件号码") = txt3.Value
      rst("注册日期") = txt4.Value
      rst("联系方式") = txt5.Value

      ent = MsgBox("确认添加吗?", vbOKCancel, "确认提示")
```

```
        If ent = 1 Then
           rst.Update
        Else
           rst.CancelUpdate
        End If

        txt1.Value = " " : txt2.Value = " " : txt3.Value = " "
        txt4.Value = Date : txt5.Value = " "
     End If
  End Sub
```

由于“读者 ID”是数据表的主键，不允许存储重复值。为了避免错误发生，当在 txt1 文本框中输完数据后，需将它与记录集中存在的“读者 ID”逐一比较，排除重复输入的可能性。

txt1 文本框的 LostFocus 事件过程如下：

```
Private Sub txt1_LostFocus()
   If rst.BOF And rst.EOF Then
      Exit Sub
   Else
      rst.MoveFirst
      Do While Not rst.EOF
         If Val(txt1.Value) = rst("读者 ID") Then
            MsgBox "读者 ID 重复,请重新输入", vbOKOnly, "错误提示"
            txt1.SetFocus
            txt1.Value = " "
            Exit Do
         Else
            rst.MoveNext
         End If
      Loop
   End If
End Sub
```

⑥ 对“查找记录”命令按钮 cmd2 设计如下事件过程：

```
Private Sub Cmd2_Click()
   Dim rst1 As DAO.Recordset
   Dim strinput As String, strsql As String

   strinput = InputBox("请输入需要查找的读者姓名", "查找输入")
   strsql = "select * from 读者注册表 where 姓名 like '" & strinput & "'"
   Set rst1 = db.OpenRecordset(strsql)
   If Not rst1.EOF Then
      Do While Not rst1.EOF
         Txt1.Value = rst1("读者 ID")
         Txt2.Value = rst1("姓名")
         Txt3.Value = rst1("证件号码")
         Txt4.Value = rst1("注册日期")
         Txt5.Value = rst1("联系方式")
         x = MsgBox("查找是否正确？", vbYesNo, "查找提示")
         If x = vbYes Then
            Exit Sub
         Else
```

```
            rst1.MoveNext
         End If
      Loop
   Else
      MsgBox "读者[" & strinput & "]不存在！", vbOKOnly, "查找提示"
   End If
   rst1.Close
End Sub
```

⑦ 对“退出”命令按钮 cmd3 设计如下事件过程：

```
Private Sub Cmd3_Click()
   rst.Close
   db.Close
   DoCmd.Close
End Sub
```

8.3 ActiveX 数据对象（ADO）

ADO 是基于组件的数据库编程接口，它为开发者提供了一个强大的逻辑对象模型，以便开发者通过 OLE DB 系统接口，以编程方式访问、编辑、更新各种数据源。如 Access、SQL server、Oracle 等，实现对数据源的数据处理。

8.3.1 ActiveX 数据对象（ADO）简介

ADO 最普遍的用法就是通过应用程序，在关系数据库中检索一个或多个表，并显示查询结果。

1. ADO 库加载引用

在 Access 模块设计时要想使用 ADO 的各个组件对象，也应该增加对 ADO 库的引用。Access 2010 的可选 ADO 引用库有 ADO 2.0、2.1、2.5、2.6、2.7、2.8 及 6.0 等版本，其引用设置方式与前述 ACE 引擎加载方式相同，选中 Microsoft ActiveX Data Objects 6.0 Library 或其他版本的选项（有前置的“√”符号且各版本无法同时选）即可。

在 Access 中使用 ADO 对象时，也应增加对 ADO 库的引用，只不过在 Access 2000 以后的版本中，每次建立新数据库时，系统会自动引用 ADO 链接库，不需要用户再做任何设置或更改。

2. ADO 对象模型

ADO 对象模型主要有 3 个对象成员：Connection、Command、Recordset。其中，Connection 对象的功能是用于指定数据提供者，完成与数据源的连接；Command 对象表示在 Connection 对象的数据源中，要运行的 SQL 命令；Recordset 对象是指操作 Command 对象所返回的记录集。ADO 对象模型如图 8-8 所示。

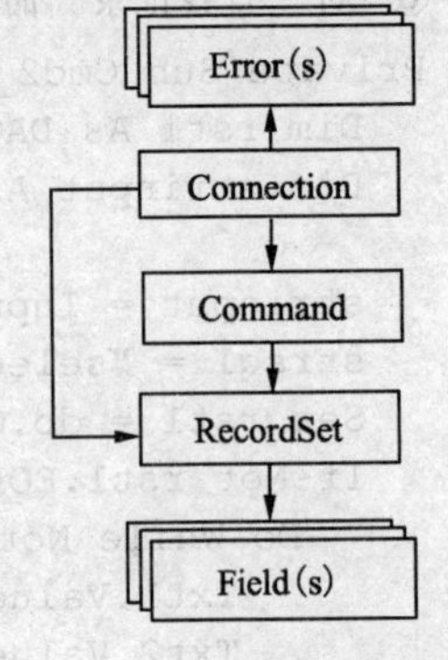

图 8-8 ADO 对象模型简图

（1）Connection 对象

Connection 对象用于建立与数据源的连接。在客户机/服务器结构中，该对象实际上是表示了同服务器的实际网络连接。建立和数据库的连接是访问数据库的第一步，ADO 打开连接的主要途径是通过 Connection 对象的 Open 方法来连接数据库，即使用 Connection.Open 方法。Connection 对象的 Execute 方法用于执行一个 SQL 查询等。

（2）Recordset 对象

ADO Recordset 对象包含某个查询返回的记录以及那些记录中的游标。用户可以在不显示打开 Connection 对象的情况下，打开一个 Recordset（例如：执行一个查询）。如果选择创建一个 Connection 对象，就可以在同一个连接上打开多个 Recordset 对象。需注意的是，Recordset 对象所指的当前记录任何时候均为集合内的某一个记录。

（3）其他对象

DBEngine 对象：表示 Microsoft Jet 数据库引擎。它是 DAO 模型的最上层对象，而且包含并控制 DAO 模型中的其余全部对象。

Workspace 对象：表示工作区。

Database 对象：表示操作的数据库对象。

Field 对象：表示记录集中的字段数据信息。

QueryDef 对象：表示数据库查询信息。

Error 对象：表示数据提供程序出错时的扩展信息。

3. ADO 对象联系

ADO 的各组件对象之间都存在一定的联系，如图 8-9 所示。了解并掌握这些对象间的联系形式和联系方法是使用 ADO 技术的基础。

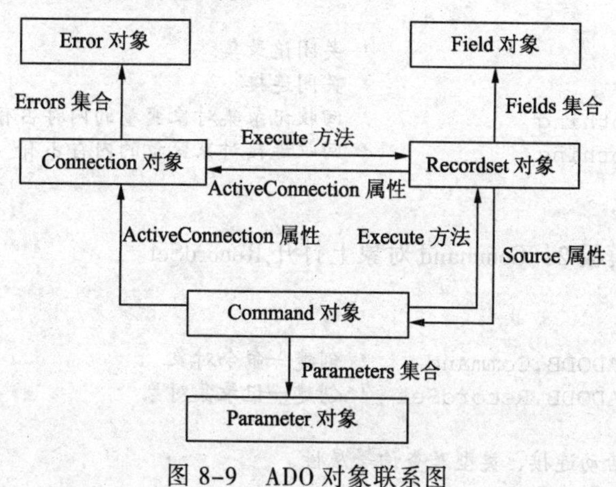

图 8-9　ADO 对象联系图

8.3.2　ActiveX 数据对象（ADO）访问数据库

与使用 DAO 对象不同的是，在使用 ADO 对象之前，需要设置数据提供程序（Provider），数据提供程序不仅是 ADO 进行数据访问的桥梁，而且是 ADO 辨识数据源格式的关键。

在 VBA 中，使用 ADO 访问 Access 数据库的步骤如下：

① 定义 ADO 数据类型的对象变量。

② 建立连接。

- 设置 Provider 属性值，定义要连接和处理的 Connection 对象。将 Provider 属性值设置为 Microsoft.ACE.OLEDB.12.0，表示 ADO 将通过 OLEDB.12.0 版数据库引擎连接至 Access 数据库。
- 设置 ConnectionString 属性值。ADO 没有 DatabaseName 属性，它使用 ConnectionString 属性与数据库建立连接。

③ 打开数据库。

- 定义对象变量（为了区别与 DAO 中同名的对象，在定义对象变量时，需使用 ADO 类型库的短名称 ADODB 作为前缀）。
- 通过设置属性和调用相应方法打开数据库。

④ 获取记录集。使用 Recordset 和 Command 对象取得需要操作的记录集。

⑤ 对记录集进行各种处理。

⑥ 关闭对象。

具体可参阅以下 ADO 访问数据库模板程序段分析。

ADO 访问数据库模板 1： Connection 对象上打开 RecordSet。

```
…
'创建对象引用
Dim cn As new ADODB.Connection '创建一连接对象
Dim rs As new ADODB. RecordSet '创建一记录集对象
cn.Open <连接串等参数>           '打开一个连接
    rs.Open <查询串等参数>       '打开一个记录集
    Do While Not rs.EOF          '利用循环结构遍历整个记录集直至末尾
        …                        '安排字段数据的各类操作
        rs.MoveNext              '记录指针移至下一条
    Loop
    rs.close                     '关闭记录集
    cn.close                     '关闭连接
    Set rs = Nothing             '回收记录集对象变量的内存占有
    Set cn = Nothing             '回收连接对象变量的内存占有
    …
```

ADO 访问数据库模板 2：Command 对象上打开 RecordSet。

```
…
'创建对象引用
Dim cm As new ADODB.Command     '创建一命令对象
Dim rs As new ADODB.RecordSet   '创建一记录集对象

'设置命令对象的活动连接、类型及查询等属性
With cm
    .ActiveConnection = <连接串>
    .CommandType = <命令类型参数>
    .CommandText = <查询命令串>
End With
Rs.Open cm,<其他参数>          '设定 rs 的 ActiveConnection 属性
Do While Not rs.EOF             '利用循环结构遍历整个记录集直至末尾
    …                           '安排字段数据的各类操作
    rs.MoveNext                 '记录指针移至下一条
Loop
rs.close                        '关闭记录集
Set rs = Nothing                '回收记录集对象变量的内存占有
…
```

8.3.3 ActiveX 数据对象（ADO）应用

下面通过实例对 ActiveX 数据对象（ADO）进行介绍。

【例 8-3】假设 db1.accdb 数据库中有数据表 stu，db2.accdb 数据库中有数据表 emp，且当前处于 db1 数据库操作环境中。请通过 DAO 编程方式，在立即窗口中显示数据表 stu、emp 的记录总数。

① 通过 ADO 操作非当前数据库 db2，显示数据表 emp 中记录个数的程序代码如下：

```
Dim cnn As New ADODB.Connection                    '声明连接对象变量
Dim rst As New ADODB.Recordset                     '声明记录集对象变量
Dim strconnect As String, sqlx As String

strconnect = "D:\ db2.accdb"                       '设置连接数据源
cnn.Provider = " Microsoft.ACE.OLEDB.12.0"'设置数据提供者
cnn.Open strconnect                                '连接数据库

sqlx = "select * from emp"                         '设置查询语句
rst.LockType = adLockPessimistic                   '设置记录集属性
rst.CursorType = adOpenKeyset
rst.Open sqlx, cnn, adCmdText                      '打开操作的记录集

Debug.Print rst.RecordCount                        '在立即窗口中显示记录集的记录个数

rst.Close
cnn.Close
Set rst = Nothing
Set cnn = Nothing
```

② 通过 ADO 操作当前数据库 db1，显示数据表 stu 中记录个数的程序代码如下：

```
Dim cnn As New ADODB.Connection
Dim rst As New ADODB.Recordset
Dim sqly As String

Set cnn = CurrentProject.Connection                '连接当前数据库

sqly = "select * from stu"
rst.LockType = adLockPessimistic
rst.CursorType = adOpenKeyset
rst.Open sqly, cnn, adCmdText                      '打开操作的记录集

Debug.Print rst.RecordCount

rst.Close
cnn.Close
Set rst = Nothing
Set cnn = Nothing
```

8.4　VBA 数据库编程应用

下面举例说明 VBA 的数据库编程应用。

【例 8-4】编写子过程，分别用 DAO 和 ADO 完成对“教学管理.accdb”文件中“学生表”的学生年龄都加 1 的操作。假设文件存放在 E 盘“考试中心教程”文件夹中。

子过程 1：使用 DAO。

```
Sub SetAgePlus1( )
    ' 定义对象变量
    Dim ws As DAO.Workspace          ' 工作区对象
    Dim db As DAO.Database           ' 数据库对象
    Dim rs As DAO.Recordset          ' 记录集对象
    Dim fd As DAO.Field              ' 字段对象

    ' 注意：如果操作当前数据库，可用 Set db = CurrentDb()来替换下面两条语句！
    Set ws = DBEngine.Workspaces(0)        ' 打开 0 号工作区
    Set db = ws.OpenDatabase("e:\考试中心教程\教学管理.accdb")  ' 打开数据库

    Set rs = db.OpenRecordset("学生表")          ' 返回"学生表"记录集
    Set fd = rs.Fields("年龄")                   ' 设置"年龄"字段引用
    ' 对记录集是用循环结构进行遍历
    Do While Not rs.EOF
        rs.Edit              ' 设置为"编辑"状态
        fd = fd + 1          ' "年龄"加 1
        rs.Update            ' 更新记录集，保存年龄值
        rs.MoveNext          ' 记录指针移动至下一条
    Loop

    ' 关闭并回收对象变量
    rs.Close
    db.Close
    Set rs = Nothing
    Set db = Nothing
End Sub
```

子过程 2：使用 ADO。

```
Sub SetAgePlus2( )
    ' 创建或定义对象变量
    Dim cn As New ADODB.Connection             ' 连接对象
    Dim rs As New ADODB.Recordset              ' 记录集对象
    Dim fd As ADODB.Field                      ' 字段对象
    Dim strConnect As String                   ' 连接字符串
    Dim strSQL As String                       ' 查询字符串
    ' 注意：如果操作当前数据库，可用 Set cn=CurrentProject.Connection 替换下面 3 条语句
    strConnect = "e:\考试中心教程\教学管理.accdb"         ' 设置连接数据库
    cn.Provider = " Microsoft.ACE.OLEDB.12.0"            ' 设置 OLE DB 数据提供者
    cn.Open strConnect                                   ' 打开与数据源的连接

    strSQL = "Select 年龄 from 学生表"                    ' 设置查询表
    rs.Open strSQL, cn, adOpenDynamic, adLockOptimistic, adCmdText  ' 记录集
    Set fd = rs.Fields("年龄")                            ' 设置"年龄"字段引用

    ' 对记录集是用循环结构进行遍历
    Do While Not rs.EOF
        fd = fd + 1              ' "年龄"加 1
        rs.Update                ' 更新记录集，保存年龄值
```

```
        rs.MoveNext                       ' 记录指针移动至下一条
    Loop
    ' 关闭并回收对象变量
    rs.Close
    cn.Close
    Set rs = Nothing
    Set cn = Nothing
End Sub
```

【例 8-5】使用 ADO 和 OLE DB 技术连接 Excel 磁盘文件 MyBook.xlsx。该文档为 Excel 2010 版，且第一行为标题设置。

```
Dim cn As ADODB.Connection                              ' 定义变量
Set cn = New ADODB.Connection                           ' 创建实例
With cn
    .Provider = " Microsoft.ACE.OLEDB.12.0"             ' 设置 OLE DB 提供者
    .ConnectionString = "Data Source=MyBook.xlsx;" & _
"Extended Properties=Excel 12.0; HDR=Yes;"              ' 连接字符串
    .Open                                               ' 打开连接
End With
```

【例 8-6】使用 ADO 和 OLE DB 技术连接 C 盘根目录下文本磁盘文件 aaa.txt。该文档结构内容如下：

```
a,b,c
1,2,3
2,3,4
3,4,5
```

每行数据间逗号分隔，且第一行为标题设置。

```
 Sub Text( )
    Dim iDB As ADODB.Connection
    Dim iRe As ADODB.Recordset
    Dim iConc$
    ' 设置数据库的连接字符串。c:\是文件文件所在目录
    iConc = "Provider=Microsoft.ACE.OLEDB.12.0; " _
"Data Source=c:\;Extended Properties='Text;HDR=yes'"
    Set iDB = New ADODB.Connection
    iDB.Open iConc

    Set iRe = New ADODB.Recordset
    ' 使用的时候注意一下，要将.txt 换成#txt
    iRe.Open "[aaa#txt]", iDB       ' [aaa#txt]是文件名 aaa.txt
    MsgBox iRe(0)       ' 消息框输出第一列的首行记录值，这里为 1
    ' 关闭并回收对象变量
    iRe.Close
    Set iRe = Nothing
    iDB.Close
    Set iDB = Nothing
End Sub
```

【例 8-7】下面的过程示例是定义一个对象变量，返回当前窗体的 Recordset 属性记录集引用，最后输出记录集（亦即窗体记录源）的记录个数。

```
Sub GetRecNum( )
    Dim rs As Object              ' 定义对象变量
    Set rs = Me.Recordset         ' 引用窗体的 Recordset 属性，注意，必须用 Set
    MsgBox rs.RecordCount
End Sub
```

【例 8-8】根据窗体上组合框控件 cmbZHICHE 组合框控件中选定的教师职称，将窗体的记录源更改为“教师表”表的有关信息。该组合框的内容由一条 SQL 语句决定，该语句返回的是选定职称教师的信息。“职称”的数据类型为“文本”型。

```
Sub cmbZHICHE_AfterUpdate( )
    Dim strSQL As String
    strSQL = "SELECT * FROM 教师表 " & "WHERE 职称 = '" & Me!cmbZHICHE & "'"
    Me.RecordSource = strSQL     '设置窗体的记录源属性
End Sub
```

【例 8-9】编程实现动态创建表 8-6 所示 Student 学生表的结构。

表 8-6　Student 表结构

字　段　名	字 段 类 型	大　　小	主　　键	非　　空
Sno	文本	10	是	
Sname	文本	15		是
Ssex	文本	1		是
Sage	数字	8		
Sdate	日期			
Spt	是否			
Smem	备注			
Sphoto	OLE			

```
Dim strSQL  As String                                  ' 定义变量
strSQL = "create table Student ("
strSQL = strSQL + " Sno CHAR(10) PRIMARY KEY,"         ' 定义 Sno 字段，主键
strSQL = strSQL + " Sname VARCHAR(15) NOT NULL,"       ' 定义 Sname 字段，非空
strSQL = strSQL + " Ssex CHAR(1)  NOT NULL,"           ' 定义 Ssex 字段，非空
strSQL = strSQL + " Sage SMALLINT,"        ' 定义 Sage 字段
strSQL = strSQL + " Sdate DATETIME ,"      ' 定义 Sdate 字段
strSQL = strSQL + " Sparty BIT ,"          ' 定义 Sparty 字段
strSQL = strSQL + " Smem MEMO,"            ' 定义 Smem 字段
strSQL = strSQL + " Sphoto IMAGE );"       ' 定义 Sphoto 字段
DoCmd.RunSQL strSQL                        ' 执行查询
```

【例 8-10】编程实现学生表中学生年龄加 1 的操作。

```
Dim strSQL  As  String                          ' 定义变量
strSQL = "Update 学生表 Set 年龄 = 年龄+1"      ' 赋值 SQL 操作字符串
Docmd.RunSQL  strSQL                            ' 执行查询
```

【例 8-11】试根据窗体上一个文本框控件（名为 tNum）中输入的课程编号，将“课程表”里对应的课程名称显示在另一个文本框控件（名为 tName）中。

添加以下窗体事件过程即可：

```
Private Sub tNum_AfterUpdate( )
    ' 如果用于字符串型条件值，则字符串的单引号不能丢失！
```

```
    ' 如果用于日期型条件值，则日期的#号不能丢失!
    Me!tName = DLookup("课程名称", "课程表", "课程编号='" & Me!TNum & "'")
End Sub
```

小 结

通过学习本章，读者应掌握以下内容：

① 理解 Access 2010 的 ACE 数据库引擎。

② 掌握主要数据库编程基本接口技术。

③ 掌握基于 DAO 和 ADO 技术。

④ 掌握 VBA 数据库编程的主要类型和方法。

⑤ 理解对域聚合函数及 Docmd.RunSQL 方法的使用。

课 后 练 习

一、思考题

1. 简述 Microsoft Access 引擎（ACE 引擎）提供了那些核心数据库管理服务。
2. 简述数据库编程基本接口技术。
3. 简述基于 DAO 和 ADO 技术的要点。
4. 简述 VBA 数据库编程的主要类型和方法。
5. 举例分析域聚合函数及 Docmd.RunSQL 方法的使用。

二、选择题

1. DAO 对象模型的最顶层对象是________。

   A. Database　　B. Workspace

   C. DBEngine　　D. RecordSet

2. Database 是 DAO 最重要的对象之一，其创建一个新记录集的方法是________。

   A. OpenRecordSet　　B. CreateQueryDef

   C. CreateTableDef　　D. Create

3. 判断 Recordset 对象的指针是否指向记录集底部的属性是________。

   A. Bof　　B. Eof　　C. End　　D. Filter

4. 下列不属于 ADO 对象模型成员的是________。

   A. Connection　　B. Command　　C. Recordset　　D. Provider

5. 对于 Access 2010，下列说法错误的是________。

   A. 建立新数据库时，系统自动引用 ADO 链接库，不需用户设置

   B. ADO 有 DatabaseName 属性

   C. ADO 使用 ConnectionString 属性与数据库建立连接

   D. ADO 的 Recordset 对象是指操作 Command 对象所返回的记录集

6. 语句 Select Case x 中，x 为一整型变量，下列 Case 语句中，表达式错误的是________。

   A. Case Is > 20　　B. Case 1 To 10　　C. Case 2, 4, 6　　D. Case x > 10

7. Sub 过程和 Function 过程最根本的区别是________。

A. Sub 过程的过程名不能返回值，而 Function 过程能通过过程名返回值

B. Sub 过程可以使用 Call 语句或直接使用过程名，而 Function 过程不能

C. 两种过程参数的传递方式不同

D. Function 过程可以有参数，Sub 过程不能有参数

8. VBA 中用实参 x 和 y 调用有参过程 PPSum(a, b)的正确形式是________。

A. PPSum a, b　　B. PPSum x, y　　C. Call PPSum(a, b)　　D. Call PPSum x, y

9. 在 VBE 的立即窗口输入如下命令，输出结果是________。

```
x=4=5
? x
```

A. True　　B. False　　C. 4=5　　D. 语句有错

10. 程序调试的目的在于________。

A. 验证程序代码的正确性　　B. 执行程序代码

C. 查看程序代码的变量　　D. 查找和解决程序代码的错误

三、填空题

1. DAO 的含义是________，ADO 的含义是________。

2. DAO 对象模型采用分层结构，最顶层的对象是________。

3. 在使用 ADO 对象之前，需要设置________，它是 ADO 辨识数据源格式的关键。

4. ADO 使用________属性与数据库建立连接。

5. 进行 ADO 数据库编程时，用来指向查询数据时返回的记录集对象是________。

6. RecordSet 对象有两个属性用来判断记录集的边界，其中，判断记录指针是否在最后一条记录之后的属性是________。

7. 设有以下窗体单击事件过程：

```
Private Sub Form_Click()
a=1
For i=1 To 3
Select Case i
Case 1,3
a=a+1
Casw 2,4
a=a+2
End Select
Next i
MsgBox a
End Sub
```

打开窗体运行后，单击窗体，则消息框的输出内容是________。

8. Nz()函数主要用于处理________是的情况；Dlookup()函数的功能是________。

9. ADO 对象模型主要有________、________、________、________和 Error 等 5 个对象。

10. 已知“employee”是数据库“职工管理.accdb”中的表，其中存储有职工的基本信息：职工号、姓名、性别和籍贯。在图 8-10 所示的 emp 窗体中，对应于“职工号”“姓名”“性别”和“籍贯”标签的 4 个文本框的名称分别为 empNo、empName、empSex、empRes。

下面程序的功能是向“employee”表添加职工记录。具体操作过程为：单击名称为 Cmd1、标题为“添加”的命令按钮时，程序将判断输入的职工号是否重复。如果不重复，则向“employee”表添加该职工记录，否则给出提示信息。

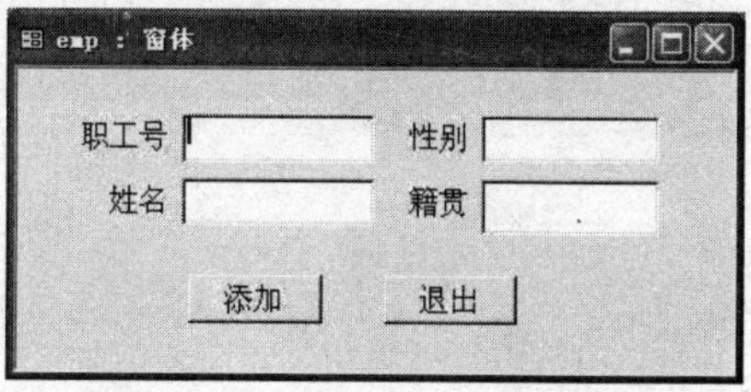

图 8-10　emp 窗体

请将程序补充完整，以实现上述功能。

```
Dim ADOcnn As New ADODB.Connection

Private Sub Form_ Load( )
Set ADOcnn= CurrentProject.Connection
End Sub

Private Sub Cmdl_Click( )
Dim strSQL as String
Dim ADOrst As New ADODB.Recordset

Set ADOrst.ActiveConnection = ADOcnn
ADOrst.Open "Select 职工号 From employee Where 职工号= '" + empNo + "'"
If Not ADOrst.______ Then
MsgBox "输入职工号已存在，不可以重复添加！"
Else
strSQL="Insert Into employee(职工号,姓名,性别,籍贯) "
strSQL=strSQL+"Values('"+empNo+"', '"+empName+"', '"+empSex+"', '"+empRes+"') "
ADOcnn.Execute ______
MsgBox "添加成功！"
      Endif

ADOrst.Close
ADOcnn.Close
Set ADOrst = Nothing
Set ADOcnn = Nothing
End Sub
```

四、操作题

打开数据库文件 Access8.accdb，试根据以下窗体功能要求，补充已给的事件代码，并运行调试。

在 fEmp 窗体的窗体页眉节区有一个文本框控件和一个命令按钮，名称分别为 TxtDetail 和 CmdRefer；在主体节区有多个文本框控件，显示 tBook 表中的相关信息。在 TxtDetail 文本框中输入具体值后，单击 CmdRefer 命令按钮。如果 TxtDetail 文本框中没有值，则显示提示框，提示文字为“对不起!未输入雇员姓名，请输入！”；如果 TxtDetail 文本框中有值，则在 tBook 表中进行查找，如果找到了相应记录，则显示在主体节对应的文本框控件中,如果没有找到，则显示提示框，提示框显示标题为“查找结果”，提示文字为“对不起!没有这个雇员!”，提示框中只有一个“确定”按钮，然后清除 TxtDetail 文本框中的内容，并将光标置于 TxtDetail 文本框中。

第9章 Access应用系统设计与数据库安全

前几章介绍了Access基础和各对象的操作与应用，对于学习Access，更重要的是要学会如何进行应用系统的开发。这也是学习和使用Access数据库管理系统软件的最终目标。本章将前面各章介绍的“学生成绩管理系统”数据库中的实例贯穿起来，形成一个Access数据库应用系统。通过数据库应用系统开发过程的介绍，实现学习本书的预期目标。

9.1 数据库应用系统开发

我们学习 Access 2010 的目的不仅仅是使用，更为重要的是要学会如何进行应用系统的开发。这也是学习和使用 Access 2010 数据库管理系统软件的最终目标，本教材就是将“学生成绩管理系统”数据库中的实例贯穿起来，形成一个 Access 2010 数据库应用系统。通过数据库应用系统开发过程的介绍，实现完成数据库开发的预期目标。

9.1.1 数据库设计步骤和原则

数据库应用系统与其他计算机应用系统相比，一般具有数据量庞大、数据保存时间长、数据关联比较复杂、用户要求多样化等特点。设计数据库的目的实质上是设计出满足实际应用需求的实际关系模型。在 Access 中具体实施时表现为数据库和表的结构合理，不仅存储了所需要的实体信息，并且反映出了实体之间客观存在的联系。

为了能够迅速、高效地创建一个完整的数据库，需要合理的步骤，并遵循设计原则。

1. 数据库设计步骤

数据库应用系统的开发设计过程一般采用生命周期理论。生命周期理论是应用系统从提出需求、形成概念开始，经过分析论证、系统开发、使用维护，直到淘汰或被新的应用系统所取代的一个全过程。其设计过程可以分为6个阶段：需求分析、概念设计、逻辑设计、物理设计、数据库实施和运行、数据库的使用和维护。结合 Access 2010 自身的特点，使用 Access 2010 开发一个数据库应用系统，其系统设计步骤如下：

① 用户提出要求。

② 初步调查，了解情况，进行可行性分析。

③ 设计数据库，建立系统功能模块结构图。

④ 设计数据输入界面，如窗体等。

⑤ 设计数据输出界面，如报表、查询界面等。

⑥ 设计宏操作及 VBA 程序代码。

⑦ 设计系统菜单。

⑧ 系统测试和系统功能改进。

⑨ 打包，制作安装程序和使用说明书。

⑩ 系统最后测试修正。

⑪ 交付用户，发布完成。

2. 数据库设计的设计原则

数据库设计是指对于一个给定的应用环境，构造最优的数据库模式，建立数据库及其应用系统，使之能够有效地存储数据，满足各种用户的应用需求。设计原则：

（1）关系数据库的设计应遵从概念单一化“一事一地”的原则

一个表描述一个实体或实体间的一种联系。应避免设计大而杂的表，首先分离那些需要作为单个主题而独立保存的信息，然后通过 Access 确定这些主题之间有何联系，以便在需要时将正确的信息组合在一起。通过将不同的信息分散在不同的表中，可以使数据的组织工作和维护工作更简单，同时也可以保证建立的应用程序具有较高的性能。

例如，将有关教师基本情况的数据，包括教师编号、教师姓名、性别、职称、通信地址等等，保存到教师表中。将教师代课的信息应该保存到教师代课表中，而不是将这些数据统统放到一起。同样道理，应当把学生信息保存到学生表中，把有关课程的成绩保存在选课表中。

（2）避免在表之间出现重复字段

除了保证表中有反映与其他表之间存在联系的外部关键字之外，应尽量避免在表之间出现重复字段。这样做的目的是使数据冗余尽量小，防止在插入、删除和更新时造成数据的不一致。

例如，在课程表中有了课程名称字段，在选课表中就不应该有课程名称字段。需要时可以通过两个表的连接找到所选课程对应的课程名称。

（3）表中的字段必须是原始数据和基本数据元素

表中不应包括通过计算可以得到的“二次数据”或多项数据的组合。能够通过计算从其他字段推导出来的字段也应尽量避免。

例如，在学生表中应当包括出生日期字段，而不应包括年龄字段。当需要查询年龄的时候，可以通过简单计算得到准确年龄。

（4）用外部关键字保证有关联的表之间的联系

表之间的关联依靠外部关键字来维系，使得表结构合理，不仅存储了所需要的实体信息，并且反映出实体之间的客观存在的联系，最终设计出满足应用需求的实际关系模型。

9.1.2 数据库设计过程

下面以“学生成绩管理系统”数据库的设计为例，简单介绍 Access 中设计数据库的过程。

“学生成绩管理系统”主要包括基本信息管理、选课信息管理、学生成绩管理、打印报表、系统维护等。该数据库的设计过程主要包括以下几点。

1. 需求分析

通常开发一个数据库应用系统是由用户提出的，开发人员到用户处进行初步调查，了解情况，拟订初步方案，在征得用户的同意后，开始系统的分析与设计。现在就以“学生成绩管理系统”数据库系统为例，说明如何用 Access 2010 完整地开发一个数据库应用系统。包括信息需求、处理要求、安全性和完整性要求。

2．确定需要的表

每个表应只包含关于一个主题的信息；表中不应该包含重复信息，信息不应该在表之间复制。

例如，在“学生成绩管理系统”中应当包括学生表、教师表、教师任课表、课程表、选课成绩表和专业表，如表 9-1 所示。

表 9-1 “学生成绩管理系统”数据库中的表

教 师 表	学 生 表	选课成绩表	课 程 表	教师任课表	专 业 表
教师编号	学号	学号	课程编号	教师编号	专业编号
教师姓名	姓名	课程编号	课程名称	课程编号	专业名称
性别	专业编号	开课时间	课时	上课地点	所属系
职称	性别	成绩	学分		
通讯地址	出生日期		课程性质		
邮政编码	入校日期				
电话	入学成绩				
电子邮箱	团员否				
	照片				
	简历				

3．确定所需字段

每个字段直接和表的实体相关；以最小的逻辑单位存储信息；表中的字段必须是原始数据；确定主关键字字段。

4．确定表之间的联系

在确定了表、表结构和表中主要关键字段后，还需要确定表之间的关系。只有这样才能将不同表中的相关数据联系起来。表的联系分为一对多联系、多对多联系、一对一联系。

在表与表之间建立关系后，不仅确立了数据表之间的关联，还确定了数据库的参照完整性，即在设定了关系后，用户不能随意更改建立关联的字段。参照完整性要求关系中一张表中的记录在关系的另一张表中有一条或多条相对应的记录。

不同的表之间的关联是通过表的外键来确定的，因此当数据表的主键更改时，Access 2010 会进行检查，从而确定表之间关系的类型，“学生成绩管理系统”数据库各表之间的联系如图 9-1 所示。

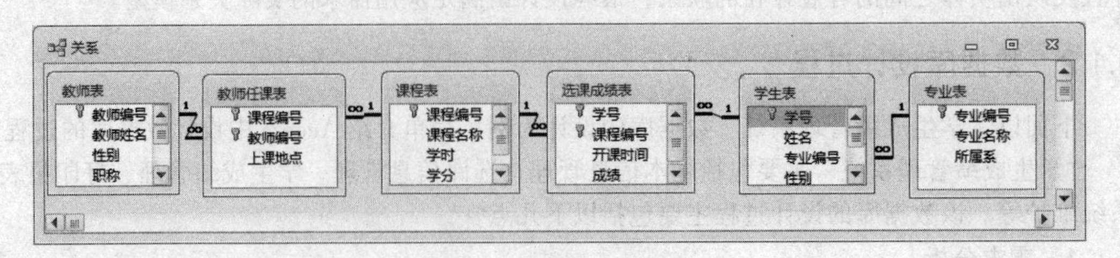

图 9-1 各表之间的关系

5．设计求精

数据库设计在每一个阶段的后期都需要用户确认。如果不满足需要，则要返回前面一个或几个阶段进行调整和修改。整个设计过程实际上是一个不断返回修改、调整的迭代过程。在检查中需要重点考虑下面几个问题：

① 是否遗忘了字段？

② 是否存在保持大量空白字段？

③ 是否有包含了同样字段的表？

④ 表中是否带有大量不属于某实体的字段？

⑤ 是否在某个表中重复输入了同样的信息？

⑥ 是否为每个表选择了合适的主码？

⑦ 是否有字段很多而记录很少的表，而且许多记录中的字段值为空？

结构反复修改之后，就可以开发数据库应用系统的原型了。

9.2　Access 外部数据的操作和数据链接

在 Microsoft Access 2010 中，可以生成 Web 数据库并将它们发布到 SharePoint 网站。SharePoint 访问者可以在 Web 浏览器中使用数据库应用程序，以及使用 SharePoint 权限来确定哪些用户可以看到哪些内容。很多增强功能也支持 Web 发布。下面就 Access 2010 外部数据的操作和数据链接做简单介绍。

9.2.1　Access 外部数据的操作

Access 最有用的功能之一就是能够连接许多其他程序中的数据。Access 数据交换功能可能采用的几种几种方法：

① 组合在其他程序中创建的数据。

② 在两种其他程序之间传输数据。

③ 长期汇集和存储数据，并将数据导出到 Excel 等其他程序以供分析。

1. Access 中的外部数据操作概述

在许多程序中，使用“另存为”命令可以将文档另存为其他格式，以便在其他程序中打开此文档。但是在 Access 中，“另存为”命令的使用方式有所不同。可以将 Access 对象另存为其他 Access 对象，也可以将 Access 数据库另存为早期版本的 Access 数据库，但不能将 Access 数据库另存为诸如电子表格文件之类的文件。同样，也不能将电子表格文件另存为 Access 文件（.accdb），而应在 Access 中使用“外部数据”选项卡上的命令在其他文件格式之间导入或导出数据。

用户还可以编写宏或 Visual Basic for Applications (VBA) 代码以自动执行“外部数据”选项卡上提供的导入和导出操作。

2. Access 可导入、链接或导出的数据类型

快速了解 Access 可导入或导出的数据格式的方法是：打开数据库并浏览功能区上的“外部数据”选项卡，如图 9-2 所示。

①“导入并链接”组显示 Access 可导入或链接的数据格式所对应的图标。

②“导出”组显示 Access 可将数据导出到所有目标格式所对应的图标。

③ 在每个组中单击“其他”按钮可以查看 Access 可使用的更多格式。

如果没有显示所要程序或数据类型，其他程序可能可以将数据导出为 Access 可理解的格式。例如，大多数程序可以将纵栏式数据导出为分隔文本，然后可以轻松地将分隔文本导入到

Access。表 9-2 列出了在 Access 中导入、链接或导出的格式：

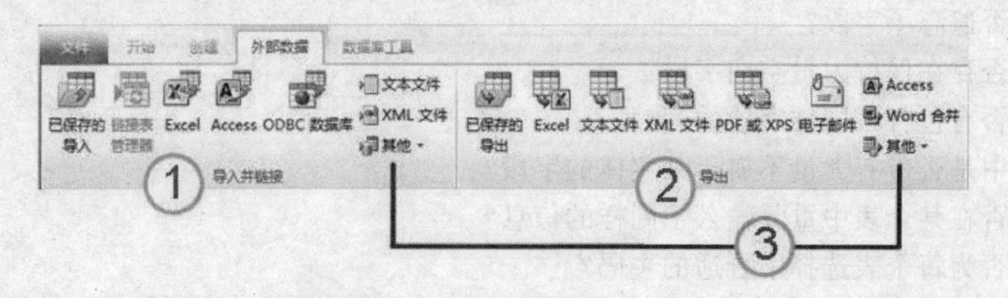

图 9-2 “外部数据”选项卡

表 9-2 在 Access 中导入、链接或导出的格式

程序或格式	是否允许导入	是否允许链接	是否允许导出
Microsoft Office Excel	是	是	是
Microsoft Office Access	是	是	是
ODBC 数据库（如 SQL Server）	是	是	是
文本文件(带分隔符或固定宽度)	是	是	是
XML 文件	是	否	是
PDF 或 XPS 文件	否	否	是
电子邮件（文件附件）	否	否	是
Microsoft Office Word	否，但可以将 Word 文件另存为文本文件，然后导入此文本文件	否，但可以将 Word 文件另存为文本文件，然后链接到此文本文件	是（可以导出为 Word 合并或格式文本）
SharePoint 列表	是	是	是
数据服务（请参阅“注意”）	否	是	否
HTML 文档	是	是	是
Outlook 文件夹	是	是	否，但可以导出为文本文件，然后将此文本文件导入到 Outlook
dBase 文件	是	是	是

注 意

若要启用“数据服务”按钮，必须安装 Microsoft .NET 3.5 或更高版本。

3. 导入或链接其他格式的数据

导入或链接数据的一般过程如下：

① 打开要导入或链接数据的数据库。

② 在“外部数据”选项卡上，单击要导入或链接的数据类型。例如，如果源数据位于 Microsoft Excel 工作簿中，则单击 Excel，如图 9-3 所示。

③ Access 都会启动“获取外部数据”向导。该向导可能会要求用户提供以下列表中的部分或所有信息：

- 指定数据源（它在磁盘上的位置）。

- 选择是导入还是链接数据。

图 9-3　“导入并链接”组中命令按钮

- 如果要导入数据，选择是将数据追加到现有表中，还是创建一个新表。
- 明确指定要导入或链接的文档数据。
- 指示第一行是否包含列标题或是否应将其视为数据。
- 指定每一列的数据类型。
- 选择是仅导入结构，还是同时导入结构和数据。
- 如果要导入数据，指定是希望 Access 为新表添加新主键，还是使用现有键。
- 为新表指定一个名称。

注 意

最好在事先查看源数据，这样，在向导提出上述问题时，用户就已经知道这些问题的正确答案。

④ 在“导入数据库向导”的最后一步，可以选择“导入完数据后用向导对表进行分析”，利用“表分析器向导”进行相关操作。

⑤ 在该向导的最后一页上，Access 通常会询问是否要保存导入或链接操作的详细信息。如果需要定期执行相同操作，应选中“保存导入步骤”复选框，填写相应信息，并单击“关闭”按钮。然后，可以单击“外部数据”选项卡上的“已保存的导入”以重新运行此操作。

完成该向导之后，Access 会通知导入过程中发生的任何问题。在某些情况下，Access 可能会新建一个称为“导入错误”的表，该表包含 Access 无法成功导入的所有数据。可以检查该表中的数据，以尝试找出未正确导入数据的原因。

有关导入或链接特定格式的数据的详细信息，请在 Access“帮助”系统中搜索含有此格式的文章和视频。

4．将数据导出为其他格式

从 Access 导出数据的一般过程如下：

① 打开要从中导出数据的数据库。

② 在导航窗格中，选择要从中导出数据的对象。用户可以从表、查询、窗体或报表对象中导出数据，但并非所有导出选项都适用于所有对象类型。

③ 在“外部数据”选项卡上，单击要导出到的目标数据类型。例如，若要将数据导出为可用 Microsoft Excel 打开的格式，请单击 Excel，如图 9-4 所示。

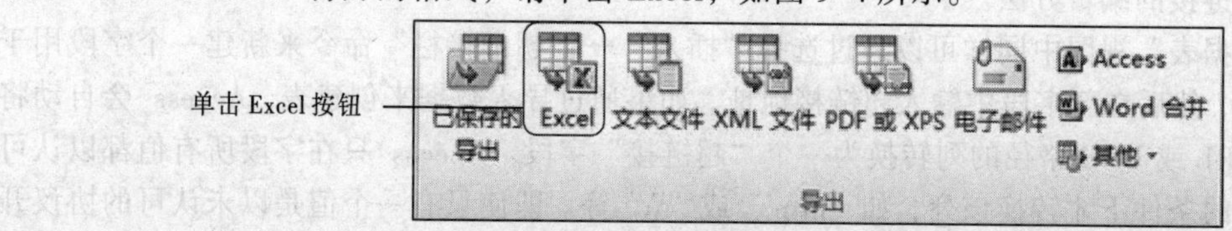

图 9-4　“导出”组中命令按钮

④ 在该向导的最后一页上，Access 通常会询问是否要保存导出操作的详细信息。如果需

要定期执行相同操作，应选中“保存导出步骤”复选框，填写相应信息，并单击“关闭”按钮。然后，可以单击“外部数据”选项卡上的“已保存的导出”以重新运行此操作。

在大多数情况下，Access 都会启动“导出”向导。该向导可能会要求用户提供一些信息，例如，目标文件名和格式、是否包括格式和布局、要导出哪些记录等。

9.2.2 Access 2010 对象内部的超链接

可以在 Access 的数据表字段中存储超链接，即选取字段的数据类型为超链接，与存储姓名和电话号码一样。可以在窗体和数据表中使用超链接跳转到同一个或另一个 Access 数据库中的对象上，跳转到用 Word、Excel 及 PowerPoint 新建的文档上，或者跳转到 Internet 或 Intranet 中的文档。也可以在报表中添加超链接，虽然在 Access 中浏览时报表中的超链接是不起作用的，但是将报表输出到 Word、Excel 或 HTML 时超链接是有效的。

也可以在窗体或报表中创建选项卡或图像，或在窗体中创建命令按钮，通过单击这些选项卡、图像或命令按钮可以与超链接路径相连。

超链接地址分为 URL 和 UNC 路径，其中 URL 是针对于全球广域网而言的，而 UNC 是针对于本机磁盘和 Intranet 的。无论哪种超链接都可以将某个超链接地址直接输入“超链接”字段中，结合到超链接字段的文本框中，或在其文本框中显示超链接的组合框。

1. 在表中插入超链接

对于数据库的数据表来说，超链接是作为字段的一种数据类型出现的，它和字段的 OLE 对象数据类型一样，都是在表中存放了一个链接地址，通过这些地址便可以使用相应的数据或文件。要想在数据表中插入超链接，首先要新建一个用于存储超链接的字段。

（1）新建超链接字段

下面通过实例演示创建超链接字段的过程。

【例 9-1】以“学生成绩管理系统”数据库中的“学生表”为数据源，将该表中的“备注”字段更改为一个超链接字段。

操作步骤如下：

① 在数据库窗口中选择“对象”栏中的“表”选项，然后选择“学生表”，单击“设计”按钮，即可打开“学生表”设计视图。

② 在定义字段窗口的上部窗口中的末一行处，找到已有的“备注”字段。在该字段的“数据类型”下拉列表框中选择“超链接”数据类型，如图 9-5 所示。

③ 单击工具栏中的“保存”按钮，保存对表所做的修改。

对于本例，当更改了“备注”字段之后，进入表格的“数据表”视图时可以发现数据表中的“备注”字段中的内容已经变成了系统默认的超链接地址显示模式，即文本颜色为蓝色，文本下添加了下画线。这时的链接无效，必须对“备注”字段中的链接地址进行修改编辑。后面将介绍对超链接的编辑方法。

在“数据表”视图中同样可以通过选择“插入”→“超链接栏”命令来新建一个字段用于存储超链接，然后在新字段中输入超链接地址。如果通过导入数据来创建表，Access 会自动将任一含有 URL 或 UNC 路径的列转换为一个“超链接”字段。Access 只在字段所有值都以认可的协议开始的条件下才转换该列，如“http:”或“\\”等。即使只有一个值是以未认可的协议开头，Access 也不会将该列转换为一个“超链接”字段。

（2）插入超链接

在超链接字段创建完毕之后，还必须在超链接字段中输入有效的 URL 或 UNC 路径作为超链接地址，只有这样才能使字段真正与数据库之外的其他文件进行链接。

Access 提供了两种插入超链接的方法：一种是直接在字段中输入超链接地址插入一个超链接；另一种是通过“插入超链接”对话框插入一个超链接。利用“插入超链接”对话框可以直观、方便地将一个地址输入到字段中。

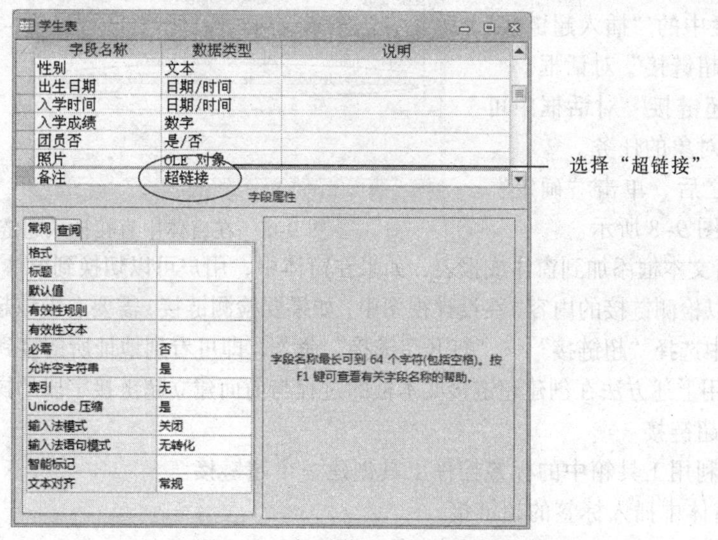

图 9-5　在“学生表”中所做的修改

【例 9-2】在插入超链接的基础上编辑超链接地址。

操作步骤如下：

① 进入“学生表”视图。

② 在需要更改的“超链接”字段上右击，在弹出的快捷菜单中选择“超链接”→“编辑超链接”命令，如图 9-6 所示，弹出如图 9-7 所示的“编辑超链接”对话框。

③ 在“编辑超链接”对话框中可以根据需要修改选项中的内容。

④ 选择完毕之后，单击“确定”按钮。这时，Access 就会改变字段的链接地址，用新输入的超链接地址代替原来的超链接地址。

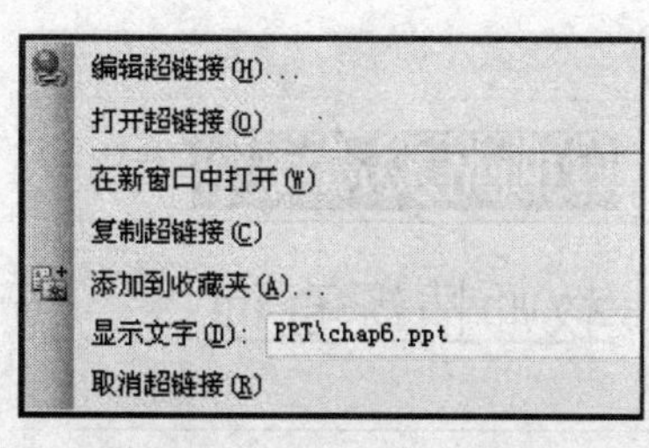

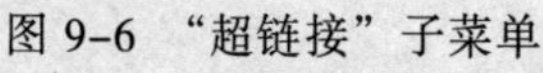
图 9-6　“超链接”子菜单

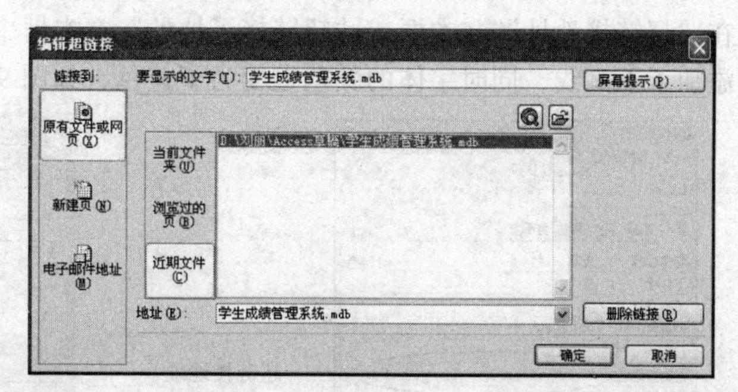

图 9-7　“编辑超链接”对话框

2. 在窗体、报表中添加超链接

在 Access 中还可以在窗体和报表上添加超链接控件，一般可以在 3 种控件中建立超链接，分别是标签、图像、按钮。下面介绍几种建立超链接的方法。

（1）直接插入超链接

【例 9-3】在窗体中直接插入超链接。

操作步骤如下：

① 在窗体“设计”视图中打开相应的窗体，或在报表设计视图中打开相应的报表。

② 单击工具栏中的“插入超链接”按钮，弹出“插入超链接”对话框。

③ 在“插入超链接”对话框中可以完成指明超链接对象的任务。

④ 选择完毕之后，单击“确定”按钮。运行效果如图 9-8 所示。

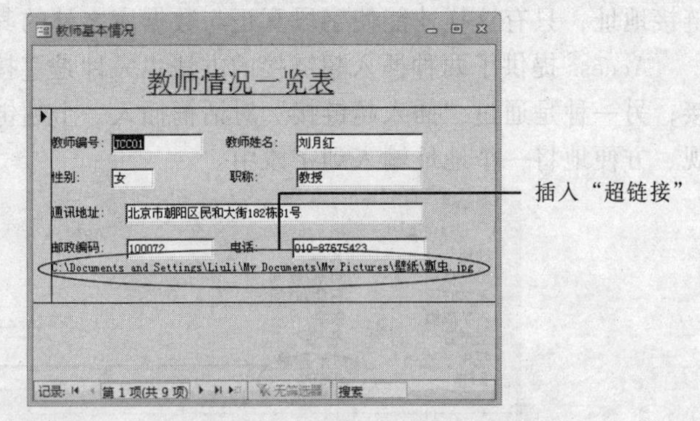

图 9-8　在窗体中直接插入超链接

在 Access 中将文本框添加到窗体或报表，如果在窗体中，用户可以切换到窗体视图中，通过单击超链接地址可以检测链接的内容；在设计视图中，如果要检测链接，需要右击该超链接文本框，在弹出的快捷菜单中选择“超链接”→“打开超链接”命令，即可看到地址所链接到的文件内容。

可以看到，利用上述方法在创建超链接文本框的过程与前面建立超链接字段的操作十分相似。

（2）插入文本超链接

下面介绍如何利用工具箱中的标签控件工具创建一个超链接。

【例 9-4】在窗体中插入标签的超链接。

操作步骤如下：

① 在窗体“设计”视图中打开相应的窗体。

② 直接利用标签控件工具，在需要放置超链接地址的地方设置标签控件，并在标签内输入所需的文本，该例中选择标签“教师情况查询”。

③ 单击“属性”按钮，打开新建标签的属性对话框。

④ 切换到“格式”选项卡，在“超链接地址”文本框中输入超链接的地址，或者单击右侧的“生成器”按钮，弹出“插入超链接”对话框，在对话框中设定超链接地址。需要的话，在“超链接子地址”文本框中可以输入相应的信息，以确定子地址的内容，如图 9-9 所示。

⑤ 此时，所创建的标签成为一个超链接标签。利用该方法创建超链接标签时，可以看到当在“超链接地址”文本框或“超链接子地址”文本框中输入一个地址之后，在标签文本的底部添加了下画线，同时字体的颜色也变为了蓝色，如图 9-10 所示。

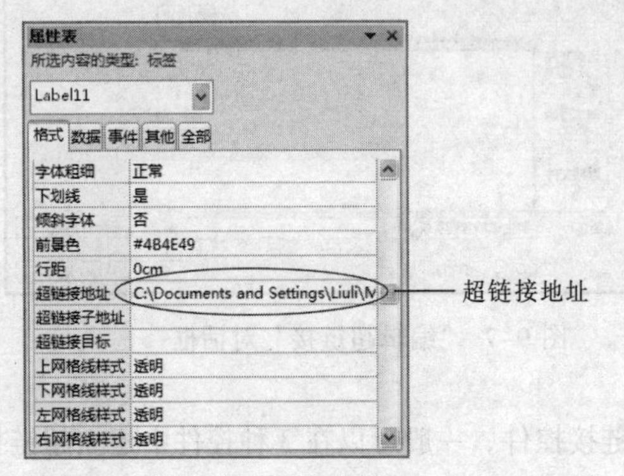

图 9-9　标签“属性”对话框

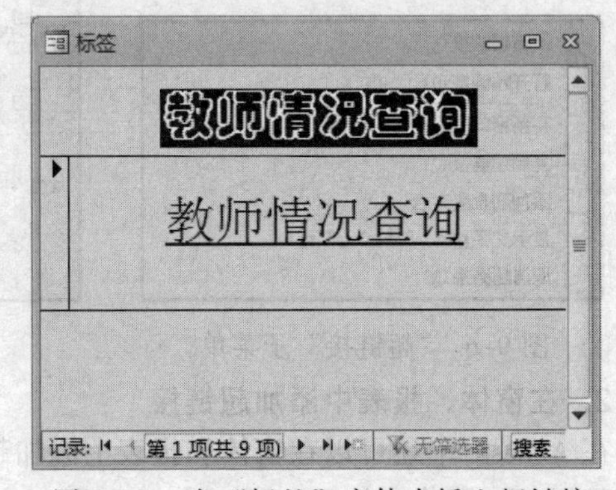

图 9-10　在“标签”窗体中插入超链接

此外，可以使用同样的方法在窗体和报表中插入图像、按钮超链接。

（3）插入 Office 文档的超链接

在 Access 中还可以通过从 Office 文档中复制并粘贴超链接来新建一个超链接标签。

【例 9-5】在窗体中插入 Office 文档的超链接。

操作步骤如下：

① 打开一个包含已定义了超链接的 Office 文档。

② 选择要复制的超链接内容，选择“编辑”→“复制”命令，或用其他方法复制所需内容。

③ 切换到 Access 窗口，并且在窗体或报表设计视图中打开相应的窗体或报表。这里打开“标签”窗体。

④ 选择“编辑”→“粘贴为超链接”命令，则可以看到在窗体或报表中出现前面复制的超链接内容。对于粘贴的超链接内容，用户可以使用其他名称替代，如图 9-11 所示。

⑤ 在按照上述方法新建标签时，Access 将标签的“超链接地址”属性设置为从 Office 文档复制的值，如图 9-12 所示。

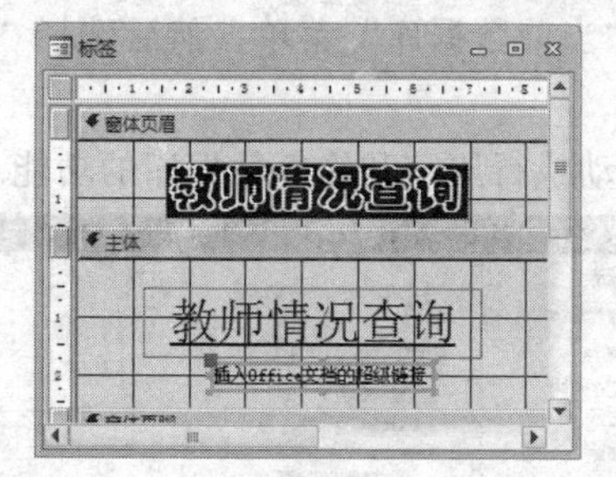

图 9-11　“标签”窗体超链接设置结果

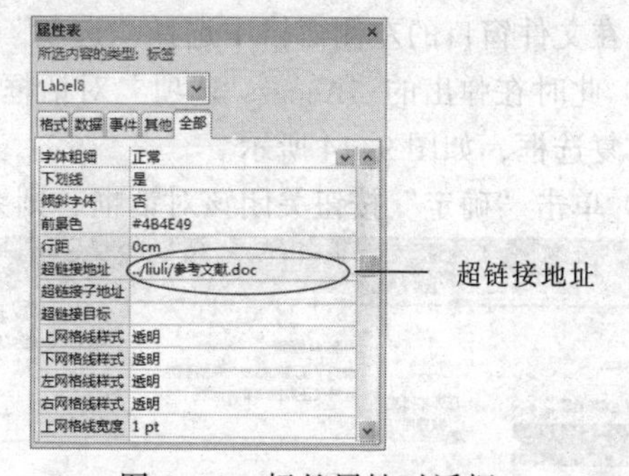

图 9-12　标签属性对话框

9.3　Access 数据库的管理与安全

绝大多数数据库是供多人共享使用的。因此，数据库的管理和安全就显得特别重要。Access 是一个优秀的数据库管理程序，具有完备的数据库外围管理功能。包括安全管理，数据转换以及数据库备份和修复等。这一节主要介绍 Access 数据库管理和安全相关的知识。

9.3.1　数据库的管理

Access 2010 提供了两种保障数据库可靠性的途径：一种是建立数据库的备份，当数据库损坏时可以使用备用数据库来还原；另一种是自动修复数据库使用过程中产生的错误。本节主要学习 Access 2010 中,数据库的压缩和修复、备份和还原以及格式之间的转换等技能。

1. 数据库的压缩和修复

由于数据库的特殊用途，随着数据库的不断使用，数据库文件会变得支离破碎，降低磁盘的利用率，从而影响数据库的访问性能。为此，应对 Access 文件采取以下方法：

① 定期对 Access 文件进行备份。

② 定期压缩和修复 Access 文件。

③ 尽量避免非正常退出 Access。

压缩数据库文件实际上是复制该文件，并重新组织文件在磁盘上的存储方式，以减少文件的存储空间，从而优化数据库的性能，提高数据库的读取效率。

在 Access 2010 数据库中，压缩和修复是同时进行的，可以使用“压缩和修复数据库”命令来防止或修复这些问题。

开始执行压缩和修复之前，建议先执行备份。因为在修复过程中，Access 可能会截断已损坏表中的某些数据。若出现这种情况，则可以从备份中恢复数据。

（1）自动执行压缩和修复数据库

如果要在数据库关闭时自动执行压缩和修复，可以选择“关闭时压缩”数据库选项。这里需要说明，设置此选项只会影响当前打开的数据库。下面通过一个简单操作，学习自动执行压缩和修复数据库的相关技能。

【例 9-6】在“学生成绩管理系统”数据库关闭时自动执行压缩和修复。

操作步骤如下：

① 打开“学生成绩管理系统”数据库，在数据库窗口中单击“文件”选项卡，如图 9-13 所示，在文件窗口的左侧窗格中选择“选项”命令，打开“Access 选项”对话框。

② 此时在弹出的“Access 选项”对话框，选择“当前数据库”菜单，然后选择“关闭时压缩”复选框，如图 9-14 所示。

③ 单击“确定”按钮关闭该对话框，则系统会自动执行压缩和修复数据库的功能。

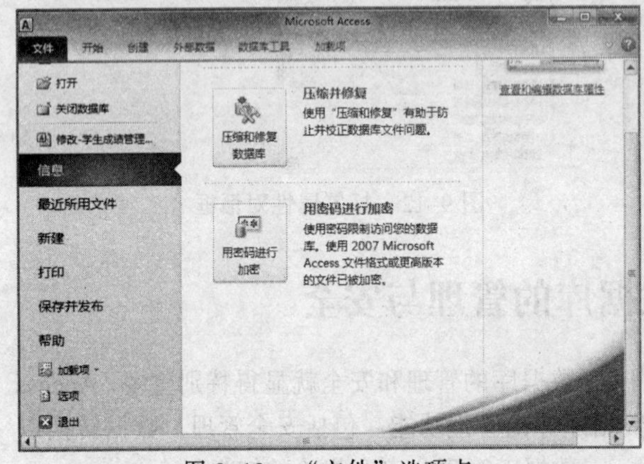

图 9-13 “文件”选项卡

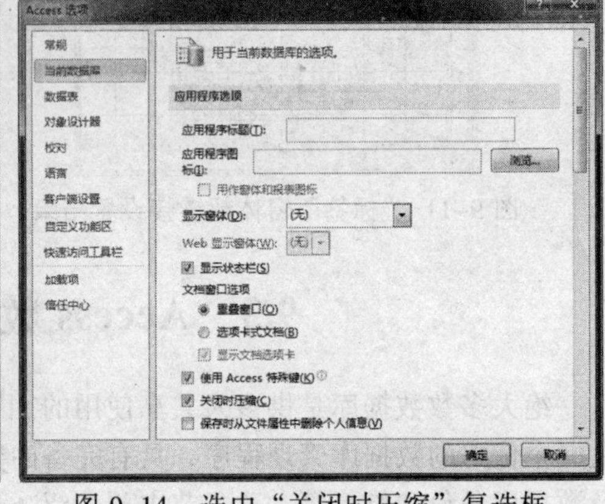

图 9-14 选中“关闭时压缩”复选框

（2）手动压缩和修复数据库

除了使用“关闭时压缩”之外，还可以运行“压缩和修复数据库”命令。无论数据库是否打开，均可以运行该命令。手动压缩和修复数据库可以分为两种：

① 压缩和修复已打开的数据库。压缩和修复已打开的数据库，主要有两种方法，一种是在“文件”功能区，如图 9-15 所示。另一种是在“数据库工具”功能区选择“压缩和修复数据库”选项，如图 9-16 所示。

② 压缩和修复未打开的数据库。手动压缩和修复未打开的数据库只有一种方法，就是在“数据库工具”功能区选择“压缩和修复数据库”选项，然后进行一步一步的压缩和修复设置。

下面通过一个简单操作，学习压缩和修复未打开的数据库的相关技能。

【例 9-7】压缩和修复未打开的数据库。

操作步骤如下：

① 启动 Access 2010 后，单击“数据库工具”功能区选择“压缩和修复数据库”选项，如

图 9-16 所示。

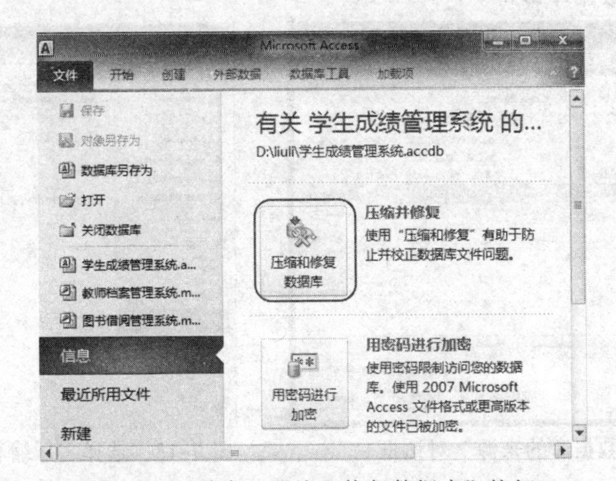

图 9-15　单击“压缩和修复数据库”按钮

图 9-16　选择“压缩和修复数据库”按钮

② 此时会弹出“压缩数据库的来源”对话框，在此选择需要压缩的数据库文件，例如选择“学生成绩管理系统”数据库，如图 9-17 所示。

③ 单击“压缩”按钮，进入“将数据库压缩为”对话框，此时选择合适的存放位置，单击“保存”按钮，即可将数据库文件压缩并保持。

2. 备份和恢复数据库

除了压缩数据库文件之外，还经常要对数据库进行备份。对创建的数据库进行备份，也是保证数据库系统的数据不因意外情况遭到破坏的一种重要手段。需要注意的是，数据库的备份文件最好不要与原始的文件放在一个位置，在需要时可以用备份数据库进行恢复。下面学习数据库备份与还原的相关技能。

（1）备份数据库

使用 Access 2010 提供的数据库备份功能就可以完成数据库备份的工作。

【例 9-8】备份“学生成绩管理系统”数据库。

操作步骤如下：

① 打开“学生成绩管理系统”数据库，在数据库窗口中单击“文件”选项卡，在文件窗口的左侧窗格中选择“保存并发布”命令。

② 此时在右边提示设置文件的类型，这里使用默认的数据库格式，单击“备份数据库”按钮，如图 9-18 所示。

③ 选择“备份数据库”命令，打开“另存为”对话框。

④ 在该对话框的“文件名”文本框中指定备份的文件名“学生成绩管理系统”，通常采用默认即可，在“保存位置”下拉列表框中指定文件夹，然后单击“保存”按钮，完成备份。

（2）还原数据库

当数据库系统的数据遭到破坏后，可以使用还原方法恢复数据库。数据库的还原很简单，直接打开以前的备份数据库即可。

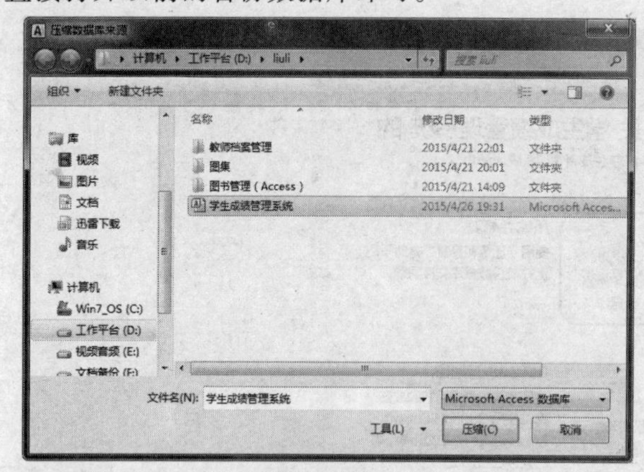

图 9-17 “压缩数据库的来源”对话框

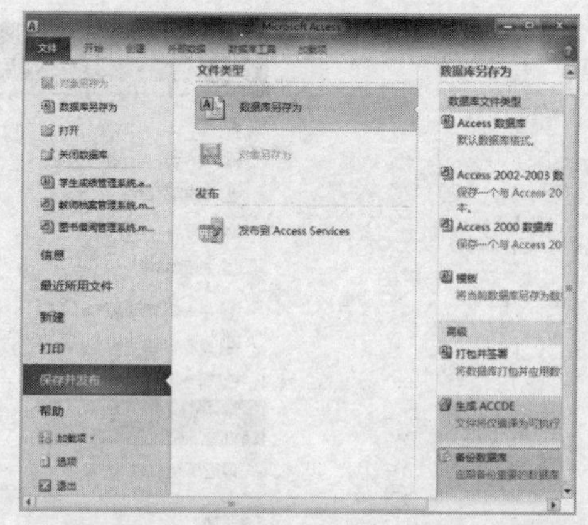

图 9-18 选择“压缩和修复数据库”按钮

3．数据库格式版本之间的转换

在创建新的空白数据库时，Access 会要求为数据库文件命名。默认情况下，文件的扩展名为.accdb，这种文件是采用 Access 2007-2010 文件格式创建的，在早期版本的 Access 无法打开的。

在实际的应用当中，不同的用户安装的 Access 版本可能不同，要使用同一个数据库时需要特别注意，高版本的数据库可以兼容低版本的数据库，但是低版本的数据库不能兼容高版本的数据库。

在 Access 2010 中，可以选择采用 Access 2000 格式或 Access 2002-2003 格式（扩展名均为.mdb）创建文件。在成功创建新的数据库文件时，产生的文件将采用早期版本的 Access 格式创建，并且可以与使用该版本 Access 的其他用户共享。

（1）更改数据库的默认保存格式

下面举例说明如何更改数据库的默认保存格式。

【例 9-9】在 Access 2010 中将数据库存为 Access 2003。

操作步骤如下：

① 打开 Access 2010 后，单击“文件”功能区中的“选项”按钮。

② 在弹出的“Access 选项”对话框的“常规”选项下，找到“空白数据库的默认文件格式”选项，在该选项的下拉列表框中选择“Access 2002-2003”，如图 9-19 所示。

③ 单击“确定”按钮，此时在 Access 中创建一个数据库。

④ 打开“文件”功能区，单击“数据库另存为”按钮，如图 9-20 所示。

⑤ 此时弹出“另存为”对话框，这时会看到默认的保存格式为“*.mdb”，如图 9-21 所示。

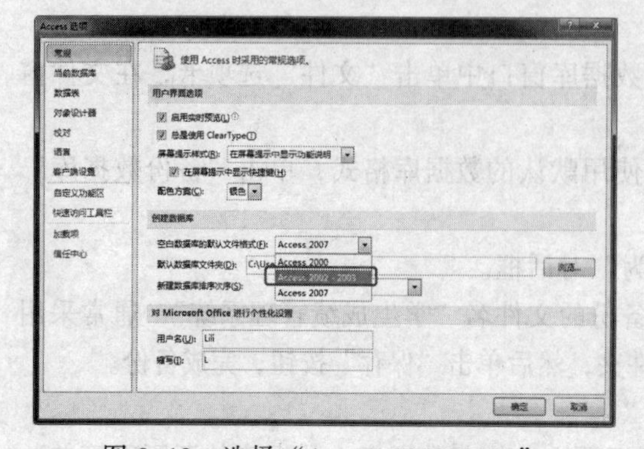

图 9-19 选择“Access 2002-2003”

图 9-20 选择“压缩和修复数据库”按钮

（2）转换数据库的保存格式

如果要将现有的“*.accdb”数据库转换为其他格式，比如转换为“*.mdb”格式，可以在“数据库另存为”命令下选择“另存为”命令。下面通过一个简单操作，学习转换数据库保存格式的相关技能。

【例 9-10】将现有的“*.accdb”数据库转换为“*.mdb”格式。

操作步骤如下：

① 打开 Access 2010，在 Access 中创建一个数据库。

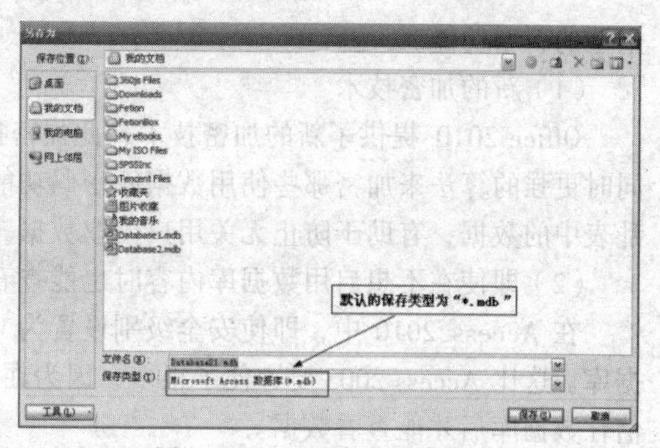

图 9-21　“另存为”对话框

② 打开“文件”功能区，单击“保存并发布”选项，然后双击“Access 2002-2003 数据库”的保存格式，如图 9-22 所示。

③ 此时弹出“另存为”对话框，此时会看到默认的保存格式为“Microsoft Access 数据库（2002-2003）”，如图 9-23 所示。

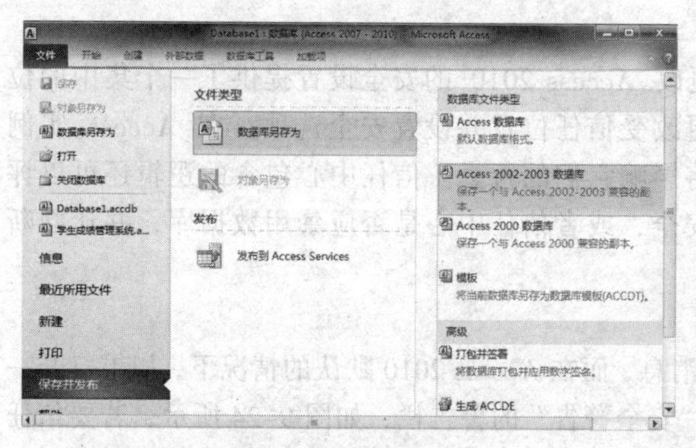

图 9-22　选择“保存并发布”

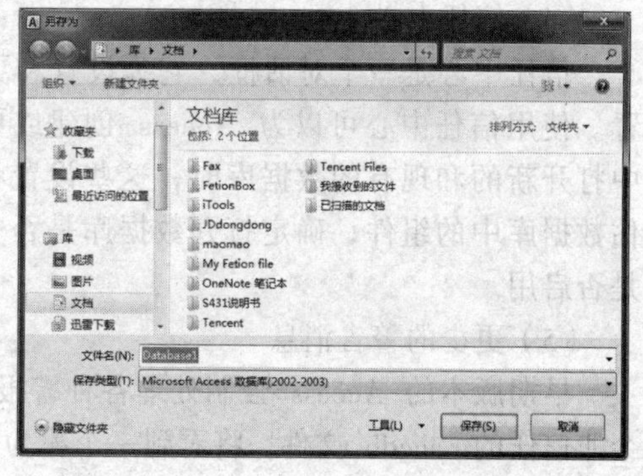

图 9-23　“另存为”对话框

9.3.2　数据库的安全性

数据库系统中的数据由 DBMS 统一管理与控制，为了保证数据库中数据的安全、完整和正确有效，要求对数据库实施保护，使其免受某些因素对其中数据造成的破坏。

1．数据库的安全问题

数据库的安全性是指保护数据库以防止非法使用所造成的数据泄露、更改或破坏。

数据库的安全性是指在信息系统的不同层次保护数据库，防止未授权的数据访问，避免数据的泄露、不合法的修改或对数据的破坏。安全性问题不是数据库系统所独有的，它来自各个方面，其中既有数据库本身的安全机制如用户认证、存取权限、视图隔离、跟踪与审查、数据加密、数据完整性控制、数据访问的并发控制、数据库的备份和恢复等方面，也涉及计算机硬件系统、计算机网络系统、操作系统、组件、Web 服务、客户端应用程序、网络浏览器等。只是在数据库系统中大量数据集中存放，而且为许多最终用户直接共享，从而使安全性问题更为突出，每一个方面产生的安全问题都可能导致数据库数据的泄露、意外修改、丢失等后果。

2．Access 2010 安全性的新增功能

Access 2010 在原有版本的基础上增加和完善了数据库的安全功能，下面是 Access 2010 安

全性的新增功能。

（1）新的加密技术

Office 2010 提供了新的加密技术，此加密技术比 Office 2007 提供的加密技术更加强大。同时更强的算法来加密那些使用数据库密码功能的.accdb 文件格式的数据库，加密数据库将打乱表中的数据，有助于防止无关用户读取数据。

（2）即使在不想启用数据库内容时也能查看数据的功能

在 Access 2010 中，即使安全级别设置为“高”也可以查看数据，而无须决定是否信任数据库。这比 Access 2003 要方便了很多，因为在 Access 2003 中必须先对数据库进行代码签名并信任数据库后才能查看数据。

（3）更高的易用性

如果将数据库文件放在受信任的位置，例如，指定为安全位置的文件夹或网络共享，那么这些文件将直接打开并运行，而不会显示警告消息或要求启用任何禁用的内容。此外，如果在 Access 2010 中打开由早期版本的 Access 创建的数据库，例如，.mdb 或 .mde 文件，并且这些数据库已进行了数字签名，而且已选择信任发布者，那么系统将运行这些文件而不需要决定是否信任它们，直接信任这些低版本的数据库文件。

（4）信任中心

信任中心是一个对话框，它为设置和更改 Access 2010 的安全设置提供了一个集中的位置。使用信任中心可以为 Access 创建或更改受信任位置并设置安全选项。在 Access 实例中打开新的和现有的数据库时，这些设置将影响它们的行为。信任中心包含的逻辑还可以评估数据库中的组件，确定打开数据库是否安全，或者信任中心是否应禁用数据库，并让判断是否启用。

（5）更少的警告消息

早期版本的 Access 强制处理各种警报消息，而在 Access 2010 默认的情况下，如果打开一个非信任的 .accdb 文件，将看到一个称为“安全警告”的警告栏，如图 9-24 所示，若要信任该数据库，可以单击“启用内容”按钮来起用数据库的安全内容。

图 9-24 “安全警告”栏

（6）用于签名和分发数据库文件的新方法

在 Access 2007 之前的 Access 版本中，使用 Visual Basic 编辑器将安全证书应用于各个数据库组件。现在可以将数据库打包，然后签名并分发该包。如果将数据库从签名的包中解压缩到受信任位置，则数据库将打开而不会显示消息栏。如果将数据库从签名的包中解压缩到不受信任位置，但信任包证书并且签名有效，则数据库将打开而不会显示消息栏。

3．使用受信任位置中的 Access 数据库

将 Access 数据库放在受信任位置时，所有 VBA 代码、宏和安全表达式都会在数据库打开时运行。不必在数据库打开时做出信任决定。

使用受信任位置中的 Access 数据库的过程大致分为下面几个步骤：

① 使用信任中心查找或创建受信任位置。

② 将 Access 数据库保存、移动或复制到受信任位置。

③ 打开并使用数据库。

【例 9-11】以“学生成绩管理系统”数据库为例，设置数据库受信任的位置的相关技能。

操作步骤如下：

① 在“文件”功能区，单击“选项”选项，此时显示“Access 选项”对话框，在“信任中心”选项单击“信任中心设置”按钮，如图 9-25 所示。

② 此时显示“信任中心”对话框，在“受信任位置”选项单击选择“添加新位置”按钮，如图 9-26 所示。

③ 此时显示“Microsoft Office 受信任位置”对话框，在该对话框单击选择“浏览”按钮，如图 9-27 所示，打开的“浏览”对话框，如图 9-28 所示。

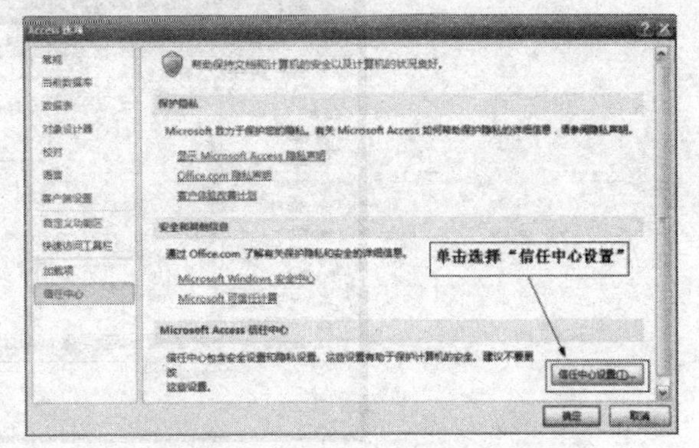

图 9-25　“Access 选项”对话框

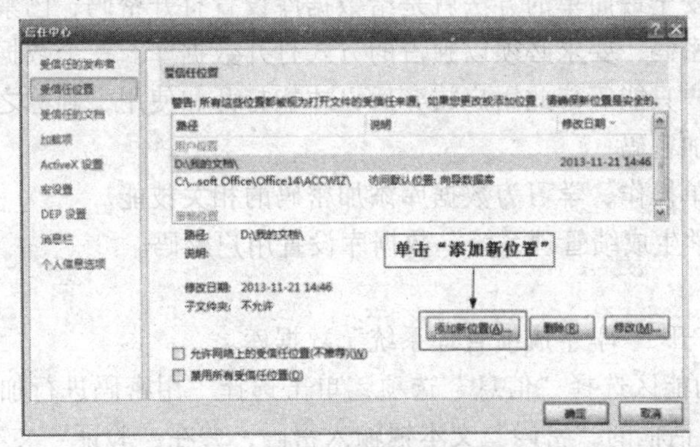

图 9-26　“信任中心”对话框

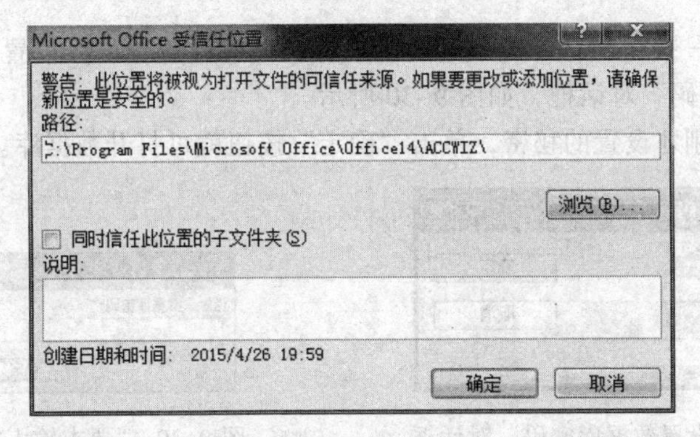

图 9-27　“Microsoft Office 受信任位置”对话框

④ 在该对话框可以设置受信任的位置了，将数据库文件移动或复制到受信任位置。可以使用 Windows 资源管理器复制或移动文件，也可以在 Access 中打开文件，然后将它保存到受信任位置。

4．设置数据库密码

Access 2010 中的加密工具合并了两个旧工具，分别是编码和数据库密码，并加以改进。使用数据库密码来加密数据库时，所有其他工具都无法读取数据，并强调用户必须输入密码才能使用和访问数据库，在 Access 2010 中应用的加密所使用的算法比早期版本的 Access 使用的算法更复杂。

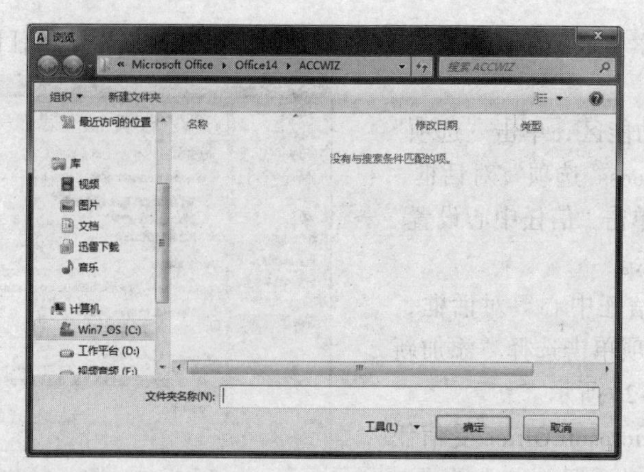

图 9-28 “浏览”对话框

实现数据库系统安全最简单的方法就是给数据库设置打开密码，已禁止非法用户进入数据库。为了设置数据库密码，要求必须以独占的方式打开数据库。一个数据库同一时刻只能被一个用户打开，其他用户只能等待此用户放弃后，才能打开和使用，则称之为数据库独占。

（1）为数据库添加密码

下面通过一个简单操作，学习为数据库添加密码的相关技能。

【例 9-12】为“学生成绩管理系统”数据库设置用户密码。

操作步骤如下：

① 以独占方式打开 “学生成绩管理系统”数据库。

② 在“文件”功能区选择“信息”选项，单击选择“用密码进行加密”选项，在打开的“设置数据库密码”对话框的“密码”文本框输入密码，并在“验证”文本框内输入确认密码，如图 9-29 所示。

③ 单击“确定”按钮确认，完成密码的设置，此时要打开已经设置密码的数据库，会出现一个“要求输入密码”对话框，如图 9-30 所示。

④ 这时候输入刚才设置的秘密，单击“确定”按钮就可打开数据库。

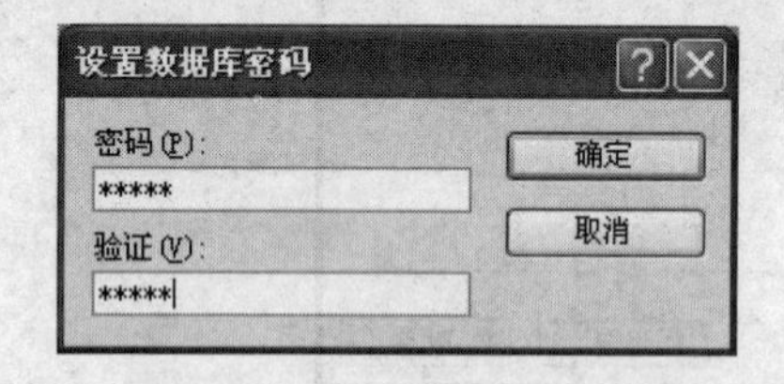

图 9-29 “设置数据库密码”对话框

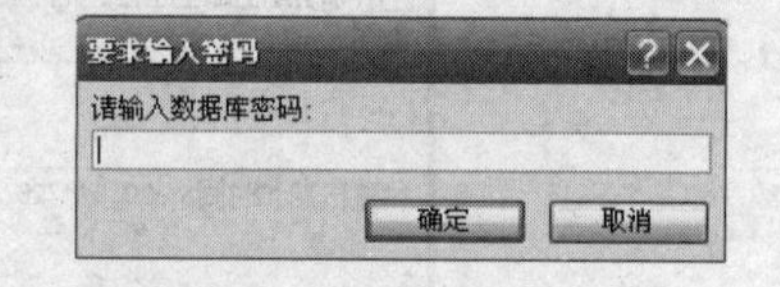

图 9-30 “要求输入密码”对话框

注意

密码中使用英文字母要区分大小写。另外，必须要牢记数据库密码，一旦忘记，包括用户本人都无法打开设有密码的数据库。

（2）取消数据库密码

取消数据库密码的时候需要以独占方式打开数据库。下面通过一个简单操作，学习取消数据库密码的相关技能。

【例 9-13】撤销数据库密码。

操作步骤如下：

① 以独占方式打开已经设置密码的数据库。

② 在“文件”功能区单击“信息”选项，如图 9-31 所示，单击“解密数据库”按钮。

③ 此时会在右边出现一个“撤销数据库密码”对话框，输入设置的密码，单击“确定”按钮，即可消除密码，如图 9-32 所示。

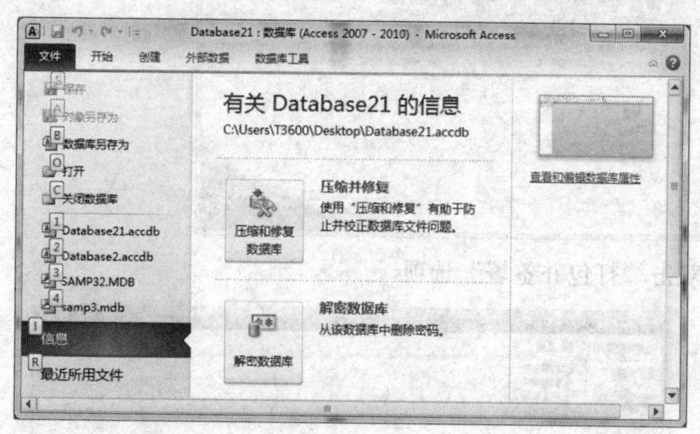

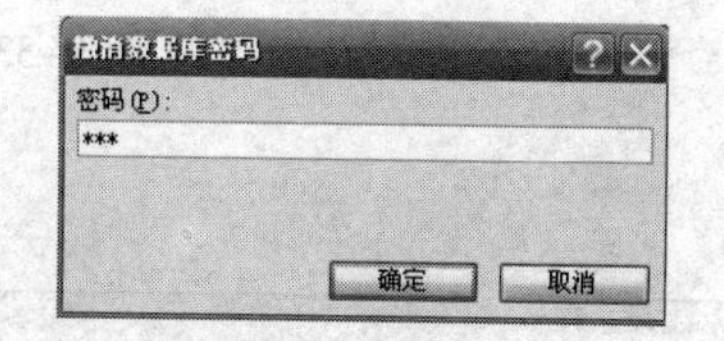

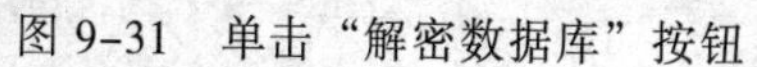

图 9-31　单击“解密数据库”按钮　　　图 9-32　“撤销数据库密码”对话框

（3）修改数据库密码

Access 里面没有修改数据库密码的界面，但提供了解除密码的方法。因此，先取消密码，然后重新设置密码，即可实现修改数据库的密码。

9.3.3　数据的打包、签名以及分发

数据库开发者将数据库分发给不同的用户使用，或是局域网中使用，这时需要考虑数据库分发时的安全问题。签名是为了保证分发数据库安全性，而打包是确保在创建该包后数据库没有被修改。

Access 2010 可以轻松而快速的对数据库进行签名和分发。在创建.accdb 文件或.accde 文件后，可以将该文件打包，对打包文件应用数字签名，然后将签名包分发给其他用户。“打包并签署”工具会将该数据库放置在 Access 部署文件中，对其进行签名，然后将签名包放在确定的位置。随后，其他用户可以从该包中提取数据库，并直接在该数据库中工作，而不是在打包文件中工作。

【例 9-14】对“学生成绩管理系统”数据库进行签名、打包。

操作步骤如下：

① 打开“学生成绩管理系统.accdb”数据库，在“文件”功能区单击“保存并发布”按钮，双击“打包并签署”选项，如图 9-33 所示。

② 此时打开“选择证书”对话框，选择证书并单击“确定”按钮，如图 9-34 所示。

③ 在打开的对话框设置签名包的存放位置，这里把签名包存在桌面上，单击“创建”按钮，如图 9-35 所示。

【例 9-15】对“学生成绩管理系统”数据库进行提取签名包。

操作步骤如下：

① 打开“文件”选项卡，单击“打开”选项，此时出现“打开”对话框，选择“学生.accde”文件。

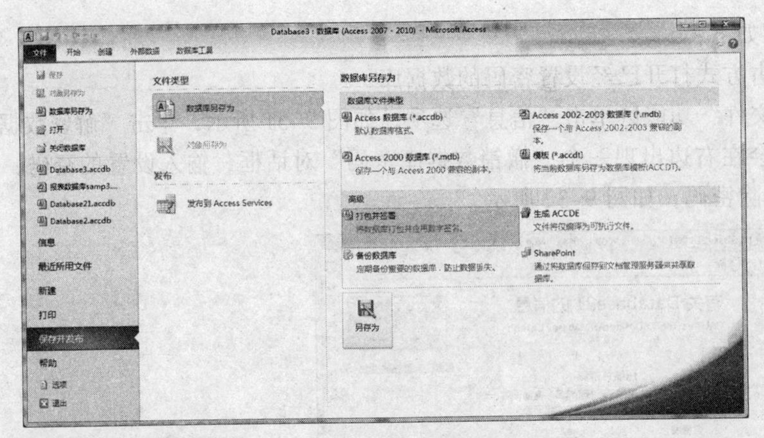

图 9-33　双击“打包并签署”选项

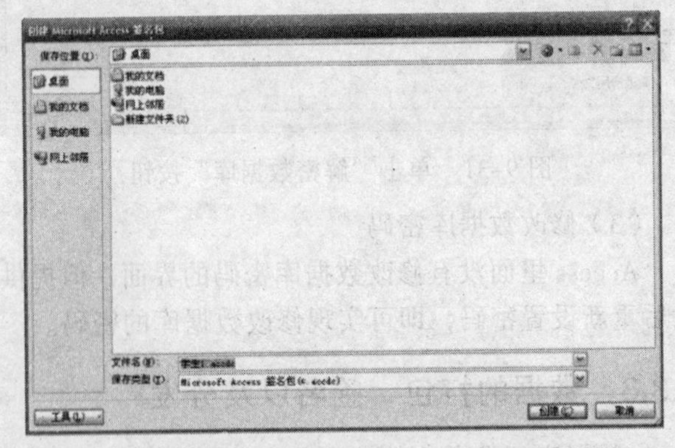

图 9-34　“选择证书”对话框　　　图 9-35　“创建 Microsoft Access 签名包”对话框

② 单击“文件类型”后面的下拉框，选择“Microsoft Access 签名包”选项，如图 9-36 所示。

③ 此时出现“将数据库提取到”对话框，这里为提取的数据选择一个位置，然后在“文件名”文本框中为提取的数据库输入名字，如图 9-37 所示。

④ 单击“确定”按钮，即可提取签名包。

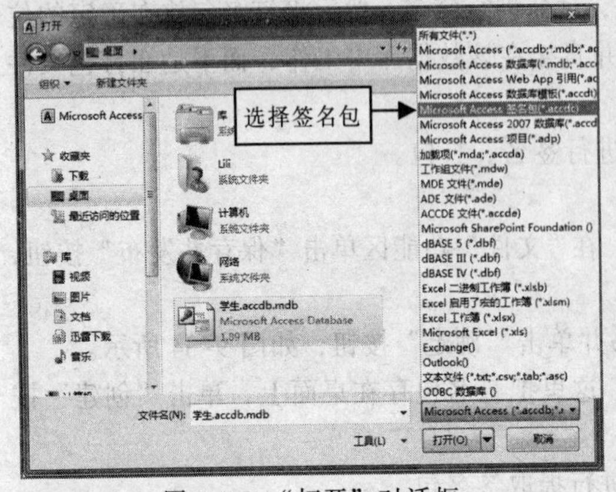

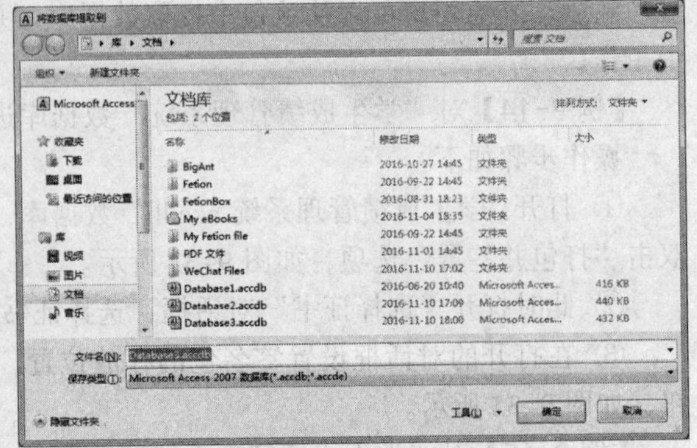

图 9-36　“打开”对话框　　　图 9-37　“将数据库提取到”对话框

9.3.4　生成 ACCDE 文件

当数据库所有的功能设计完成后，为了保证数据库应用系统的安全，可将数据库应用系统打包，保存为 ACCDE 文件。

在把一个数据库文件转换为一个 ACCDE 文件之前，为了更好地保护数据库应用系统，最好先对数据库应用系统进行安全保密的设置，之后再进行转换。

把一个数据库文件转换为一个 ACCDE 文件的过程，是编译所有模块、删除所有可编辑的源程序代码，并压缩目标数据库的过程。由于删除了 VBA 源代码，因此，使得其他用户不能查看或编辑数据库的对象，当然也使数据库变小了，使内存得到了优化，从而提高了数据库的性能，这也是把数据库文件转换为 ACCDE 文件的目的。将数据库保存为 MDE 文件，能防止以下操作：

① 在设计视图中查看、修改或创建窗体、报表和模块。

② 添加、删除或更改对对象库或数据库的引用。

③ 更改程序代码。

④ 导入或导出窗体、报表、Web 页或模块。

将数据库生成为 ACCDE 文件是保护数据库的一个好方法。但是，一定要保存生成 ACCDE 文件的 ACCDB 文件（不能把它删除），因为只能在 ACCDB 文件中修改窗体、报表等对象的设计。一个安全的方法是：生成的 ACCDE 文件使用与 ACCDB 不同的主文件名。

【例 9-16】将“学生成绩管理系统”数据库转换为 ACCDE 文件。

操作步骤如下：

① 为“学生成绩管理系统”数据库建立一个副本“学生成绩管理系统（副本）”。

② 打开“学生成绩管理系统（副本）”数据库，在数据库窗口中单击“文件”选项卡，在文件窗口的左侧窗格中单击“保存并发布”命令，打开“保存并发布”对话框。

③ 选择“生成 ACCDE”命令，然后单击“另存为”按钮，如图 9-38 所示。

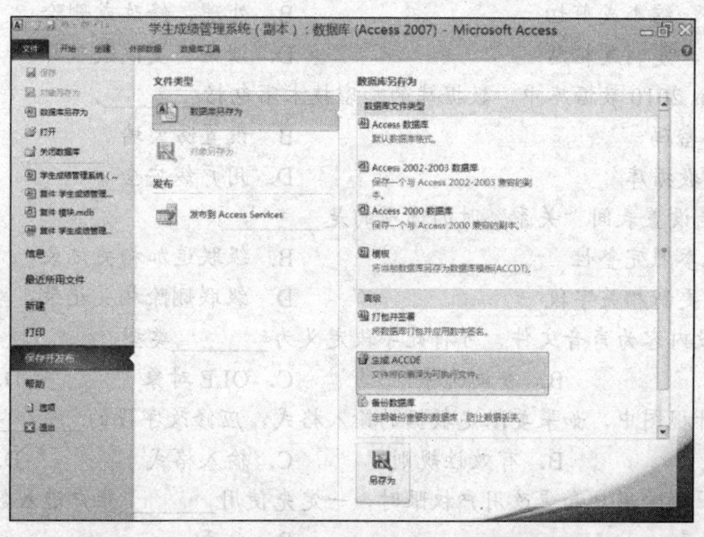

图 9-38　选择“生成 ACCDE”命令

新生成的“学生成绩管理系统（副本）.ACCDE”文件的使用方法与“学生成绩管理系统（副本）.accdb”数据库的使用方法相同。只不过在 ACCDE 文件中禁止更改窗体、报表和模块的设计，禁止将它们导入到其他 Access 数据库中。

系统开发是一个复杂的系统工程，再有经验的人也难免会出现疏漏，尤其是初学者更应认真细致地找出系统不完善的地方，从而使设计过程成为学习系统开发并不断提高的过程，达到很好地使用 Access 开发实际应用系统的最终目的。

小　结

本章综合运用前面所学习的知识完成应用系统的开发。这是学习和使用 Access 数据库管理系统软件的目标。通过学习本章，读者应掌握以下内容：

① 了解 Access 外部数据的操作和数据链接的方法。

② 了解打开和查找数据库文件。

③ 了解数据库管理级别上的各种操作。

④ 了解数据库安全性的设置。

课后练习

一、思考题

1. “设置安全机制向导”以什么名称及扩展名为当前的 Access 数据库创建一个备份？
2. 如何指定对新表、查询、窗体、报表和宏的默认权限？
3. 如何创建或更改安全账号密码？
4. 使用 Access 开发一个数据库应用系统，其系统设计步骤是什么？
5. 简述设置启动选项的过程。

二、选择题

1. 数据库的安全性是指保护数据库以防止非法使用所造成的数据________。

   A. 扩大、缩小或剪切　　B. 处理、修改或删除

   C. 移动、复制或粘贴　　D. 泄漏、更改或破坏

2. 在 Access 2010 数据库中，数据库的加密技术不包括________。

   A. 设置密码　　B. 设置防火墙

   C. 加密数据库　　D. 用户级安全

3. 下列不是设置表间“关系”时的选项的是________。

   A. 实施参照完整性　　B. 级联追加相关记录

   C. 级联更新相关字段　　D. 级联删除相关记录

4. 如果字段内容为声音文件，可将此字段定义为________类型。

   A. 文本　　B. 查询向导　　C. OLE 对象　　D. 备注

5. 在表设计视图中，如果要限定数据的输入格式，应修改字段的________属性。

   A. 格式　　B. 有效性规则　　C. 输入格式　　D. 字段大小

6. 在建立、删除用户和更改用户权限时，一定先使用________账户进入数据库。

   A. 管理员　　B. 普通

   C. 具有读写权限的　　D. 没有限制的

7. 在更改数据库密码前，一定要先________数据库。

   A. 进入　　B. 退出　　C. 编辑　　D. 恢复原来的设置

8. 在建立数据库安全机制后，进入数据库要依据建立的________方式。

   A. 安全机制（包括账号、密码、权限）

   B. 组的安全

C. 账号的PID

D. 权限

9. 把开发好的Access数据库交给最终用户，又不想让用户看到开发的源代码，可以把文件生成为________类型的文件。

A. .accde　　B. .accdb　　C. .mde　　D. .mdb

10. Access数据库修改次数越多，容量变得比实际增加内容要大很多，为减少数据库存储空间并保证它的正常运行，应该经常对数据库进行________和修复数据库操作。

A. 创建　　B. 调整　　C. 压缩　　D. 限制

三、填空题

1. 数据库设计中，用________保证有关联的表之间的联系。

2. 数据库设计过程中需要确定需要的表，表中不应该包含________，信息不应该在表间复制。

3. 在Microsoft Access 2010 中，可以生成________并将它们发布到SharePoint网站。

4. 在报表中也可以添加超链接，将报表输出到Word、Excel或HTML时超链接是________。

5. ________实际上是复制该文件，并重新组织文件在磁盘上的存储方式，以减少文件的存储空间，从而优化数据库的性能，提高数据库的读取效率。

6. Access 2010中默认数据库扩展名是________。

7. 数据库的安全性是指保护数据库以防止非法使用所造成的数据泄露、________或破坏。

8. 实现数据库系统安全最简单的方法是________。

9. 签名是为了保证分发数据库安全性，而________是确保在创建该包后数据库没有被修改。

10. 为了保证设计完成后数据库的安全，还需要把该系统生成为________文件。

附　录

附录 A　授课及上机课时安排参考

一、课程的教学目标及教学要求

通过本课程的学习，使学生掌握数据库管理和程序设计的基本概念、基本理论、基本方法，能比较熟练地运用面向过程程序设计方法和面向对象程序设计方法设计基本程序，并能在此基础上编制一些解决实际问题的应用程序。为学生在后续的课程中理解计算机在各自专业领域中的应用打下较好的基础。

在完成本课程的学习后，除了拿到学校安排的必修学分外，还可以参加全国计算机等级考试二级 Access 的考试。

二、课程教学的时间安排

周次	章节题目	内　容	课时(48)	课时(64)	课堂讨论实验等教学环节题目	课时(48)	课时(64)
1	1.1~1.2	关系数据库基础； 关系运算	2	2	课堂讨论： 常用的数据模型有哪几种，数据库应用系统主要由哪几部分组成		2
2	1.3~1.4	关系规范化； Access 简介	2	2	上机实习实验一： 上机练习熟悉 Access 基本操作环境、数据库的建立与修改	1	2
3	2.1 ~ 2.4	建立表、向表中加入记录、数据的显示和修改方式、创建数据库、数据库中表的使用	2	2	上机实习实验二： 数据表的建立与修改	1	2
4~5	3.1 ~ 3.4	创建各类查询	4	4	上机实习实验三： 查询的基本操作（一）	2	4
6	3.5	SQL 关系数据库查询语言的创建和查询功能的使用； SQL的操作功能、定义功能、定义视图等	2	2	上机实习实验四： 查询的基本操作（二） 上机实习实验五： 按教材内容创建查询 SQL 语句；表定义，表记录操作 SQL 语句上机实习	1	2

续表

周次	章节题目	内　容	课时(48)	课时(64)	课堂讨论实验等教学环节题目	课时(48)	课时(64)
7	4.1～4.3	理解窗体的概念；窗体的创建	2	2	上机实习实验六：按照要求建立各种窗体	1	2
8	4.4～4.5	常用控件的使用及修饰窗体	2	2	上机实习实验七：按照要求在窗体中插入窗体控件，并调试、运行	1	2
9	中段考试	考试形式自定（自定）	2	2	按教材内容操作练习	1	2
10	5.1～5.4	宏的设计与操作	2	2	上机实习实验八：按照要求建立操作宏，调试并运行宏	1	2
11	6.1～6.5	报表及标签的设计及使用	2	2	上机实习实验九：按照要求建立报表及标签并调试、运行	1	2
12	7.1	数据类型、数据存储、函数、表达式	2	2	上机实习实验十：变量、函数及表达式练习	1	2
13	7.2	程序的建立与维护、程序的流程控制	2	2	上机实习实验十一：按教材内容创建顺序、分支及循环结构程序的实例程序 上机实习实验十二：程序设计综合练习	1	2
14	7.3～7.4	模块与 VBA 的应用	2	2	上机实习实验十三：按照要求建立相关模块，调试并运行	1	2
15	8.1～8.3	VBA 数据库编程技术	2	2	上机实习实验十四：VBA 数据库编程技术；DAO 应用；ADO 应用	1	2
16	9.1～9.2	Access 数据库的安全与管理	2	2	上机实习实验十五：数据库压缩、修复、备份、加密等	1	2
小计			32	32		16	32

注：为了适应不同院校，不同课时安排的要求，上表中分别按 48 课时和 64 课时进行了课时分配和安排。

三、实验教学要求

作为一门实践性强的课程，“Access 2010 数据库基础”除了正常的授课外，还需要安排足够课时的实验。通过实验加深对课堂内容的理解，掌握程序设计的一般方法和要求，提高动手能力和自学能力，是本课程实验教学的主要目标。

① 认真做好实验前的准备工作：复习和理解与本次实验有关的教学内容，根据实验要求预先设计程序。预习书中案例及综合练习内容。带齐相关资料：教材、实验指导教材等，以便及时查阅有关错误信息与可参考的处理方法。

② 根据实验项目的具体要求，完成程序编辑、调试、运行测试，及时记录出现的问题及解决方法。

③ 按照实验报告的要求，整理程序设计成果，对程序设计、调试与运行测试过程出现的问题及解决方法进行分析。提交实验报告。

附录 B

全国计算机等级考试二级 Access 数据库程序设计考试大纲（2013 年版）

基本要求

1. 具有数据库系统的基础知识。
2. 基本了解面向对象的概念。
3. 掌握关系数据库的基本原理。
4. 掌握数据库程序设计方法。
5. 能使用 Access 建立一个小型数据库应用系统。

考试内容

一、数据库基础知识

1. 基本概念：数据库，数据模型，数据库管理系统，类和对象，事件。

2. 关系数据库基本概念：关系模型（实体的完整性，参照的完整性，用户定义的完整性），关系模式，关系，元组，属性，字段，域，值，主关键字等。

3. 关系运算基本概念：选择运算，投影运算，连接运算。

4. SQL 基本命令：查询命令，操作命令。

5. Access 系统简介：

（1）Access 系统的基本特点。

（2）基本对象：表，查询，窗体，报表，页，宏，模块。

二、数据库和表的基本操作

1. 创建数据库：

（1）创建空数据库。

（2）使用向导创建数据库。

2. 表的建立：

（1）建立表结构：使用向导，使用表设计器，使用数据表。

（2）设置字段属性。

（3）输入数据：直接输入数据，获取外部数据。

3. 表间关系的建立与修改：

（1）表间关系的概念：一对一，一对多。

（2）建立表间关系。

（3）设置参照完整性。

4. 表的维护：

（1）修改表结构：添加字段，修改字段，删除字段，重新设置主关键字。

（2）编辑表内容：添加记录，修改记录，删除记录，复制记录。

（3）调整表外观。

5. 表的其他操作：

（1）查找数据。

（2）替换数据。

（3）排序记录。

（4）筛选记录。

三、查询的基本操作

1. 查询分类：

（1）选择查询。

（2）参数查询。

（3）交叉表查询。

（4）操作查询。

（5）SQL 查询。

2. 查询准则：

（1）运算符。

（2）函数。

（3）表达式。

3. 创建查询：

（1）使用向导创建查询。

（2）使用设计器创建查询。

（3）在查询中计算。

4. 操作已创建的查询：

（1）运行已创建的查询。

（2）编辑查询中的字段。

（3）编辑查询中的数据源。

（4）排序查询的结果。

四、窗体的基本操作

1. 窗体分类：

（1）纵栏式窗体。

（2）表格式窗体。

（3）主/子窗体。

（4）数据表窗体。

（5）图表窗体。

（6）数据透视表窗体。

2. 创建窗体：

（1）使用向导创建窗体。

（2）使用设计器创建窗体：控件的含义及种类，在窗体中添加和修改控件，设置控件的常见属性。

五、报表的基本操作

1. 报表分类：

（1）纵栏式报表。

（2）表格式报表。

（3）图表报表。

（4）标签报表。

2. 使用向导创建报表。

3. 使用设计器编辑报表。

4. 在报表中计算和汇总。

六、页的基本操作

1. 数据访问页的概念。

2. 创建数据访问页：

（1）动创建数据访问页。

（2）使用向导数据访问页。

七、宏

1. 宏的基本概念。

2. 宏的基本操作：

（1）创建宏：创建一个宏，创建宏组。

（2）运行宏。

（3）在宏中使用条件。

（4）设置宏操作参数。

（5）常用的宏操作。

八、模块

1. 模块的基本概念：

（1）类模块。

（2）标准模块。

（3）将宏转换为模块。

2. 创建模块：

（1）创建 VBA 模块：在模块中加入过程，在模块中执行宏。

（2）编写事件过程：键盘事件，鼠标事件，窗口事件，操作事件和其他事件。

3. 调用和参数传递。

4. VBA 程序设计基础：

（1）面向对象程序设计的基本概念。

（2）VBA 编程环境：进入 VBE,VBE 界面。

（3）VBA 编程基础：常量，变量，表达式。

（4）VBA 程序流程控制：顺序控制，选择控制，循环控制。

（5）VBA 程序的调试：设置断点，单步跟踪，设置监视点。

考试方式

上机考试，考试时长 120 分钟，满分 100 分。

1. 题型及分值：单项选择题 40 分（含公共基础知识部分 10 分）、操作题 60 分（包括基本操作题、简单应用题及综合应用题）。

2. 考试环境：Microsoft Office Access 2010。

注：

① 从 Office Access 2007 开始，不再支持创建、修改或导入数据访问页的功能作为使用数据访问页的备选方案，考生可以使用 Access Services 创建 Web 数据库并将其发布到 SharePoint 网站。

② 从 2013 年 3 月起全国计算机等级考试二级 Access 数据库程序设计考试采用无纸化考试。在无纸化考试中，将传统考试的笔试部分被移植到计算机上，考核内容和要求不变，考生在计算机上完成全部答题。无纸化考试时间为 130 min，满分 100 分，其中选择题 40 分，上机操作题 60 分。

附录 C 全国计算机等级考试二级 Access 数据库程序设计样题、答案及解析

二级 Access 等级考试样题

一、选择题

1. 下列叙述中正确的是________。

A. 栈是“先进先出”的线性表

B. 队列是“先进后出”的线性表

C. 循环队列是非线性结构

D. 有序线性表既可以采用顺序存储结构，也可以采用链式存储结构

2. 支持子程序调用的数据结构是________。

A. 栈　　B. 树　　C. 队列　　D. 二叉树

3. 某二叉树有 5 个度为 2 的结点，则该二叉树中的叶子结点数是________。

A. 10　　B. 8　　C. 6　　D. 4

4. 下列排序方法中，最坏情况下比较次数最少的是________。

A. 冒泡排序　　B. 简单选择排序　　C. 直接插入排序　　D. 堆排序

5. 软件按功能可以分为：应用软件、系统软件和支撑软件（或工具软件）。下面属于应用软件的是________。

A. 编译程序　　B. 操作系统　　C. 教务管理系统　　D. 汇编程序

6. 下面叙述中错误的是________。

A. 软件测试的目的是发现错误并改正错误

B. 对被调试的程序进行“错误定位”是程序调试的必要步骤

C. 程序调试通常也称为 Debug

D. 软件测试应严格执行测试计划，排除测试的随意性

7. 耦合性和内聚性是对模块独立性度量的两个标准。下列叙述中正确的是________。

A. 提高耦合性降低内聚性有利于提高模块的独立性

B. 降低耦合性提高内聚性有利于提高模块的独立性

C. 耦合性是指一个模块内部各个元素间彼此结合的紧密程度

D. 内聚性是指模块间互相连接的紧密程度

8. 数据库应用系统中的核心问题是________。

A. 数据库设计　　B. 数据库系统设计

C. 数据库维护　　D. 数据库管理员培训

9. 有两个关系 R，S 如下：

R

A	B	C
a	3	2
b	0	1
c	2	1

S

A	B
a	3
b	0
c	2

由关系 R 通过运算得到关系 S，则所使用的运算为________。

A. 选择　　B. 投影　　C. 插入　　D. 连接

10. 将 E-R 图转换为关系模式时，实体和联系都可以表示为________。

A. 属性　　B. 键　　C. 关系　　D. 域

11. 关于数据库系统对比文件系统的优点，下列说法错误的是________。

A. 提高了数据的共享性，使多个用户能够同时访问数据库中的数据

B. 消除了数据冗余现象

C. 提高了数据的一致性和完整性

D. 提供数据与应用程序的独立性

12. 要从学生表中找出姓“刘”的学生，需要进行的关系运算是________。

A. 选择　　B. 投影　　C. 连接　　D. 求交

13. 在关系数据模型中，域是指________。

A. 元组　　B. 属性

C. 元组的个数　　D. 属性的取值范围

14. Access 字段名的最大长度为________。

A. 64 个字符　　B. 128 个字符　　C. 255 个字符　　D. 256 个字符

15. 必须输入任何的字符或一个空格的输入掩码是________。

A. A　　B. a　　C. &　　D. C

16. 下列 SELECT 语句正确的是________。

A. SELECT * FROM '学生表' WHERE 姓名='张三'

B. SELECT * FROM '学生表' WHERE 姓名=张三

C. SELECT * FROM 学生表 WHERE 姓名='张三'

D. SELECT * FROM 学生表 WHERE 姓名=张三

17. 以下不属于操作查询的是________。

A. 交叉表查询　　B. 生成表查询　　C. 更新查询　　D. 追加查询

18. 下列不属于 Access 提供的窗体类型是________。

A. 表格式窗体　　B. 数据表窗体　　C. 图形窗体　　D. 图表窗体

19. 控件的显示效果可以通过其“特殊效果”属性来设置，下列不属于“特殊效果”属性值的是________。

A. 平面　　B. 凸起　　C. 凿痕　　D. 透明

20. 有效性规则主要用于________。

A. 限定数据的类型　B. 限定数据的格式
C. 设置数据是否有效　D. 限定数据取值范围

21. 下列不是窗体控件的是________。
A. 表　B. 单选按钮　C. 图像　D. 直线

22. 以下不是 Access 预定义报表格式的是________。
A. "标准"　B. "大胆"　C. "正式"　D. "随意"

23. 以下关于报表的叙述正确的是________。
A. 报表只能输入数据　B. 报表只能输出数据
C. 报表可以输入和输出数据　D. 报表不能输入和输出数据

24. 一个报表最多可以对________个字段或表达式进行分组。
A. 6　B. 8　C. 10　D. 16

25. 要设置在报表每一页的顶部都输出的信息，需要设置________。
A. 报表页眉　B. 报表页脚　C. 页面页眉　D. 页面页脚

26. 在 Access 中需要发布数据库中的数据的时候，可以采用的对象是________。
A. 数据访问页　B. 表　C. 窗体　D. 查询

27. 宏是由一个或多个________组成的集合。
A. 命令　B. 操作　C. 对象　D. 表达式

28. 用于打开报表的宏命令是________。
A. OpenForm　B. OpenReport　C. OpenQuery　D. RunApp

29. VBA 的逻辑值进行算术运算时，True 值被当作________。
A. 0　B. 1　C. -1　D. 不确定

30. 如果要取消宏的自动运行，在打开数据库时按住________键即可。
A. Shift　B. Ctrl　C. Alt　D. Enter

31. 定义了二维数组 A(3 to 8,3)，该数组的元素个数为________。
A. 20　B. 24　C. 25　D. 36

32. 阅读下面的程序段：

```
K=0
for I=1 to 3
for J=1 to I
K=K+J
Next J
Next I
```

执行上面的语句后，K 的值为________。
A. 8　B. 10　C. 14　D. 21

33. VBA 数据类型符号"%"表示的数据类型是________。
A. 整型　B. 长整型　C. 单精度型　D. 双精度型

34. 函数 Mid("123456789",3,4)返回的值是________。
A. 123　B. 1234　C. 3456　D. 456

35. 运行下面程序代码后，变量 J 的值为________。

```
Private Sub Fun()
Dim J as Integer
```

```
J=10
DO
J=J+3
Loop While J<19
End Sub
```

A. 10　　B. 13　　C. 19　　D. 21

36. Access 2010 数据库中的日期/时间型字段其长度占________个字节。

A. 1　　B. 4　　C. 8　　D. 256

37. 在报表中要显示格式为“共 N 页”的页码，页码格式设置时：="共"&________&"页"。

A. "页"　　B. Page　　C. Pages　　D. "Page"

38. 将 Web 数据库发布到 SharePoint 网站上，先建立 Web 数据库，再在“文件”界面单击________按钮，将其发布到网上。

A. IE　　B. Web 数据库

C. 发布到 Access Services　　D. SharePoint

39. 若窗体名称为 Form1，则将该窗体标题设置为“Access 2010 窗体”的语句是________。

A. Form.Caption="Access 2010 窗体"　　B. From1.Caption="Access 2010 窗体"

C. Form.Caption1="Access 2010 窗体"　　D. Form1.Caption="Access 2010 窗体"

40. 下列程序段的功能是求 1～100 的奇数累加和。请在空白处填入适当的语句，使程序完成指定的功能。

```
Dim s As Integer, m As Integer
s = 0
m = 1
do While______
    s = s + m
    m = m + 2
Loop
```

A. m<=100　　B. m>100　　C. m<=101　　D. m=101

二、基本操作题

在考生文件夹下，amp1.mdb 数据库文件中已建立两个表对象（名为“员工表”和“部门表”）。试按以下要求，完成表的各种操作：

（1）分析两个表对象“员工表”和“部门表”的构成，判断其中的外键，并将外键字段名称存入所属表的属性说明中。

（2）将表对象“员工表”中编码为 000006 的员工照片设置为考生文件夹下的 photo.bmp 图像文件（要求使用“由文件创建”方式）。

（3）删除“员工表”中姓名最后一个字为“红”的员工记录。

（4）将考生文件夹下 Excel 文件 Test.xls 中的数据导入并追加到当前数据库的“员工表”相应字段中。

（5）设置相关属性，使表对象“员工表”中密码字段内容不变但以“*”号形式显示。

（6）建立表对象“员工表”和“部门表”的表间关系，并实施参照完整。

三、简单应用题

考生文件夹下存在一个数据库文件 samp2.mdb，里面已经设计好两个关联表对象 tEmp 和 tGrp 及表对象 tBmp 和 tTmp。试按以下要求完成设计：

（1）以表对象 tEmp 为数据源，创建一个查询，查找并显示年龄大于等于 40 的职工的编号、姓名、性别、年龄和职务五个字段内容，所建查询命名为 qT1。

（2）建立表对象 tEmp 的所属部门和 tGrp 的部门编号之间的多对一关系并实施参照完整性。创建一个查询，按照部门名称查找职工信息，显示职工的编号、姓名及聘用时间三个字段的内容。要求显示参数提示信息为请输入职工所属部门名称，所建查询命名为 qT2。

（3）创建一个操作查询，将表 tBmp 中编号字段值均在前面增加 05 两个字符，所建查询命名为 qT3。

（4）创建一个查询，删除表对象 tTmp 里所有姓名含有红字的记录，所建查询命名为 qT4。

四、综合应用题

考生文件夹下存在一个数据库文件 samp3.mdb，里面已经设计了表对象 tEmp、窗体对象 fEmp、报表对象 rEmp 和宏对象 mEmp。同时，给出窗体对象 fEmp 的若干事件代码，试按以下功能要求补充设计：

（1）调整窗体对象 fEmp 上“报表输出”按钮（名为 bt1）的位置，要求其左边对齐“退出”按钮，下边距离“退出”按钮 1 cm（即 bt1 按钮的下边距离 bt2 按钮的上边 1 cm）；调整上述两个命令按钮的【Tab】键移动顺序为：先“报表输出”按钮，再“退出”按钮。

（2）调整报表对象 rEmp，将报表记录数据先按年龄升序，再按姓名降序排列，并打开相关组页眉区域，添加一个文本框控件（命名为 ta），设置属性，使其显示年龄段信息，如 18、19、……等。

（3）窗体加载事件实现的功能是显示窗体标题，显示内容为“****年度报表输出”，其中 4 位****为系统当前年份，请补充加载事件代码，要求使用相关函数获取当前年份。

（4）窗体中“报表输出”和“退出”按钮的功能是单击“报表输出”按钮（名为 bt1）后，首先将“退出”按钮标题变成红色（255），然后以预览方式打开报表 rEmp；单击“退出”按钮（名为 bt2）调用宏 mEmp。按照以上功能描述补充相关事件代码，要求考虑错误处理。

注意：不允许修改数据库中的表对象 tEmp 和宏对象 mEmp；不允许修改窗体对象 fEmp 和报表对象 rEmp 中未涉及的控件和属性；已给事件过程，只允许在“****Add****”与“****Add****”之间的空行内补充语句、完成设计，不允许增删和修改其他位置已存在的语句。

样题答案及解析

一、选择题

1.【答案】D

【解析】栈是“先进后出”的线性表；队列是“先进先出”的线性表；循环队列是队列的一种顺序存储结构，因此是线性结构；有序线性表既可以采用顺序存储结构，也可以采用链式存储结构。可见 A，B，C 答案都不对，正确答案是 D。

2.【答案】A

【解析】栈支持子程序调用。栈是一种只能在一段进行插入或删除的线性表，在主程序调用子函数时要首先保存主程序当前的状态，然后专区执行子程序，最终把子程序的执行结果返回到主程序中调用子程序的位置，继续向下执行，这种调用符合栈的特点，因此本题的答案为 A。

3.【答案】C

【解析】对于任何一棵二叉树 T，如果其终端结点（叶子）数位 n_1，度为 2 的结点数为 n_2，则 $n_1=n_2+1$。所以该二叉树的叶子结点数等于 5+1=6。

4.【答案】D

【解析】冒泡排序、简单选择排序和直接插入排序在最坏情况下比较次数都是 $n(n-1)/2$，堆排序在最坏情况下比较次数最少，是 $O(n\log_2 n)$。

5.【答案】C

【解析】软件按功能可以分为应用软件、系统软件、支撑软件（或工具软件）。应用软件是为解决某一特定领域的应用而开发的软件；系统软件是计算机管理自身资源，提高计算机使用效率并为计算机用户提供各种服务的软件；支撑软件是介于系统软件和应用软件之间，协助用户开发软件的工具性软件。编译程序、操作系统和汇编程序都属于系统软件；教务管理系统属于应用软件。

6.【答案】A

【解析】软件测试的目的是暴露错误，评价程序的可靠性。软件调试的目的是发现错误的位置，并改正错误。软件的测试和调试不是同一个概念。

7.【答案】B

【解析】耦合性是模块间互相连接的紧密程度的度量，内聚性是一个模块内部各个元素间彼此结合的紧密程度的度量。一般较优秀的软件设计，应尽量做到高内聚、低耦合，即减弱模块之间的耦合性和提高模块内的内聚性，这样有利于提高模块的独立性。

8.【答案】A

【解析】数据库应用系统中的一个核心问题就是设计一个能满足用户需求、性能良好的数据库，这就是数据库设计。

9.【答案】B

【解析】专门的关系运算有 3 种：投影、选择和连接。选择运算是从关系中找到满足给定条件的那些元组，其中的条件是以逻辑表达式给出的，值为真的元组被选取，这种运算是从水平方向抽取元组。投影运算是从关系模式中挑选若干属性组成新的关系，这是从列的角度进行的运算，相当于对关系进行锤子分解。连接运算是二目运算，需要两个关系作为操作对象。

10.【答案】C

【解析】数据库的逻辑设计的主要工作是将 E-R 图转化成制定 RDBMS 中的关系模式。从 E-R 图到关系模式的转换是比较直接的，实体与联系都可以表示成关系，E-R 图中的属性也可以转换成关系的属性。实体集也可以转换成关系。

11.【答案】B

【解析】数据库技术的主要目的是有效地管理和存取大量的数据资源，包括：提高数据的共享性，使多个用户能够同时访问数据库中的数据；减小数据的冗余，以提高数据的一致性和完整性；提供数据与应用程序的独立性，从而减少应用程序的开发和维护代价。对于数据的冗余是不能消除的，只能减小。任何的数据库中都存在着数据冗余的现象，但这些都应该是合理的数据冗余。

12.【答案】A

【解析】从关系中找出满足给定条件的元组的操作称为选择。从关系模式中指定若干属性组成新的关系称为投影。连接是关系的横向结合。连接运算将两个关系模式拼接成一个更宽的关系模式，生成的新关系中包含满足连接条件的元组。

13.【答案】D

【解析】元组：在一个具体关系中，水平方向的行称为元组，每一行是一个元组。元组对应表中的一个具体的记录。属性：二维表中垂直方向的列称为属性。每一列有一个属性名。域：属性的取值范围，即不同元组对用一个属性的取值所限定的范围。

14.【答案】A

【解析】Access 规定，其数据表字段名的最大长度为 64 个字符。

15.【答案】C

【解析】定义输入掩码属性所使用的字符如下表：

字符	说　明	字符	说　明
0	必须输入数字（0～9）	&	必须输入任何的字符或一个空格
9	可以选择输入数字或空格	C	可以选择输入任何的字符或一个空格
#	可以选择输入数字或空格（在“编辑”模式下空格以空白显示，但是在保存数据时将空白删除，允许输入加号和减号）	.:;-/	小数点占位符及千位、日期与时间的分隔符（实际的字符将根据“控制面板”中“区域设置属性”中的设置而定）
L	必须输入字母（A～Z）	<	将所有字符转换为小写
?	可以选择输入字母（A～Z）	>	将所有字符转换为大写
A	必须输入字母或数字	!	使输入掩码从右到左显示，而不是从左到右显示。输入掩码中的字符始终都是从左到右。可以在输入掩码中的任何地方输入感叹号
a	可以选择输入字母或数字	\	使接下来的字符以原义字符显示（例如：\A 只显示为 A）

16.【答案】C

【解析】SELECT 语句中的表是不能用引号括起来的，而对于文本型的查找内容则要用单引号括起来。

17.【答案】A

【解析】Access 数据库中的查询有很多种，每种方式在执行上有所不同，查询有选择查询、交叉表查询、参数查询、操作查询和 SQL 查询。

18.【答案】C

【解析】Access 提供了 6 种类型的窗体，分别是纵栏式窗体、表格式窗体、数据表窗体、主/子窗体、图表窗体和数据透视表窗体。

19.【答案】D

【解析】“特殊效果”属性值用于设定控件的显示效果，如“平面”“凸起”“凹陷”“蚀刻”“阴影”“凿痕”等。

20.【答案】D

【解析】“有效性规则”属性可以防止非法数据输入到表中。有效性规则的形式及设置目的随字段的数据类型不同而不同。对“文本”类型字段，可以设置输入的字符个数不能超过某一个值；对“数字”类型字段，可以让 Access 只接受一定范围内的数据；对“日期/时间”类型字段，可以将数值限制在一定的月份或年份之内。

21.【答案】A

【解析】“表”是数据库中的概念，不是窗体控件。

22.【答案】A

【解析】Access 中提供了 6 种预定义报表格式，有“大胆”“正式”“浅灰”“紧凑”“组织”和“随意”。

23.【答案】B

【解析】报表是 Access 中以一定输出格式表现数据的一种对象。利用报表可以控制数据内容的大小及外观、排序、汇总相关数据，选择输出数据到屏幕或打印设备上。

24.【答案】C

【解析】报表通过分组可以实现同组数据的汇总和显示输出，增强了报表的可读性和信息的利用。一个报表中最多可以对 10 个字段或表达式进行分组。

25.【答案】C

【解析】页面页眉中的文字或控件一般输出显示在每页的顶端。通常，它是用来显示数据的列标题，如字段名称等。

26.【答案】A

【解析】在 Access 中需要发布数据库中的数据的时候可以采用数据访问页。数据访问页是数据库中的一种对象，它有两种视图方式：页视图和设计视图。

27.【答案】B

【解析】宏是一个或多个操作组成的集合。

28.【答案】B

【解析】Access 中提供了 50 多个可选的宏操作命令，OpenForm 命令用于打开窗体，OpenReport 命令用于打开报表，OpenQuery 命令用于打开查询等。

29.【答案】C

【解析】True 是 Access 系统内部常量，其值为-1。

30.【答案】A

【解析】被命名为 AutoExec 保存的宏，在打开数据库时会自动运行。要想取消自动运行，打开数据库时按住【Shift】键即可。

31.【答案】B

【解析】数组 A 的第一个下标从 3 到 8，共有 6 个；第二个下标从 0 到 3，共有 4 个。数组的元素个数为 6×4=24 个，数组默认下界为 0。

32.【答案】B

【解析】本题是两层嵌套循环，外面的循环执行一次，里面的循环就要全部都执行一次。初始时 K=0，当 I=1 时，里面循环要全部执行，有 for J=1 to 1；所以 K=K+1，最后 K 值为 1；当 I=2 时，里面循环要全部执行，有 for J=1 to 2；所以 K=K+1，K=K+2，最后 K 值为 4；当 I=3 时，里面循环要全部执行，有 for J=1 to 3；所以 K=K+1，K=K+2，K=K+3，最后 K 值为 10；最后得到的 K 值为 10。

33.【答案】A

【解析】VBA 中各数据类型有：整型 Integer %、长整型 Long &、单精度数 Single !、双精度数 Double #、货币 Currency @、字符串 String $、布尔型 Boolean、日期型 Date、变体类型 Variant。

34.【答案】C

【解析】Mid(sString ,iStart,iLen)函数的作用是从字符串 sString 中的第 iStart 个字符开始取出

iLen 个长度的子字符串。

35.【答案】C

【解析】这里是 Do 循环，是先执行循环体，再判断循环条件的。初始时 J=10。执行一次循环体后 J=13，是<19 的，继续循环。执行二次循环体后 J=16，还是<19 的，继续循环。执行 3 次循环体后 J=19，这时不<19 了，退出循环。

36.【答案】C

【解析】日期/时间类型的长度为 8 个字节。

37.【答案】C

【解析】在 Access 2010 报表中，通过[Pages]属性来表示总页码。

38.【答案】C

【解析】将 Web 数据库发布到 SharePoint 网站上，先启动 Access 2010，打开 Web 数据库，选择“文件”菜单下的“保存并发布”，在中间窗格单击“发布到 Access Services”，在右边窗格中键入要将数据库发布到的 SharePoint 网站的 URL 和网站名称，根据提示完成操作。

39.【答案】D

【解析】窗体的 Caption 属性值表示窗体标题栏上显示的字符串。因此需要使用的语句为 Form1.Caption ="Access 窗体"。

40.【答案】A

【解析】本题要求的是 1 到 100 的奇数累加和，s 用于保存累加结果，m 为循环变量，控制循环次数，m 的初始值为 1，因此循环需要执行 50 次，当 m 的值大于 100 结束循环。空处应填入 m <=100 或者 m < 101。

二、基本操作题（略）

三、简单应用题（略）

四、综合应用题（略）

附录 D 虚拟实验工场简介

虚拟实验工场是一款支持在线虚拟实验的教学服务平台。虚拟实验工场是架构在网络云服务器上的一个功能完备的在线实验教学支持系统，面向高校各学科与实验相关的课程提供丰富的虚拟实验库，提供多课程、多类型、多功能、可定制、可扩展的成套实验教学解决方案。工场具有良好的系统架构，专业的技术支持，优质的用户服务。

本书的某些知识点也可选取其中的可验证、可交互、可视化的部分实验，以便读者通过可视化的信息流动、可触及的微观结构，更深刻地理解课程难点，更牢固地掌握课程重点。虚拟实验工场还重点打造了丰富的实验报告，并解决了实验报告的自动评判问题，因此，采用虚拟实验工场中的部分虚拟实验作为本书的辅助实验，既可以完善课程体系，又可以促进计算思维能力培养。

虚拟实验教学模式以直观、简洁、交互性强的优势，极大突破了计算机教学的瓶颈，生动的仿真页面真正实现了寓教于乐，成为连接课上与课下的纽带，加强了学生对计算思维的认知。读者可将虚拟实验工场中的虚拟实验作为辅助实验或知识点的补充。

输入下面任何一个网址均可打开虚拟实验工场：

网址 1：http://veep.chinacloudapp.cn/

网址 2：http://www.vrsygc.com/

虚拟实验工场主界面如下图所示。

虚拟实验工场主界面

参 考 文 献

[1] 教育部考试中心. 全国计算机等级考试二级教程：Access 数据库程序设计：2013 年版[M]. 北京：高等教育出版社，2013.

[2] 徐秀花，程晓锦，李业丽. Access 2010 数据库应用技术教程[M]. 北京：清华大学出版社，2013.

[3] 詹宁斯. 深入 Access 2010 [M]. 李光杰，周姝嫣，张若飞，译. 北京：中国水利水电出版社，2012.

[4] 叶恺，张思卿. Access 2010 数据库案例教程[M]. 北京：化学工业出版社，2012.